中国特色高水平高职学校项目建设成果

工业产品数字化设计与加工

主　编　杨海峰　韩　东
副主编　姜东全　关　睿
参　编　林　凯　张志朋
董礼涛（企业）　刘雷（企业）
主　审　邵东伟

机械工业出版社
CHINA MACHINE PRESS

本书依据《国家职业技能鉴定指南》《高等职业学校专业教学标准》《1+X增材制造设备操作与维护职业鉴定标准》《工业产品数字化设计与制造赛项规程》编写。根据机械数字化设计与加工流程，本书共分为3个学习情境：实体造型设计、回转类零件造型设计和零件的3D打印。每个学习情境下设若干个任务，每个任务由任务工单、学习导图、课前自学、自学自测、任务实施、拓展训练、课后作业等栏目组成。每个任务都配有二维码，使用手机扫描二维码即可观看相关教学内容。

本书内容层次合理，技能训练由浅入深，并引入绘图员、3D打印造型师等中级工、高级工职业技能证书试题，注重实用性，有利于提高学生的综合技能和分析、处理实际问题的能力。

本书可作为高等职业教育机械类、近机械类各专业“工业产品数字化设计与加工”课程的教材，也可供工程技术人员参考使用，或作为相关工种考取证书的参考书。

图书在版编目（CIP）数据

工业产品数字化设计与加工 / 杨海峰，韩东主编.
北京 ：机械工业出版社，2024. 7. -- ISBN 978-7-111
-76082-5

Ⅰ. TB472

中国国家版本馆CIP数据核字第202420VL68号

机械工业出版社（北京市百万庄大街22号　邮政编码100037）
策划编辑：王海峰　　责任编辑：王海峰
责任校对：甘慧彤　王小童　景　飞　　封面设计：张　静
责任印制：邓　博
北京盛通数码印刷有限公司印刷
2024年9月第1版第1次印刷
184mm×260mm · 15印张 · 371千字
标准书号：ISBN 978-7-111-76082-5
定价：49.00元

电话服务　　网络服务
客服电话：010-88361066　　机　工　官　网：www.cmpbook.com
010-88379833　　机　工　官　博：weibo.com/cmp1952
010-68326294　　金　书　网：www.golden-book.com
封底无防伪标均为盗版　　机工教育服务网：www.cmpedu.com

中国特色高水平高职学校项目建设系列教材编审委员会

编写说明

中国特色高水平高职学校和专业建设计划（简称“双高计划”）是我国为建设一批引领改革、支撑发展、中国特色、世界水平的高等职业学校和骨干专业（群）而推出的重大决策建设工程。哈尔滨职业技术学院入选“双高计划”建设单位，对学院中国特色高水平学校建设进行顶层设计，编制了站位高端、理念领先的建设方案和任务书，并扎实开展了人才培养高地、特色专业群、高水平师资队伍与校企合作等项目建设，借鉴国际先进的教育教学理念，开发中国特色、国际水准的专业标准与规范，深入推动“三教改革”，组建模块化教学创新团队，开展“课堂革命”，校企双元开发活页式、工作手册式、新形态教材。为适应智能时代先进教学手段应用需求，学校加大优质在线资源的建设，丰富教材的载体，为开发以工作过程为导向的优质特色教材奠定基础。

按照教育部印发的《职业院校教材管理办法》要求，教材编写总体思路是：依据学校双高建设方案中教材建设规划、国家相关专业教学标准、专业相关职业标准及职业技能等级标准，服务学生成长成才和就业创业，以立德树人为根本任务，融入素质教育内容，对接相关产业发展需求，将企业应用的新技术、新工艺和新规范融入教材之中。教材编写遵循技术技能人才成长规律和学生认知特点，适应相关专业人才培养模式创新和课程体系优化的需要，注重以真实生产项目、典型工作任务及典型工作案例等为载体开发教材内容体系，实现理论与实践有机融合。

本套教材是哈尔滨职业技术学院中国特色高水平高职学校项目建设的重要成果之一，也是哈尔滨职业技术学院教材建设和教法改革成效的集中体现，教材体例新颖，具有以下特色：

第一，教材研发团队组建创新。按照学校教材建设统一要求，遴选教学经验丰富、课程改革成效突出的专业教师担任主编，选取了行业内具有一定知名度的企业作为联合建设单位，形成了一支学校、行业、企业和教育领域高水平专业人才参与的开发团队，共同参与教材编写。

第二，教材内容整体构建创新。精准对接国家专业教学标准、职业标准、职业技能等级标准确定教材内容体系，参照行业企业标准，有机融入新技术、新工艺、新规范，构建基于职业岗位工作需要的体现真实工作任务和流程的内容体系。

第三，教材编写模式形式创新。与课程改革相配套，按照“工作过程系统化”“项目+任务式”“任务驱动式”“CDIO 式”四类课程改革需要设计教材编写模式，创新新形态、活页式及工作手册式教材三大编写形式。

第四，教材编写实施载体创新。依据本专业教学标准和人才培养方案要求，在深入企业调研、岗位工作任务和职业能力分析基础上，按照“做中学、做中教”的编写思路，以企业典型工作任务为载体进行教学内容设计，将企业真实工作任务、业务流程、生产过程融入教材之中，并开发了与教学内容配套的教学资源，以满足教师线上、线下混合式教学的需要，教材配套资源同时在相关教学平台上线，可随时进行下载，以满足学生在线自主学习课程的需要。

第五，教材评价体系构建创新。从培养学生良好的职业道德、综合职业能力与创新创业能力出发，设计并构建评价体系，注重过程考核以及由学生、教师、企业等参与的多元评价，在学生技能评价上借助社会评价组织的“1+X”技能考核评价标准和成绩认定结果进行学分认定，每种教材均根据专业特点设计了综合评价标准。

为确保教材质量，组建了中国特色高水平高职学校项目建设系列教材编审委员会，教材编审委员会由职业教育专家和企业技术专家组成，组织了专业与课程专题研究组，建立了常态化质量监控机制，为提升教材品质提供稳定支持，确保教材的质量。

本套教材是在学校骨干院校教材建设的基础上，经过几轮修订，融入素质教育内容和课堂革命理念，既具积累之深厚，又具改革之创新，凝聚了校企合作编写团队的集体智慧。本套教材的出版，充分展示了课程改革成果，为更好地推进中国特色高水平高职学校项目建设做出积极贡献！

哈尔滨职业技术学院

中国特色高水平高职学校项目建设系列教材编审委员会

前　言

本书是根据教育部全面快速推进职业教育改革和发展的要求，依照《中华人民共和国职业技能鉴定规范（考核大纲）》《高等职业学校专业教学标准》《1+X增材制造设备操作与维护职业鉴定标准》《工业产品数字化设计与制造赛项规程》中关于工业产品数字化设计、3D打印造型师的要求编写的。本书注重实训操作的实效性和考核性要求，融入各相关工种的职业技能证书考核内容。本书的主要特点如下。

1）以真实的任务为载体引领技能训练和知识积累，遵循真实任务载体的实施过程，搭建工业产品数字化设计、增材设备操作员等具体岗位“工作环境”，以培养学生的综合实践能力为目标，形成了系统化的知识结构框架，内容丰富、图文并茂、深入浅出、层次分明、详略得当。

2）围绕典型3D打印加工，体现加工实训的内容训练系统化和完整性。在内容选择上突出了具体操作经验的提高和技能考核的要求，加工内容由浅入深、循序渐进，符合认知规律，以行动带动相关知识积累，并能促使学生在实践中解决所遇到的问题。

3）以具有代表性的实际应用产品设计为基础，涵盖了广泛的技能要素，所设任务与企业生产实践联系紧密，在完成实践操作技能训练的同时，突出基础理论和扩展性知识的积累。

4）强调理论的先进性和拓展性训练，激发学生的学习热情和创造力，以认知规律和知识迁移为理论基础，以实践工作任务的系统性和真实性作为教材构造理念，突出体现高等职业教育的特点和教学改革实践成果。

5）设计拓展训练，积累必备知识和扩展知识，增加知识广度。

6）设立思政教育环节，以弘扬劳模精神、劳动精神、工匠精神为目标。本书在编写过程中，各个任务编有匠心筑梦、两弹元勋等内容，引导学生热爱工作、热爱劳动和热爱祖国。

7）本书配有二维码，通过手机扫描二维码即可观看教师讲解，配合学生完成学习，提高操作技能。

本书由杨海峰、韩东任主编，姜东全、关睿任副主编，参加编写的还有林凯、张志朋、董礼涛（全国劳模、大国工匠）、刘雷（企业）。本书具体编写分工为：杨海峰编写学习情境1任务1、附录，韩东编写学习情境1任务4，姜东全编写学习情境1任务2、任务3，关睿编写学习情境2，林凯编写学习情境3，张志朋、董礼涛、刘雷负责本书思政内容的编写。本书由佳木斯大学博士、教授邵东伟主审。

由于编者水平有限，书中难免有疏漏和不足之处，恳请读者批评指正，在此表示衷心感谢。

编　者

二维码索引

序号	名称	二维码	页码	序号	名称	二维码	页码
1	草图约束命令的使用		18	12	任务3拓展训练-无人机飞行器工业相机壳体零件造型设计		91
2	拉伸命令的使用		23	13	任务4自学自测-零件的三维造型设计		107
3	任务1轮毂凸模三维造型		25	14	任务4垫块的三维造型设计		108
4	任务1拓展训练-支座零件三维造型		31	15	任务4拓展训练-轴承座零件的三维造型设计		113
5	旋转命令的使用		43	16	任务1自学自测-阀体零件的三维造型设计		130
6	任务2自学自测-零件的三维造型设计		49	17	任务1泄压螺钉的三维造型设计		130
7	任务2阀体零件的三维造型设计		50	18	北大荒精神		135
8	任务2拓展训练-零件的三维造型设计		64	19	任务1拓展训练-活塞连接环的三维造型设计		136
9	孔命令的使用		78	20	键槽和槽命令的使用		148
10	任务3自学自测-弹弓的三维造型设计		85	21	任务2自学自测-槽轮零件的三维造型设计		158
11	任务3无人机飞行器封环的三维造型设计		85	22	任务2阀杆零件的三维造型设计		158

（续）

序号	名称	二维码	页码	序号	名称	二维码	页码
23	劳模精神、劳动精神、工匠精神的深刻内涵和光辉历程		167	30	打印模型的调整		199
24	任务2拓展训练-阶梯轴零件的三维实体造型设计		168	31	任务1拓展训练-V带轮零件的3D打印		201
25	3D打印技术介绍		179	32	模型支撑的构建		210
26	任务1自学自测-轴座的3D打印		190	33	任务2自学自测-法兰盘的3D打印加工		216
27	任务1 3D打印机的基本操作		190	34	任务2 3D打印机基本操作简介		217
28	3D打印机的平台调整		194	35	任务2拓展训练-叶片的3D打印加工		227
29	3D打印任务实施		197				

目　录

学习情境1

实体造型设计

【学习指南】

【情境导入】

某机械零件设计生产公司的设计研发部接到4项生产任务，在设计过程中研发设计人员需要根据零件图样，使用软件造型命令，完成轮毂凸模、阀体、无人机飞行器封环和垫块的实体造型设计，设计后的零件要达到图样要求的精度。

【学习目标】

知识目标：

1）应用 UG NX 10.0 的功能模块。

2）对视图进行缩放、移动操作。

3）总结草绘功能命令。

能力目标：

1）会运用特征指令进行产品三维建模。

2）设计三视图，完成零件的实体造型设计。

3）能根据机械制图国家标准读懂零件图样，分析零件的设计要求。

4）能使用 CAD/CAM 软件，运用绘图方法和技巧，绘制符合机械制图国家标准的零件图。

素养目标：

1）树立成本意识、质量意识、创新意识，养成勇于担当、团队合作的职业素养。

2）初步养成工匠精神、劳动精神、劳模精神，以劳树德，以劳增智，以劳创新。

【工作任务】

任务1　轮毂凸模的三维造型设计　参考学时：课内4学时（课外4学时）

任务2　阀体的三维造型设计　参考学时：课内4学时（课外4学时）

任务3　无人机飞行器封环的三维造型设计　参考学时：课内4学时（课外4学时）

任务4　垫块的三维造型设计　参考学时：课内4学时（课外4学时）

任务1　轮毂凸模的三维造型设计

【任务工单】

<table>
<tr><td>学习情境1</td><td colspan="2">实体造型设计</td><td colspan="2">工作任务1</td><td colspan="2">轮毂凸模的三维造型设计</td></tr>
<tr><td colspan="3">任务学时</td><td colspan="4">4学时（课外4学时）</td></tr>
<tr><td colspan="7">布置任务</td></tr>
<tr><td>工作目标</td><td colspan="6">1）根据轮毂凸模零件的结构特点，选择合理的软件命令进行三维造型设计。
2）根据轮毂凸模零件的设计要求，拟定轮毂凸模零件的设计过程。
3）使用UG NX软件，学习轮毂凸模零件三维造型相关命令的使用。
4）使用UG NX软件，完成轮毂凸模零件三维造型设计。</td></tr>
<tr><td>任务描述</td><td colspan="6">轮毂是一个承受随机疲劳载荷的回转体薄壳结构，上面开有孔洞，附有加强筋，形状复杂，轿车在行驶中所受到的各种载荷向轮毂的传递也十分复杂。挤压锻造轮毂的模具主要由凸模、凹模、上下模组成。本任务主要是熟悉UG NX界面，并利用UG NX常用的草图、拉伸等命令绘制轮毂凸模零件图，如图1-1-1所示。
二维草图的设计是创建许多特征的基础，如在创建拉伸、旋转和扫掠等特征时，都需要先绘制所建特征的剖面（截面）形状。本任务利用草图命令绘制轮毂凸模零件二维草绘图。
拉伸特征是将截面沿着草图平面的垂直方向拉伸而成的特征，它是最常用的零件建模方法。本任务利用拉伸命令创建轮毂凸模零件。 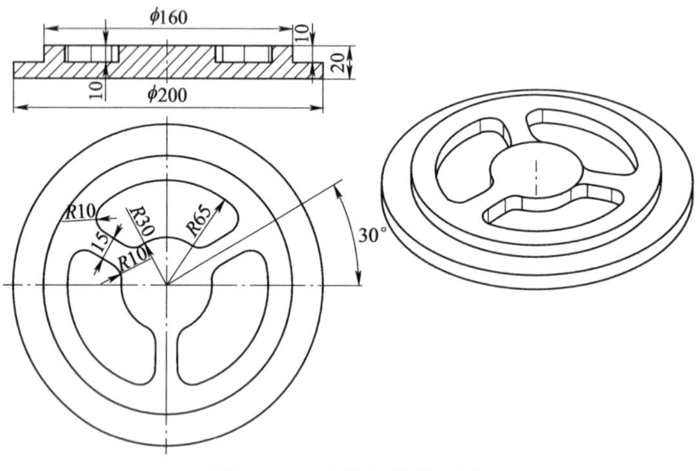

图1-1-1　轮毂凸模零件图</td></tr>
<tr><td>学时安排</td><td>资讯
1学时</td><td>计划
0.5学时</td><td>决策
0.5学时</td><td>实施
1学时</td><td>检查
0.5学时</td><td>评价
0.5学时</td></tr>
<tr><td>提供资源</td><td colspan="6">1）轮毂凸轮零件图。
2）电子教案、课程标准、多媒体课件、教学演示视频及其他共享数字资源。
3）轮毂凸模零件模型。
4）游标卡尺等量具。</td></tr>
</table>

（续）

学习情境1	实体造型设计	工作任务1	轮毂凸模的三维造型设计
对学生学习及成果的要求	1）具备轮毂凸模零件图的识读能力。 2）严格遵守实训基地各项规章制度。 3）对比轮毂凸模零件的三维模型与零件图，分析结构是否正确，尺寸是否准确。 4）能按照学习导图自主学习，并完成自学自测。 5）严格遵守课堂纪律，学习态度认真、端正，能够正确评价自己和同学在本任务中的素质表现。 6）必须积极参与小组工作，承担零件设计、零件校验等工作，做到积极主动不推诿，能够与小组成员合作完成工作任务。 7）需独立或在小组同学的帮助下完成任务工单、加工工艺文件、轮毂凸模零件图样、轮毂凸模零件设计视频等，并提请检查、签认，对提出的建议或错误之处，务必及时修改。 8）每组必须完成任务工单，并提请教师进行小组评价，小组成员分享小组评价分数或等级。 9）完成任务反思，并以小组为单位提交。		

【学习导图】

任务1的学习导图如图1-1-2所示。

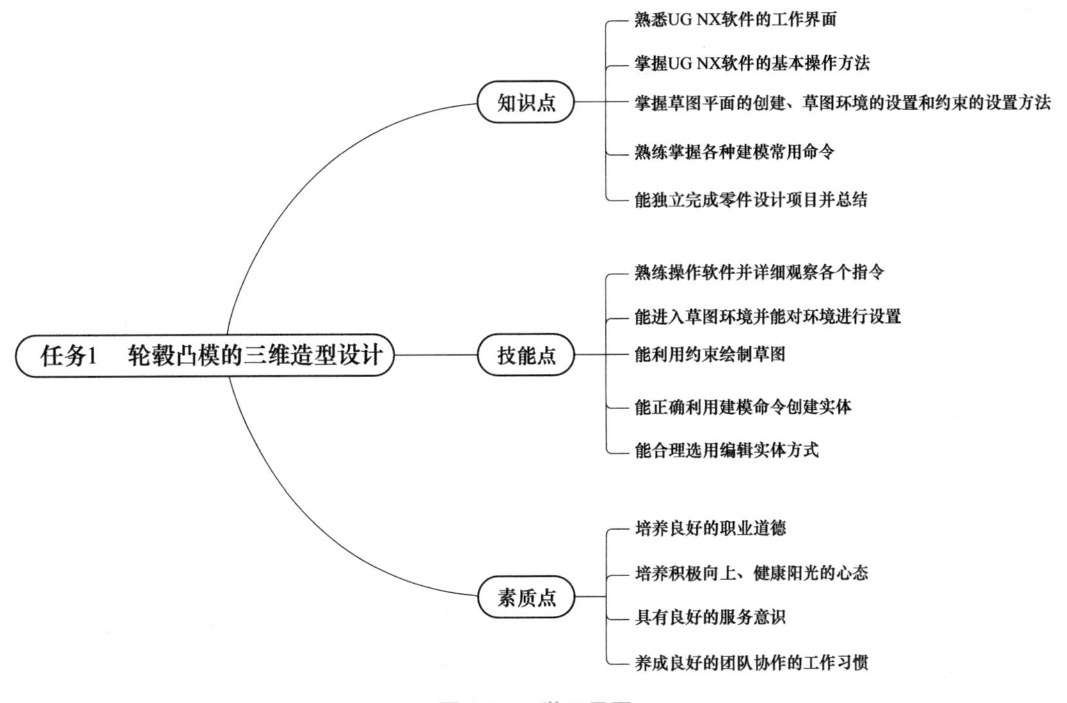

图1-1-2　学习导图

【课前自学】

一、UG NX 10.0 及其功能

1. UG NX 10.0 简介

UG（Unigraphics NX）是 Siemens PLM Software 公司出品的一个产品工程解决方案，它为用户的产品设计及加工过程提供数字化造型和验证手段。Unigraphics NX 针对用户的虚拟产品设计和工艺设计需求以及各种工业化需求，广泛应用于航空航天、汽车、通用机械和造船等工业领域，提供了经过实践验证的解决方案。UG 同时也是用户指南（User Guide）和普遍语法（Universal Grammar）的缩写。这是一个交互式 CAD/CAM（计算机辅助设计与计算机辅助制造）系统，它功能强大，可以轻松实现各种复杂实体及造型的建构。它在诞生之初主要基于工作站，但随着个人计算机硬件的发展和个人用户的迅速增长，其在个人计算机上的应用取得了迅猛的增长，已经成为模具行业三维设计的一个主流应用软件。

2. UG NX 10.0 的主要功能

（1）工业设计　UG NX 为那些培养创造性和产品技术革新的工业设计和风格提供了强有力的解决方案。利用 UG NX 建模，工业设计师能够迅速地建立和改进复杂的产品形状，并且可使用先进的渲染和可视化工具来最大限度地满足设计概念的审美要求。

（2）产品设计　UG NX 包括了世界上最强大、最广泛的产品设计应用模块。UG NX 具有高性能的机械设计和制图功能，为制造设计提供了高性能和灵活性，以满足用户设计任何复杂产品的需要。UG NX 优于通用的设计工具，具有专业的管路和线路设计系统、钣金模块、专用塑料件设计模块和其他行业设计所需的专业应用程序。

（3）CNC 加工　UG NX 加工基础模块提供连接 UG NX 所有加工模块的基础框架，它为 UG NX 所有加工模块提供一个相同的、界面友好的图形化窗口环境，用户可以在图形方式下观测刀具沿轨迹运动的情况并可对其进行图形化修改，如对刀具轨迹进行延伸、缩短或修改等。该模块同时提供通用的点位加工编程功能，可用于钻孔、攻螺纹和镗孔等加工编程。该模块交互界面可按用户需求进行灵活的用户化修改和剪裁，并可定义标准化刀具库、加工工艺参数样板库，使初加工、半精加工、精加工等操作常用参数标准化，以减少培训时间并优化加工工艺。UG NX 软件所有模块都可在实体模型上直接生成加工程序，并保持与实体模型全相关。

（4）模具设计　UG NX 是当今较为流行的一种模具设计软件，主要是因为其功能强大。

模具设计的流程很多，其中分模是关键的一步。分模有两种：一种是自动的，另一种是手动的，当然也不是纯粹的手动，也要用到自动分模工具条的命令，即模具导向。

二、UG NX 10.0 基本运行环境

由于 UG NX 软件属于大型工程软件，因此对计算机有一定的要求，特别是 UG NX 10.0，对计算机的软、硬件性能要求更高，同时安装过程也比较复杂。建议安装 UG NX 10.0 的最低配置如下。

1. 硬件要求

安装 UG NX 10.0 的最低硬件配置见表 1-1-1。

表 1-1-1 安装 UG NX 10.0 的最低硬件配置

硬件种类	硬件最低配置	推荐配置
CPU	Pentium 3 以上	Intel 公司生产的“酷睿”系列双核心以上的芯片
内存	2GB 以上	若进行结构、运动仿真分析或产生数控加工程序，建议 8GB 以上
硬盘	14GB 剩余空间	16GB 以上剩余空间
显卡	Open_GL 的 3D 显卡 分辨率为 1024×768 像素以上	至少 64 位独立显卡，显存 512MB 以上
显示器	支持 800×600 像素以上的分辨率， 屏幕大小为 15in[①]	支持 1280×1024 像素以上的分辨率 屏幕大小为 17~21in
网卡	以太网 10~100Mbit/s 网卡	以太网 100Mbit/s 网卡
光盘驱动器	16 倍速	48 倍速以上

①英寸，1in=25.4mm。

2. 软件要求

安装 UG NX 10.0 的最低软件配置见表 1-1-2。

表 1-1-2 安装 UG NX 10.0 的最低软件配置

软件种类	推 荐 配 置
操作系统	不能在 32 位系统上安装，推荐使用 Windows7 64 位系统 Internet Explorer 要求 IE8 或 IE9；Excel 和 Word 版本要求 2007 版或 2010 版
硬盘格式	采用 NTFS 格式或 FAT32 格式
网络协议	安装 TCP/IP 协议
显卡驱动程序	配置分辨率为 1024×768 像素以上的 32 位真彩色，刷新频率 75Hz 以上

3. 启动 UG NX 10.0 软件

有两种方法可以启动并进入 UG NX 10.0 软件环境，开启建模功能。

方法一：双击计算机桌面上的 UG NX 10.0 快捷图标进入建模环境，如图 1-1-3 所示。

图 1-1-3 UG NX 10.0 快捷图标

方法二：从 Windows 系统【开始】菜单进入建模环境，过程如下：

1）单击桌面左下角按钮。

2）依次选择【所有应用】→【Siemens NX 10.0】→【NX 10.0】命令，进入 UG NX 10.0 环境，如图 1-1-4 所示。

4. 用户界面简介

启动软件后，系统默认显示的是如图 1-1-5 所示轻量级的界面主题，由菜单栏、工具栏、绘图工作区、快捷菜单、消息区、工作坐标系、资源工作条共七个部分组成。

（1）菜单栏　菜单栏包含 UG NX 10.0 软件的大部分功能命令。UG NX 10.0 各功能模块和各执行命令，以及对 UG NX 10.0 系统的参数进行修改，都可在菜单栏中执行。

【文件】：该菜单控制文件的打开、关闭、保存和导入、导出等，程序还会自动保留最近打开过的文件目录，还可以调用关联的文件。

【编辑】：当选中一个图标时，可以通过该菜单下的一个命令对其进行编辑和修改。

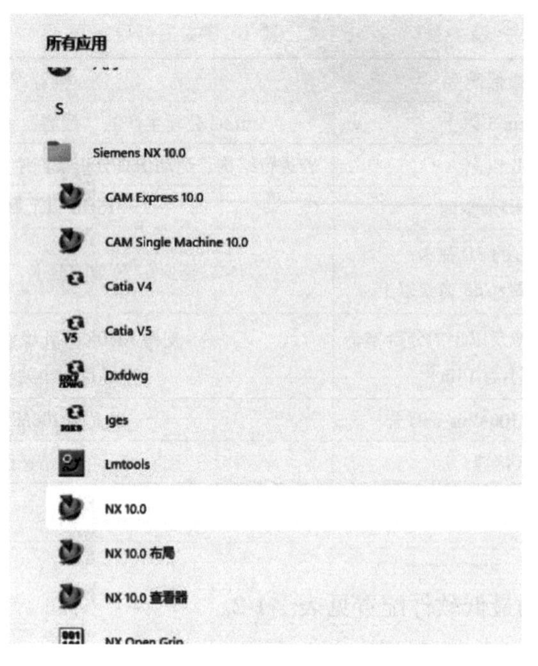

图 1-1-4　Windows【开始】菜单

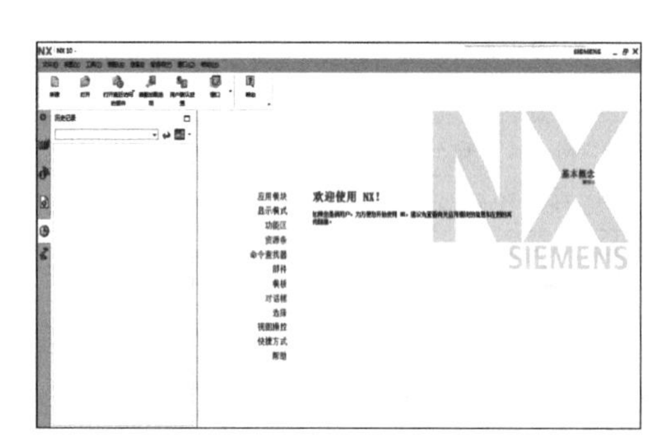

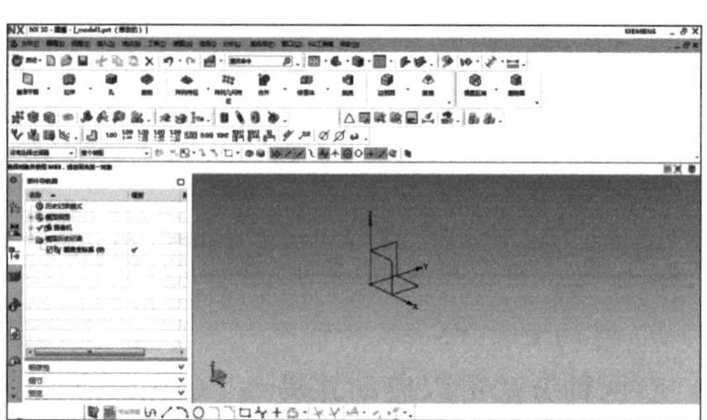

图 1-1-5　UG NX 10.0 界面

【视图】：该菜单用于控制绘图工作区中图形的视图状态，还可以使用【可视化】子菜单对图形进行渲染。

【插入】：包含草图、曲线及曲面等基本绘图特征，还可以进行直接建模、绘制钣金特征及零件明细栏等。在此基础上，UG NX 10.0 增加了许多新的功能，在曲线曲面优化设计、航空设计、CAM 数据设计等方面的功能更为强大。

【格式】：图层、控制绘图工作区中工作坐标系（WCS）的显示状态，转换坐标系矢量轴的指向等功能可在格式菜单中实现。

【工具】：该菜单主要用于控制部件导航器和装配导航器的显示状态。

【装配】：该菜单用于控制导入装配组件，并对其进行关联控制，还可以创建爆炸视图、跟踪线和装配报告，并增加了 WAVE、替换引用集、高级等命令。

【信息】：该菜单用于显示特征、图元及装配体的信息和部分分析结果，并增加了 B 曲面功能。

【分析】：选择菜单中的分析命令，可对图形进行几何分析或对装配体进行间隙分析。

【首选项】：该菜单中的命令用于控制设计过程中模型的显示、图形界面的风格和生成特征的属性等。

【窗口】：如果同时打开的文件超过两个，则可以通过该菜单在各个文件之间进行切换，同时还可以控制各文件在绘图工作区中的显示布局形式。

【GC 工具箱】：GC 工具箱模块是基于我国机械制图强制性标准开发的，符合大部分企业基本要求的标准化 UG NX 使用环境和一系列工具套件。

【帮助】：当遇到不清楚的概念或需要了解 UG NX 10.0 建模过程及方法时，可以选择该菜单中的相关命令，同时 UG XN 10.0 还有在线技术支持功能。

（2）工具栏　工具栏提供了常见的操作命令。UG NX 10.0 大部分工具栏中的按钮图标下方有简略的文字说明，便于用户了解相关功能。命令按钮右侧带有黑色三角的表示该按钮还含有其他命令选项。

用户可以看到有些菜单命令和按钮呈现彩色或暗灰色，这表示该命令处于激活或非激活状态。在不同的环境下，某些功能会自动激活。

（3）绘图工作区　绘图工作区是 UG NX 10.0 的主要工作区域，占据了屏幕的大部分空间。建模的主要过程、绘制前后零件的分析结果、模拟仿真等都会在此区域显示。用户可以按照自己的需要改变图元和背景的显示方式、显示颜色等。

（4）快捷菜单　快捷菜单平时处于隐藏状态，在绘图工作区中右击即可将其打开，并且在使用任何功能时均可将其打开。在不同的选区状态下，弹出的快捷菜单是不同的：在绘图区空白处弹出的快捷菜单如图 1-1-6 所示，选中模型后弹出的快捷菜单如图 1-1-7 所示，选中特征后弹出的快捷菜单如图 1-1-8 所示，工具栏中弹出的快捷菜单如图 1-1-9 所示。通常，快捷菜单中含有常用命令及视图控制等命令，以方便绘图操作。

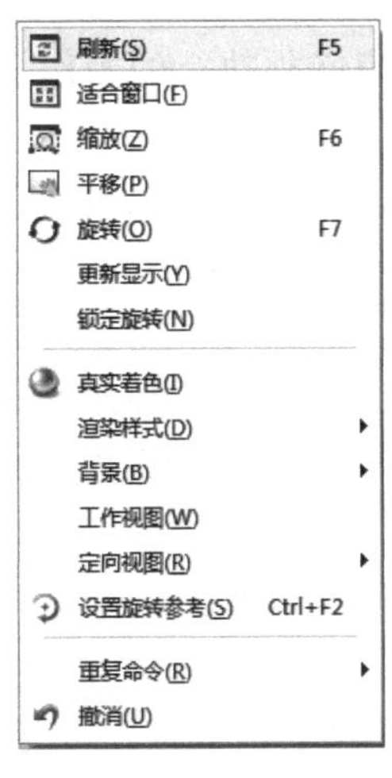

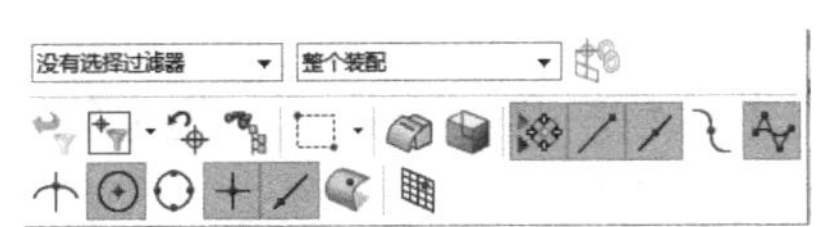

图 1-1-6　在绘图区空白处弹出的快捷菜单

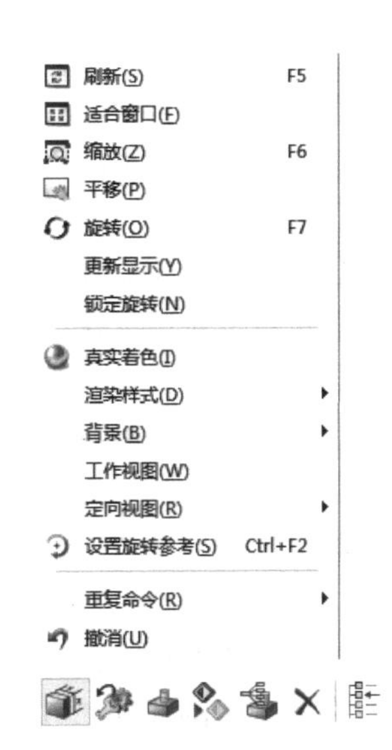

图 1-1-7　选中模型后弹出的快捷菜单

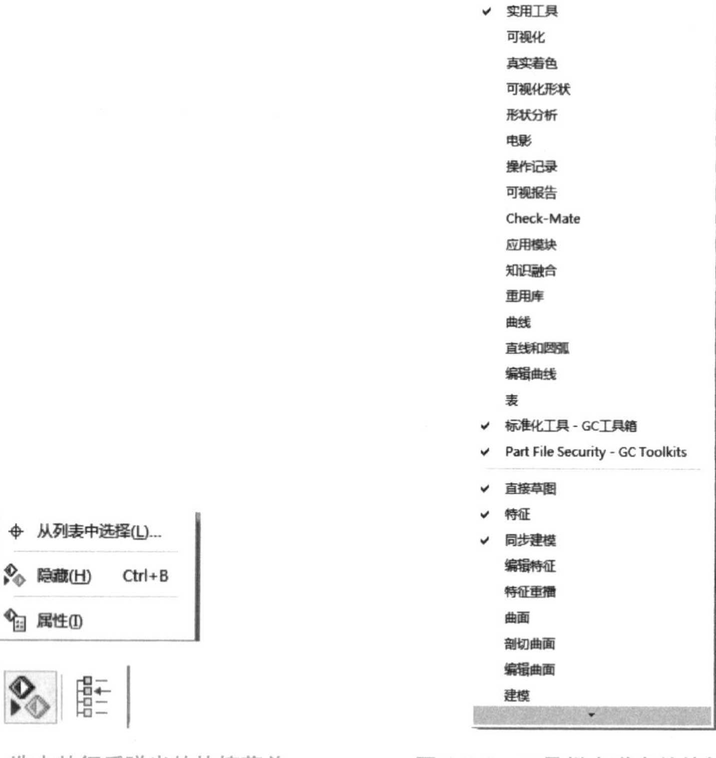

图 1-1-8　选中特征后弹出的快捷菜单

图 1-1-9　工具栏中弹出的快捷菜单

（5）消息区　每执行有关命令，都会在消息区中显示用户必须执行的操作，以及提示用户如何操作。

（6）工作坐标系　UG NX 图形界面中的坐标系统为 WCS，即工作坐标系。在绘图工作区中有一个坐标，用于显示用户现行的工作坐标系；编辑工作坐标系的命令为【格式】→【WCS】。

（7）资源工作条　在 UG NX 10.0 中，资源工作条主要用于管理各个模块的导航器及帮助、材料等。通过单击资源工作条中的各个按钮，可以快速寻求帮助或编辑模型参数。其主要功能如下：

装配导航器：如图 1-1-10 所示，在装配环境下，将显示所有组件的装配情况，并显示装配的层次。

约束导航器：如图 1-1-11 所示，可以看到按照约束分组的工作部件以及装配的约束关系。

部件导航器：如图 1-1-12 所示，显示建模的先后顺序和父子关系。父对象（活动零件或组件）显示在模型树的顶部，其子对象（零件或特征）位于父对象之下。右击【部件导航器】，在弹出的快捷菜单中选择【时间戳记顺序】命令，则按照【模型历史】显示。【模型历史记录】中列出了活动文件中的所有零件及特征，通过选择相应的特征或步骤，可以对模型进行编辑与修改。

重用库：如图 1-1-13 所示，重用库是 UG NX 10. 0 中的标准件库，用来处理常用或重复使用的部件。在装配时可不再创建部件，只需从重用库中加载相关部件名称，即可自动将需要的标准件加载。还可以加载一些自定义的草图等 2D、3D 的常用部件，可以简化很多重复工作。

图 1-1-10　装配导航器

图 1-1-11　约束导航器

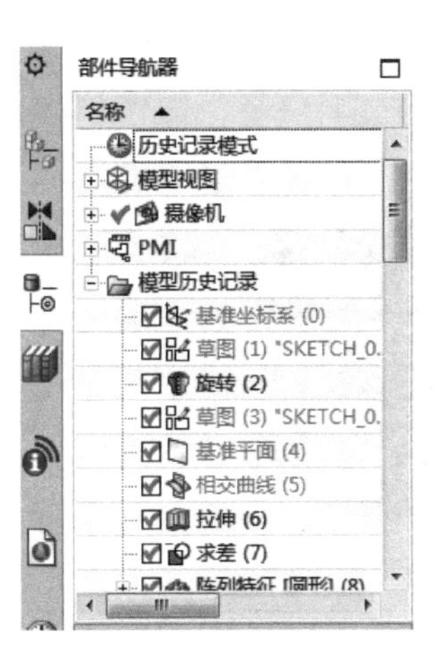

图 1-1-12　部件导航器

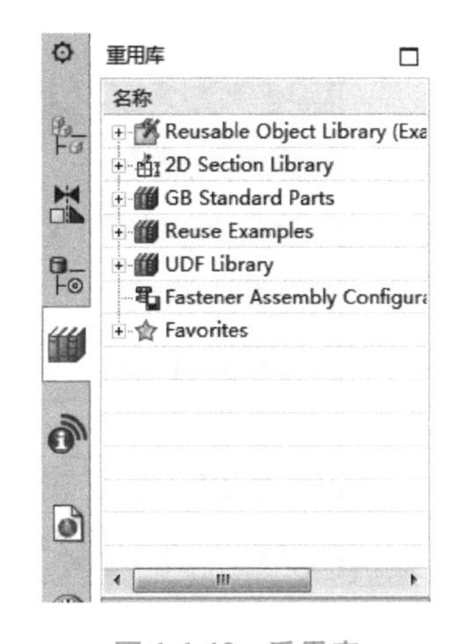

图 1-1-13　重用库

5. 界面主题的设置

启动软件后，一般情况下系统默认 UG NX 10. 0 轻量级主题界面，如果大部分用户仍然习惯于使用“经典”界面主题，则可以按照以下方法进行操作：

1）单击软件菜单栏中的【首选项】按钮。

2）单击【用户界面】按钮，弹出【用户界面首选项】对话框。

3）在【用户界面首选项】对话框中选择【布局】，选中右侧【用户界面环境】区域中的【经典工具条】单选按钮，然后选中【提示行/状态行位置】区域中的【顶部】按钮，如图 1-1-14 所示。

图 1-1-14 “用户界面首选项”改变布局及主题

4）选择【主题】，然后在【NX 主题】类型下拉列表中选择【经典】选项，如图 1-1-14 所示。

5）单击【确定】按钮，完成界面设置，如图 1-1-15 所示。

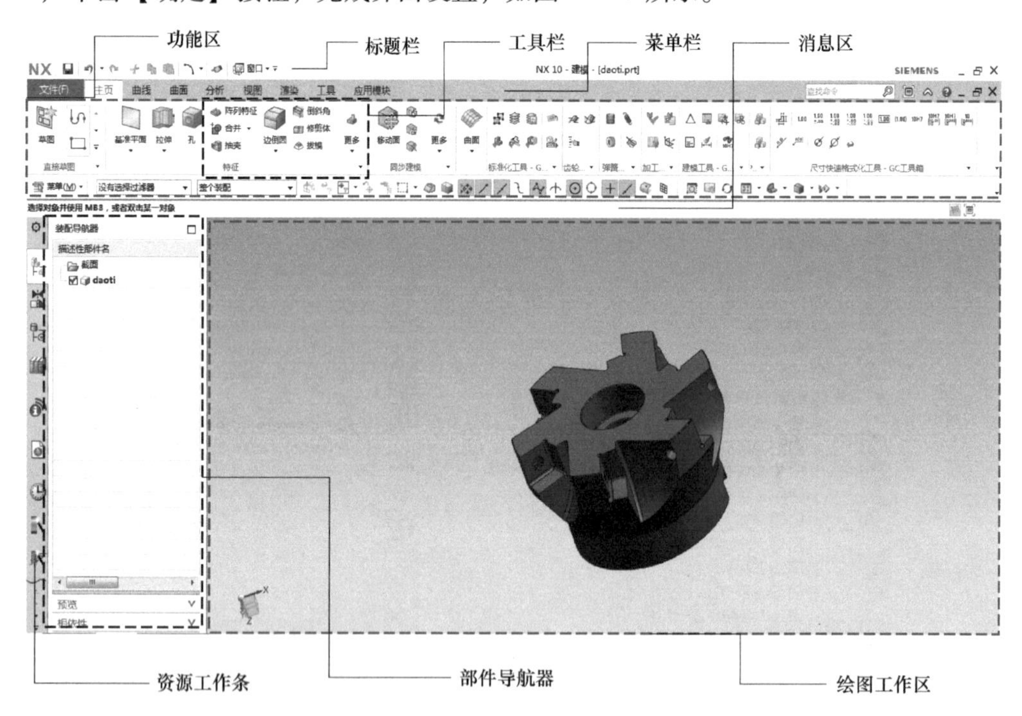

图 1-1-15 UG NX 10.0 经典界面

如果要在经典界面中修改用户界面，单击【首选项】→【用户界面】命令，即可在【用户界面首选项】对话框中进行设置。

6. 鼠标的基本操作

鼠标除了用于选择某个命令、选取模型中的几何要素外，还可以对绘图工作区中的模型进行缩放和移动，这些操作用来改变模型的显示状态，但是并不是改变模型的实际大小和位置。

旋转模型：按住鼠标滚轮并移动鼠标。

移动模型：先按住键盘上的〈Shift〉键，然后按住鼠标滚轮并移动鼠标。

缩放模型：滚动鼠标滚轮，可以缩放模型，光标的位置是缩放的中心点。

三、二维草图设计

二维草图的设计是创建许多特征的基础，如在创建拉伸、旋转和扫掠等特征时，都需要先绘制所创建特征的剖面（截面）形状，其中扫掠特征还需要通过绘制草图以定义扫掠轨迹。

1. 草图环境中的关键术语

对象：二维草图中的任何几何元素（如直线、中心线、圆、圆弧、椭圆、样条曲线、点或坐标系等）。

尺寸：对象的大小或对象间的相对位置。

约束：定义对象几何关系或对象间的相对位置关系。定义约束后，其约束符号会出现在被约束的对象旁边，默认状态下，约束符号显示为蓝色。

参照：草图中的辅助元素。

过约束：两个或多个约束产生矛盾，一般约束符号显示红色，必须删掉一个不需要的约束或尺寸以解决过约束。

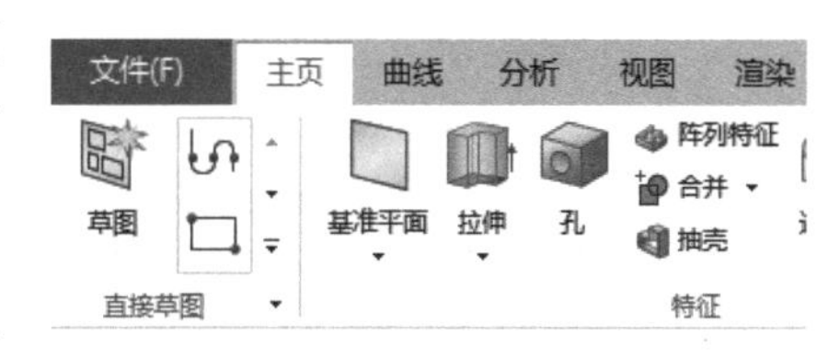

图 1-1-16 直接草图

2. 草图模式

UG NX 10.0 中的直接草图如图 1-1-16 所示。直接草图是在建模环境中进行草绘，而依次选择【菜单】→【插入】→在任务环境中绘制草图(V)...命令，可以进入草图环境进行图形草绘。【在任务环境中绘制草图】工具栏显示完整的草图工具栏，如图 1-1-17 所示，包括【草图】【曲线】【约束】等工具栏，而且可以通过单击【草图】工具栏右下角的下拉箭头，在下拉菜单中勾选需要显示的相关命令。如图 1-1-18 所示，勾选【创建定位尺寸】，可使其显示在【草图】工具栏中。

图 1-1-17 【在任务环境中绘制草图】工具栏

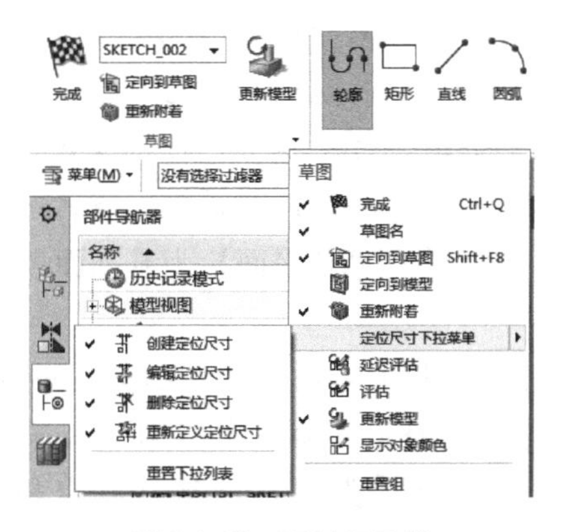

图 1-1-18 定制工具栏

3. 草图的创建与退出

用户要创建草图，必须先进入草图绘制模块，下面介绍几种进入草图绘制模块的方式。

（1）通过工具栏进入　在【工具】栏中的【直接草绘】中单击【草图】按钮，弹出如图1-1-19所示的对话框，用户可根据需要选择【在平面上】、【基于路径】等放置草图的位置。在【在平面上】选项下有4种方式来指定平面，即【自动判断】、【现有平面】、【创建平面】、【创建基准坐标系】。

a)

b)

图1-1-19　【创建草图】对话框

下面以选择【在平面上】新建草图为例，简述创建草图的过程。

1）草图平面。在【草图平面】的【平面方法】下拉列表中，有【自动判断】、【现有平面】、【创建平面】和【创建基准坐标系】4个选项，默认为【自动判断】，由系统自动判断草图平面。以下介绍【现有平面】、【创建平面】和【创建基准坐标系】这3个选项的应用。

在【草图平面】中选择【现有平面】选项后，用户可以选择以下现有平面作为草图平面。

①已经存在的基准平面。

②存在的实体平整表面。

③坐标平面，如XC-YC平面、YC-ZC平面和XC-ZC平面。

在【草图平面】中选择【创建平面】选项时，用户可以在【指定平面】下拉列表中选择需要的创建平面方法，如图1-1-20所示。例如，在【指定平面】下拉列表中选择【XC-YC平面】选项，在绘图窗口弹出【距离】对话框，输入一定距离后，按〈Enter〉键，如图1-1-21所示，即创建了一个以【XC-YC平面】为基准面，与【XC-YC平面】相距指定距离的新平面作为草绘平面。

在【草图平面】中选择【创建基准坐标系】选项时，可以在【创建草图】对话框的【草图平面】选项组中单击【创建基准坐标系】按钮，弹出如图1-1-22所示【基准CSYS】对话框，在此对话框中选择【类型】选项并制定相应的参照来创建一个基准CSYS，再单击【确定】按钮，返回到【创建草图】对话框，此时可选择平面来作为草图平面。

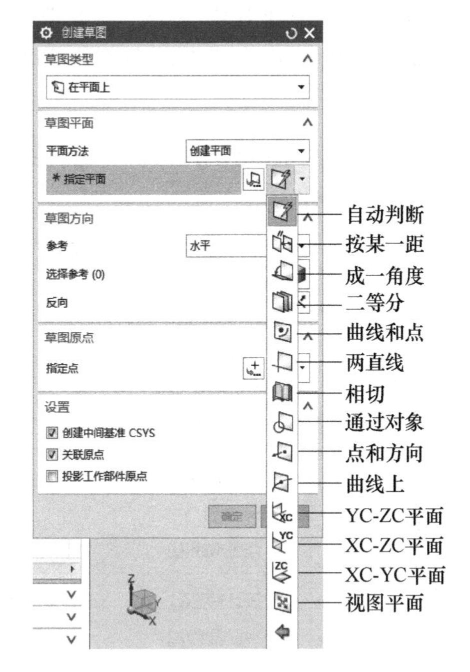

图 1-1-20 【指定平面】下拉选项

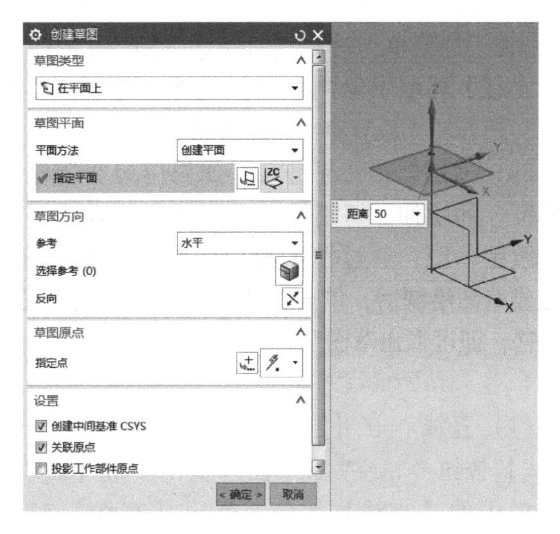

图 1-1-21 创建草图平面

图 1-1-22 【基准 CSYS】对话框

2）草图方向。在【创建草图】对话框中可以根据绘图情况定义草图方向，如图 1-1-23 所示。如果需要重定向草图坐标轴方向，则可双击相应的坐标轴。

3）草图原点。在【创建草图】对话框的【草图原点】选项区中，可以使用【点构造器】按钮或使用【点构造器】右侧下拉菜单中的选项定义草图原点。

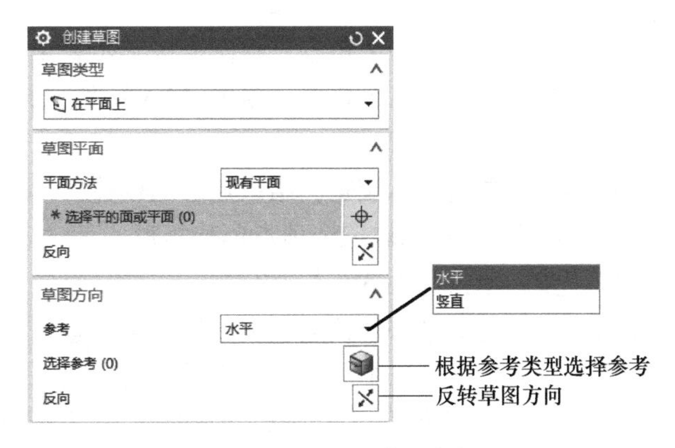

图 1-1-23 定义草图方向

（2）选择草图进入　如果当前部件中已存在草图，进入草图模式后，在【草图生成器】工具栏的【草图名】下拉列表中会出现所有草图的名称。只要选择其中一个，所有草图将被激活，此时可在该草图中进行相关的草图操作。在建模模式下双击已有的草图也可将其激活。

（3）通过菜单栏进入　单击 UG NX10.0【菜单】，在下拉菜单中选择【插入】→【草图】命令或【在任务环境中绘制草图】命令，如图 1-1-24 所示，随即转入设置草图平面界面。

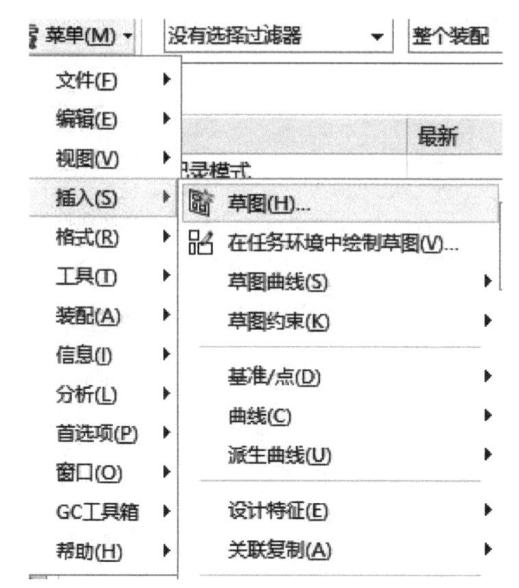

图 1-1-24 【草图】命令

（4）通过创建特征进入　如果用户要创建一个特征，如拉伸、切割等，可在弹出的对话框中选择绘制草图，通过单击相应的按钮创建草图。当完成草图绘制后，单击工具栏中的【完成草图】按钮，即可退出草图环境，完成草图的绘制。

4. 绘制草图曲线

（1）直线　在【直接草图】工具栏中单击【直线】按钮，或者在草图环境中单击【曲线】工具栏中的【直线】按钮，弹出【直线】对话框，输入模式包括【坐标模式】XY和【参数模式】选项。

【坐标模式】XY：可通过输入 XC 与 XY 的坐标值精确绘制，坐标值以工作坐标系［WCS］为参照，要在动态输入框的选项之间切换，可按〈Tab〉键；也可在文本框内输入坐标值，然后按〈Enter〉键确定。

【参数模式】：单击该按钮，可通过输入长度值和角度绘制直线。

（2）矩形　单击【菜单】中的【插入】选择【曲线】→【矩形】命令（或单击【矩形】按钮），弹出的【矩形】对话框如图 1-1-25 所示。共有 3 种创建矩形的方式：按两点、按三点、从中心和两角点定位。

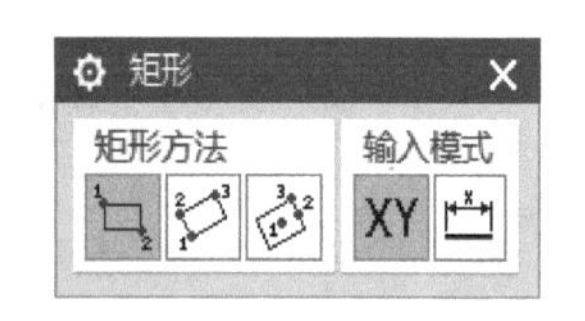

图 1-1-25 【矩形】对话框

1）按两点——选取两对角点创建矩形。

第一步：单击【用 2 点】按钮。

第二步：定义第一个角点。在图形区某位置单击，放置第一个角点。

第三步：定义第二个角点。单击【XY】按钮，在图形区另一个位置单击，放置第二个角点。

第四步：单击鼠标滚轮，结束矩形的创建。

2）按三点——选取三个顶点创建矩形。

第一步：单击【用 3 点】按钮。

第二步：定义第一个顶点。在图形区某位置单击，放置第一个顶点。

第三步：定义第二个顶点。单击【XY】按钮，在图形区另一个位置单击，放置第二个顶点（第一个顶点和第二个顶点之间的距离为矩形的宽度），此时矩形呈“橡皮筋”样变化。

第四步：定义第三个顶点。单击【XY】按钮，在图形区第三个位置单击，放置第三个顶点（第一个顶点和第三个顶点之间的距离为矩形的高度）。

第五步：单击鼠标滚轮，结束矩形的创建。

3）从中心——通过选取中心点、一条边的中点和顶点创建矩形。

第一步：单击【从中心】按钮。

第二步：定义第一个顶点。在图形区某位置单击，放置矩形中心点。

第三步：定义第二个顶点。单击【XY】按钮，在图形区另一个位置单击，放置第二个点（一条边的中点），此时矩形呈“橡皮筋”样变化。

第四步：定义第三个顶点。单击【XY】按钮，在图形区第三个位置单击，放置第三个点。

第五步：单击鼠标滚轮，结束矩形的创建。

（3）圆　单击【菜单】中的【插入】选择【曲线】→【圆】命令（或单击【圆】按钮◯），弹出的【圆】对话框如图 1-1-26 所示，可通过两种方式创建圆。

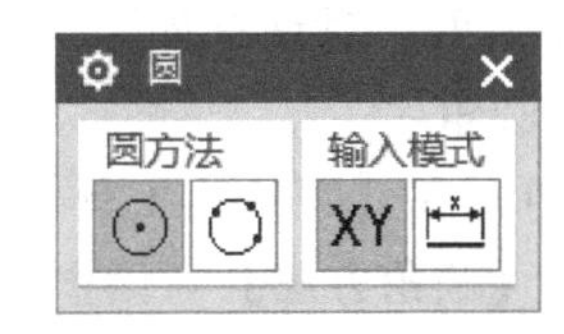

图 1-1-26 【圆】对话框

1）圆心和直径——通过选择中心点和圆上一点创建圆。

第一步：单击【圆心和直径】按钮。

第二步：定义圆心。在【选择圆的中心点】的提示下，输入圆心坐标，或在某位置单击，放置圆的中心点。

第三步：定义圆的半径。在【在圆上选择一个点】的提示下，拖动光标至另一个位置，单击确定圆的大小，然后双击圆的直径或半径尺寸，更改尺寸大小。

第四步：单击鼠标滚轮，结束圆的创建。

2）通过三点——通过圆上三点创建圆。

第一步：选择方法为“三点定圆”。

第二步：定义圆。在【选择圆的第一点】的提示下，单击鼠标左键确定圆的第一点。在【选择圆的第二点】的提示下，单击鼠标左键确定圆的第二点。在【选择圆的第三点】的提示下，单击鼠标左键确定圆的第三点。

第三步：单击中键，结束圆的创建。

（4）圆弧　单击【菜单】中的【插入】选择【曲线】→【圆弧】命令（或单击【圆弧】按钮），弹出的【圆弧】对话框如图 1-1-27 所示，可通过两种方式创建圆弧。

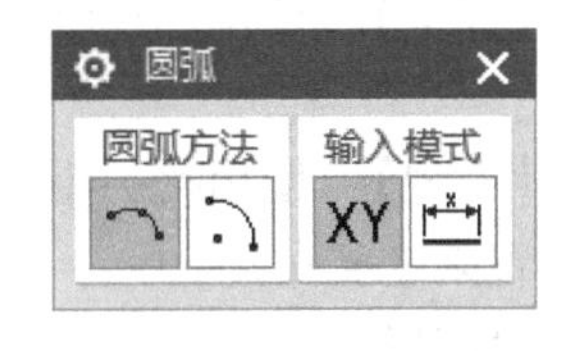

图 1-1-27 【圆弧】对话框

1）通过三点的圆弧——通过圆弧的两个端点和圆弧上的一个附加点来创建圆弧。

第一步：单击【三点定圆弧】按钮。

第二步：定义圆心。在【选择圆弧的起点】的提示下，在图形区任意位置单击，确定圆弧的起点；在【选择圆弧的终点】的提示下，在另一个位置单击，确定圆弧的终点。

第三步：定义附加点。在【在圆弧上选择一个点】的提示下，拖动光标至另一个位置，单击确定附加点。

第四步：单击鼠标滚轮，结束圆弧的创建。

2）用中心和端点定圆弧。

第一步：单击【中心和端点定圆弧】按钮。

第二步：定义圆心。在【选择圆弧的中心点】的提示下，在图形区任意位置单击，确定圆弧的中心点。

第三步：定义圆弧起点。在【选择圆弧的起点】的提示下，在图形区任意位置单击，确定圆弧的起点。

第四步：定义圆弧终点。在【选择圆弧的终点】的提示下，在图形区任意位置单击，确定圆弧的终点。

第五步：单击鼠标滚轮，结束圆弧的创建。

(5) 圆角　单击【菜单】中的【插入】选择【曲线】→【圆角】命令（或单击【圆角】按钮），弹出的【圆角】对话框如图 1-1-28 所示，可通过两种方式创建圆角。

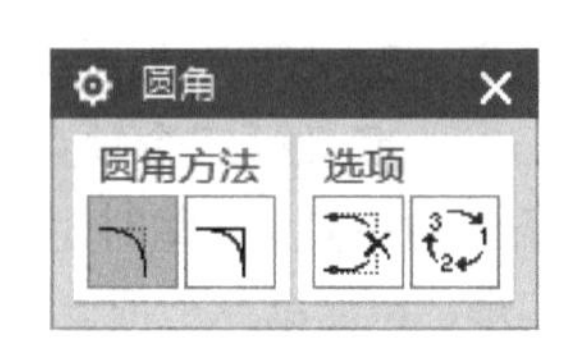

图 1-1-28　【圆角】对话框

1）在【圆角】工具栏中单击【圆角方法】按钮，弹出【圆角方法】对话框。

2）在【圆角方法】对话框中指定方法，有【修剪】和【取消修剪】。

3）选择图形对象放置圆角，在【半径】对话框中输入圆角半径值。

5. 阵列曲线

在草图任务环境中，单击【曲线】工具栏中的【阵列曲线】按钮，弹出【阵列曲线】对话框，如图 1-1-29 所示，在【阵列定义】选项组中单击【布局】下拉列表。

图 1-1-29　【阵列曲线】对话框

下拉列表中包含【线性】【圆形】和【常规】三个选项。

【线性】：沿一个或两个线性方向阵列。

【圆形】：使用选择轴和可选的径向间距参数定义布局。

【常规】：使用按一个或多个目标点或坐标系定义的位置来定义布局。

以圆形阵列为例：

第一步：在【曲线】工具栏中单击【阵列曲线】按钮，弹出【阵列曲线】对话框。

第二步：选择最初创建的圆形为阵列对象，在【阵列定义】选项组的【布局】下拉列表中选择【圆形】。

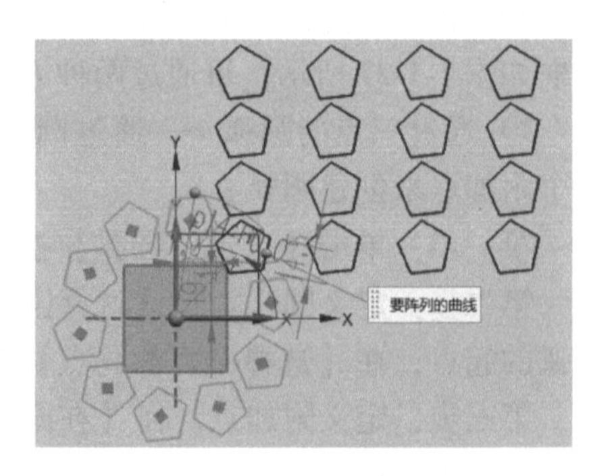

图 1-1-30　选择旋转中心点

第三步：指定旋转中心点。在【旋转点】子选项组的【指定点】右侧的下拉列表中选择【自动判断点】选项，再单击图形的坐标原点作为旋转中心点，如图 1-1-30 所示。

第四步：在【角度方向】子选项组中分别设置相应参数，如图 1-1-31 所示，再单击【确定】按钮，完成圆形阵列，阵列效果如图 1-1-32 所示。

图 1-1-31　参数设置

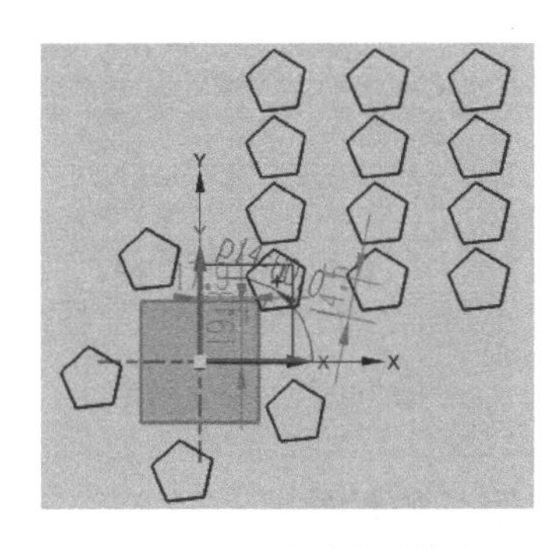

图 1-1-32　圆形阵列效果

6. 镜像曲线

镜像操作是将草图对象以一条直线为对称中心，将所选取的对象以这条对称中心为轴进行复制，生成新的草图对象，复制的对象与原对象形成一个整体，并且保持关联性。

第一步：在草图任务环境中，在草图平面上创建如图 1-1-33 所示的矩形和直线。单击【曲线】工具栏中的【镜像曲线】按钮，弹出【镜像曲线】对话框，如图 1-1-34 所示。

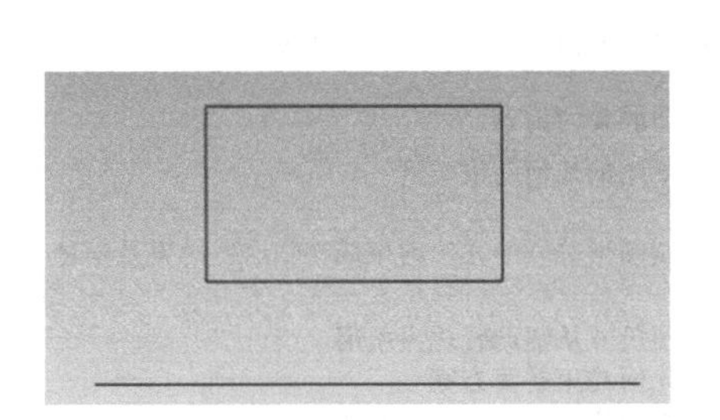

图 1-1-33　绘制图形

图 1-1-34　【镜像曲线】对话框

第二步：在【要镜像的曲线】的【选择曲线】中选择已经画好的矩形，在【中心线】选项组中单击【选择中心线】按钮，在绘图工作区选择镜像用的中心线。

第三步：在【镜像曲线】对话框的【设置】选项组中勾选【中心线转换为参考】复选框，再单击【确定】按钮，最终镜像效果如图 1-1-35 所示。

7. 快速修剪

【快速修剪】命令用于从任意方向将曲线修剪到最近的交点或选定的边界，它是常用的编辑工具命令，可以将草图中不需要的部分修剪掉。

在草图任务环境中，单击【曲线】工具栏中的【快速修剪】按钮，弹出如图 1-1-36 所示的【快速修剪】对话框。【快速修剪】的【边界曲线】用于修剪曲线的边界条件曲线，可以预先定义，也可以自动选取。【选择曲线】用于选择边界曲线。

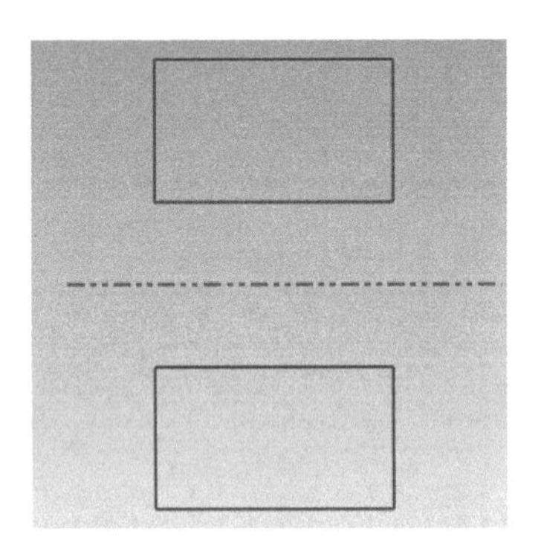

图 1-1-35　镜像效果

图 1-1-36　【快速修剪】对话框

四、草图几何约束

草图约束命令的使用

草图约束包括几何约束和尺寸约束。草图的几何约束一般用于定位草图对象和确定草图对象间的相互关系，例如重合、平行、正交、共线、同心、竖直、相切、中点、等长、水平、等半径、点在曲线上等。在草图环境下，【约束】工具栏中包括图 1-1-37 所示的选项，其中添加注释的是与几何约束有关的工具按钮。

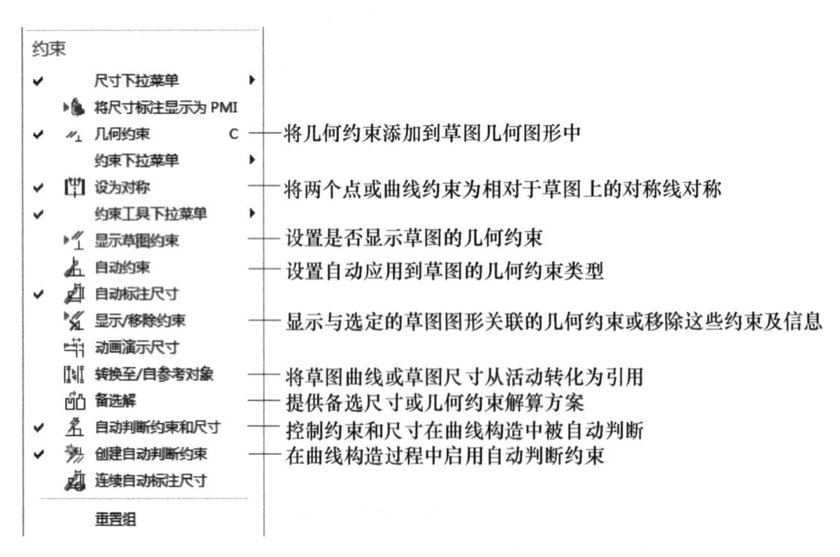

图 1-1-37　【约束】工具栏

1. 添加几何约束

在草图环境中单击【约束】工具栏中的【几何约束】按钮，弹出如图 1-1-38 所示的【几何约束】对话框。在【约束】选项组中单击所需的几何约束按钮，然后选择要约束的几何图形，需要时单击【选择要约束到的对象】按钮，并在窗口中选择要约束到的对象，再单击【关闭】按钮。如果在选择约束对象之前勾选【自动选择递进】复选框，则在选择要约束到的对象后，系统自动切换到【选择要约束到的对象】状态，因此可直接在绘图工作区选择要约束到的对象。

例如，要将两条直线约束为垂直，可单击【几何约束】按钮，在【几何约束】对话框的【约束】选项组中单击【垂直】按钮，并勾选【自动选择递进】复选框，然后选择一条直线作为要约束的对象，再选择一条直线作为要约束到的对象，完成后单击【关闭】按钮，如图 1-1-39 所示，则两条直线约束为垂直。

图 1-1-38　【几何约束】对话框

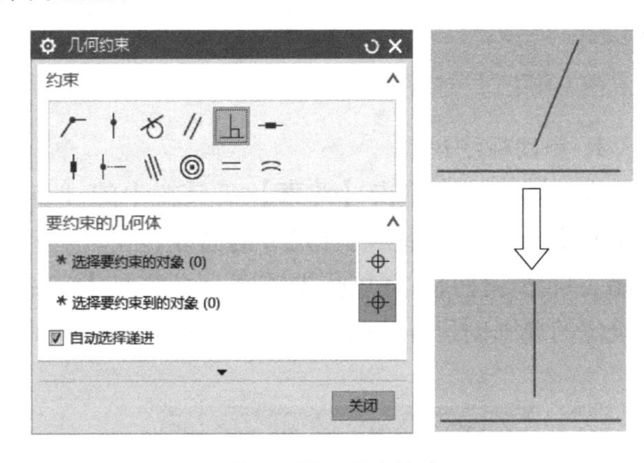

图 1-1-39　垂直约束

2. 自动约束

单击【约束】工具栏中的【自动约束】按钮，弹出【自动约束】对话框，其中的各复选框用于控制自动创建约束的类型。在绘图工作区中选择要约束的草绘曲线，可以是一条或多条。选择完成后，在【自动约束】对话框中单击【确定】按钮，程序会根据选择曲线的情况自动创建约束，如图 1-1-40 所示。

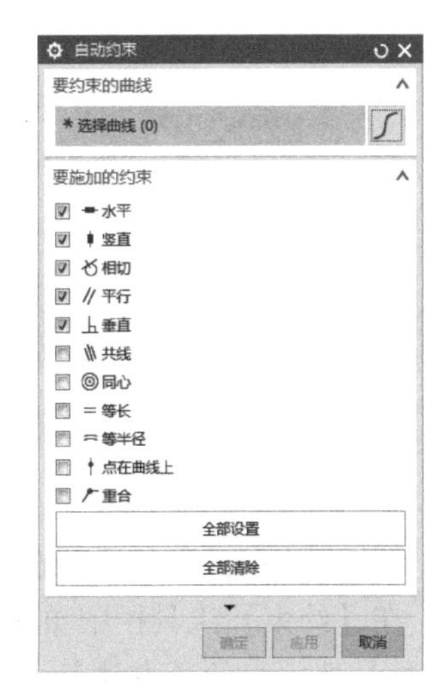

图 1-1-40　【自动约束】对话框

3. 备选解

当用户对一个草图对象进行约束操作时，同一个约束条件可能存在多种解决方法，采用备选解操作可从约束的一种解决方法转换为另一种解决方法。单击【草图约束】工具栏中的【备选解】按钮，弹出【备选解】对话框，如图 1-1-41 所示，程序提示用户选择操作对象，此时可在绘图工作区选择要进行替换操作的对象。选择对象后，所选对象直接转换为同一约束的另一种约束方式。用户还可继续选择其他操作对象进行约束方式的转换。

五、草图尺寸约束

草图尺寸约束用于确定草图曲线的形状大小和放置位置，包括水平、垂直、平行、角度等 9 种标注方式。草图尺寸约束命令的启动途径如图 1-1-42 所示。

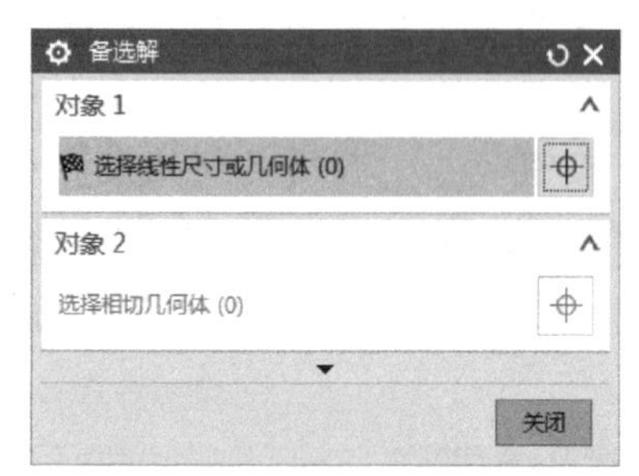

图 1-1-41 【备选解】对话框

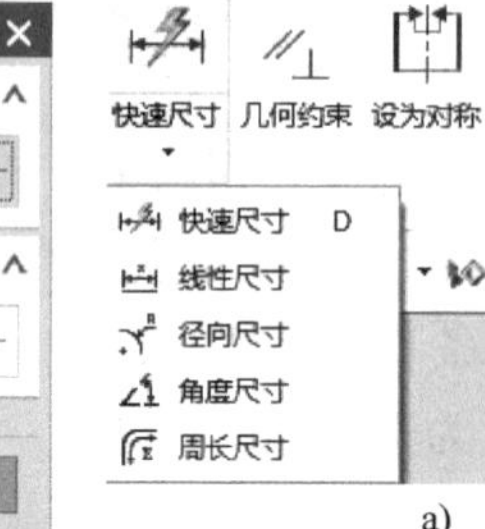

a)

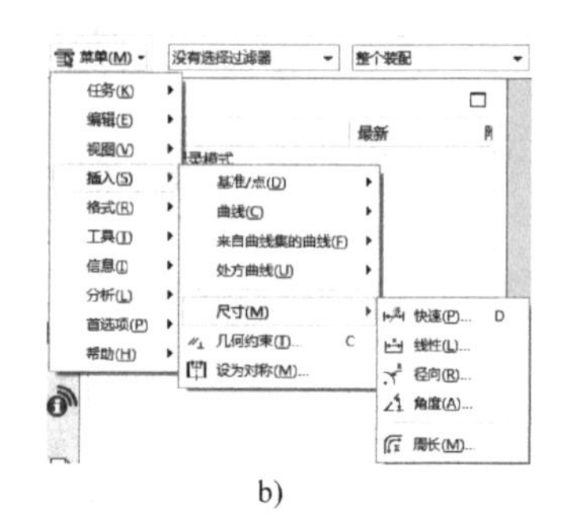

b)

图 1-1-42 草图尺寸约束命令的启动

1. 自动标注尺寸

在草图环境中单击【约束】工具栏中的【自动标注尺寸】按钮，弹出的对话框如图 1-1-43 所示。选择要标注尺寸的曲线，在【自动标注尺寸规则】选项组中设置自上而下的相关自动标注尺寸规则优先顺序，再单击【应用】或【确定】按钮，可在所选曲线上按照设定的规则创建自动标注的尺寸。图 1-1-44 所示为创建完图形后自动标注的尺寸。

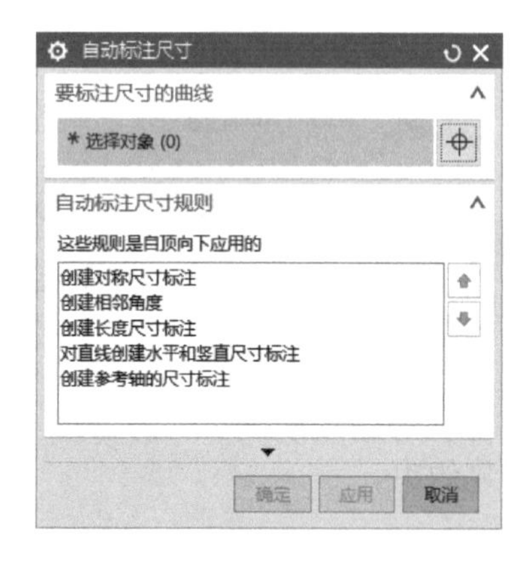

图 1-1-43 【自动标注尺寸】对话框

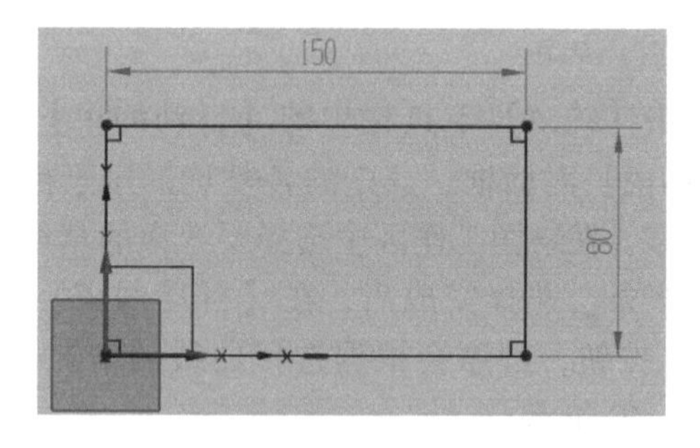

图 1-1-44 创建完图形后自动标注的尺寸

2. 快速尺寸

【快速尺寸】命令可以通过基于选定的对象和光标位置自动判断尺寸类型来创建尺寸约束。在【约束】工具栏中单击【快速尺寸】按钮，弹出的对话框如图 1-1-45 所示。在【测量】选项组的【方法】下拉列表中可以选择所需的测量方法。一般尺寸的测量方法为【自动判断】。当测量方法为【自动判断】时，用户选择要标注的参考对象时，软件会根据选定对象和光标位置自动判断尺寸类型，再指定尺寸原点放置位置，也可以在【原点】选项组中勾选【自动放置】复选框。绘图工作区会弹出【尺寸表达式】对话框供用户随时修改当前的尺寸值。如图 1-1-46 所示，图中的尺寸为采用【自动判断】的方法创建。

图 1-1-45 【快速尺寸】对话框

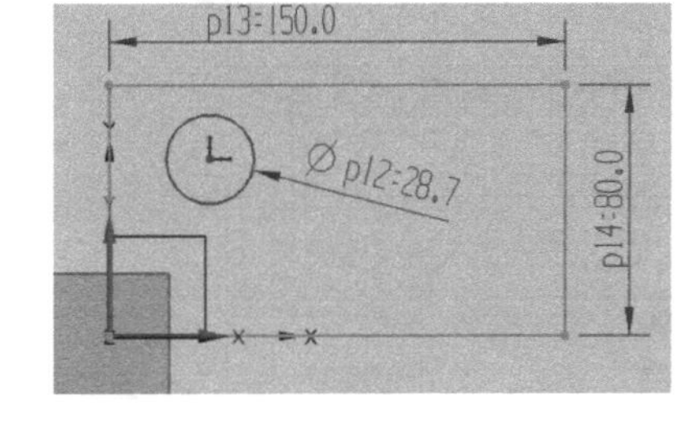

图 1-1-46 采用【自动判断】方法创建的尺寸

3. 线性尺寸

【线性尺寸】命令用于在两个对象或点位置之间创建线性距离约束。单击【约束】工具栏【尺寸】下拉菜单中的【线性尺寸】按钮，弹出如图 1-1-47 所示的对话框，指定测量方法，并设定相关参数，选择参考对象和指定尺寸原点放置位置。如图 1-1-48 所示，标注了水平尺寸、竖直尺寸、垂直尺寸和圆柱坐标系尺寸等线性尺寸，其中圆柱坐标系尺寸带有直径的前缀符号 ϕ。

图 1-1-47 【线性尺寸】对话框

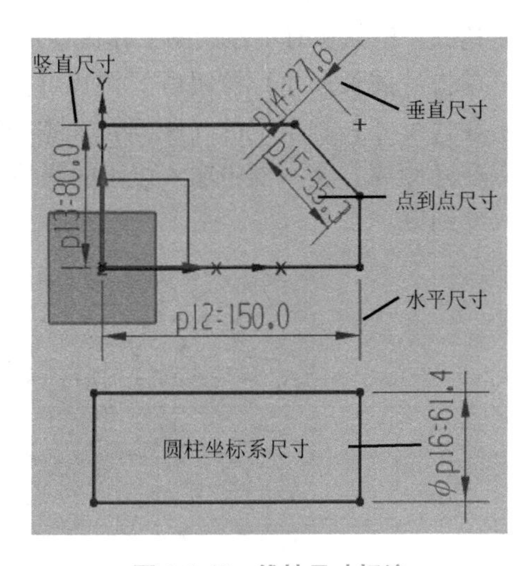

图 1-1-48 线性尺寸标注

4. 径向尺寸和角度尺寸

在【约束】工具栏【尺寸】下拉菜单中单击【径向尺寸】按钮，弹出的【半径尺寸】对话框如图 1-1-49 所示，可根据测量对象选择测量方法为【直径】尺寸。

单击【角度尺寸】按钮，弹出【角度尺寸】对话框，如图 1-1-50 所示。选择该方式时，程序对所选的两条直线进行角度尺寸约束。如果选择直线时光标比较靠近两直线的交点，则标注的角度是对顶角，且必须是在草图模式中创建的。

图 1-1-49 【半径尺寸】对话框

图 1-1-50 【角度尺寸】对话框

5. 周长尺寸

【周长尺寸】命令用于创建周长约束以控制选定直线和圆弧的集体长度。周长尺寸将创建表达式，但默认时不在绘图工作区显示。

单击【周长尺寸】按钮，弹出【周长尺寸】对话框，选择需要测量集体长度的曲线集，在【尺寸】选项组的【距离】文本框中会显示曲线集的长度，如图 1-1-51 所示，此时可以在【距离】文本框中输入设定的集体长度，然后单击【应用】或【确定】按钮创建周长尺寸约束。

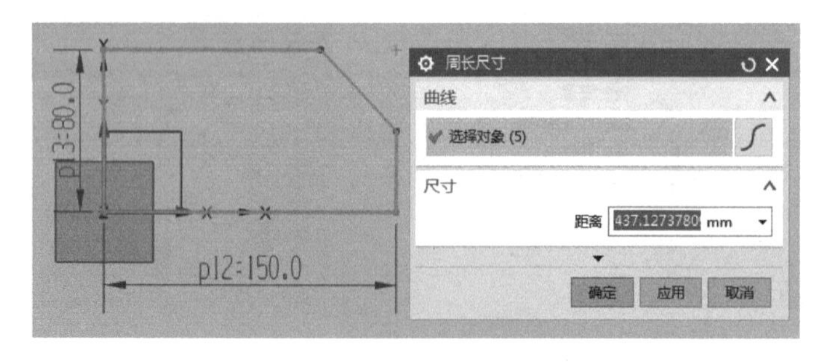

图 1-1-51 创建周长尺寸约束

6. 连续自动标注尺寸

UG NX 10.0 软件默认启用连续自动标注尺寸功能，如果想关闭该功能，则可以在草图环境中依次选择【菜单】→【任务】→【草图设置】命令，弹出 1-1-52 所示的【草图设置】对话框，此时【连续自动标注尺寸】复选框处于勾选状态，取消勾选可以关闭【连续自动标注尺寸】功能。单击功能区【约束】工具栏中的【连续自动标注尺寸】按钮，也可以设置曲线构造过程中连续自动标注尺寸的开启和关闭。

另外，打开【草图设置】对话框，还可以设置草图中的【文本高度】和是否【创建自动判断约束】等。

图 1-1-52 【草图设置】对话框

六、拉伸命令

拉伸命令的使用

拉伸特征是将截面沿着草图平面的垂直方向拉伸而成的特征，它是最常用的零件建模方法。

选择【菜单】栏中的【插入】→【设计特征】→【拉伸】命令，或在【特征】工具栏中单击【拉伸】按钮，弹出图 1-1-53 所示的【拉伸】对话框。定义对话框中的【截面】、【方向】、【限制】、【布尔】、【拔模】、【偏置】和【设置】等参数，通过【预览】可以看到绘制的三维实体模型。

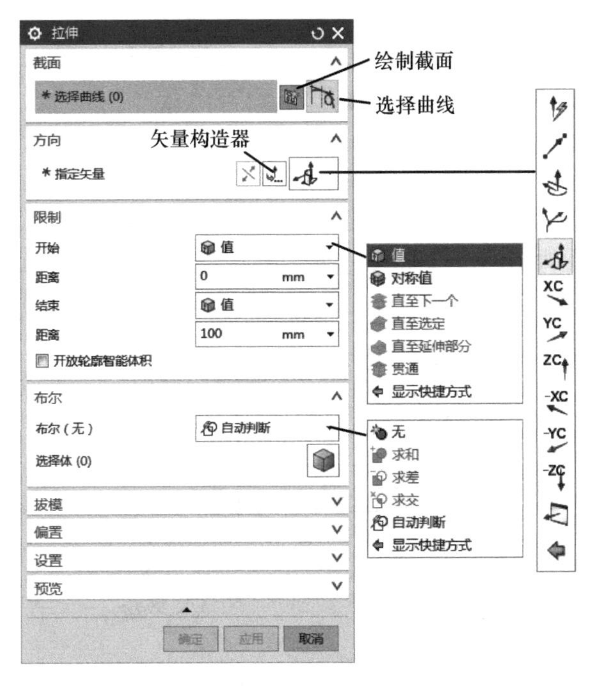

图 1-1-53 【拉伸】对话框

进行拉伸操作时，首先要在草图截面中绘制截面，在【拉伸】对话框的【截面】选项组中单击【选择曲线】选项，根据系统提示，选择草绘好的平面或截面几何图形作为拉伸截面曲线。如果开始没有创建截面图形，可以单击【截面】选项组中的【绘制截面】按钮，弹出【创建草图】对话框，进入内部草图环境绘制所需的截面曲线。

然后定义方向，在【方向】选项组的【指定矢量】下拉列表中选择矢量方向，或单击【矢量】按钮，利用打开的如图 1-1-54 所示的【矢量】对话框创建矢量方向。在【拉伸】对话框的【方向】选项组中单击【反向】按钮，可以改变拉伸方向。

然后在【限制】选项组中设置拉伸限制的方式及参数。在【布尔】下拉列表中设置拉伸操作所创建的实体与原有实体之间的布尔运算；在【拔模】选项组中设置在拉伸时进行拔模处理。

在【偏置】选项组中定义拉伸偏置选项及相应参数，可以将拉伸的片体或曲面改变成实体。

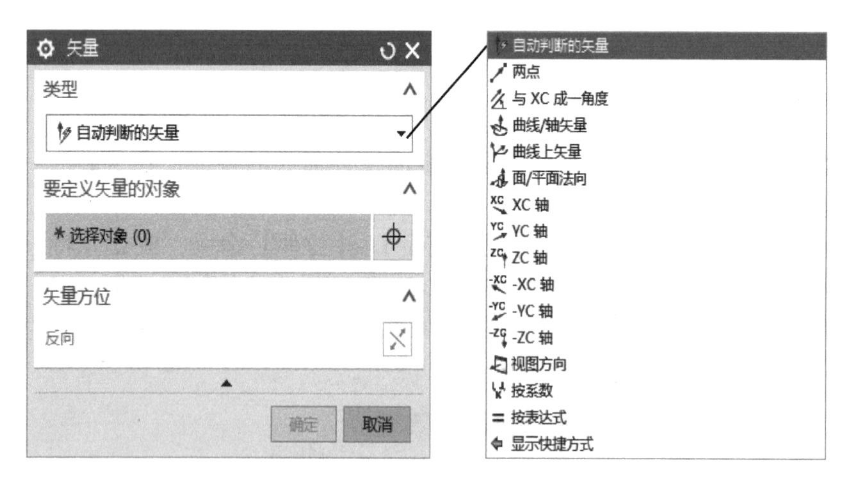

图 1-1-54 【矢量】对话框

【自学自测】

1. 绘制如图 1-1-55 所示的二维曲线。

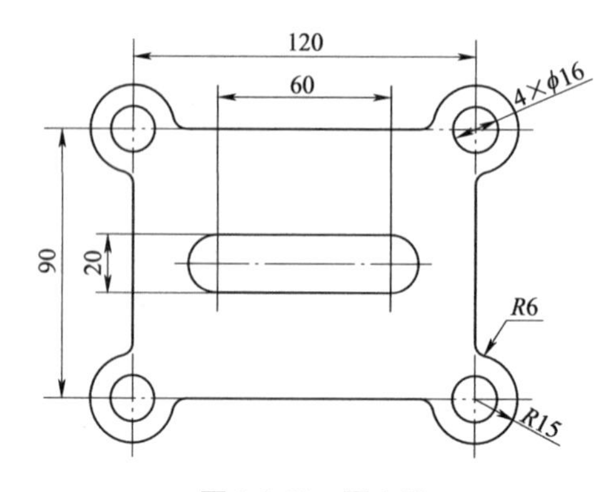

图 1-1-55 题 1 图

2. 绘制如图 1-1-56 所示的二维曲线。

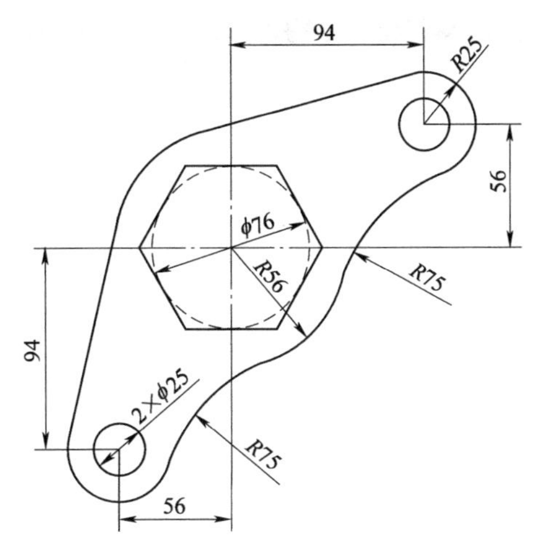

图 1-1-56　题 2 图

3. 绘制如图 1-1-57 所示的二维曲线。

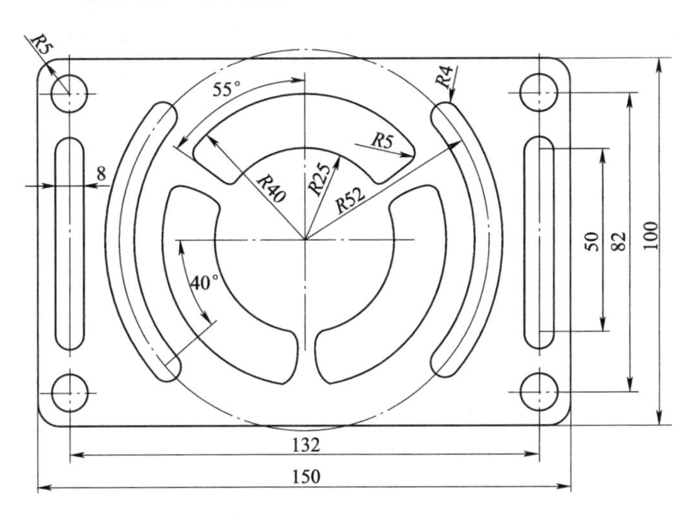

图 1-1-57　题 3 图

【任务实施】

任务 1 轮毂凸模三维造型

1. 新建建模环境

首先，打开 UG NX 10. 0 软件，在建模界面选择新建模型，建立新文件名，如图 1-1-58 所示。

2. 草图绘制

（1）绘制直线　选择【插入】→【在任务环境中绘制草图】，如图 1-1-59 所示，在【草图平面】的【平面方法】下拉列表中有【自动判断】、【现有平面】、【创建平面】和【创建基准坐标系】4 个选项，默认为【自动判断】，由系统自动判断草图平面。本任务选择【自动判断】选项，在 XOY 平面创建如图 1-1-60 所示的草图轮廓，草图绘制步骤如下。

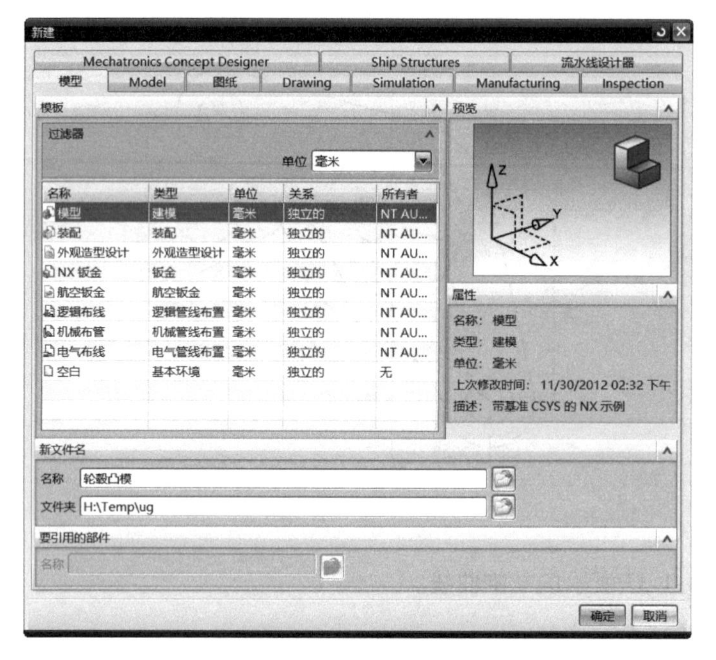

图 1-1-58　新建建模环境

1）与 X 轴成 30°角绘制一条直线，并将直线设置为参考线。

2）绘制一条直线，选择约束，使其与参考线平行，约束距离为 7.5mm。

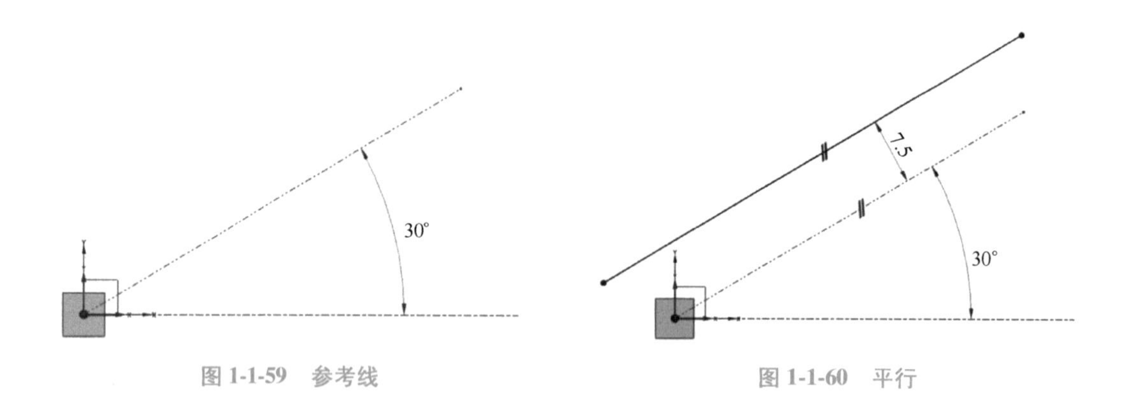

图 1-1-59　参考线　　图 1-1-60　平行

（2）镜像直线，绘制圆形

1）镜像上一步骤所绘制直线。选择镜像轴为 Y 轴，原点为镜像点，镜像后的图像如图 1-1-61 所示。

2）以原点为圆心，分别绘制直径为 60mm 和 130mm 的两个圆，如图 1-1-62 所示。

（3）修剪多余曲线，倒圆角

1）选择修剪命令，修剪多余直线，修剪后如图 1-1-63 所示。

2）选择圆角命令，输入半径为 10mm，创建倒圆角，如图 1-1-64 所示。

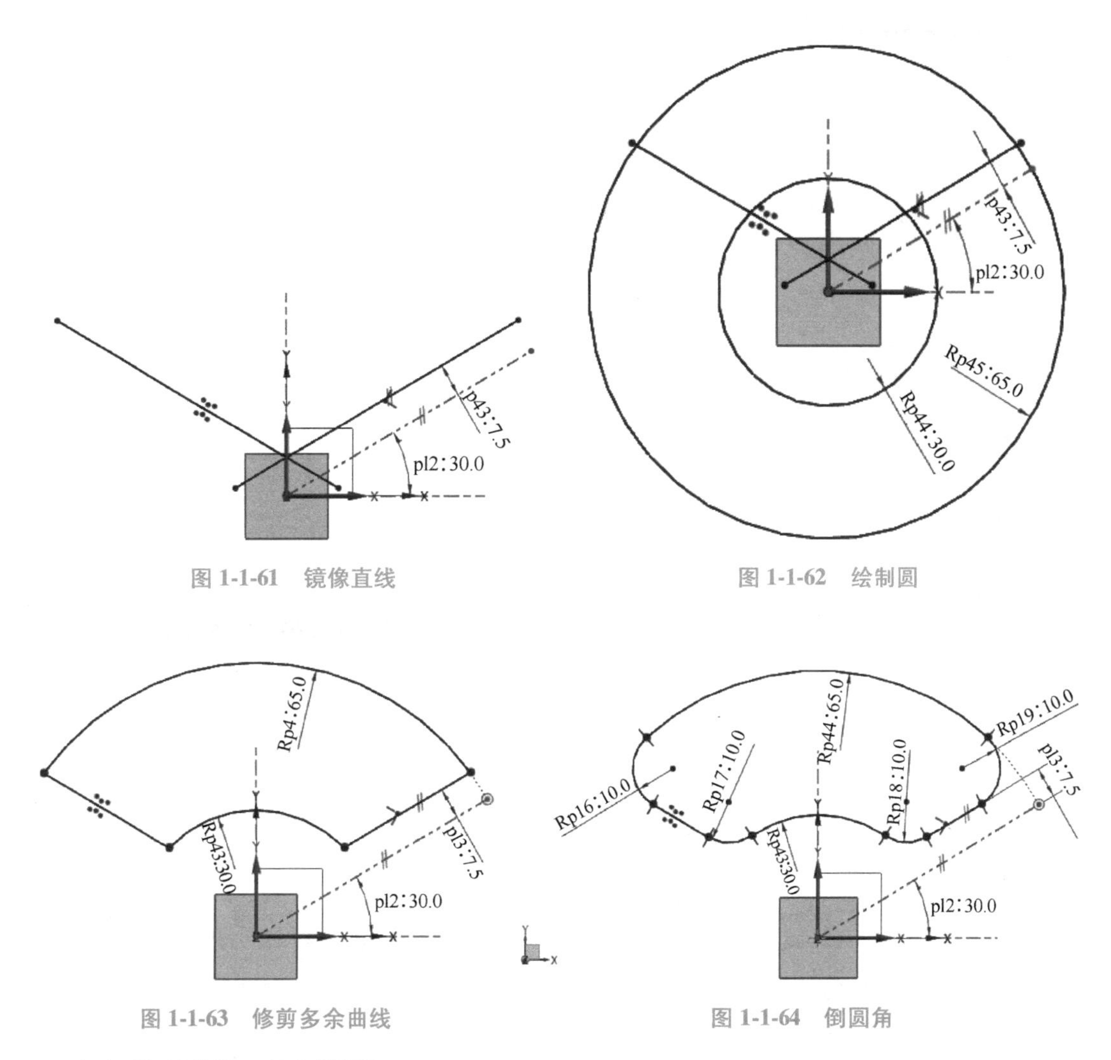

图 1-1-61 镜像直线

图 1-1-62 绘制圆

图 1-1-63 修剪多余曲线

图 1-1-64 倒圆角

（4）阵列曲线，绘制圆形

1）选择【阵列】命令，选择上一步骤绘制的曲线。

2）选择【圆形】阵列，阵列中心选择圆心。

3）间距设置为【数量和跨距】，数量输入“3”，跨角输入“360”，如图 1-1-65 所示。

4）单击【确定】按钮，阵列结果如图 1-1-66 所示。

（5）绘制外围圆形 以原点为圆心，分别绘制直径为 160mm 和 200mm 的圆，如图 1-1-67 所示。

3. 拉伸主体特征

1）选择【菜单】栏中的【插入】→【设计特征】→【拉伸】命令，或在【特征】工具栏中单击【拉伸】按钮，弹出的【拉伸】对话框如图 1-1-68 所示。直接选择图 1-1-68 所示的直径为 200mm 的大圆作为拉伸对象，草图选择完成后，立即生成该拉伸特征的预览图形；此时在【拉伸】对话框中指定矢量方向，选择 Z 轴正方向，并输入拉伸距离为 10mm，拉伸完成后如图 1-1-69 所示。

图 1-1-65　阵列曲线

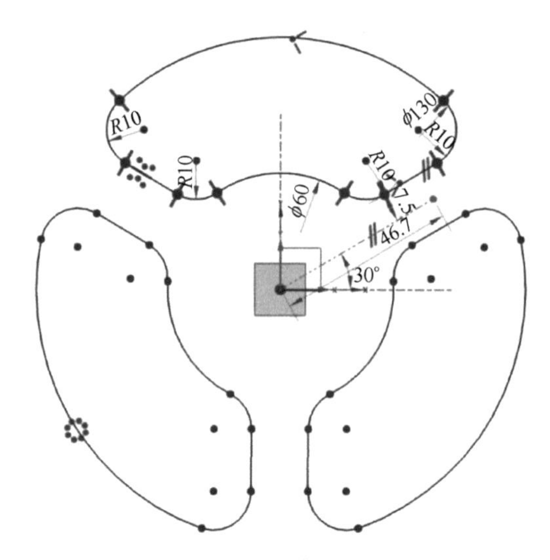

图 1-1-66　阵列结果

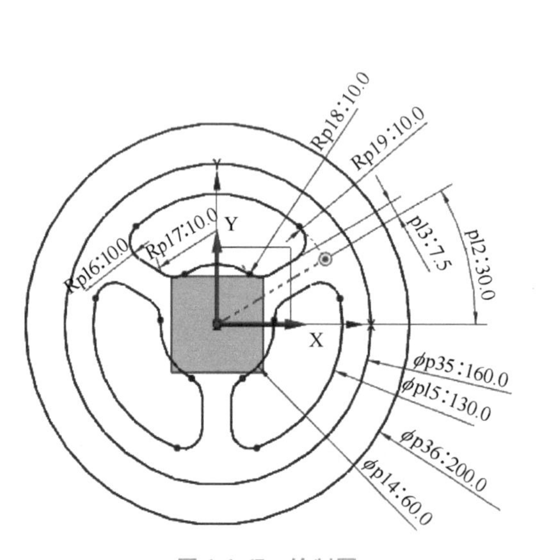

图 1-1-67　绘制圆

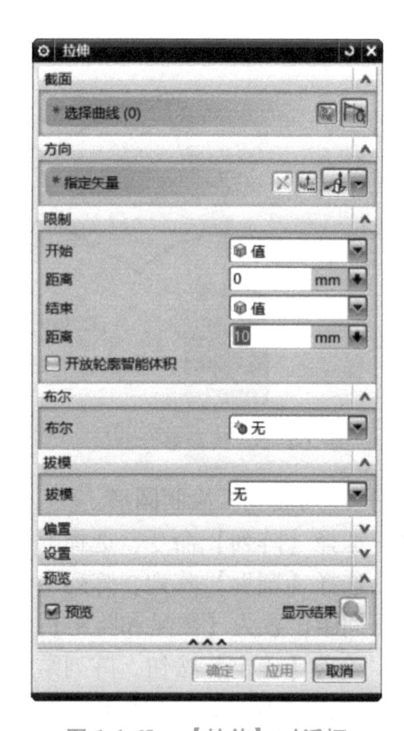

图 1-1-68　【拉伸】对话框

2）选择【菜单】栏中的【插入】→【设计特征】→【拉伸】命令，或在【特征】工具栏中单击【拉伸】按钮，弹出图 1-1-70 所示的【拉伸】对话框，选择图 1-1-67 所示的直径为 200mm 的大圆作为拉伸对象；草图选择完成后，会立即生成该拉伸特征的预览图形，此时在【拉伸】对话框中指定矢量方向，选择 Z 轴正方向，并输入拉伸距离为 10mm，拉伸完成后如图 1-1-71 所示。

3）任务完成图如图 1-1-72 所示。

图 1-1-69 拉伸结果

图 1-1-70 【拉伸】对话框

图 1-1-71 拉伸结果

图 1-1-72 建模结果

【国之脊梁】

1970 年 12 月 26 日，中国第一艘核潜艇下水。

当“蓝色巨鲸”奔向大海之际，在场的人无不热血沸腾，他更是喜极而泣。

隐姓埋名，荒岛求索，深海求证，他和他的同事们让中国成为世界上第五个拥有核潜艇的国家，辽阔海疆从此有了护卫国土的“水下移动长城”。

青丝变为白发，依旧铁马冰河。

如今，第一艘核潜艇已经退役，但年逾九旬的他仍在“服役”。

他就是黄旭华——中国第一代核潜艇总设计师、中国工程院院士、中国船舶重工集团公司第 719 研究所名誉所长。

是什么让他守口如瓶 30 年？父亲临终也不知道他在干什么。为什么“一万年也要搞出来”的核潜艇，不到十年就搞了出来？是什么让一个花甲老人以身试潜，成为世界上第一个极限深潜的总设计师？又是什么魔力让一个年逾九旬的老人依然痴迷核潜艇？

荒岛求索：隐姓埋名筑强国之路

1958 年，一个电话改变了黄旭华的一生。

“电话里只说去北京出差，其他什么也没说。我简单收拾了一下行李就去了。”黄旭华说，他从上海到了北京才知道，国家要搞核潜艇。

这是黄旭华人生的重要转折点。从此，他的一生与核潜艇结缘。

在此四年前，美国建造的世界上第一艘核潜艇首次试航。一年前，苏联第一艘核潜艇下水。核潜艇刚一问世，即被视为捍卫国家核心利益的“杀手锏”。

时不我待，聂荣臻元帅向中共中央呈送《关于开展研制导弹原子潜艇的报告》，得到毛泽东主席批准。

这份绝密报告，拉开了中国研制核潜艇的序幕。

黄旭华和同事们先后突破了核潜艇中最为关键和重大的核动力装置、水滴线形艇体、艇体结构、人工大气环境、水下通信、惯性导航系统、发射装置 7 项技术，也就是“七朵金花”。

1970 年 12 月，中国第一艘攻击型核潜艇顺利下水。

1974 年 8 月，中国第一艘核潜艇被命名为“长征一号”，正式列入海军战斗序列。

这是世界核潜艇史上罕见的速度：上马三年后开工，开工两年后下水，下水四年后正式入列。

1981 年 4 月，我国第一艘弹道导弹核潜艇成功下水。两年四个月后，交付海军训练使用，加入海军战斗序列。

中国成为继美、苏、英、法之后世界上第五个拥有核潜艇的国家。

深海，潜伏着中国核潜艇，也深藏着“核潜艇人”的功与名。

“为了工作上的保密，我整整 30 年没有回家。离家研制核潜艇时，我刚 30 出头，等回家见到亲人时，已是 60 多岁的白发老人了。”黄旭华说。

苦干惊天动地事，甘做隐姓埋名人。黄旭华埋头苦干的人生，正是中国核潜艇人不懈奋斗的缩影，他们是骑鲸蹈海的“无名英雄”。

极限深潜：惊涛骇浪显报国之心

核潜艇潜入深海，才能隐蔽自己，在第一次核打击后保存自己，进行第二次核报复，从而实现战略威慑。

1988 年 4 月，我国进行核潜艇首次深潜试验。数百米深的深潜试验，是最危险的试验。

“核潜艇上一块扑克牌大小的钢板，深潜后承受的外压是 1t 多。这么大的艇体，有一块钢板不合格、一条焊缝有问题、一个阀门封不严，都是艇毁人亡的结局!”

深潜试验遭遇事故并不罕见。20 世纪 60 年代，美国核潜艇“长尾鲨”号便在深潜试验时沉没，艇上 100 多人全部遇难。

对参试人员来说，这无疑是个巨大的心理考验。为增强参试人员信心、减小压力，这位 64 岁的总设计师做出惊人决定：亲自随核潜艇下潜。

黄旭华说：“我不是充英雄好汉，要跟大家一起去牺牲，而是确保人、艇安全。”

这样的生死选择，妻子李世英全力支持。作为丈夫的同事，她也是第一代核潜艇研制人员的一分子。“我当然知道深潜试验的危险，但他是总设计师，他了解这个艇，他在艇上，遇到问题的话可以当场解决。”

一小时、二小时、三小时，核潜艇不断向极限深度下潜。海水挤压着艇体，舱内不时发出“咔嗒、咔嗒”的巨大声响，直往参试人员的耳朵里钻。

时任深潜队队长的尤庆文回忆当时情景，“每一秒都惊心动魄”。

尤庆文抱着录音机录下舱室发出的声音和下潜指令。黄旭华全神贯注地记录和测量着各种数据。

成功了！当核潜艇浮出水面时，现场的人群沸腾了。人们握手、拥抱、喜极而泣。

黄旭华欣然题诗：花甲痴翁，志探龙宫。惊涛骇浪，乐在其中。

1988 年下半年，中国第一代弹道导弹核潜艇完成水下发射导弹试验，意味着中国真正具备了水下核反击能力。

黄旭华是第一代核潜艇船体设计总负责人，第一代核潜艇形成完整战斗力的总设计师，1958 年核潜艇研制启动以来从未离开的“核潜艇人”。当人们称其为“中国核潜艇之父”时，黄旭华说“不敢接受”。

“我只是研制队伍中的一员。核潜艇的研制成功，是党中央、国务院、中央军委决策、领导的结果，是全国千百个科研、生产、使用单位自力更生、艰苦奋斗、无私奉献的成果。”

老骥伏枥：交棒接续抒爱国之情

核潜艇是黄旭华一生的事业。他说：“这辈子没有虚度，一生属于核潜艇、属于祖国，无怨无悔！”

如今，黄旭华仍然每天 8 点半到办公室，整理几十年工作中积累下的资料，依然老骥伏枥。

黄旭华说：“当年搞核潜艇时有四句话：自力更生，艰苦奋斗，大力协同，无私奉献。听起来比较土气，但这是真正的财富。”

新一代核潜艇研制人员、“80 后”高级工程师钱家昌说：“黄院士呈现的精神品质，是一颗共产党员的初心，一个科技工作者的爱国情怀。新时代更需要老一辈核潜艇人那不惧艰难、无私奉献的精神，更需要他们留下的精神遗产和独特的创新基因。”

“第一代核潜艇人筚路蓝缕，核潜艇横空出世，使我国摆脱了超级大国的核讹诈。”中船重工董事长胡问鸣说。他们所开创的核潜艇事业，继续以震撼人心的力量，激励着新时代的人们，向着中华民族伟大复兴的中国梦前进。

在黄旭华办公桌上的玻璃板下，压着一张他指挥大合唱的照片。从 2006 年开始，连续几年所里文艺晚会的最后一个节目，都是由他指挥全体职工合唱《歌唱祖国》。

记者问：“在您的心中，爱国主义是什么？”

黄旭华答：“把自己的人生志向同国家的命运结合在一起。”

【拓展训练】

任务1拓展训练-支座零件三维造型

任务描述：根据图 1-1-73 所示支座零件，完成三维实体建模。

（1）新建模型　首先，打开 UG NX 10.0 软件，在建模界面选择新建模型，建立新文件名，如图 1-1-74 所示。

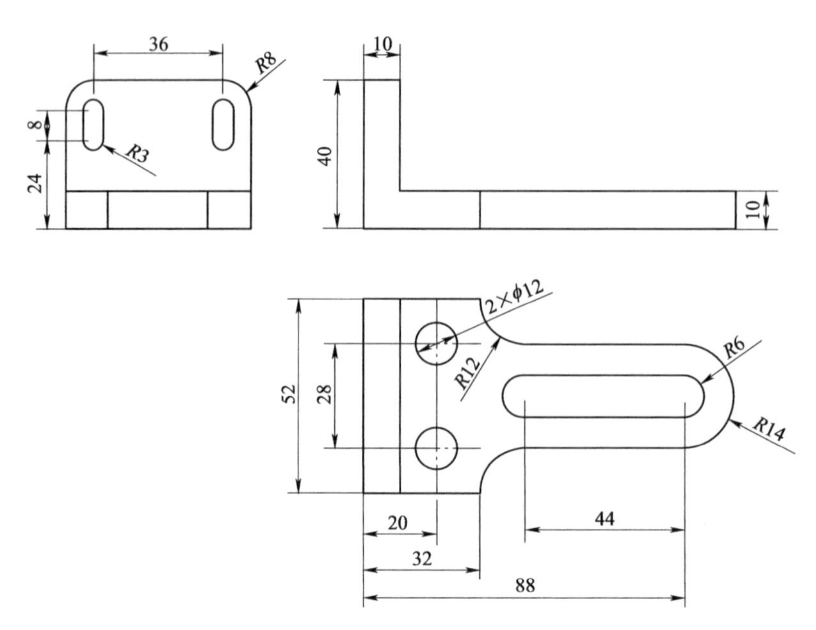

图 1-1-73　支座零件

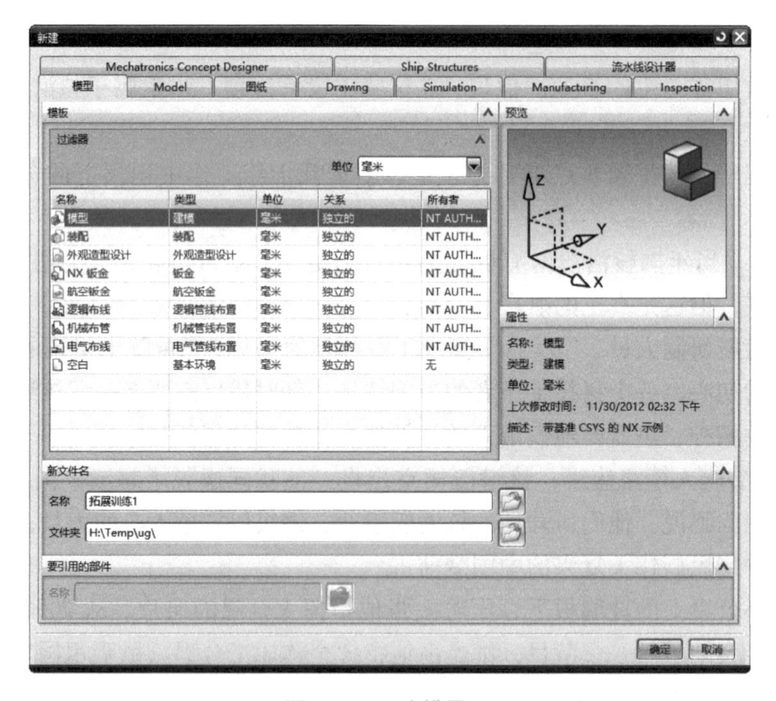

图 1-1-74　建模界面

（2）草图绘制　选择【插入】→【在任务环境中绘制草图】，如图 1-1-75 所示，在【草图平面】的【平面方法】下拉列表中，选择【自动判断】选项，在 XOZ 平面创建如图 1-1-76 所示的草图轮廓，草图绘制步骤如下。

1）绘制轮廓。

①绘制一个长 52mm、宽 40mm 的长方形，如图 1-1-76 所示。

②令长方形的长与 X 轴的距离为 20mm，宽与 Y 轴的距离为 26mm，如图 1-1-76 所示，保证草图完全约束。

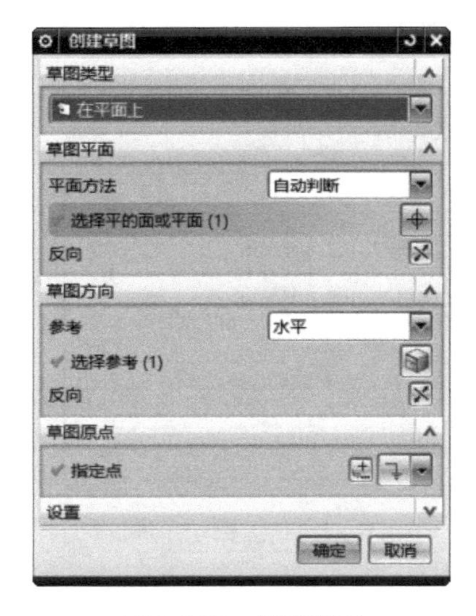

图 1-1-75 创建草图

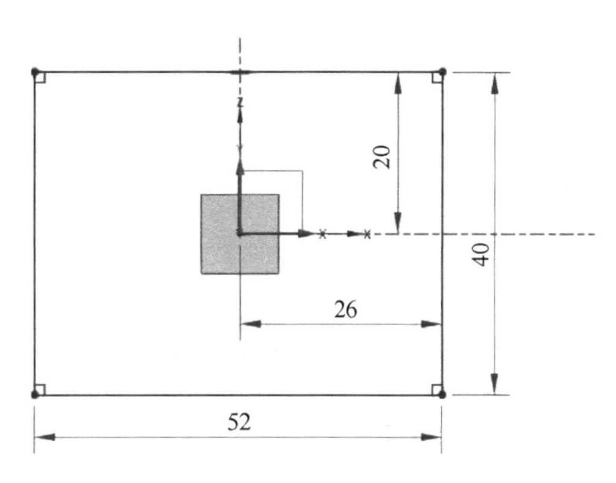

图 1-1-76 创建草图轮廓

2）绘制圆角。选择草图中的【圆角】命令，如图 1-1-77 所示，指定半径为 8mm，对长方形进行倒圆角，如图 1-1-78 所示。

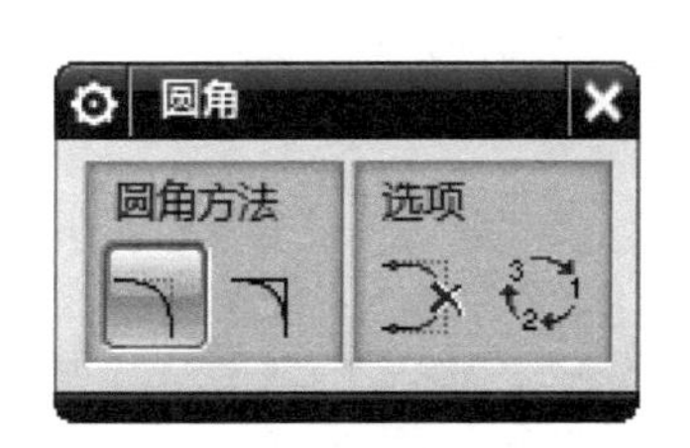

图 1-1-77 圆角命令

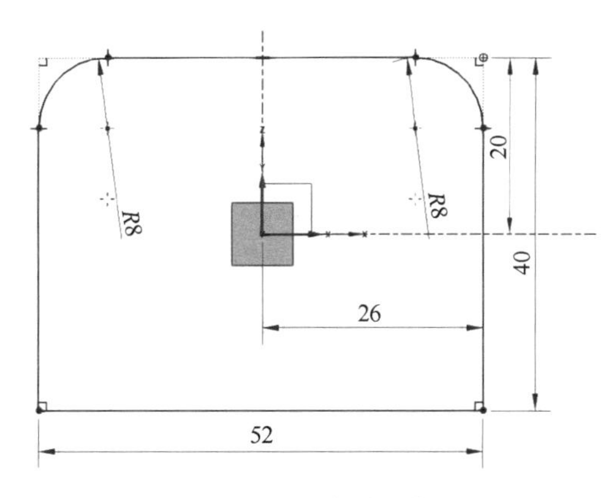

图 1-1-78 创建圆角

3）绘制内部结构，镜像特征。

①使用草图中的【圆】命令和【直线】命令，按照图 1-1-70 所示标注进行内部结构的绘制，绘制完成后，删除多余线段，如图 1-1-79 所示。

②镜像上一步骤所绘制的轮廓，如图 1-1-80 所示，选择镜像轴为 Y 轴，原点为镜像点，镜像后的图形如图 1-1-81 所示。

（3）拉伸 选择【菜单】栏中的【插入】→

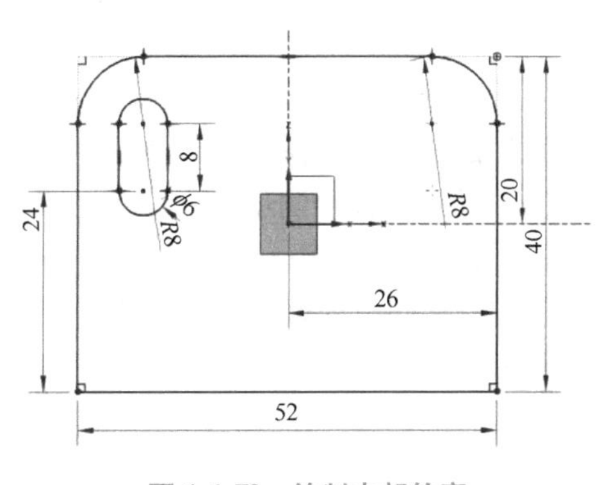

图 1-1-79 绘制内部轮廓

【设计特征】→【拉伸】命令，或在【特征】工具栏中单击【拉伸】按钮，将弹出图1-1-82所示的【拉伸】对话框，直接选择图1-1-81所示的草图作为拉伸对象；草图选择完成后，立即生成该拉伸特征的预览图形，此时在【拉伸】对话框中指定矢量方向，选择Z轴正方向，并输入拉伸距离为10mm，拉伸完成后如图1-1-83所示。

图 1-1-80　草图镜像命令

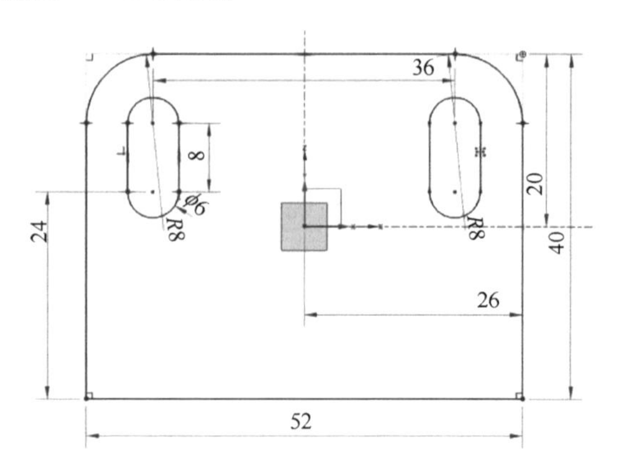

图 1-1-81　镜像后的图形

图 1-1-82　【拉伸】对话框

图 1-1-83　拉伸效果图

（4）创建草图　选择【插入】→【在任务环境中绘制草图】，如图1-1-84所示，在【草图平面】的【平面方法】下拉列表中选择【现有平面】选项，选择图1-1-85所示平面。

（5）草图具体绘制步骤

1）绘制基本轮廓。利用【圆】命令和【直线】命令，绘制如图1-1-86所示的图形，使用相切约束和同心约束固定图形位置。

利用【快速尺寸】命令，如图1-1-87所示，按照图示要求，标注所有尺寸，如图1-1-86所示。

利用【快速修剪】命令，如图1-1-88所示，删除多余线段，如图1-1-89所示。

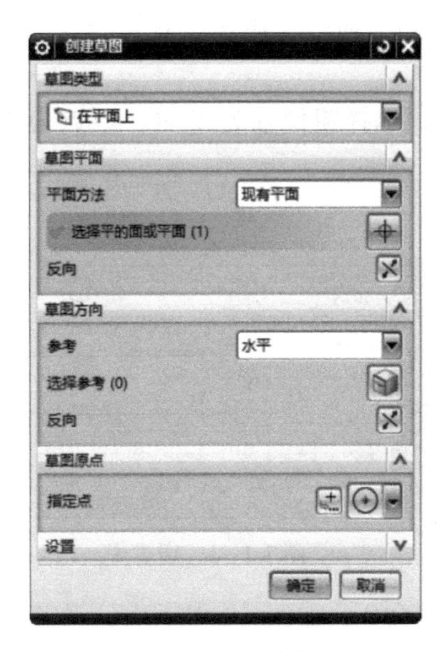

图 1-1-84 创建草图

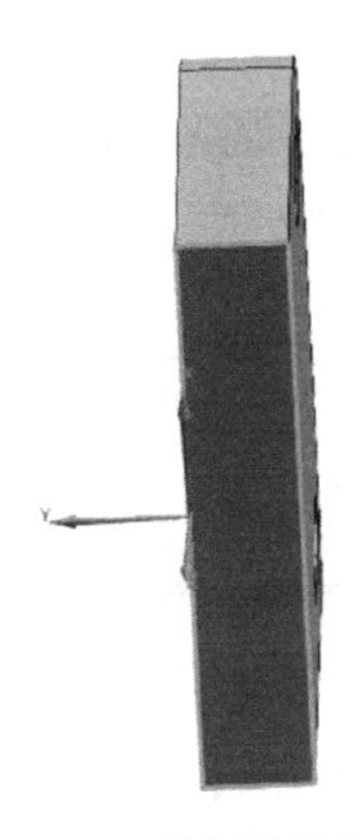

图 1-1-85 选择草图平面

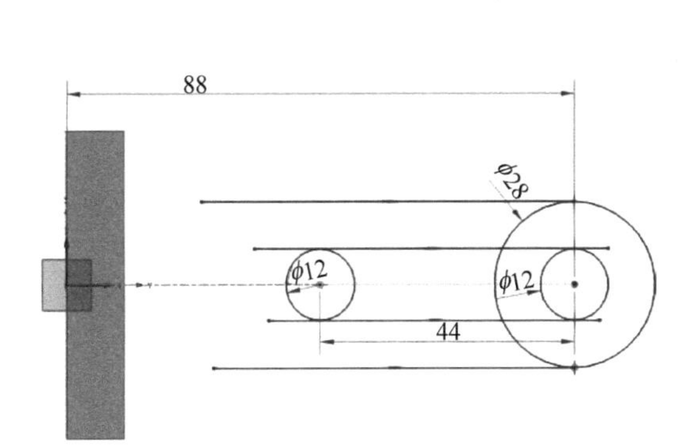

图 1-1-86 创建草图轮廓

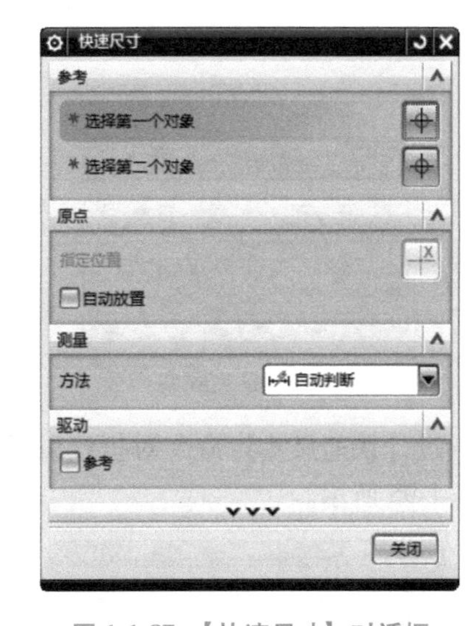

图 1-1-87 【快速尺寸】对话框

图 1-1-88 【快速修剪】对话框

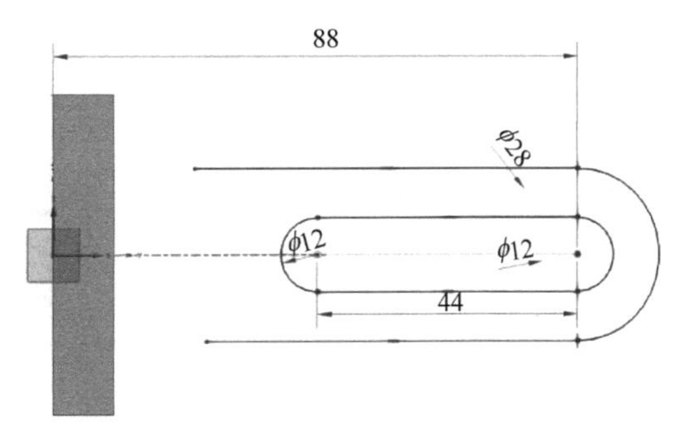

图 1-1-89 删除多余线段

2）绘制并镜像曲线。绘制直径为 12mm 的圆，利用【快速尺寸】命令，按照图示进行标注。

镜像直径为 12mm 的圆，如图 1-1-90 所示，选择镜像轴为 Y 轴，原点为镜像点，镜像后的图形如图 1-1-91 所示。

图 1-1-90 【镜像曲线】对话框

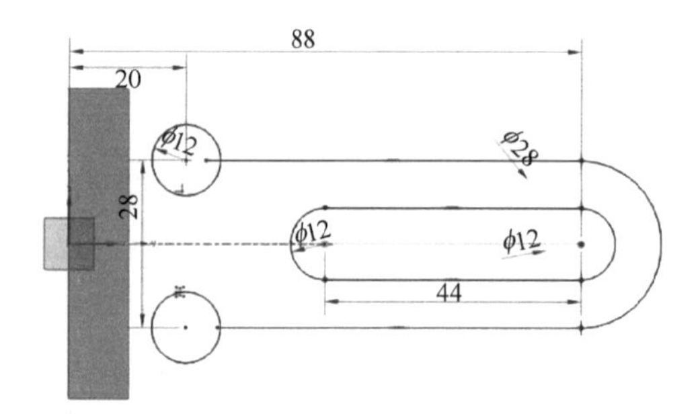

图 1-1-91 镜像圆

3）绘制细节。利用【轮廓】中的【直线】命令，如图 1-1-92 所示，在两个圆附近绘制一条折线，如图 1-1-93 所示。

图 1-1-92 草图轮廓命令

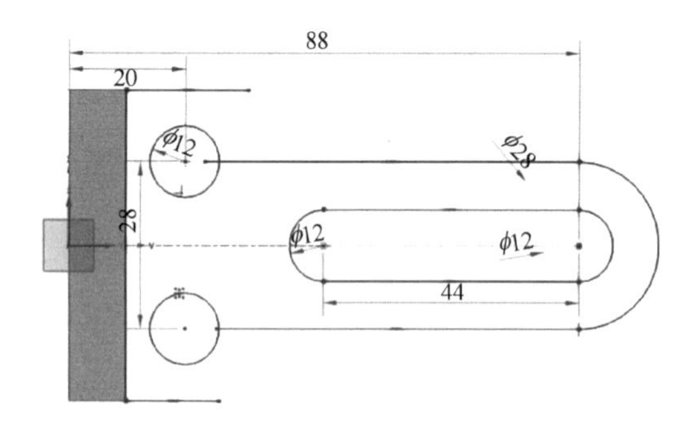

图 1-1-93 绘制草图轮廓

通过【快速尺寸】命令对折线以及其他未进行约束的直线进行尺寸标注，如图 1-1-94 和图 1-1-95 所示。

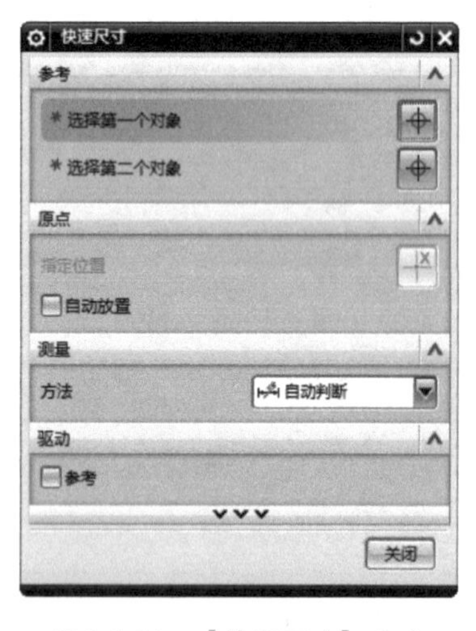

图 1-1-94 【快速尺寸】命令

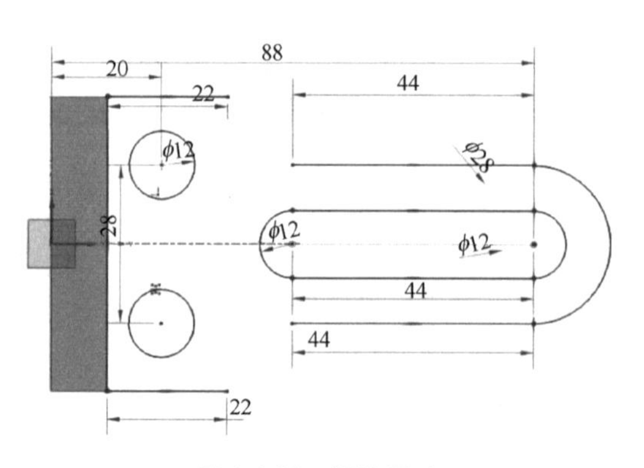

图 1-1-95 标注尺寸

利用【轮廓】中的【圆弧】命令，如图 1-1-96 所示，绘制两个半径为 12mm 的圆弧，与直线相切，如图 1-1-97 所示，保证草图所有尺寸已完全约束。

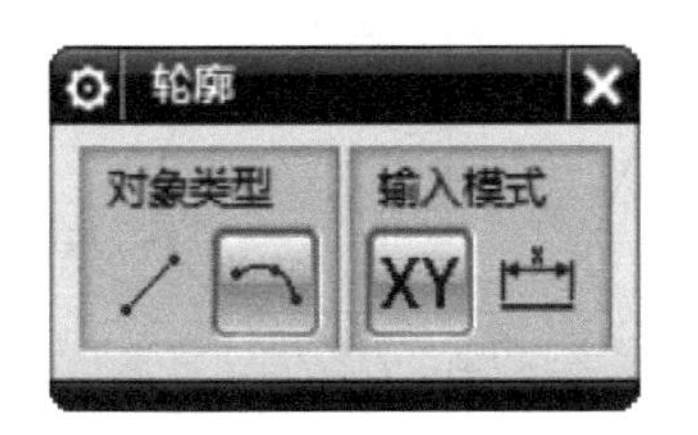

图 1-1-96　【圆弧】命令

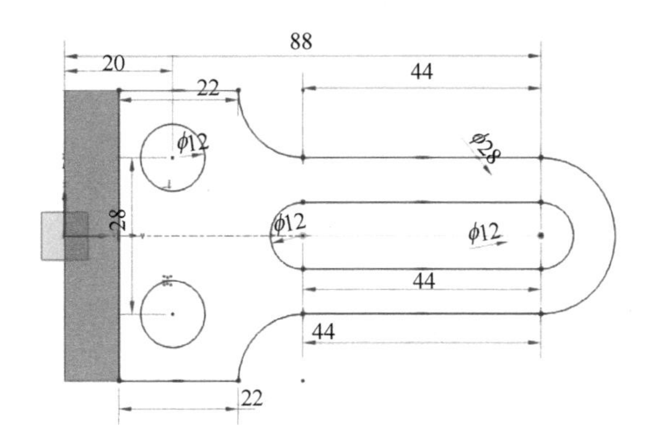

图 1-1-97　绘制圆弧

（6）拉伸　选择【菜单】栏中的【插入】→【设计特征】→【拉伸】命令，或在【特征】工具栏中单击【拉伸】按钮，弹出图 1-1-98 所示的【拉伸】对话框。沿 Z 轴正方向拉伸图 1-1-97 所示草图，拉伸距离为 10mm，拉伸完成后如图 1-1-99 所示。

（7）完成　支座三维实体模型如图 1-1-100 所示。

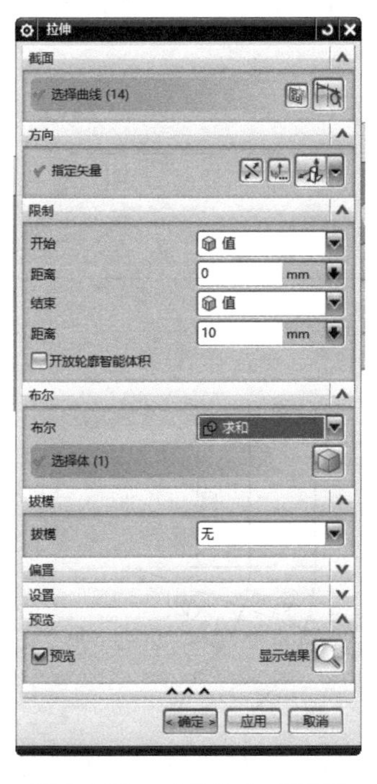

图 1-1-98　【拉伸】对话框

图 1-1-99　拉伸效果图

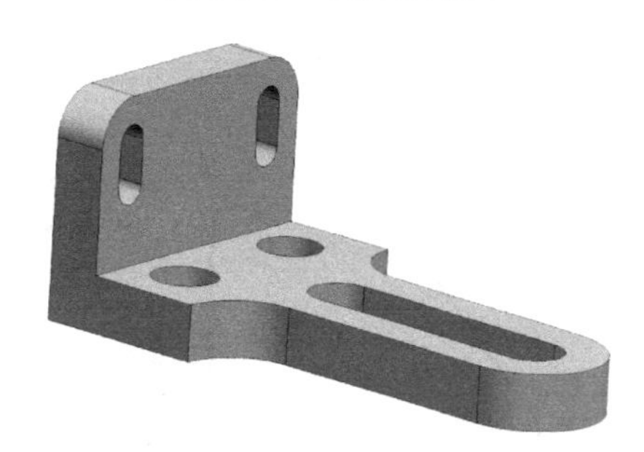

图 1-1-100　支座三维实体模型

【课后作业】

一、完成图 1-1-101～图 1-1-106 所示零件草图的绘制。

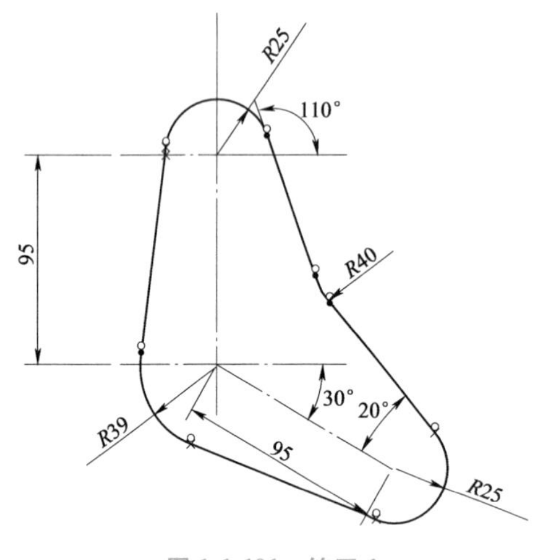

图 1-1-101　练习 1

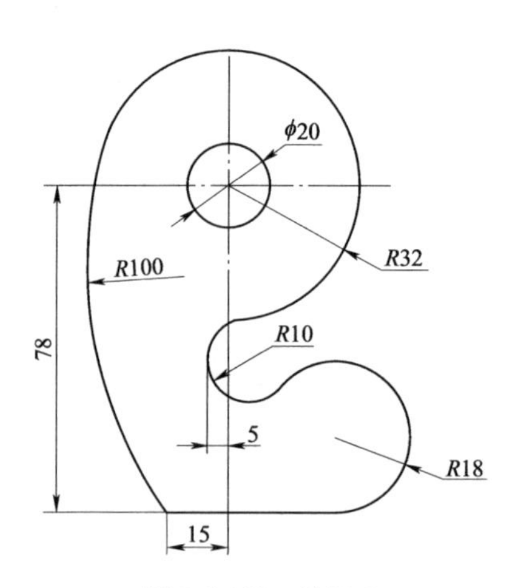

图 1-1-102　练习 2

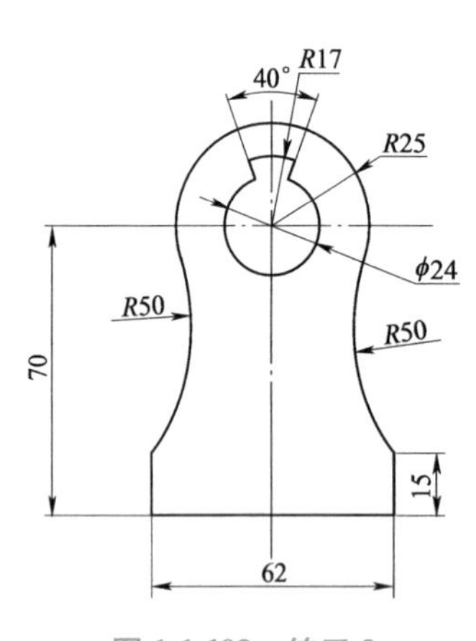

图 1-1-103　练习 3

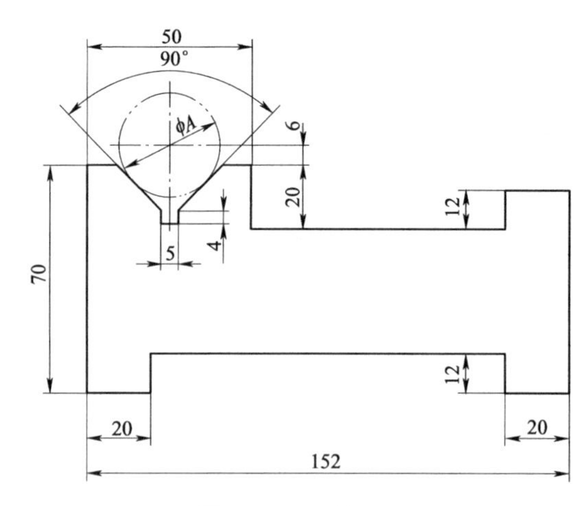

图 1-1-104　练习 4

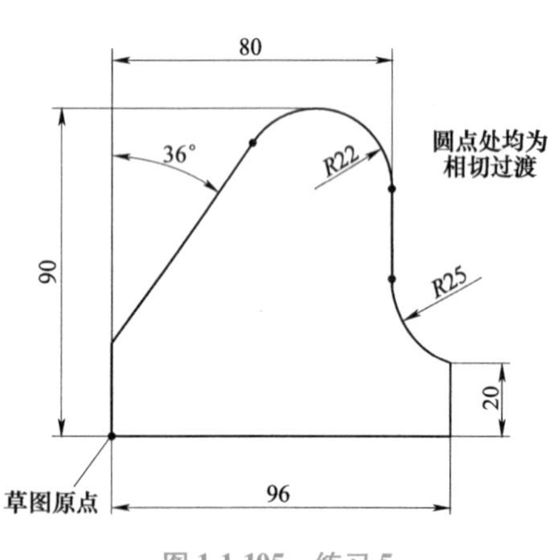

图 1-1-105　练习 5

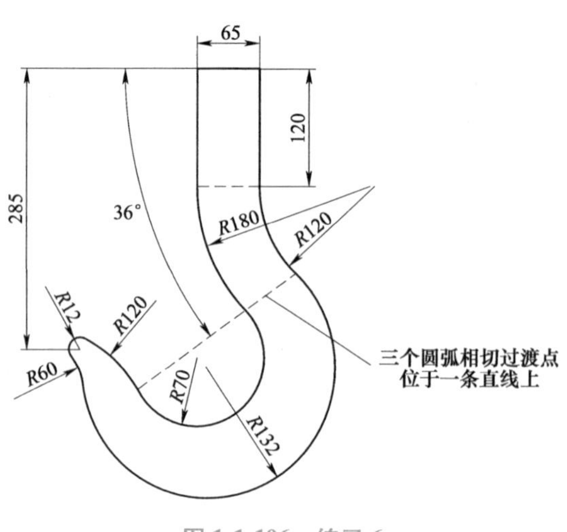

图 1-1-106　练习 6

二、完成图 1-1-107~图 1-1-112 所示图形实体造型设计

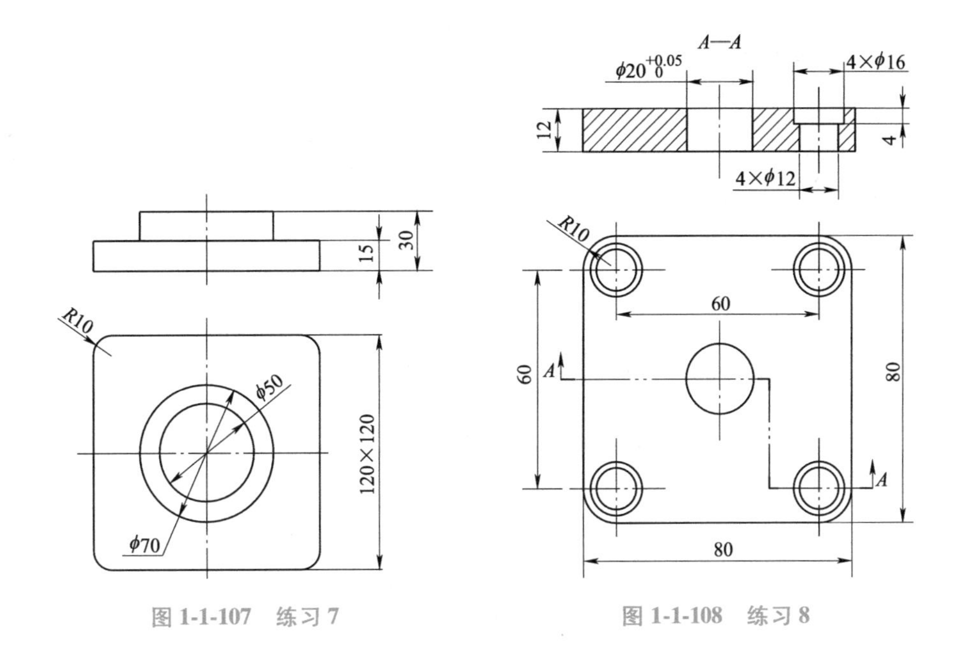

图 1-1-107　练习 7　　　　图 1-1-108　练习 8

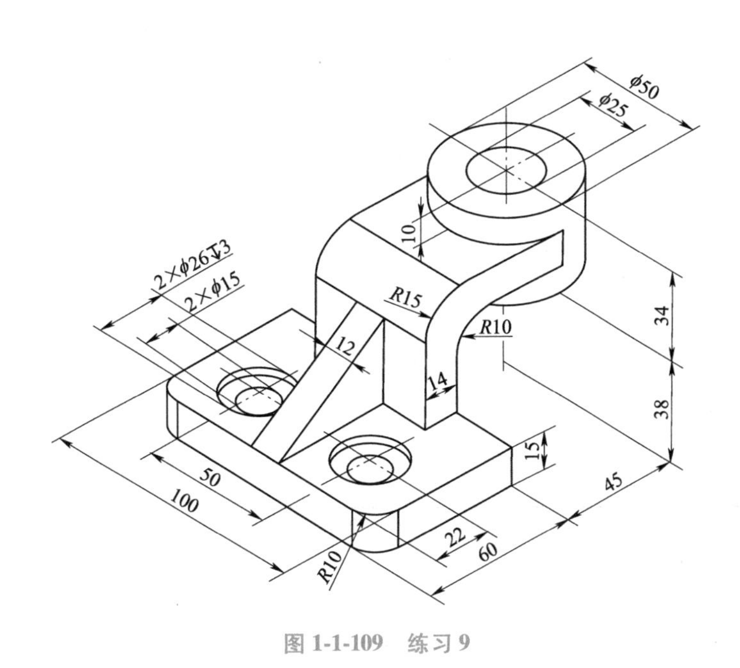

图 1-1-109　练习 9

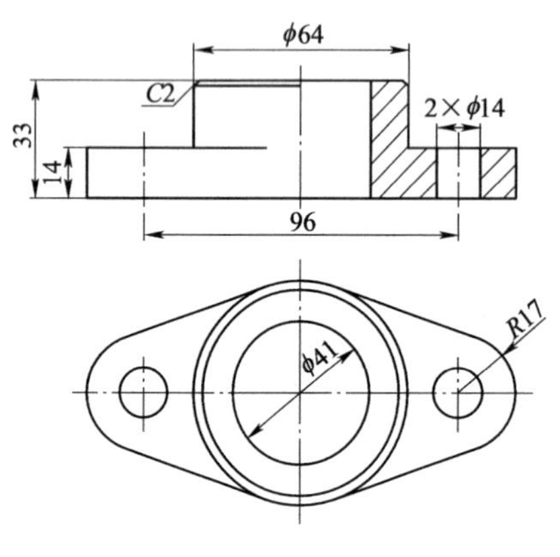

图 1-1-110 练习 10

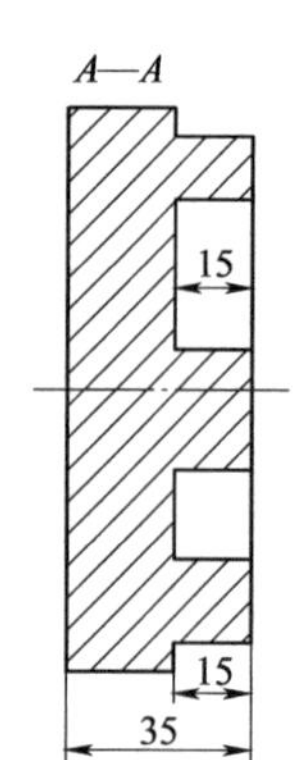

图 1-1-111 练习 11

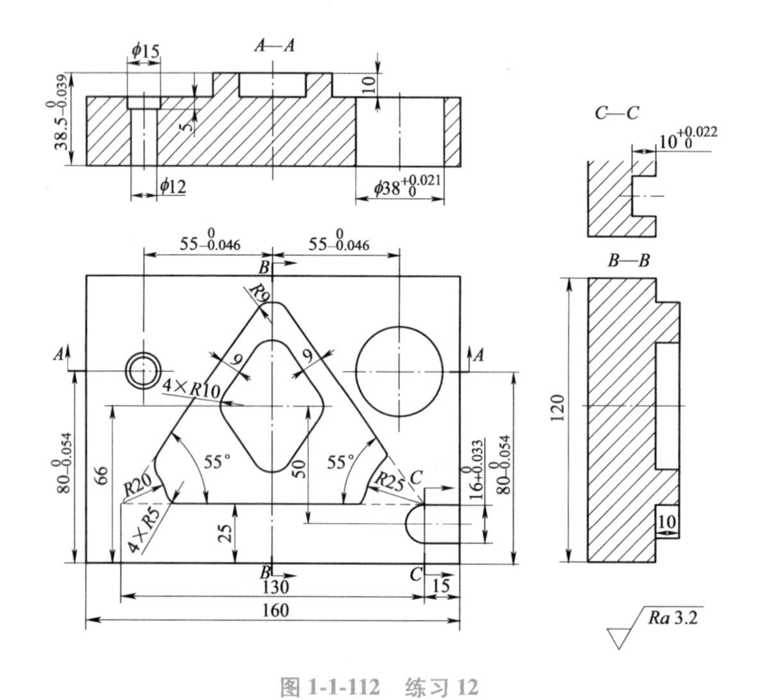

图 1-1-112 练习 12

任务 2 阀体的三维造型设计

【任务工单】

学习情境 1	实体造型设计	工作任务 2	阀体的三维造型设计
任务学时		4 学时（课外 4 学时）	
布置任务			
工作目标	1）根据阀体零件的结构特点，选择合理的软件命令进行其三维造型设计。 2）根据阀体零件的设计要求，拟定阀体零件的设计过程。 3）使用 UG NX 软件，完成阀体零件三维造型相关命令的使用。 4）使用 UG NX 软件，完成阀体零件三维造型设计。		

（续）

学习情境 1	实体造型设计	工作任务 2	阀体的三维造型设计
任务描述	阀体是阀门中的一个主要零件；根据其压力等级有不同的机械制造方法，如铸造、锻造等。中低压规格的阀体通常采用铸造工艺生产，中高压规格的阀体常采用锻造工艺生产。阀体与阀芯及阀座密封圈一起形成密封后能够有效承受介质压力。根据阀体三视图（图 1-2-1），创建阀体零件。可以采用参数化草图设计构建阀体的主体结构；利用拉伸和旋转等命令对阀体主体进行布尔运算，获得阀体内部结构；对于各种孔特征，采用添加常规孔和螺纹孔等特征来进行创建；对于圆角或倒角，可以直接采用对应的圆角或倒角特征进行创建。通过完成本任务，使学生充分了解并熟练掌握特征建模（拉伸、旋转、孔）、布尔运算、倒角、基本平面等命令。 技术要求 1.锻件需经退火处理。 2.未注圆角均为$R1$。 3.未注公差按GB/T 1804—m级精度加工。 4.锻件不应有重皮、裂纹等影响密封性能的缺陷存在。 5.发黑处理。 45 阀体(截止阀) ZJ101-16-1 比例 1:2 图 1-2-1 阀体三视图		

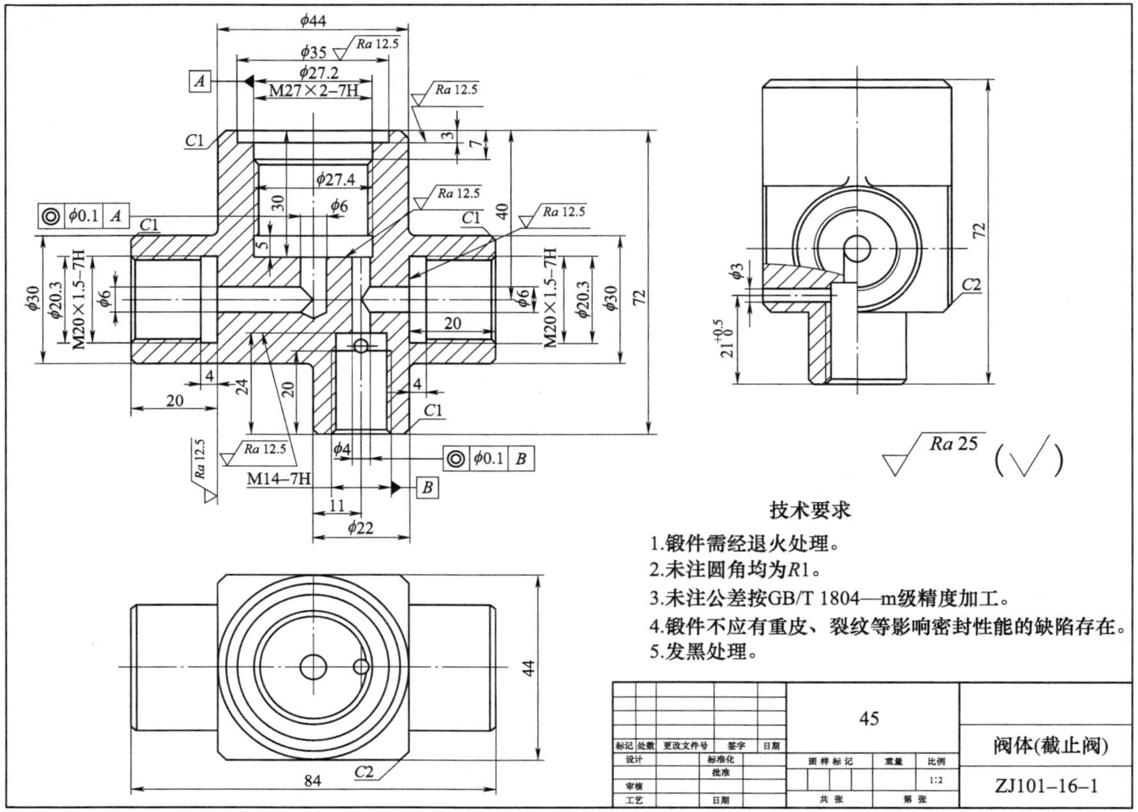

（续）

<table>
<tr><td>学习情境 1</td><td colspan="2">实体造型设计</td><td colspan="2">工作任务 2</td><td colspan="2">阀体的三维造型设计</td></tr>
<tr><td>学时安排</td><td>资讯
1 学时</td><td>计划
0.5 学时</td><td>决策
0.5 学时</td><td>实施
1 学时</td><td>检查
0.5 学时</td><td>评价
0.5 学时</td></tr>
<tr><td>提供资源</td><td colspan="6">1）阀体零件图。
2）电子教案、课程标准、多媒体课件、教学演示视频及其他共享数字资源。
3）阀体零件模型。
4）游标卡尺等量具。</td></tr>
<tr><td>对学生学习及成果的要求</td><td colspan="6">1）具备阀体零件图的识读能力。
2）严格遵守实训基地各项规章制度。
3）对比阀体零件的三维模型与零件图，分析结构是否正确，尺寸是否准确。
4）能按照学习导图自主学习，并完成自学自测。
5）严格遵守课堂纪律，学习态度认真、端正，能够正确评价自己和同学在本任务中的素质表现。
6）必须积极参与小组工作，承担零件设计、零件校验等工作，做到积极主动不推诿，能够与小组成员合作完成工作任务。
7）需独立或在小组同学的帮助下完成任务工单、加工工艺文件、阀体零件图样、阀体零件设计视频等，并提请检查、签认，对提出的建议或错误之处，务必及时修改。
8）每组必须完成任务工单，并提请教师进行小组评价，小组成员分享小组评价分数或等级。
9）完成任务反思，并以小组为单位提交。</td></tr>
</table>

【学习导图】

任务 2 的学习导图如图 1-2-2 所示。

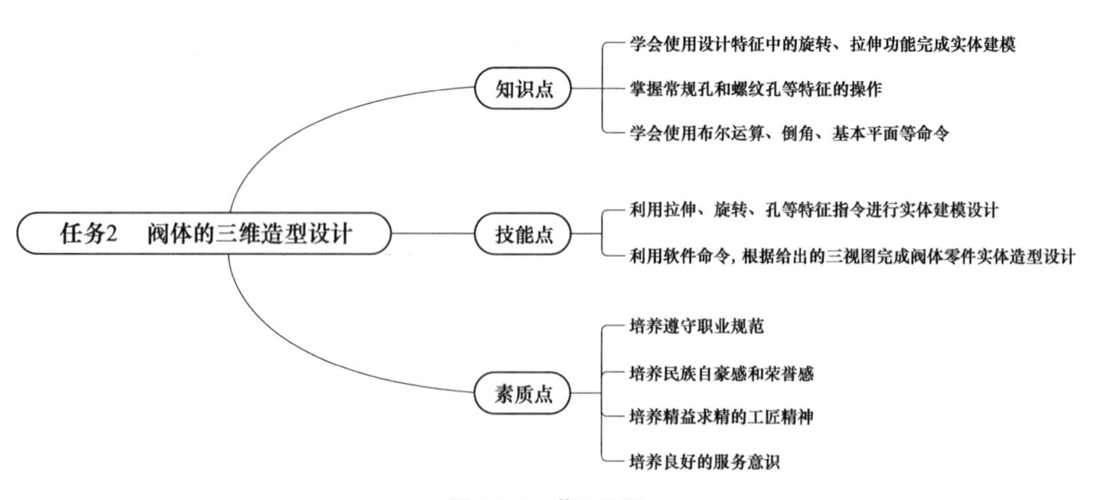

图 1-2-2　学习导图

【课前自学】

一、旋转特征

旋转特征是将实体表面、实体边缘、曲线、草图等通过绕某一轴线旋转生成实体或片体。选择【菜单】→【插入】→【设计特征】→【旋转】命令或单击【特征】工具栏中的【旋转】按钮，弹出如图 1-2-3 所示的【旋转】对话框。图 1-2-4 所示为 XC-YC 平面中的草图截面绕 Y 轴旋转后的旋转实体。下面以一个实例来介绍创建旋转实体特征的操作步骤。

图 1-2-3 【旋转】对话框

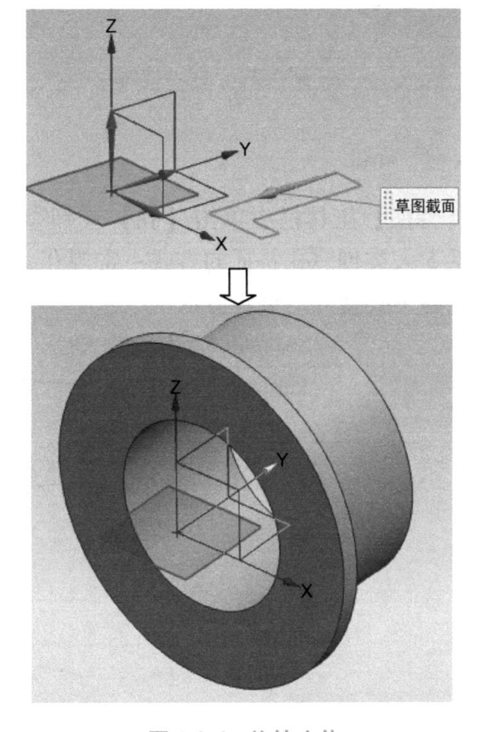

图 1-2-4 旋转实体

1）在建模环境中，单击功能区【主页】选项卡【特征】工具栏中的【旋转】按钮，弹出【旋转】对话框。

2）在【旋转】对话框的【截面】选项组中单击【绘制截面】按钮，弹出【创建草图】对话框，然后在【草图类型】下拉列表中选择【在平面上】选项，在【草图平面】选项组的【平面方法】中选择【自动判断】，选择 XC-YC 平面作为草图平面，单击【确定】按钮，进入草图任务环境，单击【轮廓】按钮，创建如图 1-2-5 所示的闭合曲线，然后在【草图】工具栏中单击【完成草图】按钮。

3）返回到【旋转】对话框，在【轴】选项组的【指定矢量】下拉列表中选择【XC 轴】选项，定义旋转轴矢量。然后在【轴】选项组的【指定点】中单击【点构造器】按钮，在【点】对话框中设置点绝对坐标值为（0，0，0），单击【确定】按钮返回到【旋转】对话框。

4）在【限制】选项组中设置开始角度为“0”，结束角度为“360”，其他选项设置为默认值，在【旋转】对话框中单击【确定】按钮完成创建旋转实体，如图 1-2-6 所示。

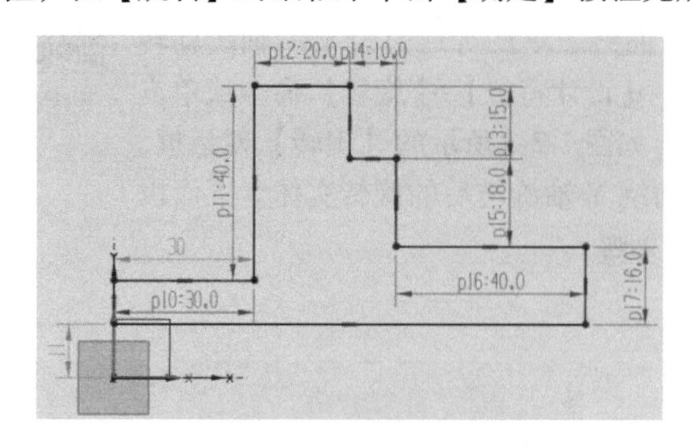

图 1-2-5　闭合曲线

图 1-2-6　创建旋转实体

二、孔特征

在【特征】工具栏中单击【孔】按钮，弹出【孔】对话框，如图 1-2-7 所示。该对话框包括 5 大类创建孔特征的方式：常规孔、钻形孔、螺钉间隙孔、螺纹孔和孔系列。下面分别介绍各个孔特征的创建方法。

图 1-2-7　【孔】对话框

（1）常规孔　常规孔主要有 4 类：简单孔、沉头孔、埋头孔和锥孔，如图 1-2-8 所示。

（2）钻形孔　在【类型】下拉列表中选择【钻形孔】选项，需要分别定义位置、方向、形状和尺寸、布尔、标准和公差，如图 1-2-9 所示。

（3）螺钉间隙孔　在【类型】下拉列表中选择【螺钉间隙孔】选项，弹出如图 1-2-10 所示的对话框。螺钉间隙孔的创建与上述两类孔的创建界面及选择项基本相同。【位置】与【方向】选项可参照上述孔的创建进行，方法完全相同。创建形状与尺寸时，打开【形状和尺寸】选项组中的【形状】下拉列表，可创建简单孔、沉头孔和埋头孔。

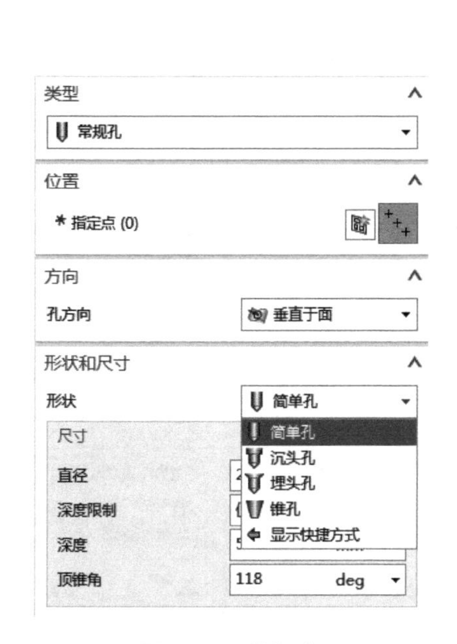

图 1-2-8　常规孔

图 1-2-9　钻形孔

（4）螺纹孔　在【类型】下拉列表中选择【螺纹孔】选项。螺纹孔的创建与上述孔的创建界面及选择项相似，【位置】与【方向】选项可参照上述孔的创建进行，方法完全相同。【形状和尺寸】在图 1-2-11 所示的界面中设置。

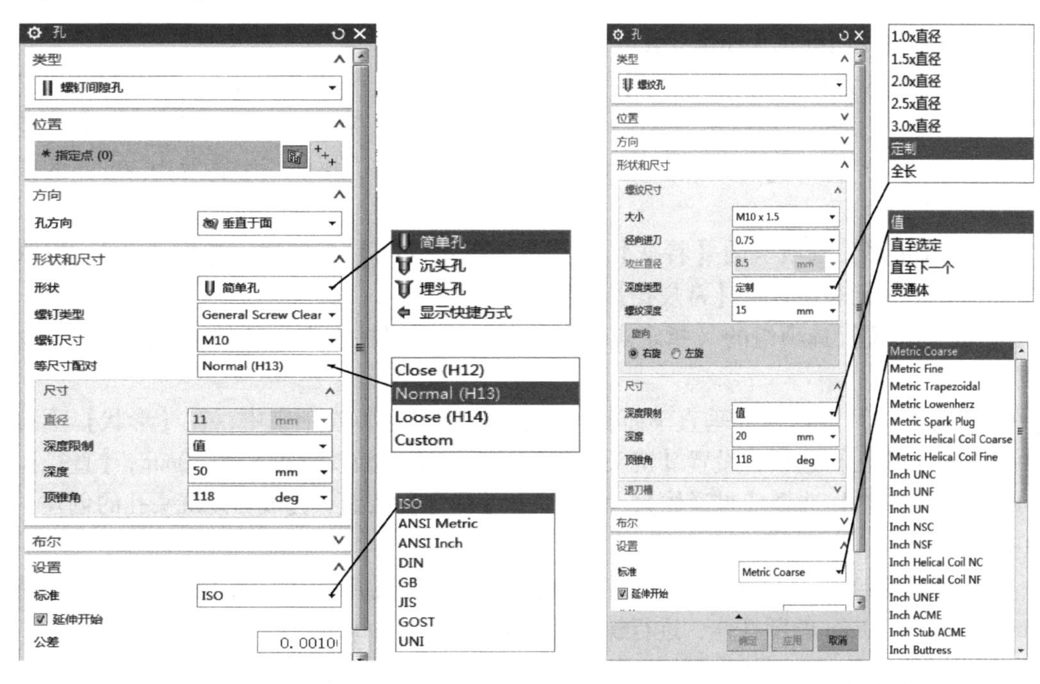

图 1-2-10　螺钉间隙孔　　　　图 1-2-11　螺纹孔

（5）孔系列（创建简单孔）　在【类型】下拉列表中选择【孔系列】选项，要设置孔的放置位置和方向，还需要利用【规格】选项组来分别设置【起始】【中间】和【端点】3个选项卡上的内容，如图 1-2-12 所示。

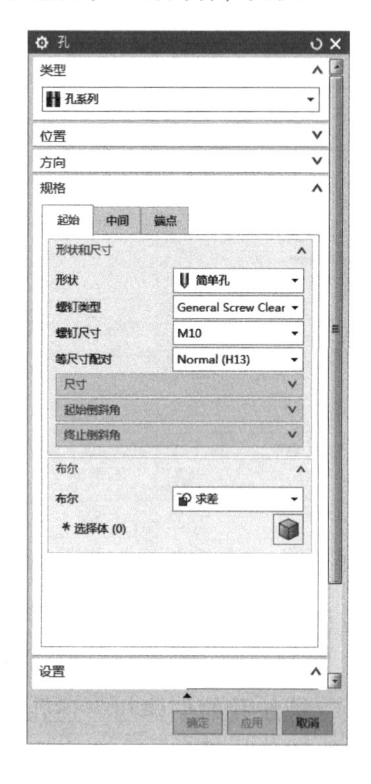

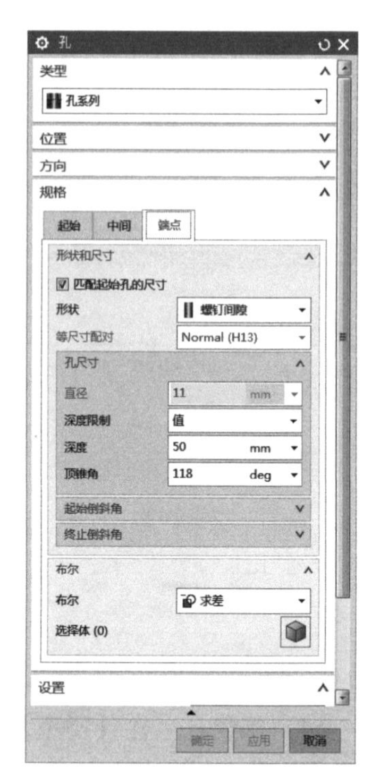

图 1-2-12　孔系列

下面以实例说明沉头孔和螺纹孔的创建方法。

1）在建模环境中，单击功能区【主页】选项卡【特征】工具栏中的【拉伸】按钮，弹出【拉伸】对话框，再单击【绘制截面】按钮，在 XC-YC 平面上绘制一个直径为 50mm 的圆，返回【拉伸】对话框，设定拉伸距离为 30mm，拉伸一个高度为 30mm 的圆柱体，如图 1-2-13 所示。

2）在【主页】选项卡的【特征】工具栏中单击【孔】按钮，弹出【孔】对话框。在【类型】下拉列表中选择【常规孔】选项。

3）在【位置】选项组的【指定点】状态下，选择圆柱上表面圆的中心点作为位置放置点。

4）【孔方向】默认为【垂直于面】，在【形状和尺寸】选项组中，在【形状】下拉列表中选择【沉头孔】选项，设置【沉头直径】为 30mm，【沉头深度】为 10mm，【直径】为 18mm，【深度限制】选择【贯通体】，然后单击【确定】按钮，完成常规沉头孔的创建，如图 1-2-14 所示。

（6）创建螺纹孔　撤销上面沉头孔的操作，依然使用在第 1）步中创建的直径为 50mm、高度为 30mm 的圆柱体，进行螺纹孔的创建。

1）在【主页】选项卡的【特征】工具栏中单击【孔】按钮，弹出【孔】对话框。在【类型】下拉列表中选择【螺纹孔】选项。

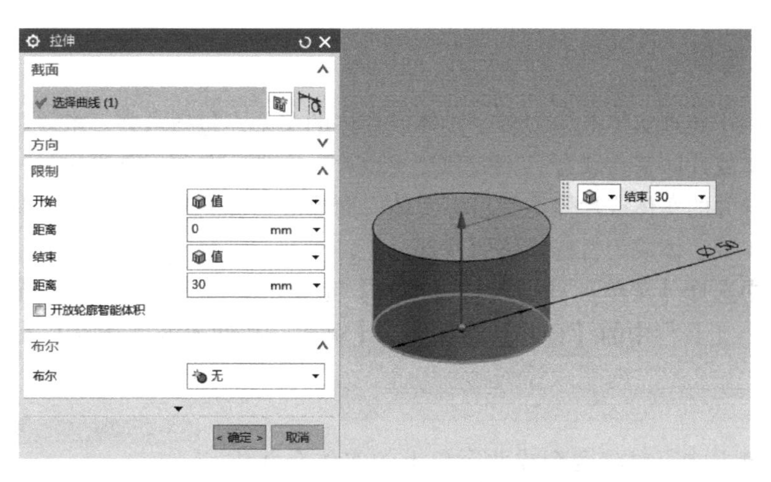

图 1-2-13　拉伸圆柱体

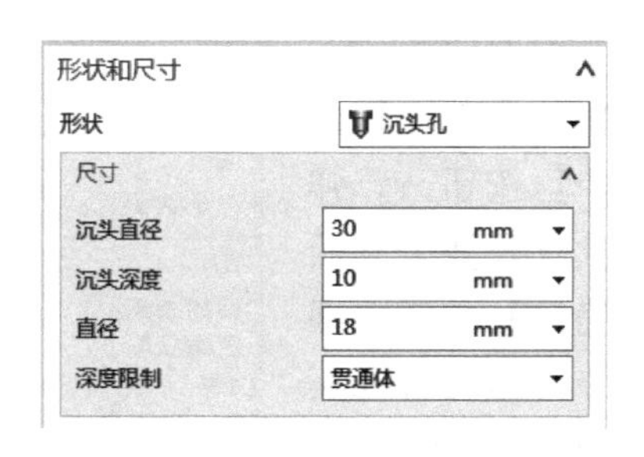

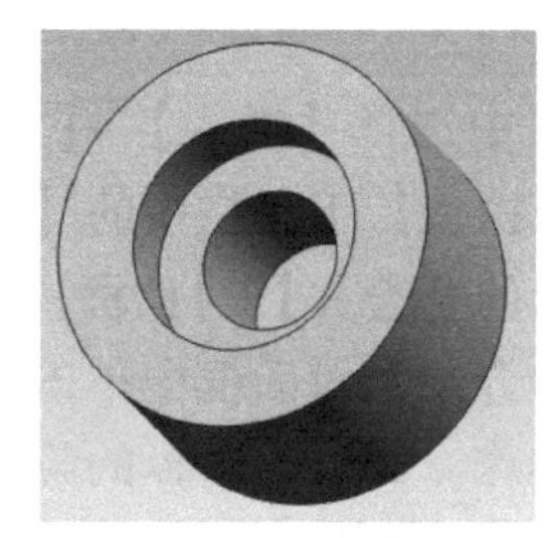

图 1-2-14　常规沉头孔

2）在【位置】选项组的【指定点】状态下，选择圆柱上表面圆的中心点作为位置放置点。

3）在【形状和尺寸】选项组中，设置【螺纹尺寸】，【大小】为 M10×1.5，【螺纹深度】为 15mm，【深度限制】选择【值】，【深度】为 20mm，【顶锥角】为 120°。然后单击【确定】按钮，完成螺纹孔的创建，如图 1-2-15 所示。

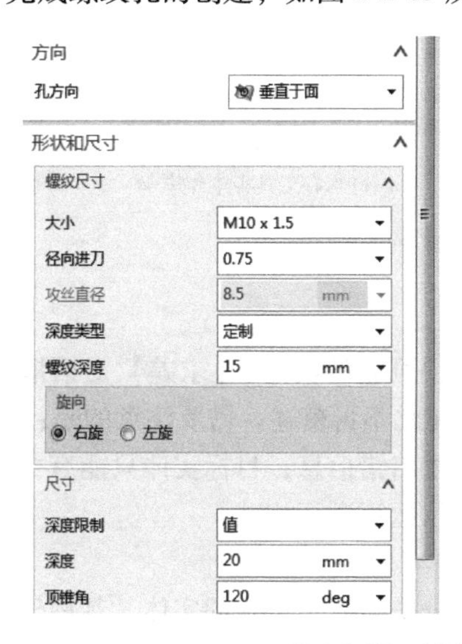

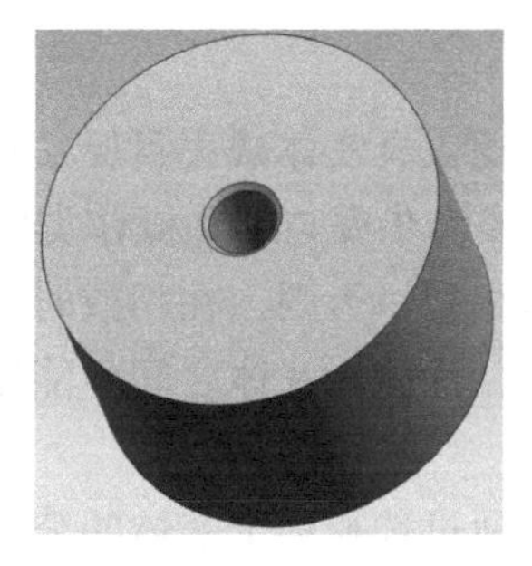

图 1-2-15　创建螺纹孔

三、布尔运算

布尔运算用于处理实体造型中多个实体或片体的关系，包括求并、求差和求交运算，分别对相应的实体或片体进行联合、相减和交叉运算。在进行布尔运算操作时，选择的要与其他实体或片体合并的实体或片体称为目标实体，而修改目标的实体被称为工具实体。在完成布尔运算时，工具实体成为目标实体的一部分。

在菜单栏中选择【菜单】→【插入】→【组合】菜单中的命令，即可进行布尔运算，或单击【特征操作】工具栏中的【合并】按钮、【求差】按钮或【求交】按钮，进行布尔运算。

1. 合并

利用该运算方式可以将两个或两个以上的实体合并成一个独立的实体，也可以将多个实体相叠加，形成一个独立的实体。

在【菜单】栏中选择【插入】→【组合】→【合并】命令，或单击【特征操作】工具栏中的【合并】按钮，弹出如图 1-2-16 所示的【合并】对话框，依次选择要合并的两个实体后，在【合并】对话框中单击【确定】按钮，即完成实体的合并操作。其中，选择的第一个实体为目标实体，第二个实体为工具实体。合并前如图 1-2-17a 所示。

图 1-2-16 【合并】对话框

1）保存目标。勾选该复选框，在执行【合并】命令时，将不会删除选择的目标实体，如图 1-2-17b 所示。

2）保存工具。勾选该复选框，在执行【合并】命令时，不删除之前选择的工具实体，如图 1-2-17c 所示。

3）均不选择。系统默认情况下，即两复选框均不勾选，合并效果如图 1-2-17d 所示。

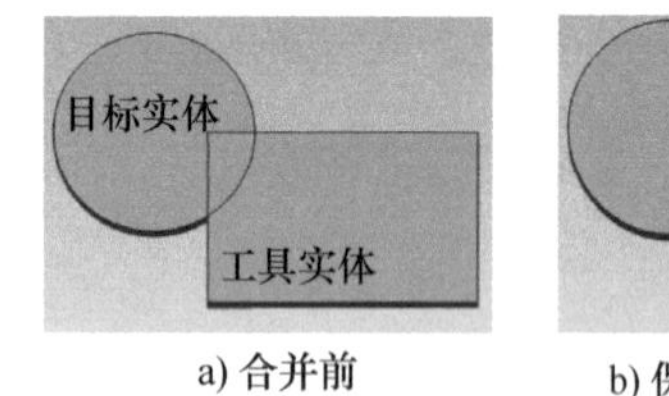

a) 合并前

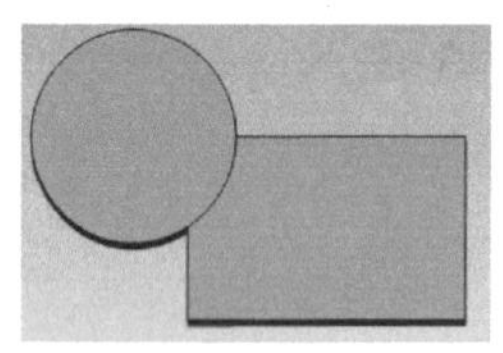

b) 保存目标实体合并

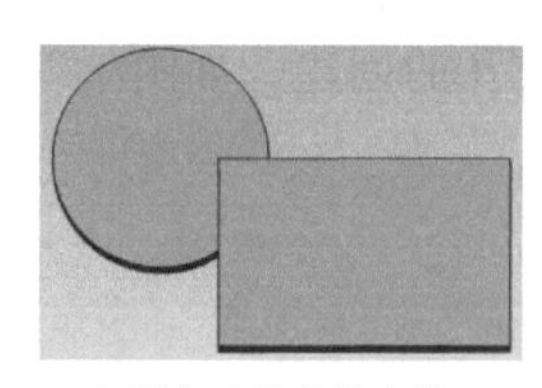

c) 保存工具实体合并

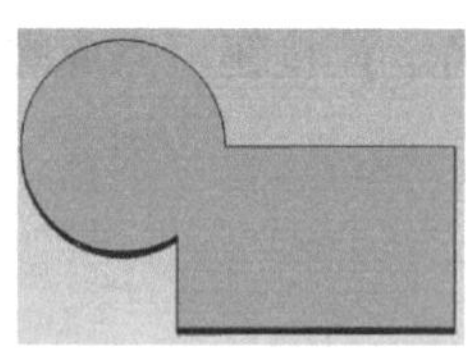

d) 两项都不勾选合并

图 1-2-17 合并

2. 求差

求差操作是用工具实体减去目标实体，得到新的实体。【求差】对话框及求差效果如图 1-2-18 所示。其操作步骤与求并操作类似，在此不再赘述。需要注意的是：所选的工具实体必须与目标实体相交，否则，在相减时会产生出错信息；目标实体只能有一个，工具实体可以是多个；另外，片体和片体之间不能用布尔运算进行相减。

3. 求交

求交操作是通过选择两个实体的公共部分来生成一个新的实体，其操作步骤与合并操作

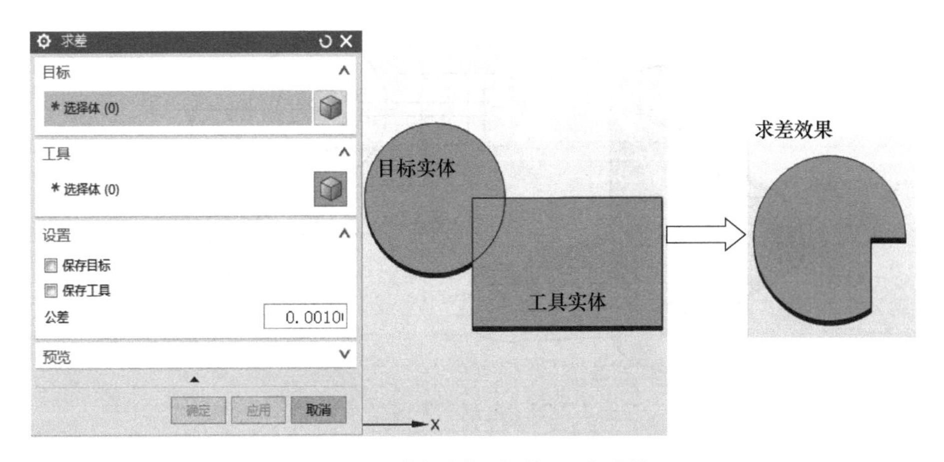

图 1-2-18 【求差】对话框及求差效果

类似，在此不再赘述。【求交】对话框及求交效果如图 1-2-19 所示。

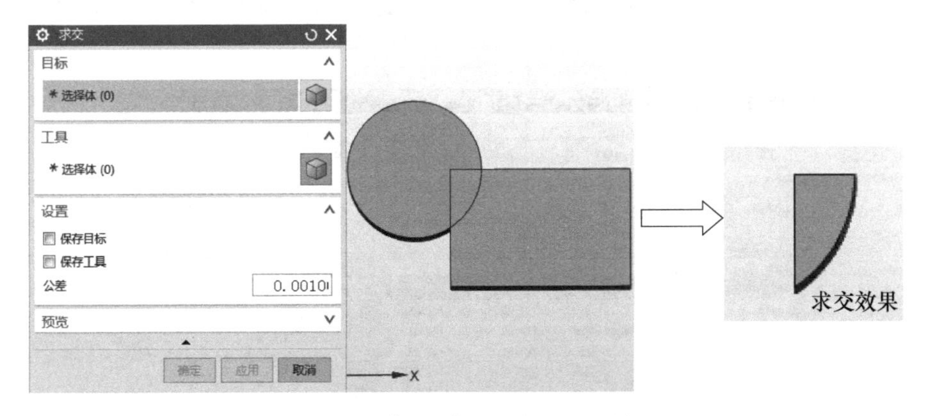

图 1-2-19 【求交】对话框及求交效果

【自学自测】

任务 2 自学自测-零件的三维造型设计

绘制如图 1-2-20 所示零件的零件图。

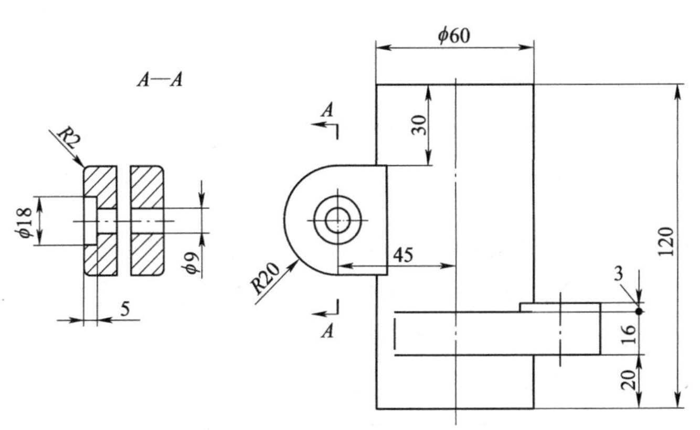

图 1-2-20 自测零件图

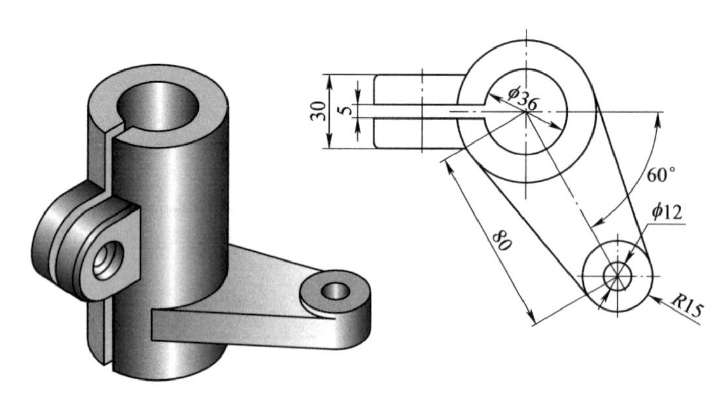

图 1-2-20　自测零件图（续）

【任务实施】

任务 2 阀体零件的三维造型设计

1）首先，打开 UG NX 10.0 软件，在建模界面选择新建模型，建立新文件名，如图 1-2-21 所示。

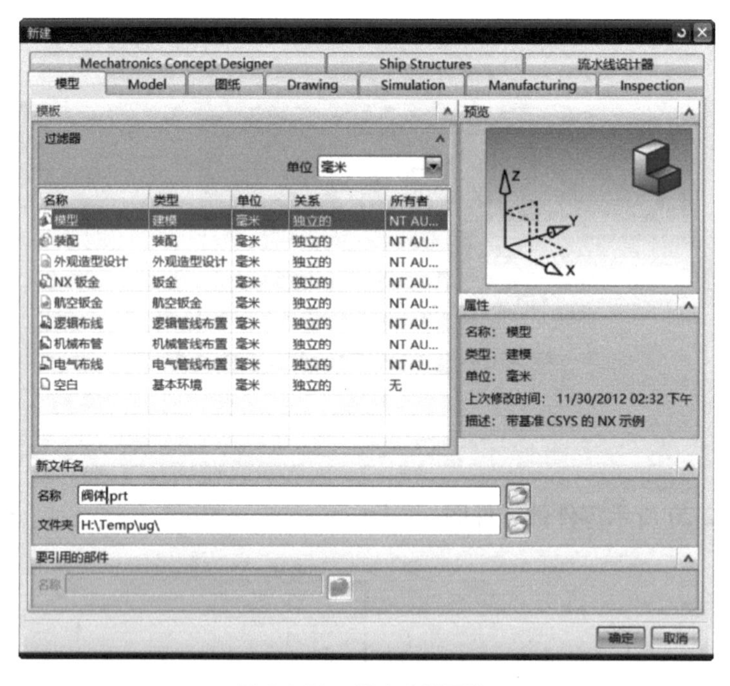

图 1-2-21　新建建模环境

2）选择【插入】→【在任务环境中绘制草图】，如图 1-2-22 所示，在【草图平面】的【平面方法】下拉列表中选择【自动判断】选项，在 XOY 平面上创建如图 1-2-23 所示的草图轮廓，要保证草图完全约束。草图绘制步骤如下：

①在草绘界面中绘制一个以原点为圆心、直径为 44mm 的圆；

②以坐标（11，0）为圆心，绘制一个直径为 22mm 的圆；

③绘制一个边长为 44mm 的正方形，分别单击正方形的 4 条边和圆，选择相切约束命令；

④绘制好的草图如图 1-2-23 所示。

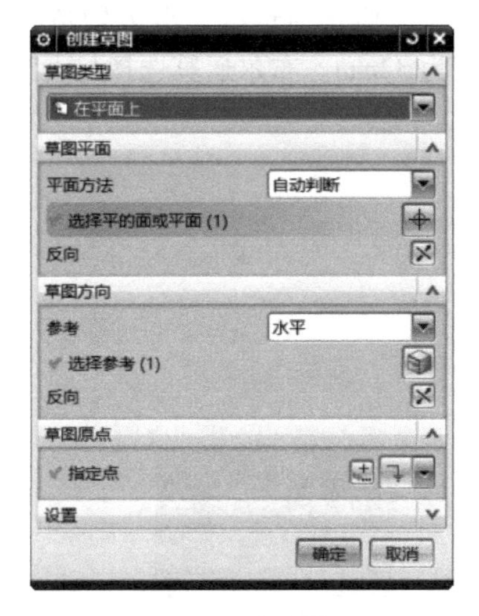

图 1-2-22　创建草图

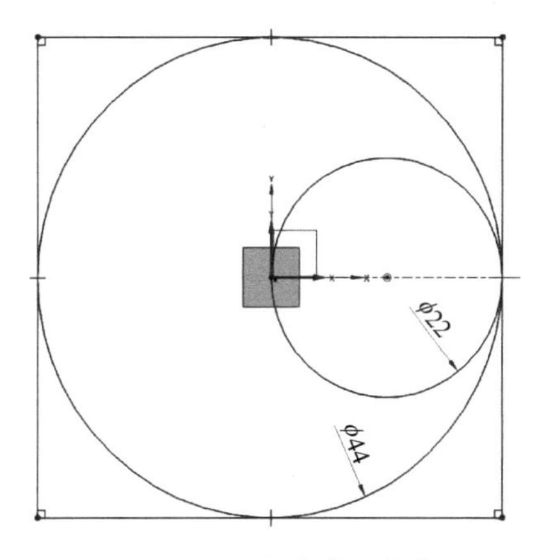

图 1-2-23　创建草图轮廓

3）选择【菜单】栏中的【插入】→【设计特征】→【拉伸】命令，或在【特征】工具栏中单击【拉伸】按钮，弹出如图 1-2-24 所示的【拉伸】对话框，直接选择图 1-2-23 所示的直径为 44mm 的大圆作为拉伸对象。草图选择完成后，立即生成该拉伸特征的预览图形，此时在【拉伸】对话框中指定矢量方向，选择 Z 轴正方向，并输入拉伸距离为 40mm，拉伸完成后如图 1-2-25 所示。

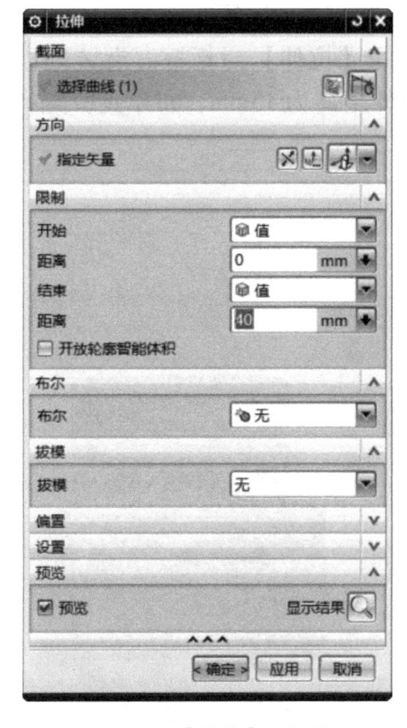

图 1-2-24　【拉伸】对话框 1

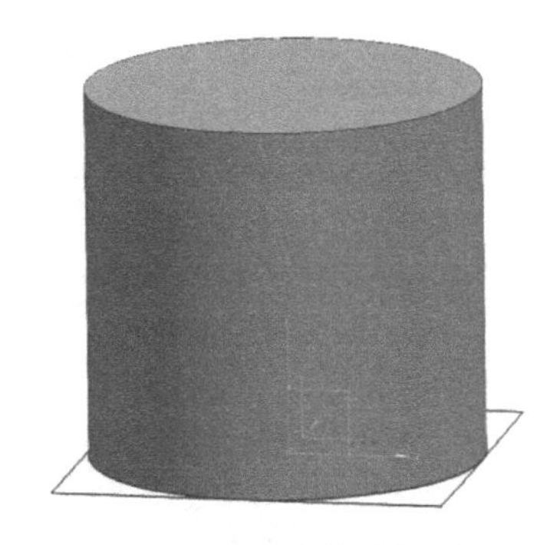

图 1-2-25　拉伸效果图

4）选择【菜单】栏中的【插入】→【设计特征】→【拉伸】命令，或在【特征】工具栏中单击【拉伸】按钮，弹出如图 1-2-26 所示的【拉伸】对话框。沿 Z 轴负方向拉伸图 1-2-23 草图界面中直径为 22mm 的小圆，拉伸距离为 32mm，布尔运算选择与大圆求和，拉伸完成后如图 1-2-27 所示。

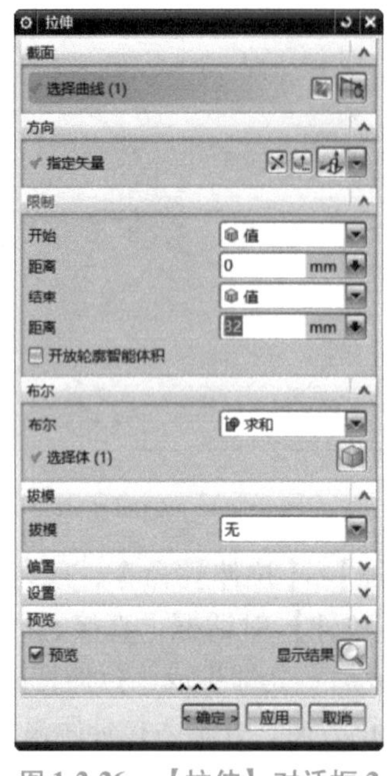

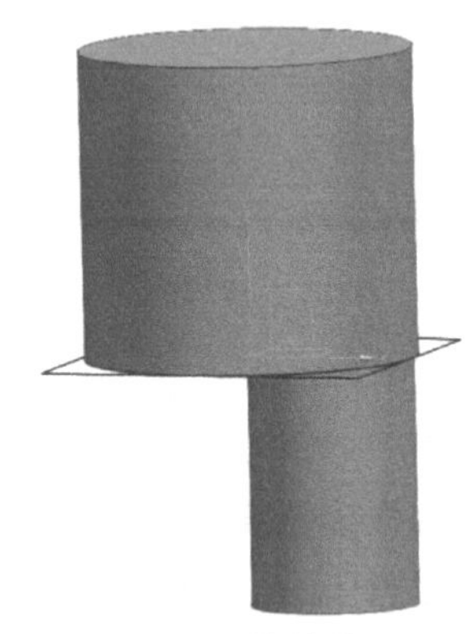

图 1-2-26 【拉伸】对话框 2　　图 1-2-27 拉伸效果图

5）选择【菜单】栏中的【插入】→【设计特征】→【拉伸】命令，或在【特征】工具栏中单击【拉伸】按钮，弹出如图 1-2-28 所示的【拉伸】对话框。沿 Z 轴以对称值拉伸图 1-2-23 草图界面中边长为 44mm 的正方形，拉伸距离为 15mm，布尔运算选择与上一步骤拉伸实体求和，拉伸完成后如图 1-2-29 所示。

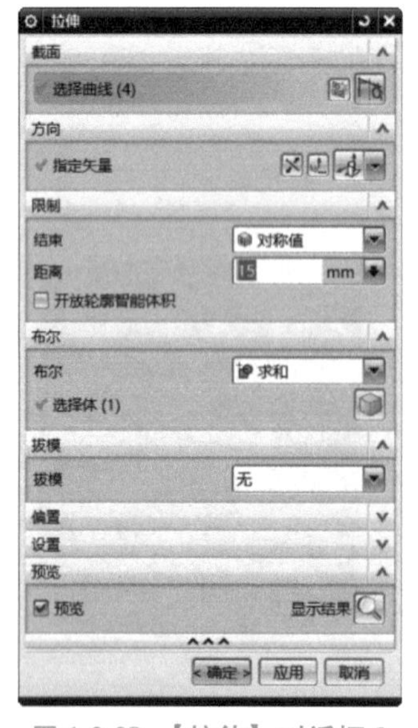

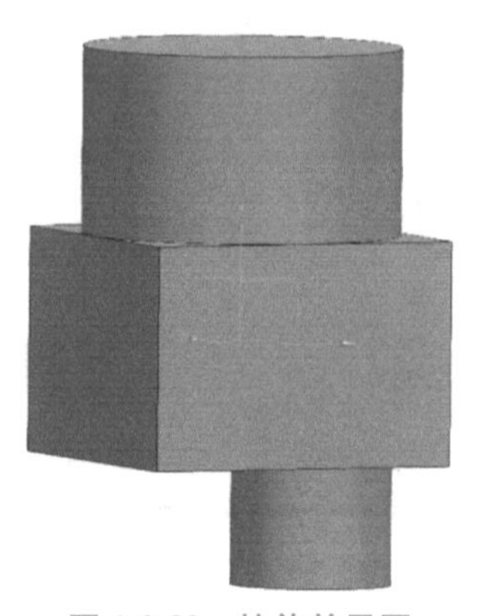

图 1-2-28 【拉伸】对话框 3　　图 1-2-29 拉伸效果图

6）选择【插入】→【在任务环境中绘制草图】，选择 YOZ 平面作为草绘平面，如图 1-2-30 所示。在草绘界面中绘制一个以原点为圆心、直径 30mm 的圆，如图 1-2-31 所示。

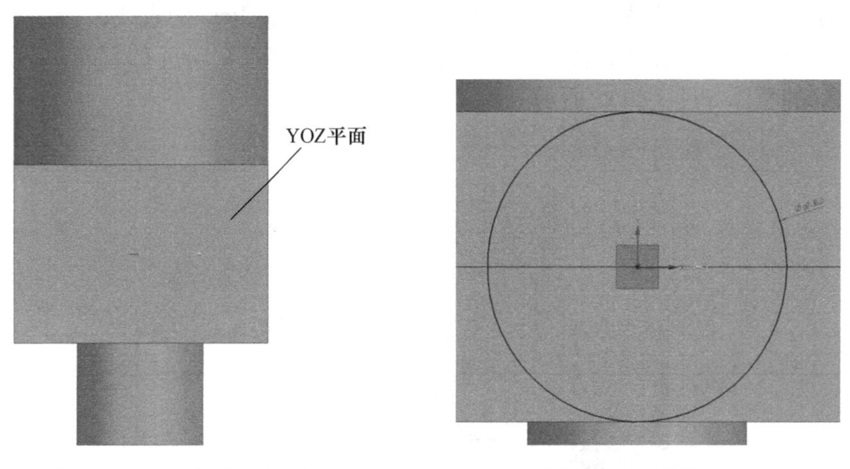

图 1-2-30　选择草图绘制平面　　　　图 1-2-31　草图轮廓

7）选择【菜单】栏中的【插入】→【设计特征】→【拉伸】命令，或在【特征】工具栏中单击【拉伸】按钮，弹出如图 1-2-32 所示的【拉伸】对话框。沿 X 轴以对称值拉伸如图 1-2-31 所示草图轮廓，拉伸距离为 42mm，布尔运算选择与上一步骤拉伸实体求和，拉伸完成后如图 1-2-33 所示。

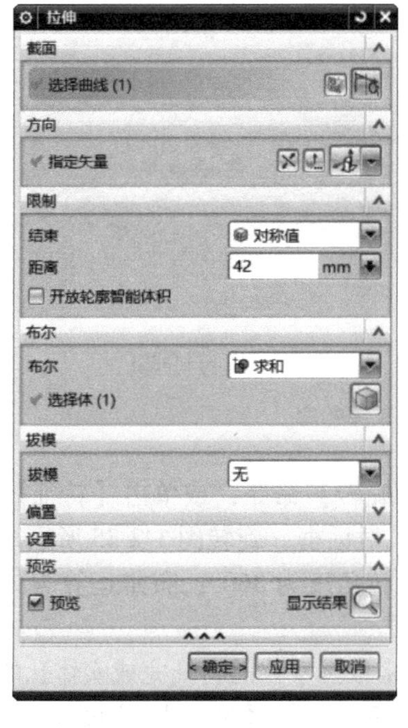

图 1-2-32　【拉伸】对话框

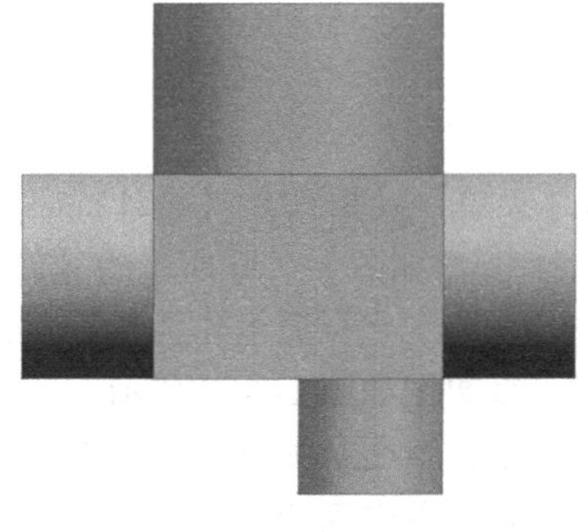

图 1-2-33　拉伸效果图

8）选择【插入】→【在任务环境中绘制草图】，在 XOZ 平面上创建如图 1-2-34 所示的草图轮廓，要保证草图完全约束。草图绘制步骤如下：

①在草绘界面中以（0，33）为起点，沿 X 轴正方向绘制一条 13. 6mm 的直线；

②以上条直线的终点作为起点，沿 Y 轴正方向绘制一条 4mm 的直线；
③以上条直线的终点作为起点，沿 X 轴正方向绘制一条 3.9mm 的直线；
④以上条直线的终点作为起点，沿 Y 轴正方向绘制一条 3mm 的直线；
⑤以上条直线的终点作为起点，沿 X 轴负方向绘制一条 17.5mm 的直线；
⑥绘制好的草图如图 1-2-35 所示。

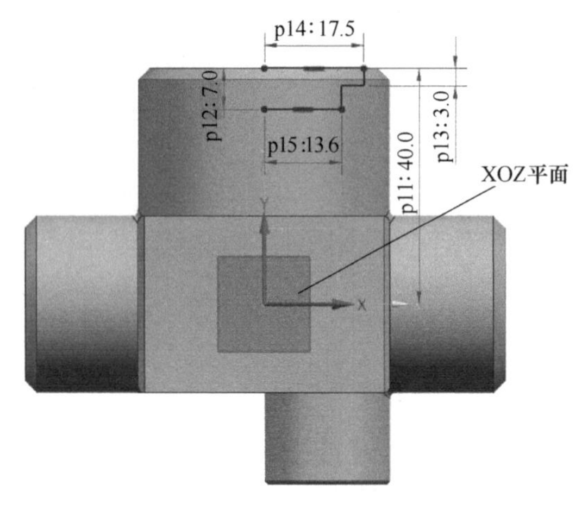

图 1-2-34　草图绘制选择面

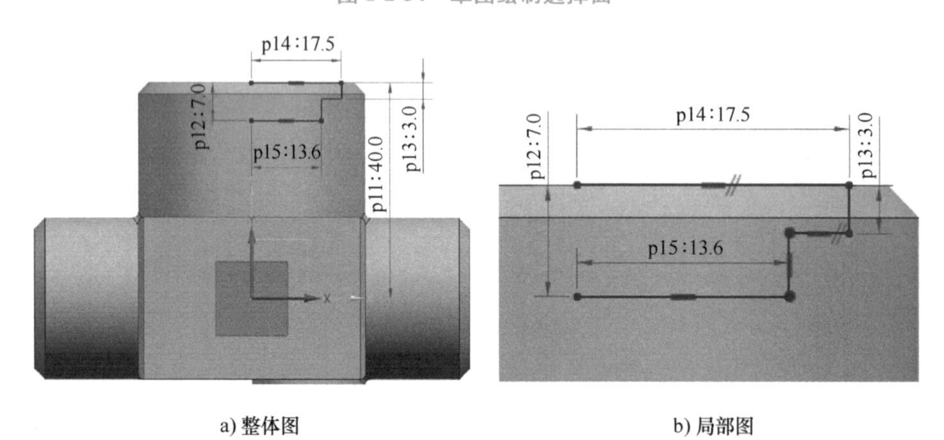

图 1-2-35　绘制草图轮廓

9）选择【菜单】→【插入】→【设计特征】→【旋转】命令，或单击【特征】工具栏中的【旋转】按钮，弹出如图 1-2-36 所示的【旋转】对话框，旋转图 1-2-35 所示草图曲线，选择 Z 轴作为指定矢量，坐标原点作为指定点，旋转角度为 360°，布尔运算为与上一步骤完成的实体求差，效果图如图 1-2-37 所示。

至此已完成实体草图基本形状的创建，接下来根据实体的特征完成实体孔的创建。

根据实体特征，首先完成第 1 个螺纹孔的创建。选择【插入】→【设计特征】，在【类型】下拉列表中选择【螺纹孔】。螺纹孔的创建与孔的创建界面及选择项相似，需要分别定义位置、方向、形状和尺寸、布尔、标准和公差，如图 1-2-38 所示。选择图 1-2-39 中指引线指向的圆的圆心为孔的位置指定点，确定好螺纹的尺寸和形状后，布尔运算选择与上一步骤实体求差，完成后的效果图如图 1-2-39 所示。

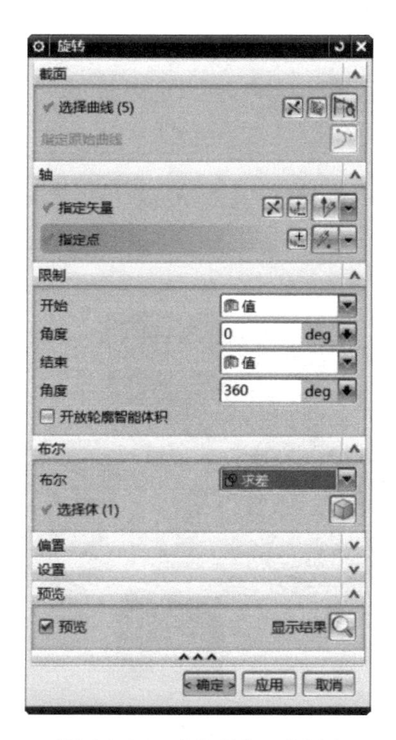

图 1-2-36　【旋转】对话框

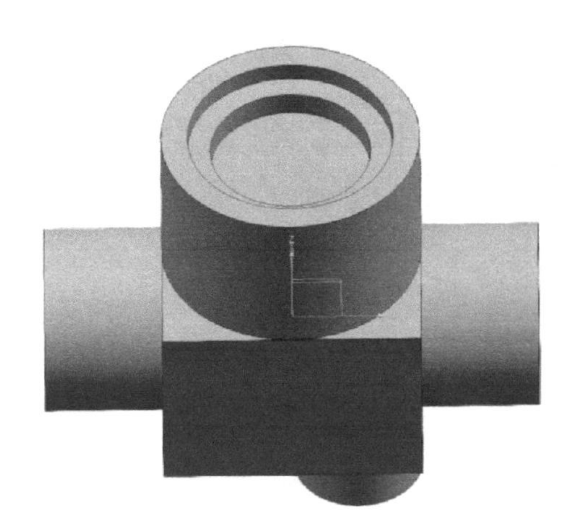

图 1-2-37　旋转效果图

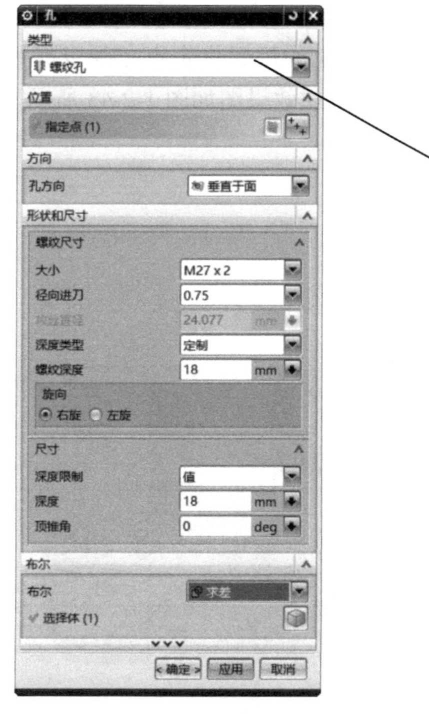

图 1-2-38　孔命令

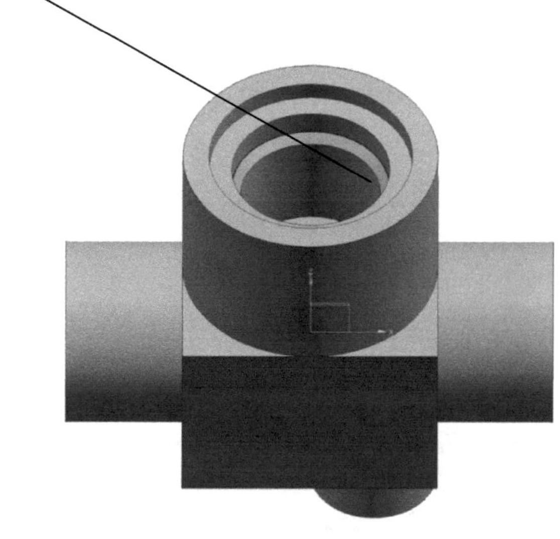

图 1-2-39　螺纹孔效果图

10）完成第 2 个螺纹孔的创建。选择【插入】→【设计特征】→【孔】→【螺纹孔】，如图 1-2-40 所示，选择图 1-2-41 中指引线指向的圆的圆心为孔的位置指定点，确定好螺纹的尺寸和形状后，布尔运算选择与上一步骤实体求差，完成后的效果图如图 1-2-41 所示。

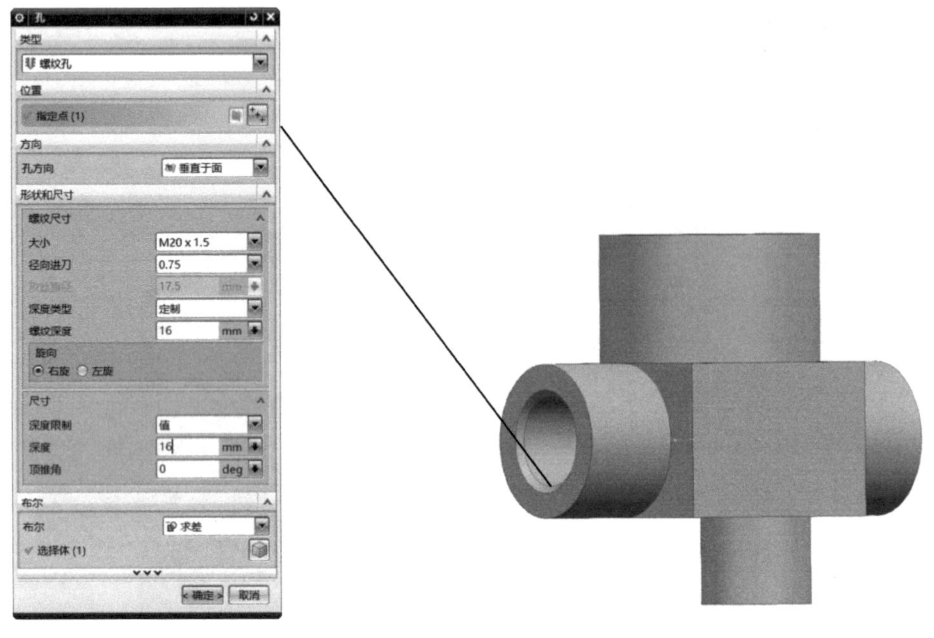

图 1-2-40　孔命令　　　　图 1-2-41　螺纹孔效果图

11）完成第 3 个螺纹孔的创建。选择【插入】→【设计特征】→【孔】→【螺纹孔】，如图 1-2-42 所示，选择图 1-2-43 中指引线指向的圆的圆心为孔的位置指定点，确定好螺纹的尺寸和形状后，布尔运算选择与上一步骤实体求差，完成后的效果图如图 1-2-43 所示。

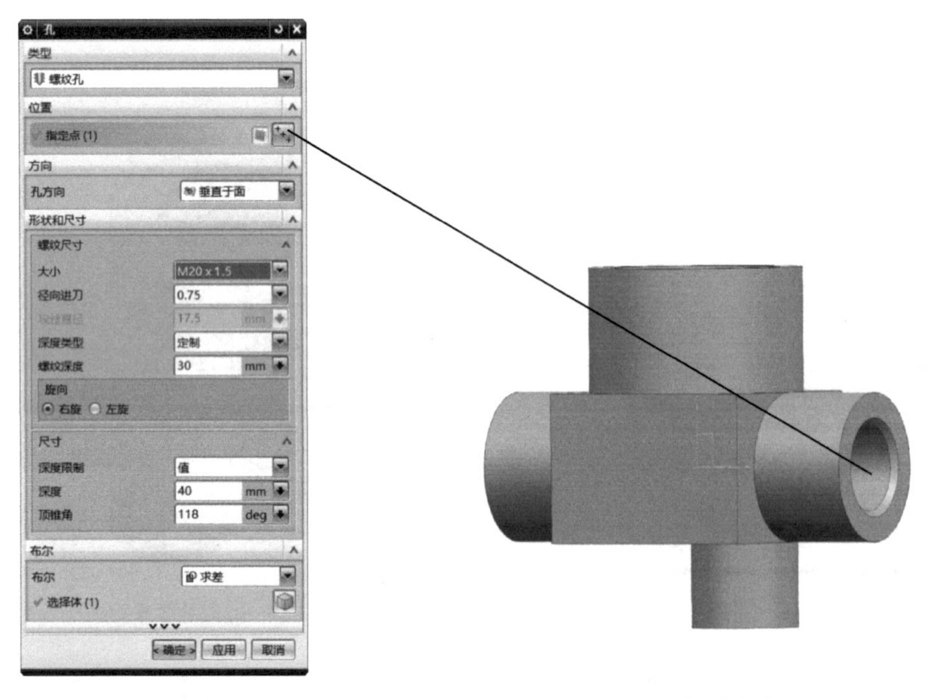

图 1-2-42　孔命令　　　　图 1-2-43　螺纹孔效果图

12）完成第 4 个螺纹孔的创建。选择【插入】→【设计特征】→【孔】→【螺纹孔】，如图 1-2-44 所示，选择图 1-2-45 中指引线指向的圆的圆心为孔的位置指定点，确定好螺纹的尺寸和形状后，布尔运算选择与上一步骤实体求差，完成后的效果图如图 1-2-45 所示。

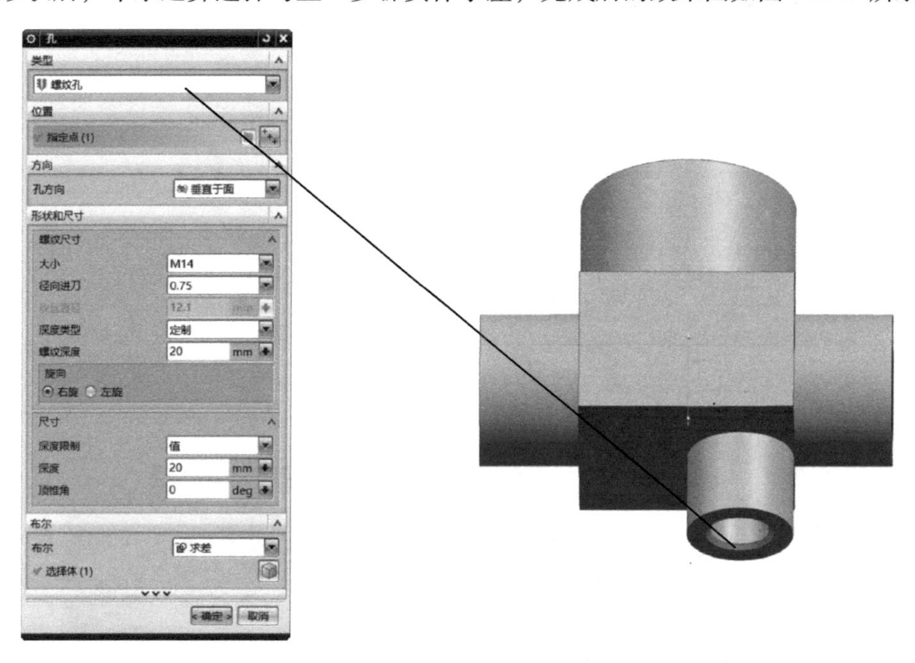

图 1-2-44　孔命令　　　　图 1-2-45　螺纹孔效果图

13）根据实体特征，创建草图环境，选择指引线所指平面作为草图平面，如图 1-2-46 和图 1-2-47 所示。

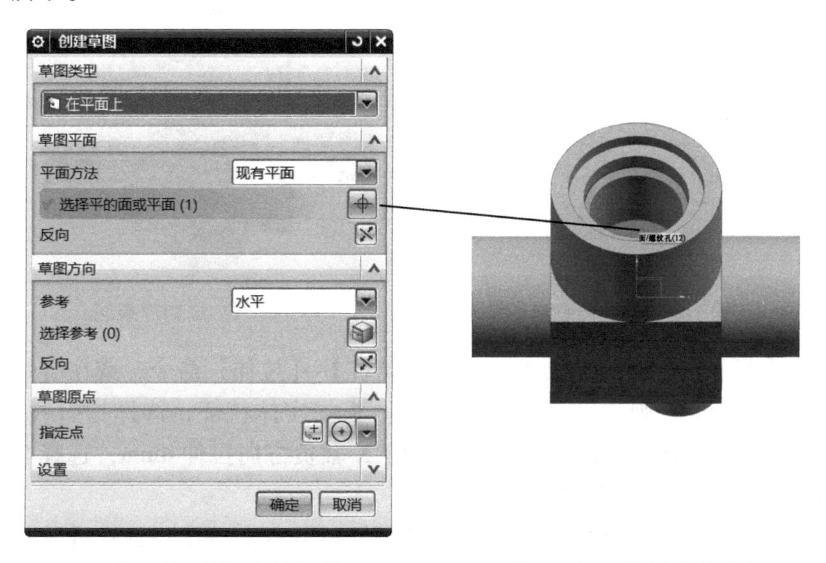

图 1-2-46　新建草图环境　　　　图 1-2-47　选择草图平面

14）选择【菜单】栏中的【插入】→【设计特征】→【拉伸】命令，或在【特征】工具栏中单击【拉伸】按钮，弹出如图 1-2-48 所示的【拉伸】对话框。绘制草图如图 1-2-49 所示，选择拉伸曲线，沿 Z 轴负方向拉伸 5mm，选择与上一步骤实体求差，拉伸预览图如图 1-2-50 所示，拉伸效果图如图 1-2-51 所示。

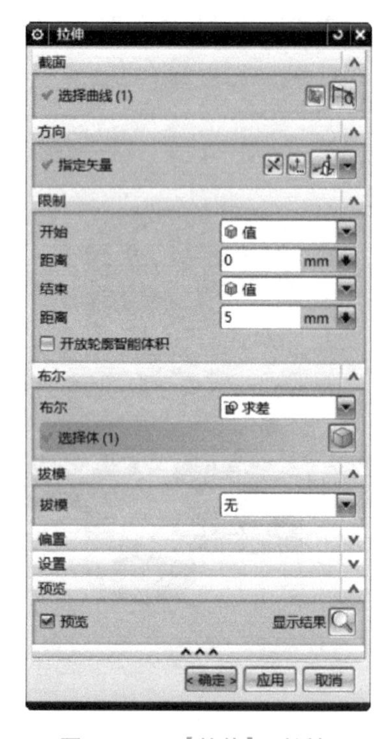

图 1-2-48 【拉伸】对话框

图 1-2-49 绘制草图轮廓

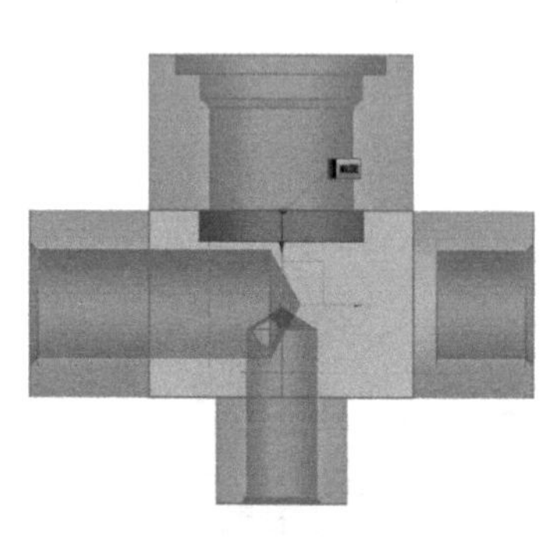

图 1-2-50 拉伸预览图

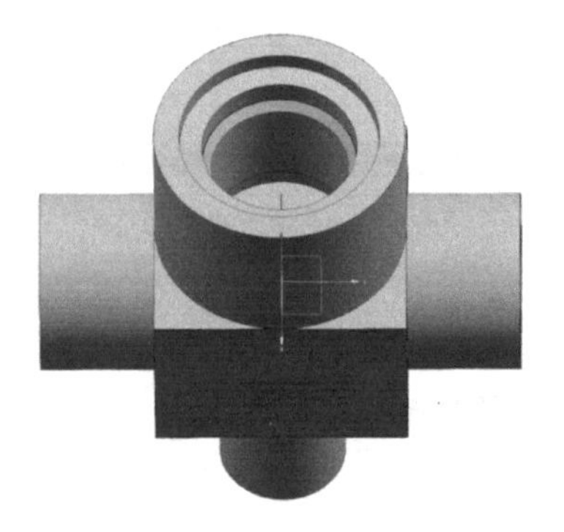

图 1-2-51 拉伸效果图

15）选择【菜单】栏中的【插入】→【设计特征】→【拉伸】命令，或在【特征】工具栏中单击【拉伸】按钮，弹出【拉伸】对话框。根据实体特征，选择指引线指向的平面，绘制草图，如图 1-2-52 所示，选择拉伸曲线，沿 X 轴负方向拉伸 4mm，选择与上一步骤实体求差，拉伸效果图如图 1-2-53 所示。

16）选择【菜单】栏中【插入】→【设计特征】→【拉伸】命令，或在【特征】工具栏中单击【拉伸】按钮，弹出【拉伸】对话框。根据实体特征，选择指引线指向的平面，绘制草图，如图 1-2-54 所示，选择拉伸曲线，沿 X 轴正方向拉伸 4mm，选择与上一步骤实体求差，拉伸效果图如图 1-2-55 所示。

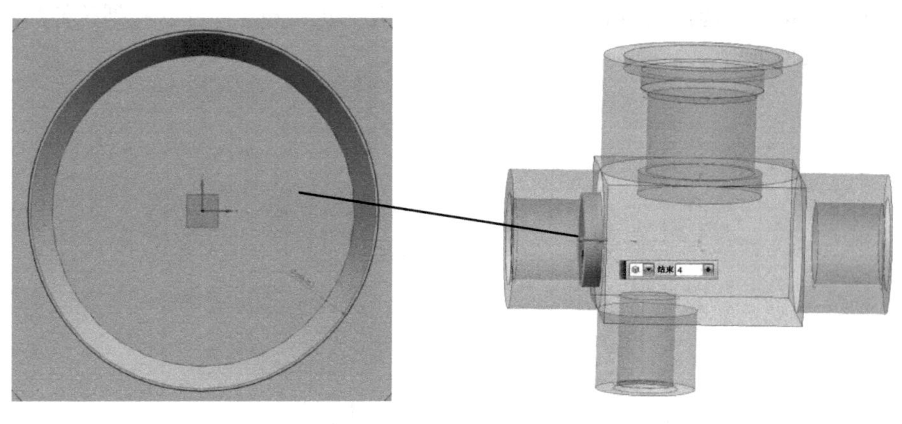

图 1-2-52　绘制草图轮廓　　　图 1-2-53　拉伸效果图

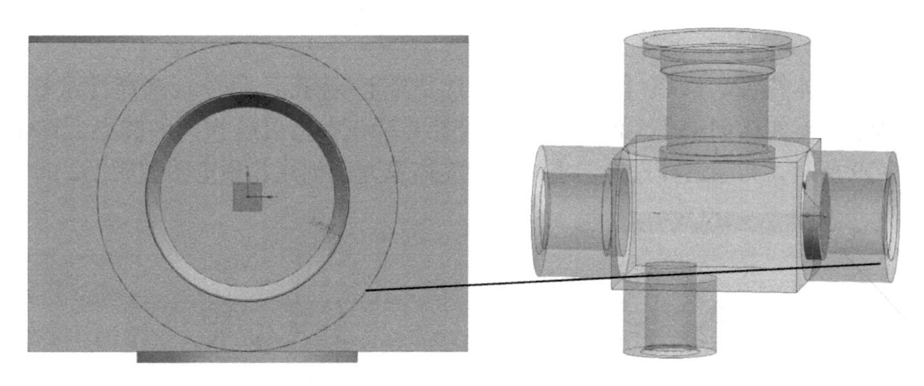

图 1-2-54　绘制草图轮廓　　　图 1-2-55　拉伸效果图

17）选择【菜单】栏中的【插入】→【设计特征】→【拉伸】命令，或在【特征】工具栏中单击【拉伸】按钮，根据实体特征，选择指引线指向的平面，绘制草图，如图 1-2-56 所示，选择拉伸命令，选择拉伸曲线，沿 Z 轴正方向拉伸 4mm，选择与上一步骤实体求差，拉伸效果图如图 1-2-57 所示。

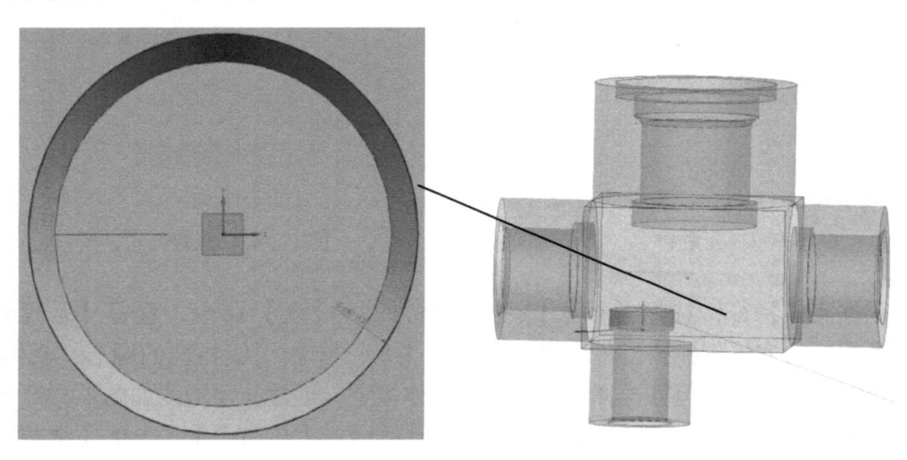

图 1-2-56　绘制草图轮廓　　　图 1-2-57　拉伸效果图

18）拉伸完成后，选择【视图特征】→【带有淡化边的线框】，可以看到拉伸后的实体效果图，如图 1-2-58 所示。

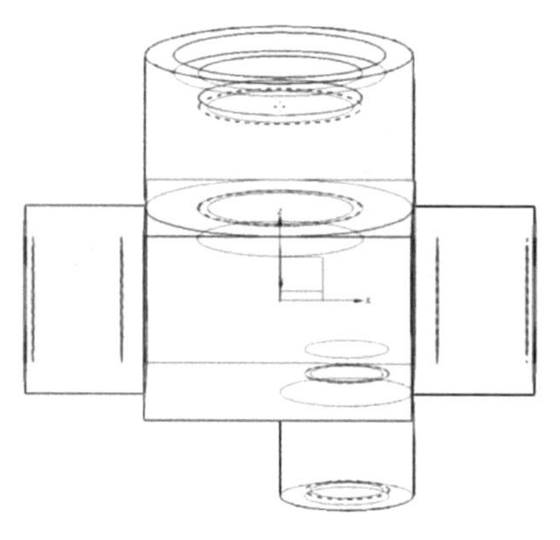

图 1-2-58　拉伸后的实体效果图

19）根据实体特征，选择【插入】→【设计特征】→【孔】命令，选择【常规孔】，如图 1-2-59 所示，对实体创建孔，位置指定点为图 1-2-60 中指引线指向的圆心，具体参数设置如图 1-2-59 所示，布尔运算选择与上一步骤实体求差，创建孔预览图如图 1-2-60 所示。

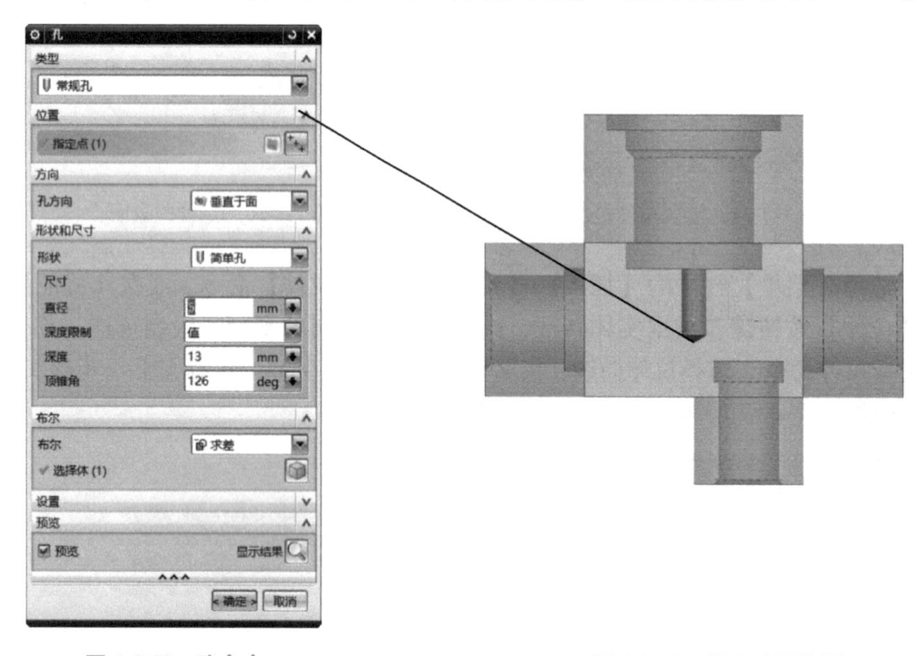

图 1-2-59　孔命令

图 1-2-60　创建孔预览图

20）根据实体特征，选择【插入】→【设计特征】→【孔】命令，选择【常规孔】，如图 1-2-61 所示，对实体创建孔，位置指定点为图 1-2-62 中指引线指向的圆心，具体参数设置如图 1-2-61 所示，布尔运算选择与上一步骤实体求差，创建孔预览图如图 1-2-62 所示。

21）根据实体特征，选择【插入】→【设计特征】→【孔命令】，选择【常规孔】，如图 1-2-63 所示，对实体创建孔，位置指定点为图 1-2-64 中指引线指向的圆心，具体参数设置如图 1-2-63 所示，布尔运算选择与上一步骤实体求差，创建孔预览图如图 1-2-64 所示。

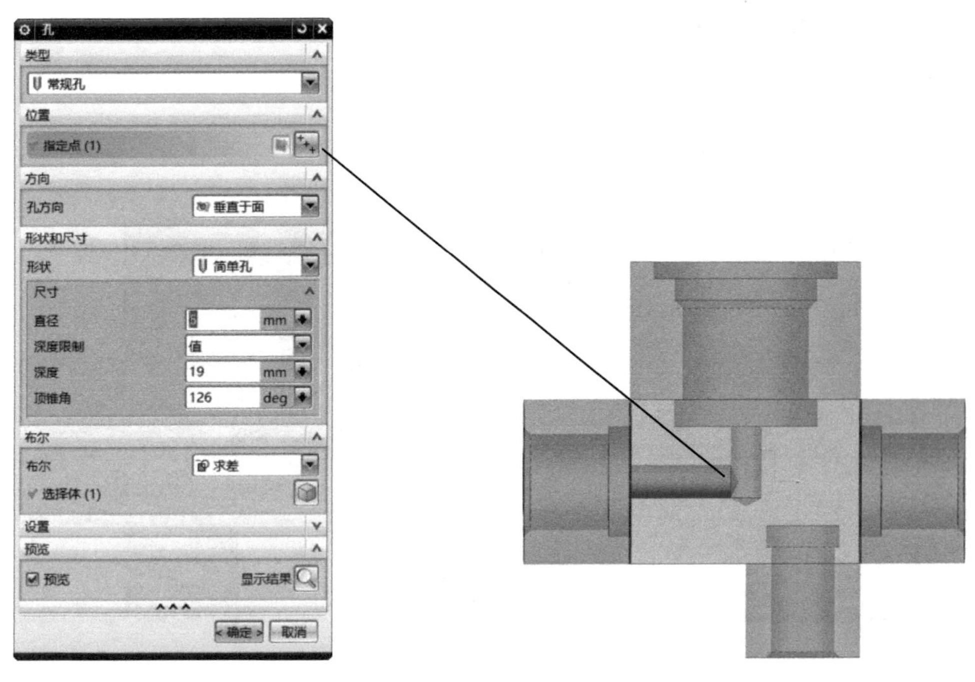

图 1-2-61　孔命令　　　　图 1-2-62　创建孔预览图

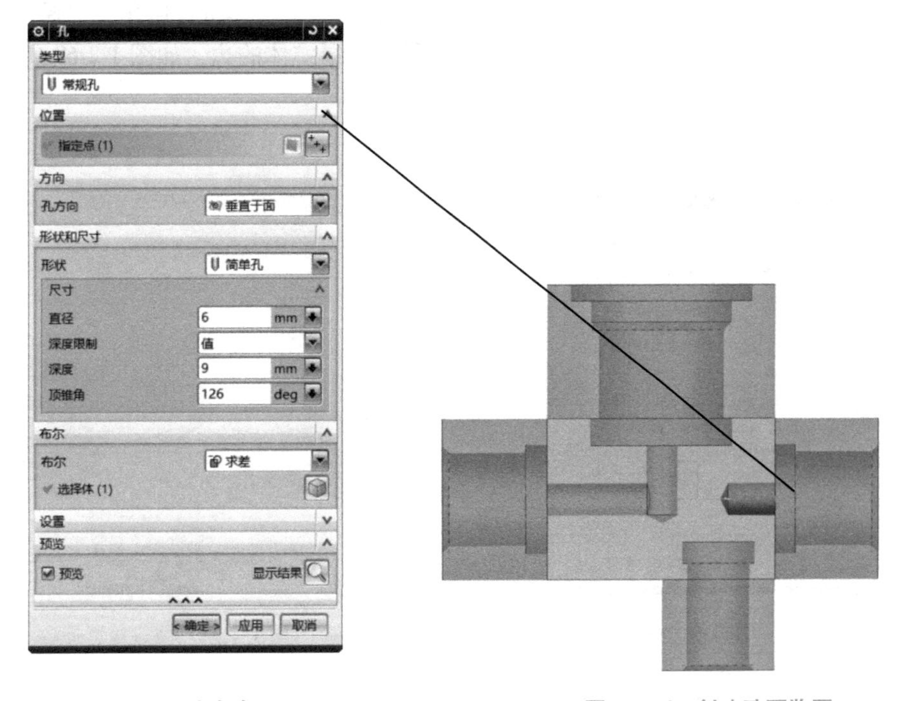

图 1-2-63　孔命令　　　　图 1-2-64　创建孔预览图

22）根据实体特征，选择【插入】→【设计特征】→【孔命令】，选择【常规孔】，如图 1-2-65 所示，对实体创建孔，位置指定点为图 1-2-66 中指引线指向的圆心，具体参数设置如图 1-2-65 所示，布尔运算选择与上一步骤实体求差，创建孔预览图如图 1-2-66 所示。

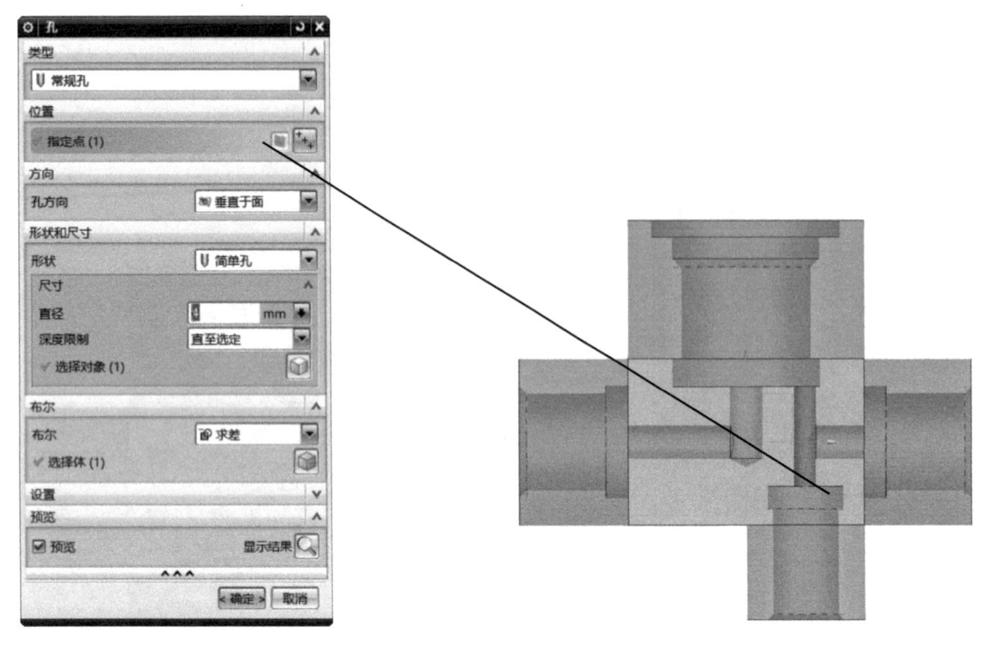

图 1-2-65　孔命令　　　　图 1-2-66　创建孔预览图

23）至此，完成实体螺纹孔和常规孔的创建。根据任务对实体进行倒角，选择【插入】→【细节特征】→【倒斜角】，如图 1-2-67 所示。结合任务选择实体的边，如图 1-2-68 所示。倒斜角后的效果图如图 1-2-69 所示。

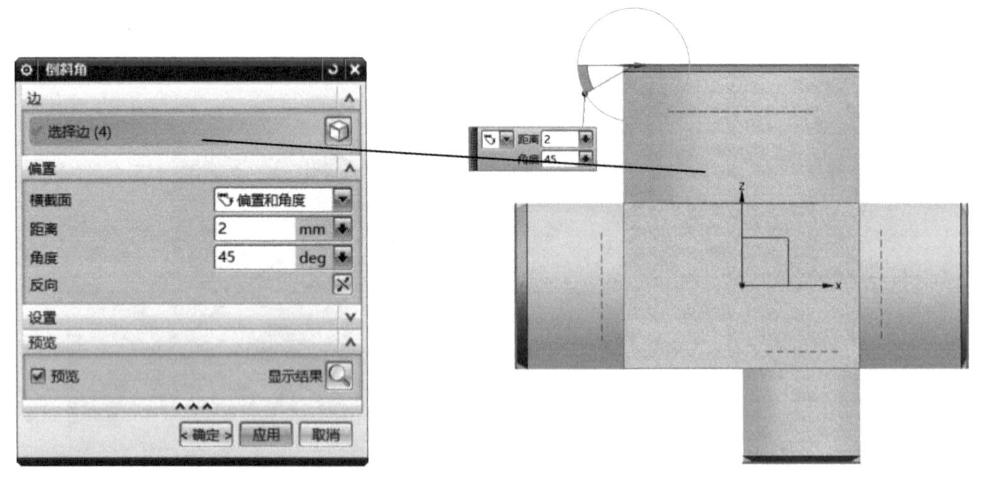

图 1-2-67　倒斜角命令　　　　图 1-2-68　倒斜角选择边

24）选择【插入】→【细节特征】→【倒斜角】，如图 1-2-70 所示，结合任务选择实体的边，如图 1-2-71 所示。倒斜角后的效果图如图 1-2-72 所示。

25）在菜单栏中选择【插入】→【细节特征】→【边倒圆】命令或在【特征操作】工具栏中单击【边倒圆】按钮，如图 1-2-73 所示。结合任务选择实体的边，倒出剩余的圆角，边倒圆后的效果图如图 1-2-74 所示。

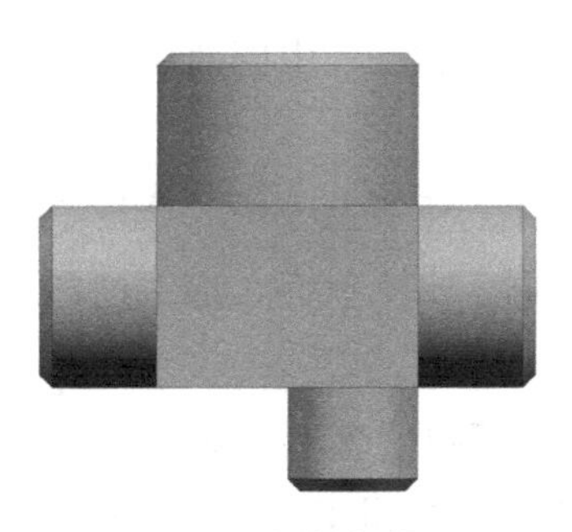

图 1-2-69　倒斜角效果图

图 1-2-70　倒斜角命令

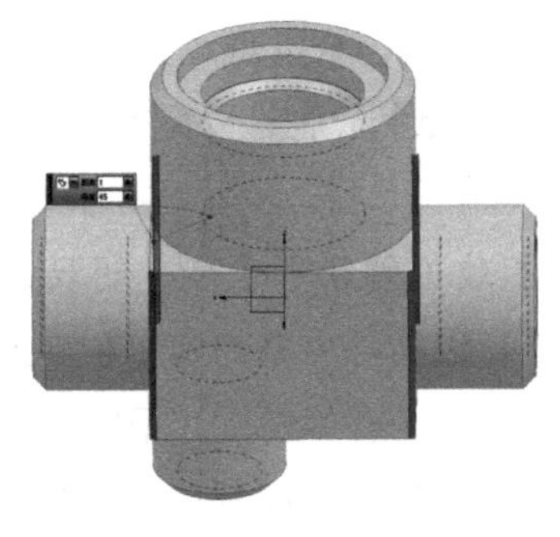

图 1-2-71　倒斜角选择边

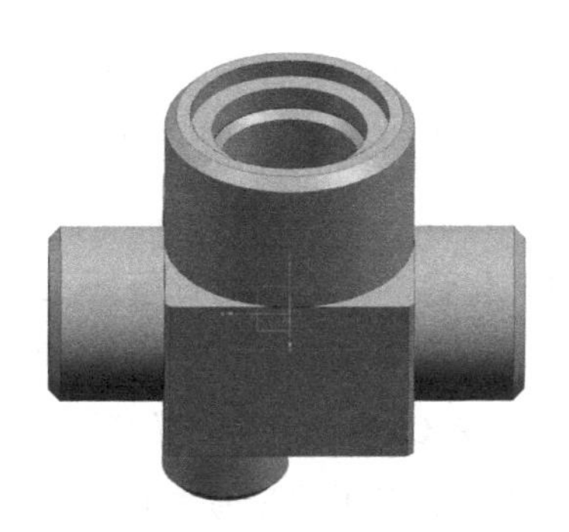

图 1-2-72　倒斜角效果图

26）完成建模后的阀体最终模型如图 1-2-75 所示，可用于后续装配。

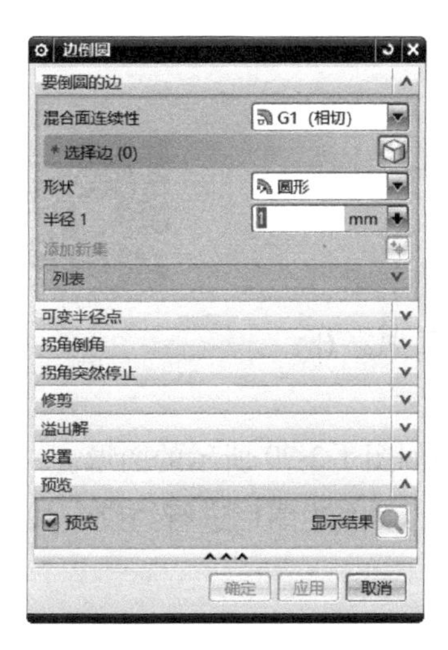

图 1-2-73　边倒圆命令

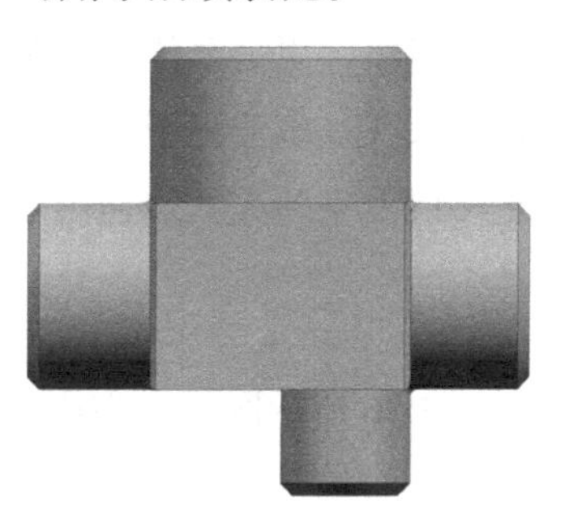

图 1-2-74　边倒圆效果图

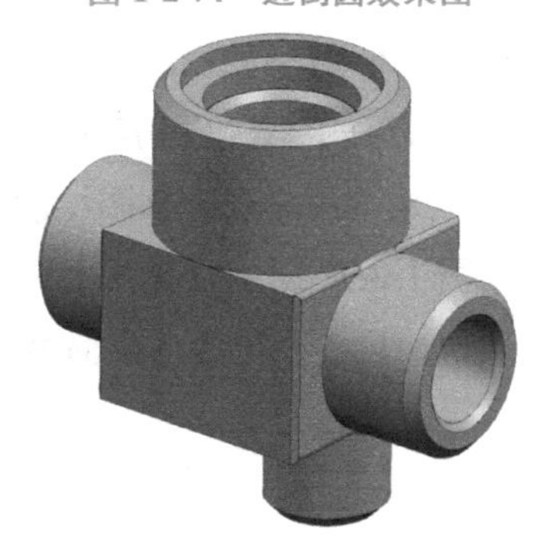

图 1-2-75　阀体最终模型

【匠心筑梦】

致敬“航天手艺人”国产大飞机的首席钳工胡双钱——中国商飞上海飞机制造有限公司高级技师。

“佝偻着腰，侧着头，任漂浮的铝屑挂在头发上、工服上……”这是“航天手艺人”胡双钱几十年如一日的工作常态，42 年来他几经风雨、永不放弃，加工过百万个飞机零件无一瑕疵，用坚守和恒心实现了筑梦蓝天的夙愿。

“千磨万击还坚劲，任尔东西南北风”，他坚定理想信念不动摇。20 岁的胡双钱怀揣着“飞机梦”，进入当时的上海飞机制造厂工作，成为一名钳工。不久后由于种种原因“运-10”项目最终下马，工厂进入了一段无活可干的艰难期，胡双钱的飞机梦一下子仿佛“断线的风筝”，失去了方向。眼看着同事奔向发展势头更旺、薪资待遇更好的民营企业，胡双钱为了航天梦选择了留下。这一留就是几十年，抓住机遇苦练技术本领，最终迎来了我国大飞机事业的春天。

“满眼生机转化钧，天工人巧日争新”，他大胆攻关创新不止步。胡双钱择一事而终一生，干一行专一行，他认真对待每一个经手的工件，以精益求精的实干精神推动大飞机事业的蓬勃发展。在首架 C919 大飞机上的数百万个零部件，有 80%是我国第一次设计生产的，胡双钱凭借多年积累的经验和对质量的执着追求，大胆创新零件制造工艺技术，在一次次的手工试验中打磨出“天上飞”零件的最优解。

“落红不是无情物，化作春泥更护花”，他矢志传道授业不保留。中国航天的崛起离不开技术精湛的老将，更需要传承手艺的青年人。虽然已经到了退休的年纪，但胡双钱发挥余光余热，以为大飞机事业再干 30 年的豪情，将技艺传授给更多心年轻人，做好人才培养工作，引领更多的航空新人共筑强国梦想。

【拓展训练】

根据图 1-2-76 所示图样，完成三维实体建模。

1）首先，打开 UG NX 10.0 软件，在建模界面选择新建模型，建立新文件名，如图 1-2-77 所示。

任务 2 拓展训练-零件的三维造型设计

2）选择【插入】→【在任务环境中绘制草图】，在【草图平面】的【平面方法】下拉列表中选择【自动判断】选项。在 XOY 平面上创建草图轮廓，草图绘制步骤如下：

①利用图 1-2-78 所示【轮廓】中的直线命令，绘制如图 1-2-79 所示的图形。

②利用快速尺寸和位置约束命令，如图 1-2-80 所示，对上述图形进行约束，如图 1-2-81 所示。

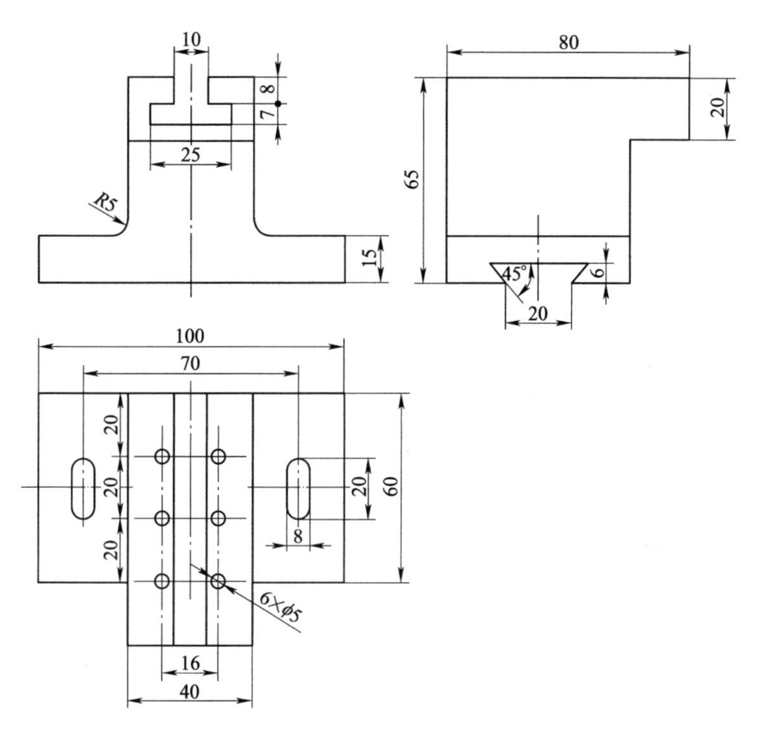

图 1-2-76　拓展训练图样

图 1-2-77　建模界面

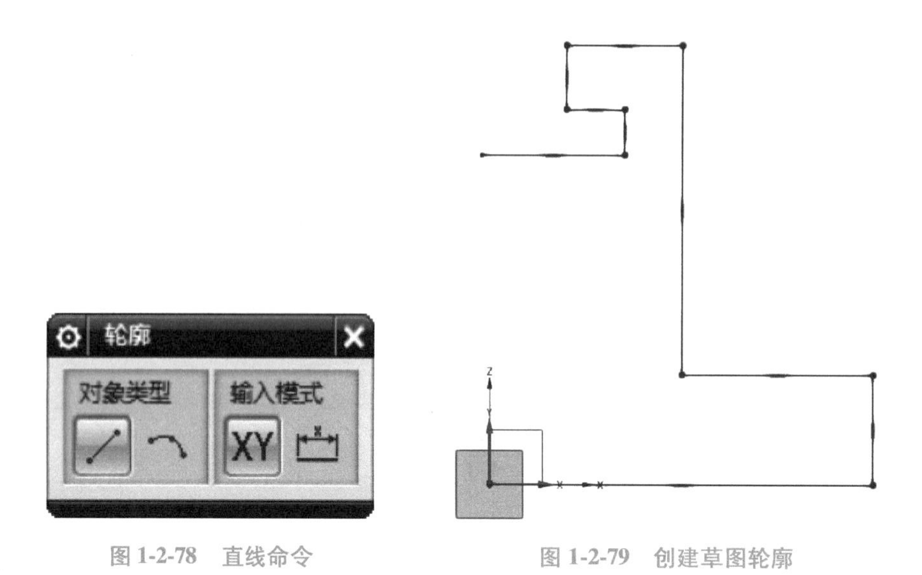

图 1-2-78　直线命令　　　　图 1-2-79　创建草图轮廓

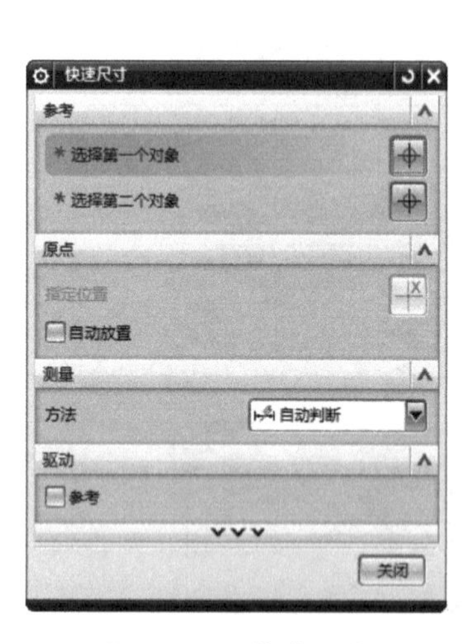

图 1-2-80　快速尺寸

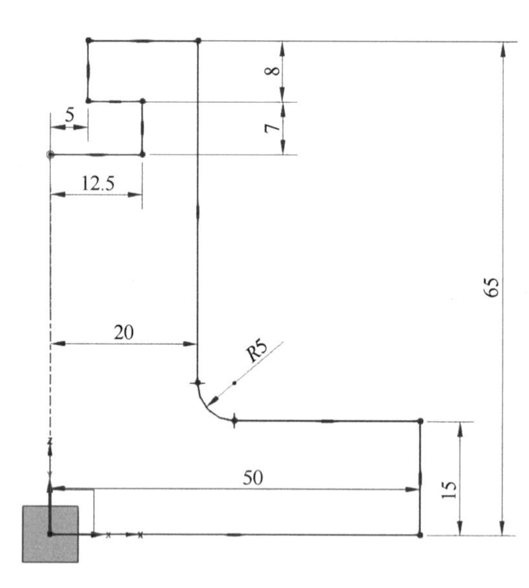

图 1-2-81　约束草图轮廓

3）按照任务要求，对草图进行完全约束。

①利用镜像命令，如图 1-2-82 所示，镜像上一步骤所绘制直线，选择镜像轴为 Y 轴，原点为镜像点，镜像后的图像如图 1-2-83 所示。

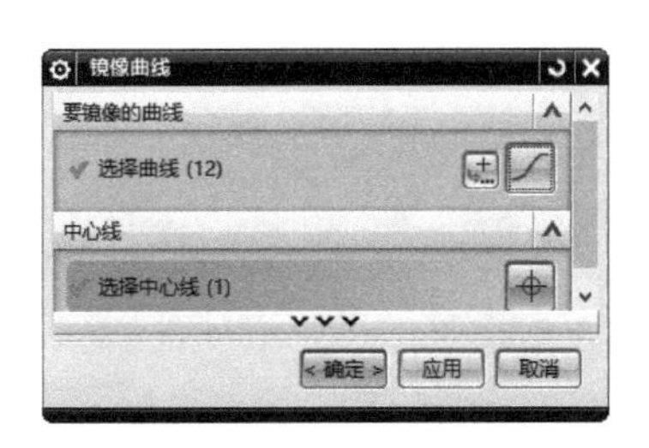

图 1-2-82　草图镜像命令

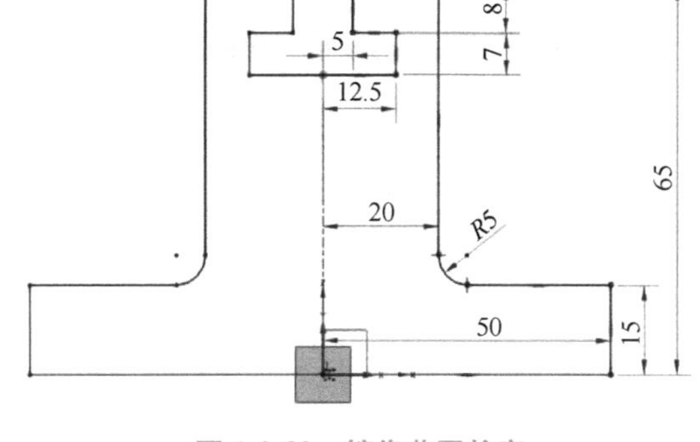

图 1-2-83　镜像草图轮廓

②利用【轮廓】中的直线命令，绘制如图 1-2-84 的图形，通过快速尺寸命令进行约束。

4）选择【菜单】栏中的【插入】→【设计特征】→【拉伸】命令，或在【特征】工具栏中单击【拉伸】按钮，弹出图 1-2-85 所示的【拉伸】对话框。沿 Z 轴正方向拉伸图 1-2-84 所示草图轮廓，拉伸距离为 60mm，拉伸完成后如图 1-2-86 所示。

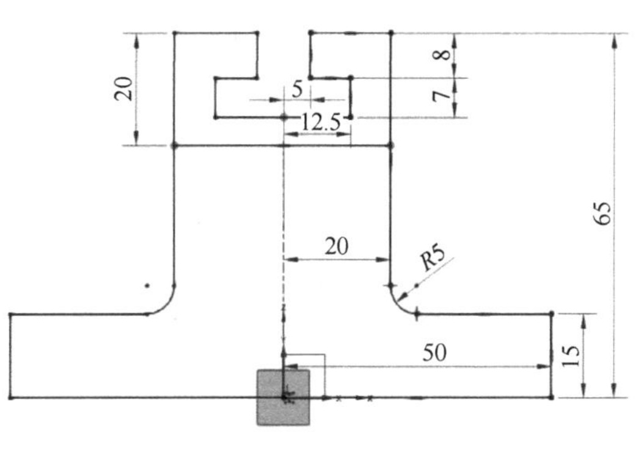

图 1-2-84　绘制草图轮廓

图 1-2-85　【拉伸】对话框

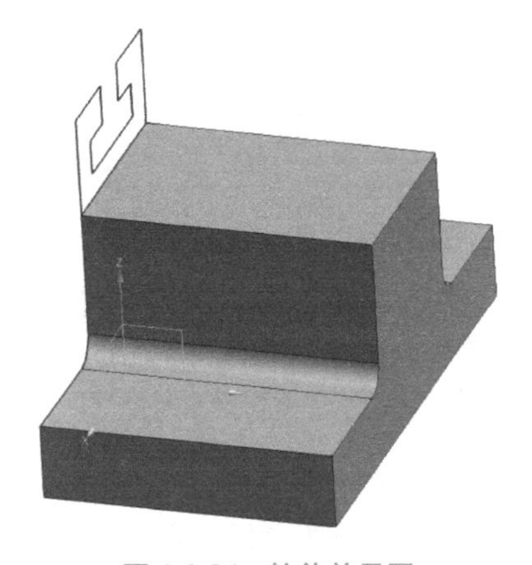

图 1-2-86　拉伸效果图

5）选择【菜单】栏中的【插入】→【设计特征】→【拉伸】命令，或在【特征】工具栏中单击【拉伸】按钮，弹出图 1-2-87 所示的【拉伸】对话框。沿 Z 轴正方向拉伸图 1-2-84

所示草图轮廓，拉伸距离为80mm，拉伸完成后如图1-2-88所示。

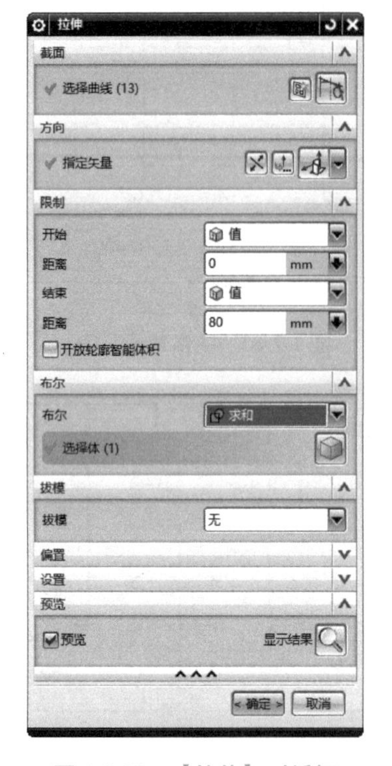

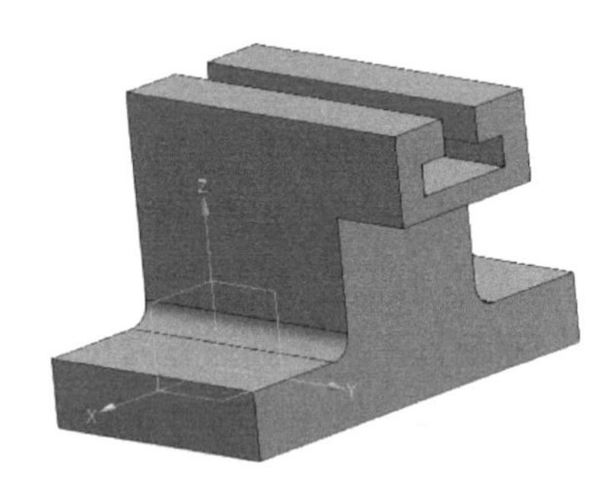

图1-2-87 【拉伸】对话框　　　　图1-2-88 拉伸效果图

①创建草图，如图1-2-89所示。在平面方法中选择【现有平面】选项进行草图的创建，如图1-2-90所示。

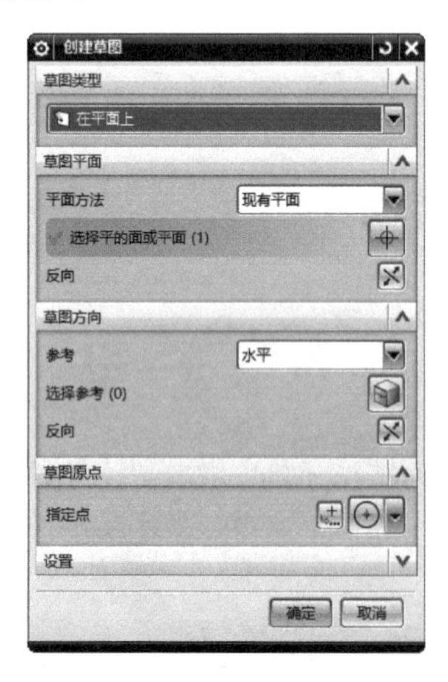

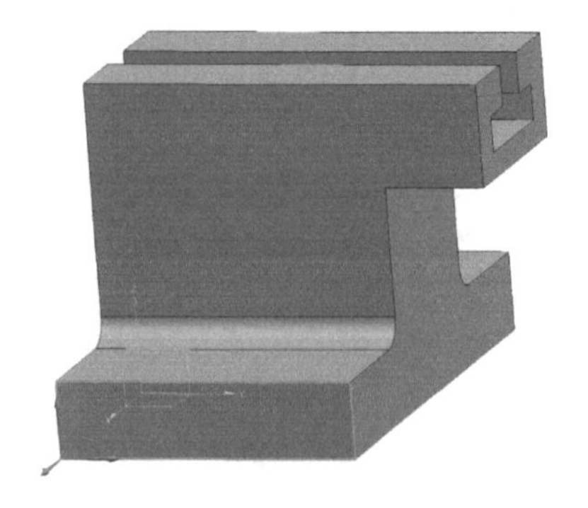

图1-2-89 创建草图　　　　图1-2-90 选择平面

②利用【轮廓】中的直线命令，绘制如图1-2-91所示图形，然后利用快速尺寸和位置约束命令对上述图形进行约束。

6）选择【菜单】栏中的【插入】→【设计特征】→【拉伸】命令，或在【特征】工具栏中单击【拉伸】按钮，弹出图1-2-92所示的【拉伸】对话框。沿Z轴正方向拉伸图1-2-91所示草图轮廓，拉伸距离为100mm，选择与上一步骤实体求交，拉伸效果如图1-2-93所示。

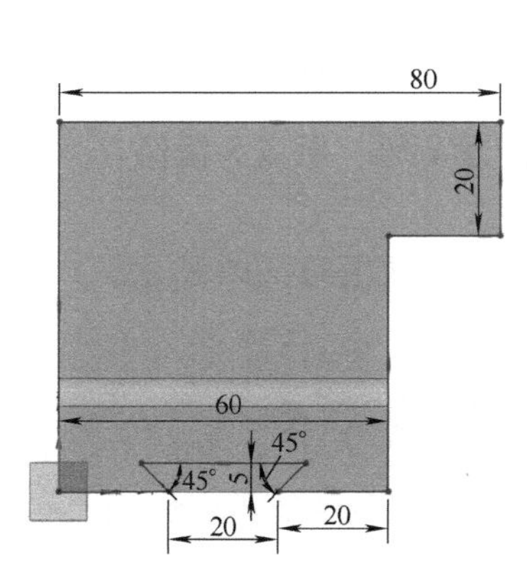

图1-2-91 绘制草图轮廓

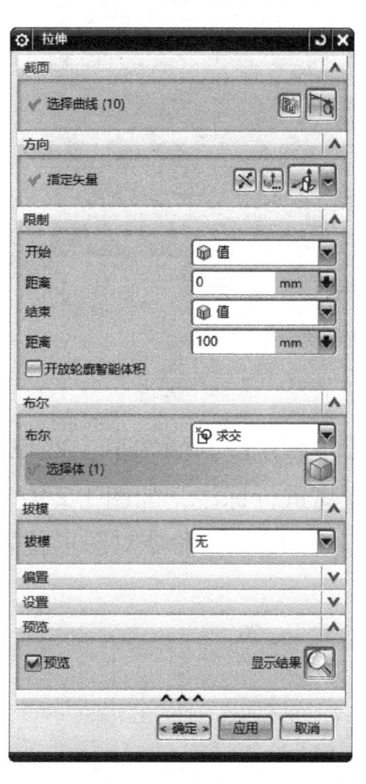

图1-2-92 【拉伸】对话框

7）选择【插入】→【在任务环境中绘制草图】，如图1-2-94所示，在【草图平面】的【平面方法】下拉列表框中选择【自动判断】选项，在XOY平面上创建如图1-2-95所示的草图轮廓。草图绘制步骤如下：

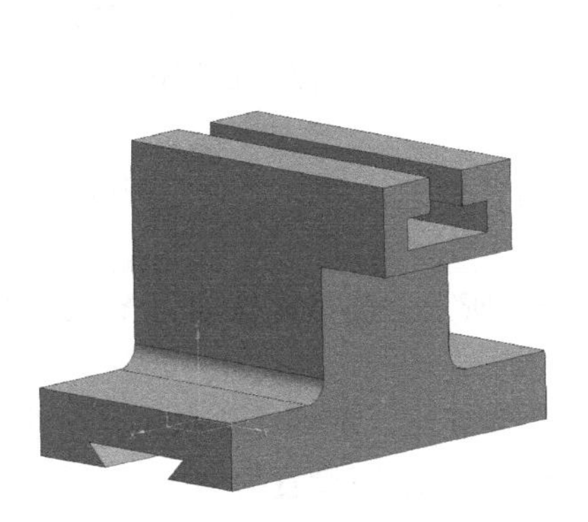

图1-2-93 拉伸效果

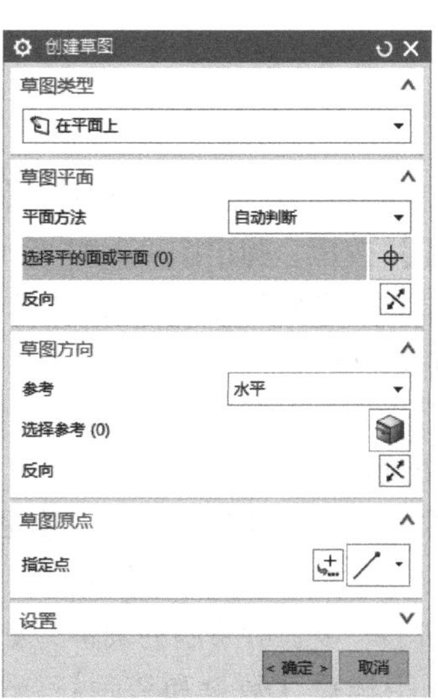

图1-2-94 【创建草图】对话框

①利用【轮廓】中的直线命令，绘制如图 1-2-96 所示图形，然后利用快速尺寸和位置约束命令，对上述图形进行约束。

图 1-2-95　选择平面

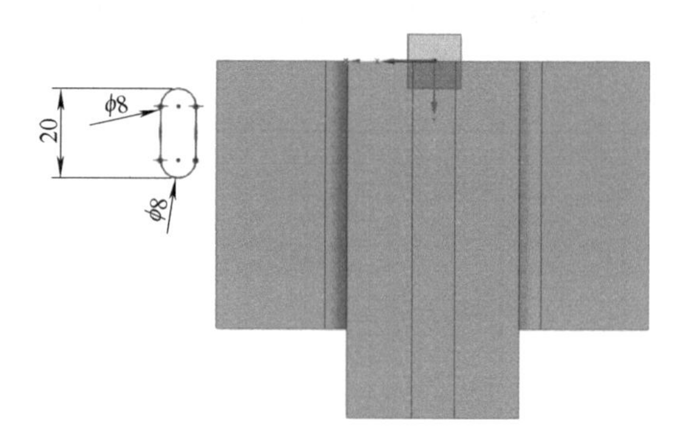

图 1-2-96　绘制草图轮廓

②镜像上一步骤所绘制的图形，选择镜像轴为 Y 轴，原点为镜像点，然后利用快速尺寸命令对镜像距离进行标注，如图 1-2-97 所示。

8）利用【快速尺寸】命令对图形位置进行约束，如图 1-2-98 所示。

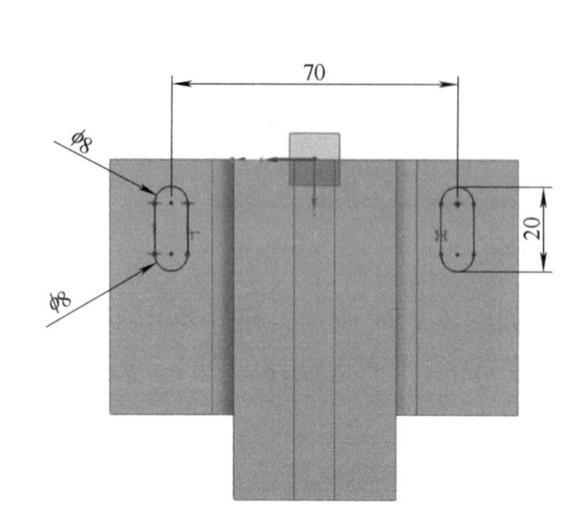

图 1-2-97　镜像效果

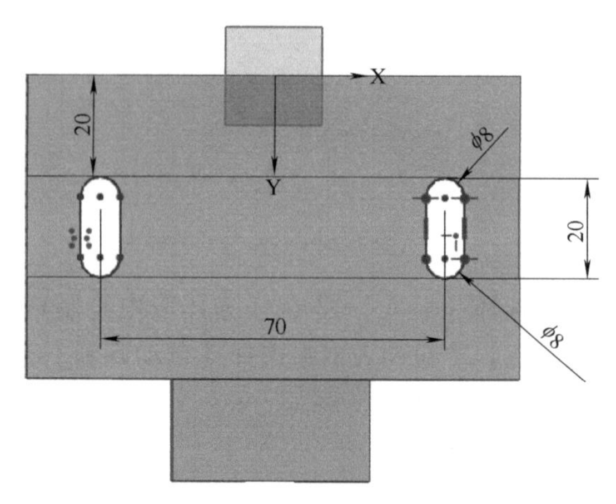

图 1-2-98　约束草图轮廓

9）选择【菜单】栏中的【插入】→【设计特征】→【拉伸】命令，或在【特征】工具栏中单击【拉伸】按钮，弹出图 1-2-99 所示的【拉伸】对话框。沿 Z 轴正方向拉伸图 1-2-98 所示草图轮廓，拉伸距离为 15mm，选择贯通，贯通面选择底面，布尔运算选择求差，拉伸完成后如图 1-2-100 所示。

10）利用圆命令绘制直径为 5mm 的圆，利用【快速尺寸】命令对圆的位置进行约束，如图 1-2-101 所示。

11）镜像上一步骤所绘制的圆，如图 1-2-102 所示，选择镜像轴为 Y 轴，原点为镜像点，镜像后的图像如图 1-2-103 所示。

12）阵列上一步骤所绘制的圆形，如图 1-2-104 所示。选择线性布局，线性对象选择 Y 轴正方向，间距选择【数量和节距】，数量设置为 3，节距设置为 20mm，镜像轴为 Y 轴，原点为镜像点，阵列后的图像如图 1-2-105 所示。

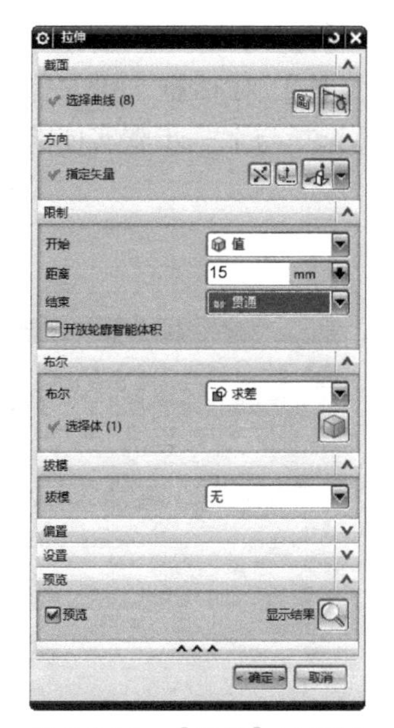

图 1-2-99　【拉伸】对话框

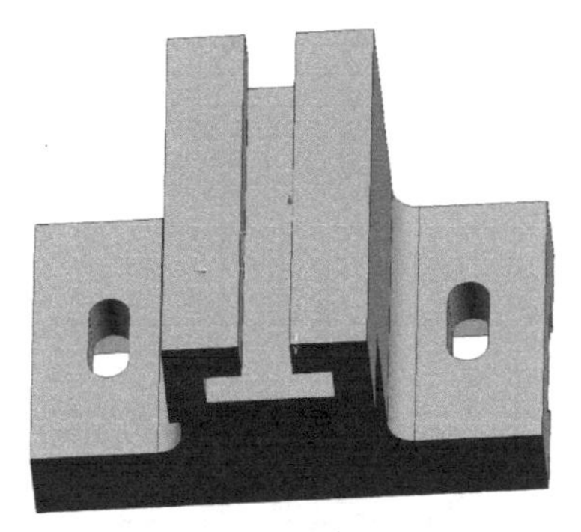

图 1-2-100　拉伸效果图

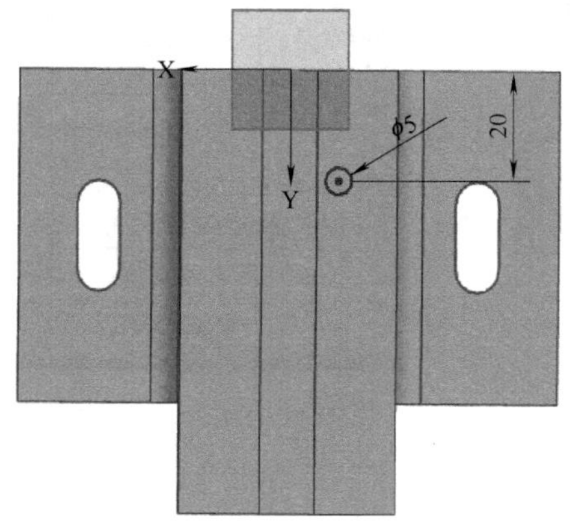

图 1-2-101　约束草图轮廓

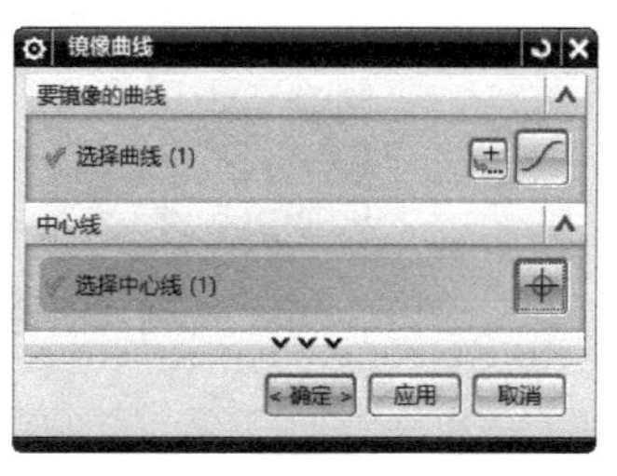

图 1-2-102　【镜像曲线】对话框

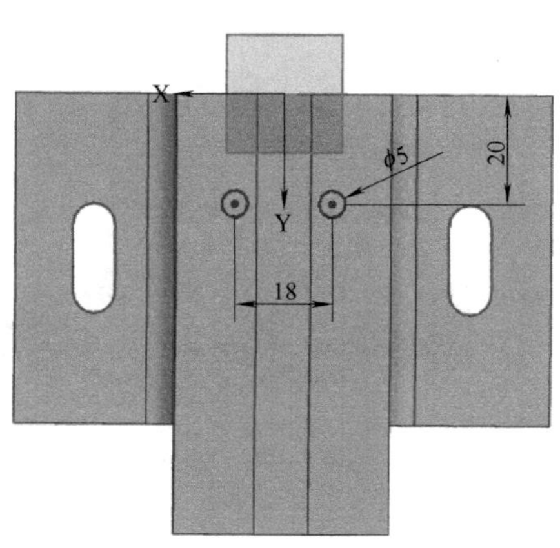

图 1-2-103　镜像草图轮廓

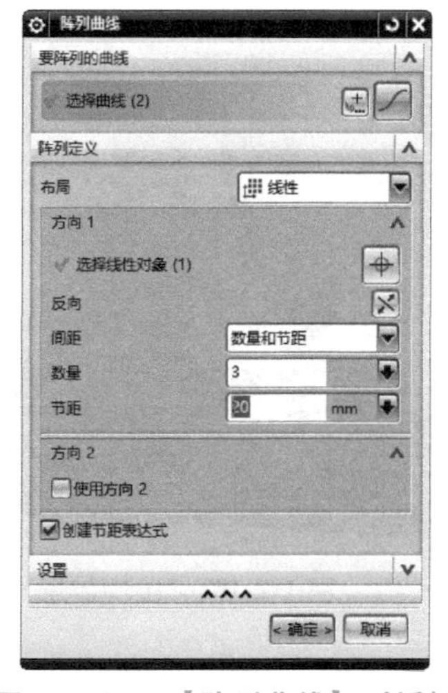

图 1-2-104　【阵列曲线】对话框

13）选择【菜单】栏中的【插入】→【设计特征】→【拉伸】命令，或在【特征】工具栏中单击【拉伸】按钮，弹出图1-2-106所示的【拉伸】对话框。沿Z轴正方向拉伸图1-2-105所示草图轮廓，拉伸距离为8mm，布尔运算选择与上一步骤实体求差，拉伸效果如图1-2-107所示。

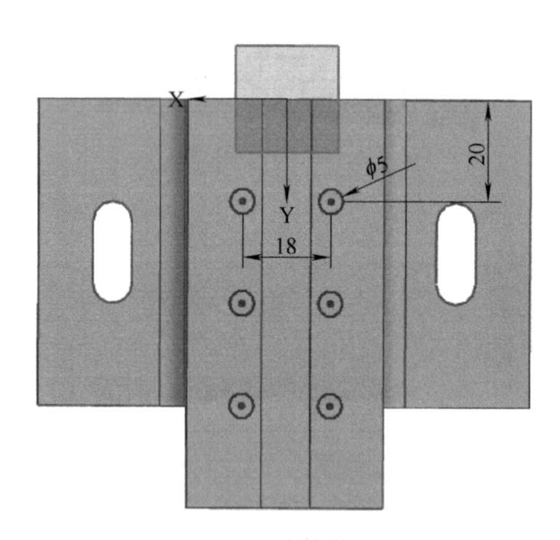

图1-2-105　阵列草图轮廓

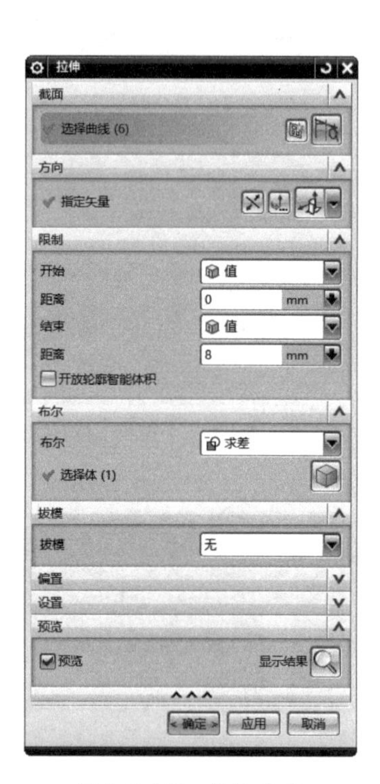

图1-2-106　拉伸命令

14）最终效果如图1-2-108所示。

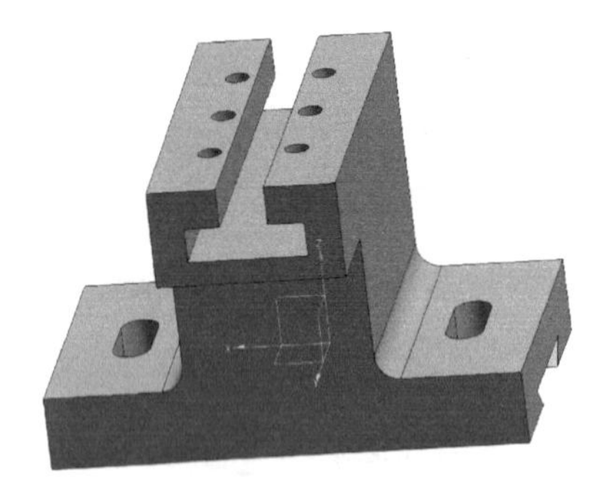

图1-2-107　拉伸效果

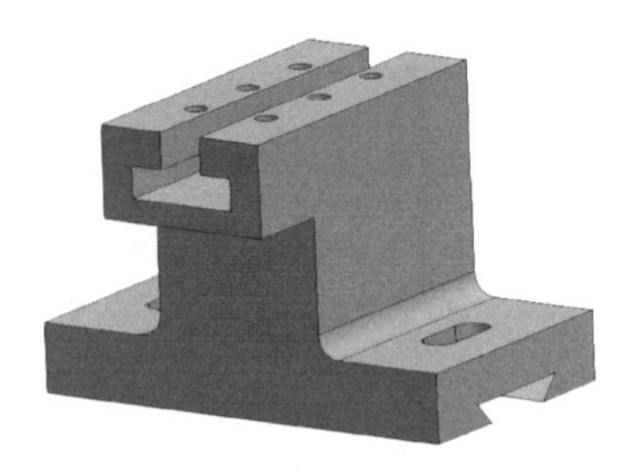

图1-2-108　最终效果

【课后作业】

请根据图 1-2-109、图 1-2-110 所示图例，完成三维造型设计。

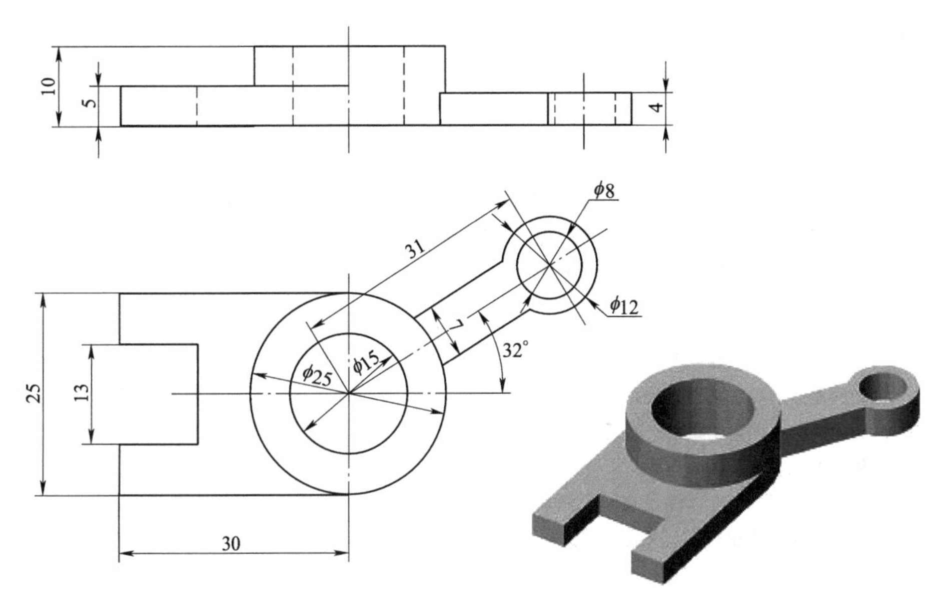

图 1-2-109　课后作业 1

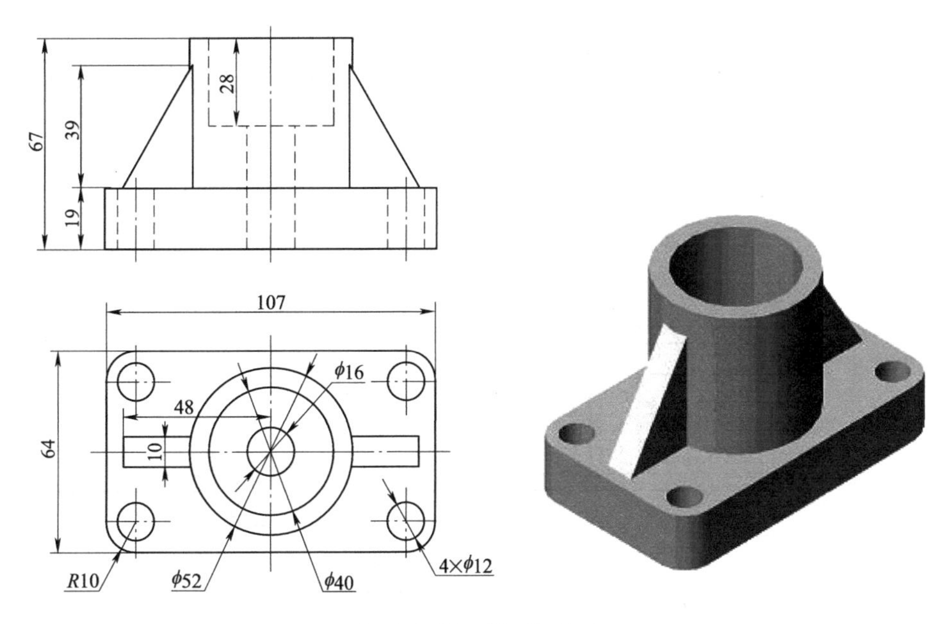

图 1-2-110　课后作业 2

任务3　无人机飞行器封环的三维造型设计

【任务工单】

<table>
<tr><td>学习情境1</td><td>实体造型设计</td><td>工作任务3</td><td>无人机飞行器封环的三维造型设计</td></tr>
<tr><td colspan="2">任务学时</td><td colspan="2">4学时（课外4学时）</td></tr>
<tr><td colspan="4">布置任务</td></tr>
<tr><td>工作目标</td><td colspan="3">1）根据无人机飞行器封环的结构特点，选择合理的软件命令进行三维造型设计。
2）根据无人机飞行器封环零件的设计要求，拟定无人机飞行器封环零件的设计过程。
3）使用UG NX软件，完成无人机飞行器封环零件三维造型相关命令的使用。
4）使用UG NX软件，完成无人机飞行器封环零件三维造型设计。</td></tr>
<tr><td>任务描述</td><td colspan="3">本任务要求创建如图1-3-1所示无人机飞行器封环的三维模型。无人机飞行器封环属薄壁壳体类零件，该模型创建主要涉及草图、拉伸、孔、阵列、边倒圆、倒斜角等特征的操作。UG NX拉伸命令是最常用的命令之一，其自带求并、求差、拔模功能。打开拉伸命令后，首先选择要拉伸的曲线，输入拉伸起始距离和拉伸终止距离，然后选择求并、求差或求交，输入需要拔模的角度，接着输入偏置距离，选择偏置方向。
使用孔命令可在部件或装配中添加以下类型的孔特征：简单孔、沉头孔或埋头孔、锥孔、钻形孔、螺钉间隙孔（简单孔、沉头孔或埋头孔类型）及螺纹孔。根据孔类型，可以为孔指定大小，或根据标准钻和螺钉间隙孔选择尺寸和拟合。可以在平面或非平面上创建孔，或穿过多个实体作为单个特征来创建孔。
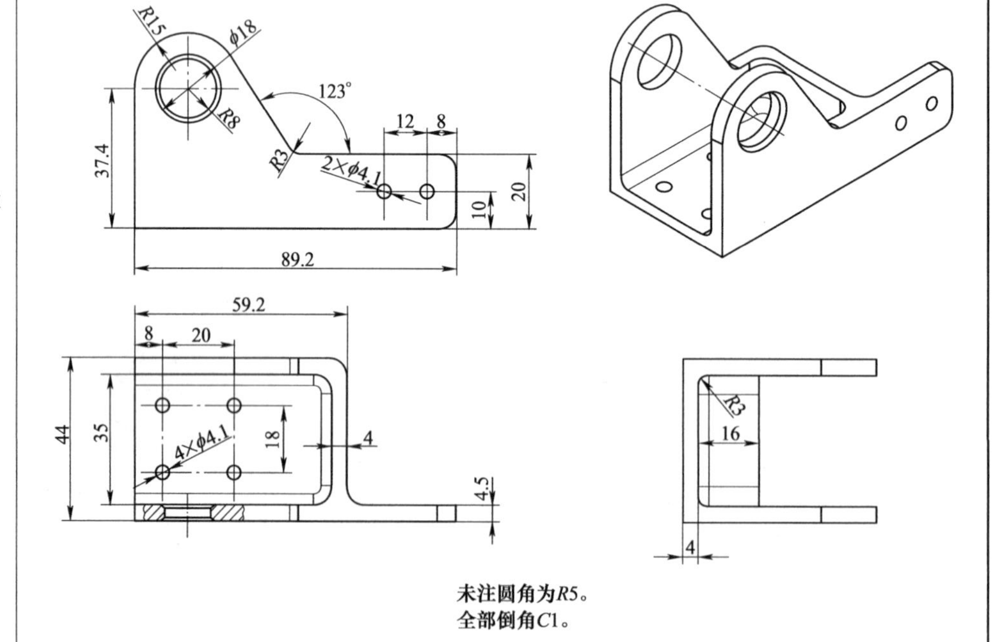

图1-3-1　无人机飞行器封环</td></tr>
</table>

（续）

<table>
<tr><td>学习情境 1</td><td colspan="2">实体造型设计</td><td colspan="2">工作任务 3</td><td colspan="2">无人机飞行器封环的三维造型设计</td></tr>
<tr><td>学时安排</td><td>资讯
1 学时</td><td>计划
0.5 学时</td><td>决策
0.5 学时</td><td>实施
1 学时</td><td>检查
0.5 学时</td><td>评价
0.5 学时</td></tr>
<tr><td>提供资源</td><td colspan="6">1）无人机飞行器封环零件图。
2）电子教案、课程标准、多媒体课件、教学演示视频及其他共享数字资源。
3）无人机飞行器封环零件模型。
4）游标卡尺等量具。</td></tr>
<tr><td>对学生学习及成果的要求</td><td colspan="6">1）具备无人机飞行器封环零件图的识读能力。
2）严格遵守实训基地各项规章制度。
3）对比无人机飞行器封环零件三维模型与零件图，分析结构是否正确，尺寸是否准确。
4）能按照学习导图自主学习，并完成自学自测。
5）严格遵守课堂纪律，学习态度认真、端正，能够正确评价自己和同学在本任务中的素质表现。
6）必须积极参与小组工作，承担零件设计、零件校验等工作，做到积极主动不推诿，能够与小组成员合作完成工作任务。
7）需独立或在小组同学的帮助下完成任务工单、加工工艺文件、无人机飞行器封环零件图样、无人机飞行器封环零件设计视频等，并提请检查、签认，对提出的建议或错误之处，务必及时修改。
8）每组必须完成任务工单，并提请教师进行小组评价，小组成员分享小组评价分数或等级。
9）完成任务反思，并以小组为单位提交。</td></tr>
</table>

【学习导图】

任务 3 的学习导图如图 1-3-2 所示。

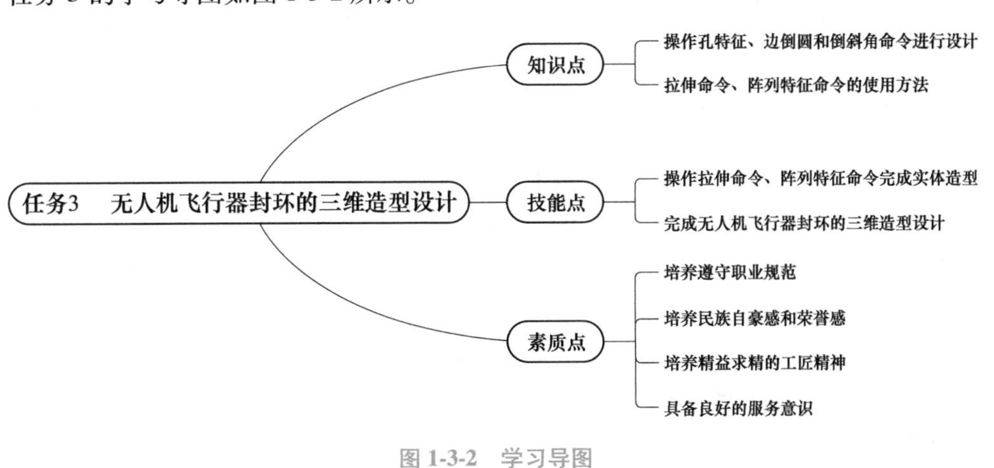

图 1-3-2　学习导图

【课前自学】

一、拉伸

拉伸特征是指将二维截面沿指定的方向延伸一段距离所创建的特征。二维截面封闭，则自动拉伸为实体；二维截面开放，则自动拉伸为片体，如图 1-3-3 所示。

调用该命令主要有以下方式：

1）功能区：【特征】工具条→【拉伸】。

2）菜单：【插入】→【设计特征】→【拉伸】。

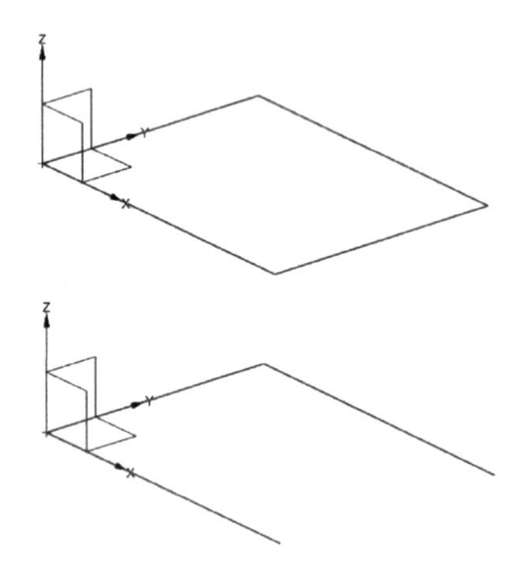

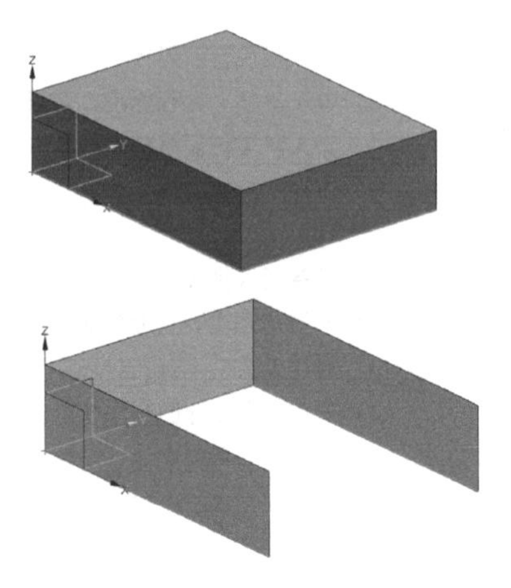

图 1-3-3　拉伸特征

可用于拉伸的对象有以下几类：

1）曲线：选取曲线或草图的线串作为拉伸对象。

2）实体面：选取实体的面作为拉伸对象。

3）实体边缘：选取实体的边作为拉伸对象。

4）片体：选取片体作为拉伸对象。

执行【拉伸】命令后，弹出【拉伸】对话框，如图 1-3-4 所示，对话框中有【表区域驱动】、【方向】、【限制】、【布尔】、【拔模】、【偏置】、【设置】、【预览】8 个选项组。

图 1-3-4　【拉伸】对话框

（1）【表区域驱动】选项组（即【截面】选项组）　该选项组用来定义拉伸的截面。当选项组中的【曲线】处于被选中状态时（默认为选中状态），可在图形窗口中直接选择要拉伸的截面曲线。

单击【绘制截面】按钮，弹出【创建草图】对话框，在定义草图平面和草图方向后，单击【确定】按钮，即可进入草图模式绘制截面。

（2）【方向】选项组　该选项组用来确定拉伸方向。可以采用在【自动判断的矢量】下拉列表中选择矢量，也可以根据实际设计情况单击【矢量】按钮，在打开的【矢量】对话框中定义矢量。若单击矢量方向箭头则更改拉伸矢量方向。系统默认沿截面法向进行拉伸。

（3）【限制】选项组　该选项组用来确定拉伸截面向两侧延伸的方式和距离。拉伸有【值】、【对称值】、【直至下一个】、【直至选定】、【直至延伸部分】、【贯通】6 种方式，其说明见表 1-3-1。

表 1-3-1　拉伸方式说明

拉伸方式	名称	说明
	值	以指定的距离拉伸截面，截面所在的平面为拉伸距离“0”，沿着所指定的拉伸矢量正轴方向，距离为正值，反之为负值
	对称值	以指定距离向截面的两侧拉伸
	直至下一个	系统自动沿用户指定的矢量方向延伸至与第一个曲面相交时自动停止。基准平面不能被用作终止曲面
	直至选定	将截面沿拉伸方向拉伸至用户选定的表面、实体或基准面（需有相交部分）
	直至延伸部分	允许裁剪扫掠体至一个选中的表面
	贯通	系统自动沿着拉伸方向进行分析，在特征到达最后一个曲面时停止拉伸

开放轮廓智能体积：勾选此项，则系统会沿轮廓的开放端点延伸工具体，以查找目标体结束的位置，在其间创建体。

(4)【布尔】选项组　该选项组用来设置拉伸操作所得实体与原有实体之间的布尔运算，有【无】、【合并】、【减去】、【相交】、【自动判断】5 个选项。

(5)【拔模】选项组　该选项组用来设置在拉伸时进行拔模处理，有【无】、【从起始限制】、【从截面】、【从截面—不对称角】、【从截面—对称角】、【从截面匹配的终止处】6 个选项。拔模角度既可为正，也可为负。

当选择拔模选项为【从起始限制】，并设置角度为−20°时，拔模效果如图 1-3-5 所示。

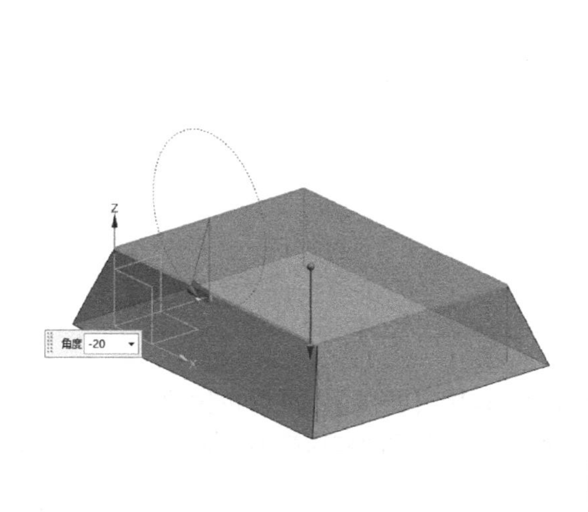

图 1-3-5　设置拔模的示例

（6）【偏置】选项组　该选项组用来定义拉伸偏置选项及相应参数，以获得特定的拉伸效果，有【无】、【单侧】、【两侧】、【对称】4 个选项，对应效果如图 1-3-6 所示。

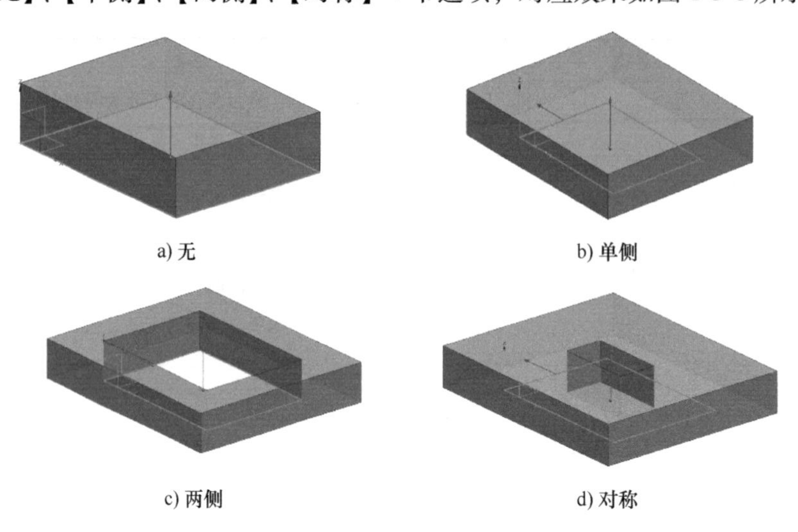
a) 无　　b) 单侧

c) 两侧　　d) 对称

图 1-3-6　定义偏置的几种效果

（7）【设置】选项组　该选项组用来设置体类型和公差。体类型选项有【实体】和【片体】，其效果对比如图 1-3-7 所示。在默认情况下，封闭截面拉伸为实体，开放截面拉伸为片体。

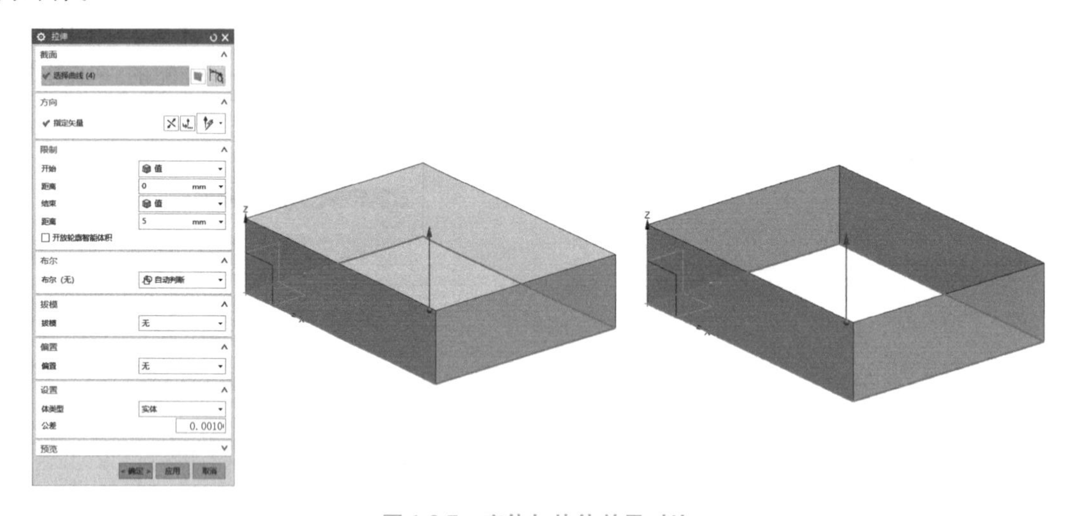

图 1-3-7　实体与片体效果对比

（8）【预览】选项组　在该选项组中，选中【预览】，可以在拉伸操作过程中动态预览拉伸特征。单击【显示结果】，可以观察到最后完成的实体模型效果。

二、孔

孔特征是比较常用的一种特征，它通过在基础特征上去除材料而生成。调用孔命令主要有以下方式：

孔命令的使用

1）功能区：【特征】→【孔】。

2）菜单：插入→【设计特征】→【孔】。

执行上述操作后，弹出【孔】对话框，如图 1-3-8 所示。

图 1-3-8　【孔】对话框

创建孔特征需要定义：孔类型、放置平面和孔方向、形状和尺寸（或规格）等。要指定孔的形态和尺寸（或规格），只需在【孔】对话框中输入相应值即可。

定义孔的位置有两种方法：

1）直接捕捉已有的特殊点。

2）先选择孔的放置平面，再通过草绘点来确定孔的位置。

孔类型有常规孔、钻形孔、螺钉间隙孔、螺纹孔和孔系列。

（1）常规孔　创建指定尺寸的简单孔、沉头孔、埋头孔和锥孔，如图 1-3-9~图 1-3-12 所示。

（2）钻形孔　钻形孔的创建方法与简单孔类似，但孔的直径不能随意输入，需按钻头系列尺寸选取，如图 1-3-13 所示，在【设置】选项组中可选择使用的标准，如 ISO、ANSI。

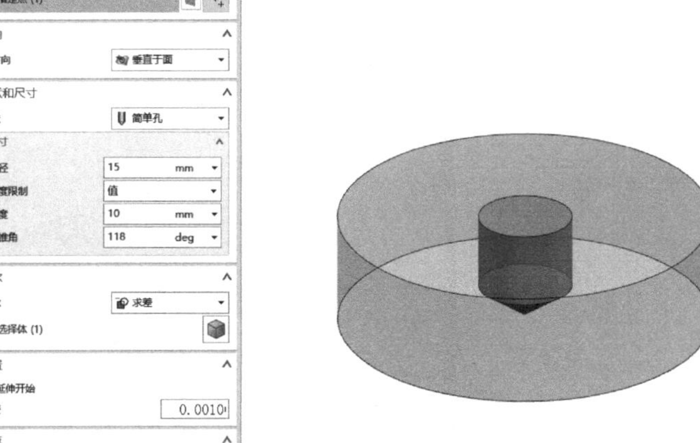

图 1-3-9　定义简单孔

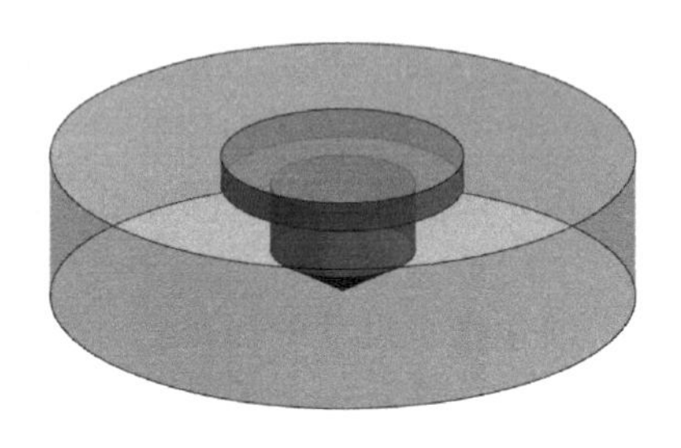

图 1-3-10　定义沉头孔

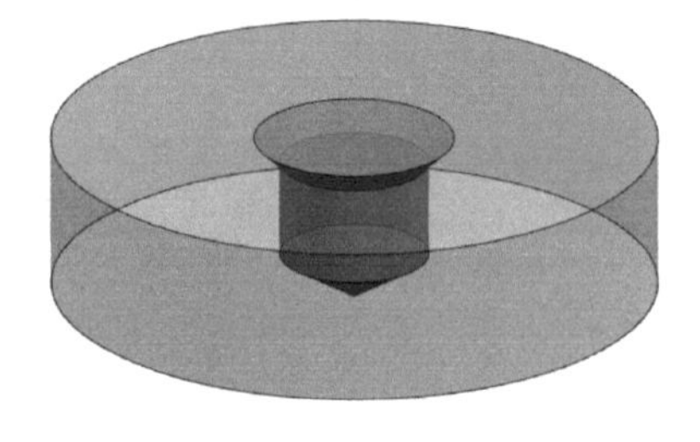

图 1-3-11　定义埋头孔

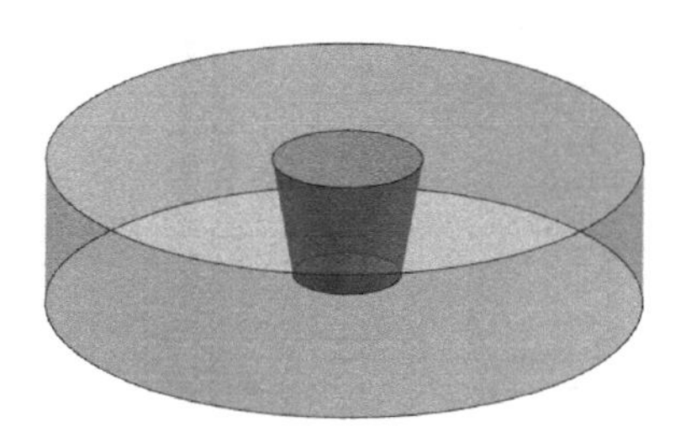

图 1-3-12　定义锥孔

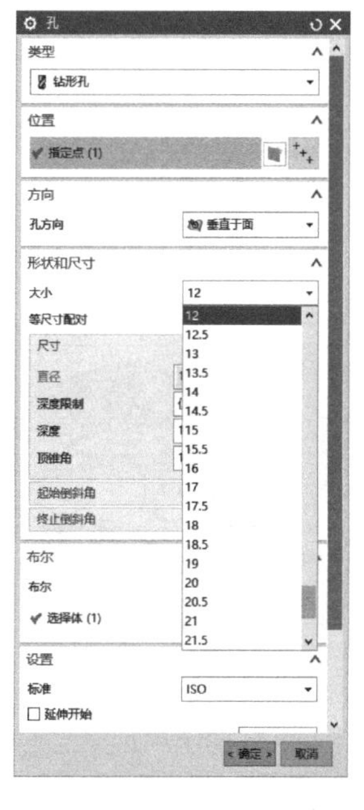

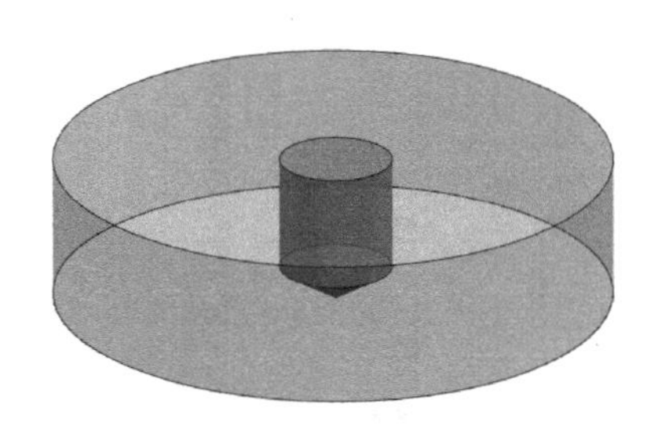

图 1-3-13　定义钻形孔

（3）螺钉间隙孔　根据所选螺钉的大小，自动创建螺钉间隙孔，其创建方法与简单孔类似，如图 1-3-14 所示。

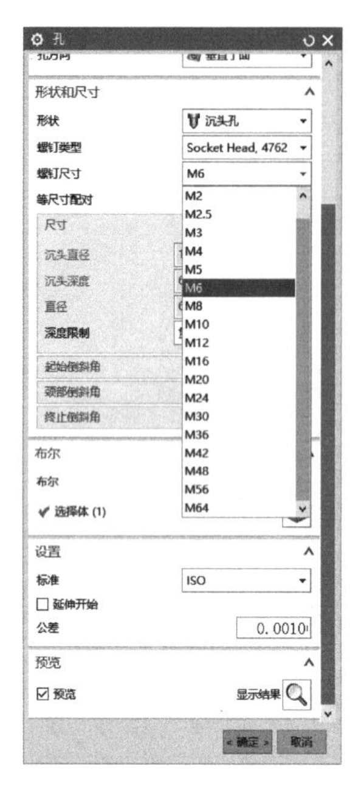

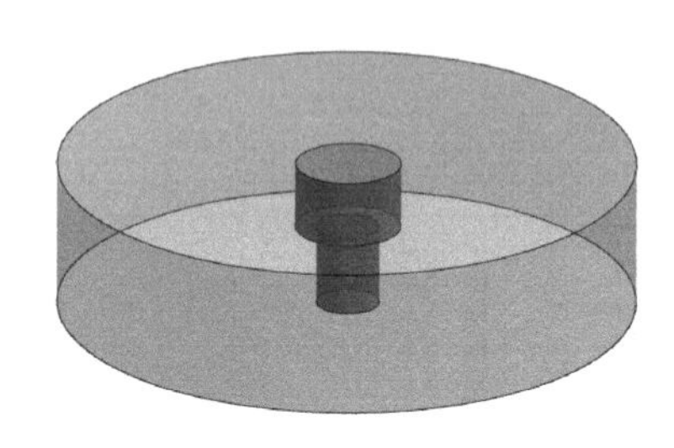

图 1-3-14 定义螺钉间隙孔

（4）螺纹孔 创建自带螺纹的孔，孔的尺寸只能按螺纹的系列选取，其创建方法与简单孔类似，如图 1-3-15 所示。

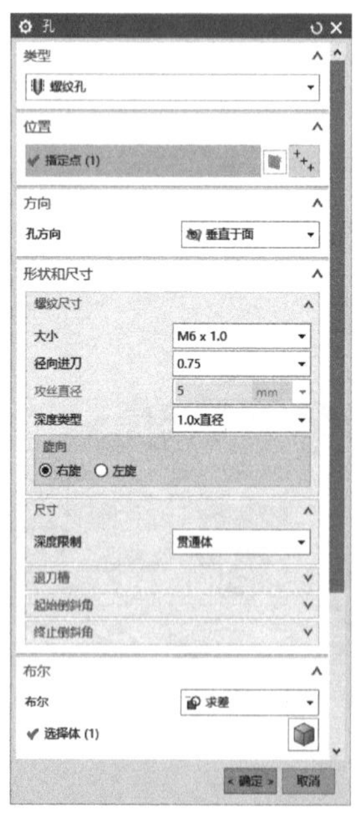

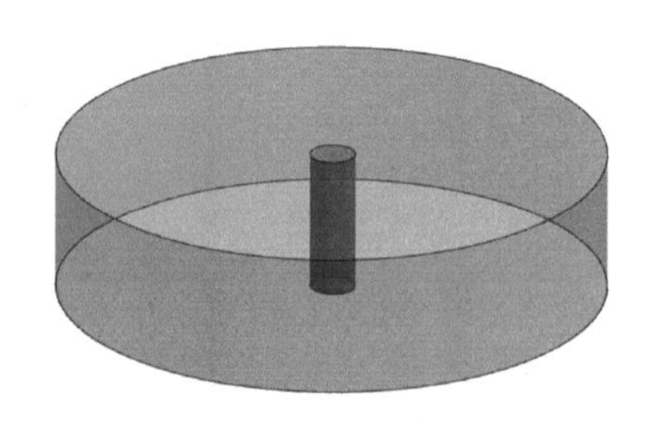

图 1-3-15 定义螺纹孔

（5）孔系列 根据所选螺钉的大小，在一系列板上自动创建螺钉间隙孔，创建方法与简单孔类似。

【起始】选项卡：指定起始孔参数。起始孔是在指定中心处开始的，具有简单、沉头或埋头孔状的螺钉间隙孔。

【中间】选项卡：用于指定中间孔参数。中间孔是与起始孔对齐的螺钉间隙孔。

【端点】选项卡：用于指定结束孔参数。结束孔可以是螺钉间隙孔或螺纹孔。

三、边倒圆

边倒圆是指对面之间的锐边进行倒圆，圆角半径可以是恒定的（等半径倒圆角），也可以是可变化的（变半径倒圆角）。调用该命令主要有以下方式：

1）功能区：【特征】→【边倒圆】。

2）菜单：【插入】→【细节特征】→【边倒圆】。

执行上述操作后，弹出【边倒圆】对话框，如图 1-3-16 所示。

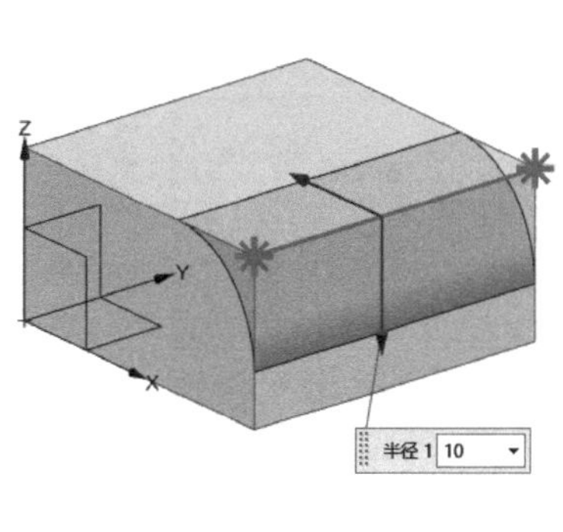

图 1-3-16 【边倒圆】对话框及等半径圆角示例

四、倒斜角

倒斜角是指对面与面之间的锐边进行倾斜的倒角处理。调用该命令主要有以下方式：

1）功能区：【特征】→【倒斜角】。

2）菜单：【插入】→【细节特征】→【倒斜角】。

执行上述操作后，弹出【倒斜角】对话框，如图 1-3-17 所示。

倒斜角有【对称】、【非对称】、【偏置和角度】3 种方式。

（1）对称　只需设置一个距离参数，从边开始的两个位置距离相同，如图 1-3-18 所示。

（2）非对称　需分别定义【距离 1】和【距离 2】，如图 1-3-19 所示。可单击【反向】来切换该倒斜角的另一个解。

图 1-3-17 【倒斜角】对话框

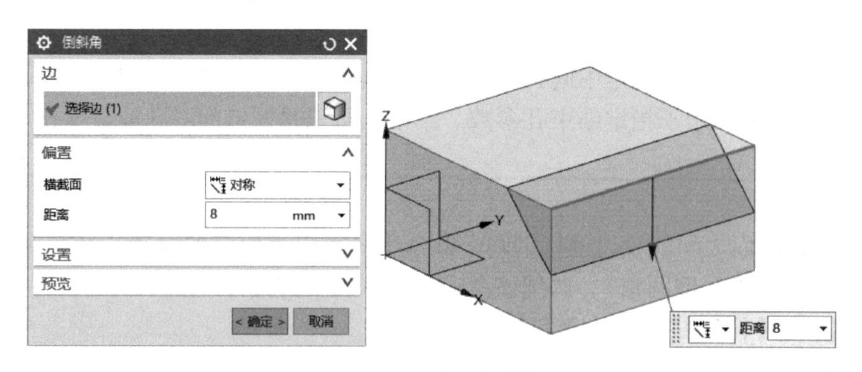

图 1-3-18　对称倒斜角

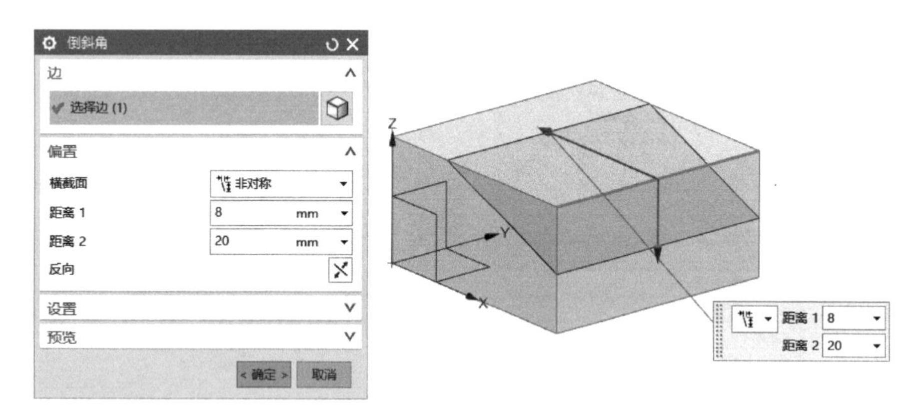

图 1-3-19　非对称倒斜角

（3）偏置和角度　需分别定义一个偏置距离和一个角度参数，如图 1-3-20 所示。可单击【反向】来切换该倒斜角的另一个解。

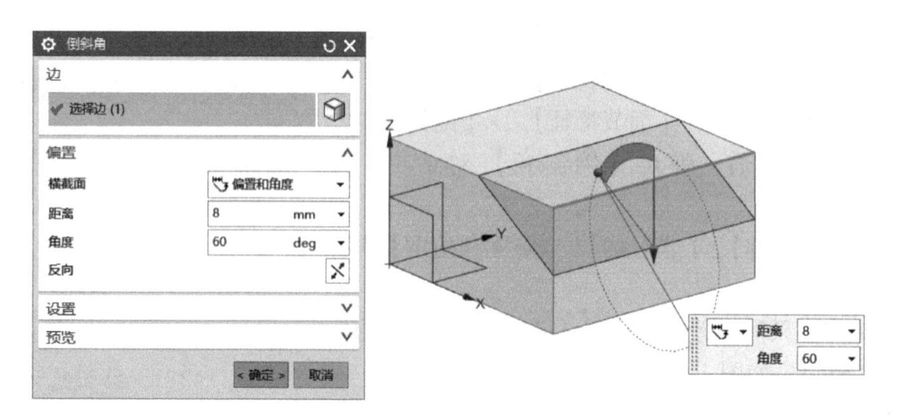

图 1-3-20　偏置和角度倒斜角

【自学自测】

任务3 自学自测-弹弓的三维造型设计

完成图1-3-21所示零件的造型设计。

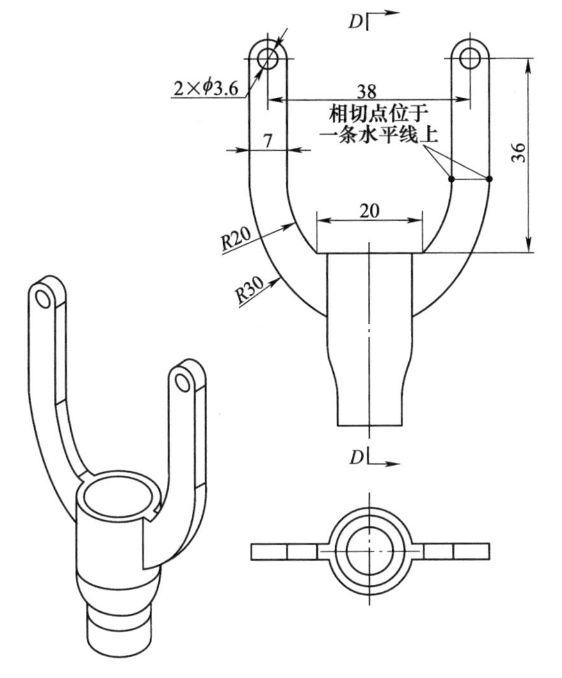

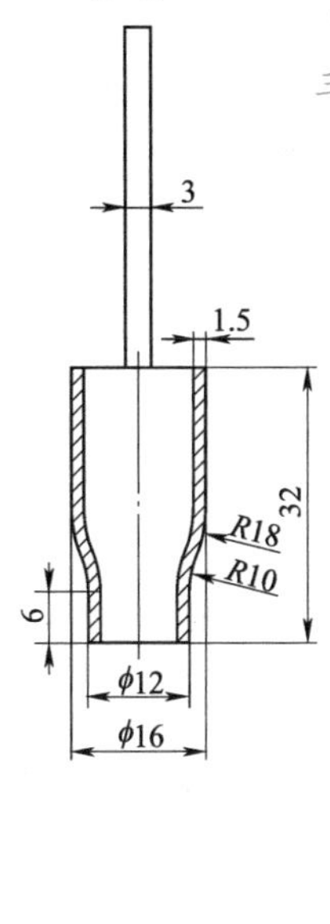

图1-3-21 自学自测题

【任务实施】

任务3 无人机飞行器封环的三维造型设计

1. 启动软件

启动UG NX 10.0。

2. 新建文件

执行【文件】→【新建】命令，给新文件指定保存路径和文件名，单击【确定】按钮，如图1-3-22所示。

3. 草绘轮廓线

单击【直接草绘】工具条上的【草图】图标按钮或执行【插入】→【草图】命令，在弹出的【草图】对话框中选择【草图平面】选项为【自动判断】，单击【确定】按钮退出【草图】对话框；单击【在草图任务环境打开】按钮，进入草绘环境，绘制轮廓线，如图1-3-23所示，单击【完成草图】按钮，完成草图绘制。

4. 创建主实体

单击【特征】工具条上【拉伸】按钮，或执行【插入】→【设计特征】→【拉伸】命令，弹出【拉伸】对话框，选择草图曲线，在【曲线规则】对话框中选择【区域边界曲线】。每部分分别输入拉伸的开始和结束距离，并进行布尔求和运算，如图1-3-24～图1-3-26所示。单击【确定】按钮完成主实体的创建。

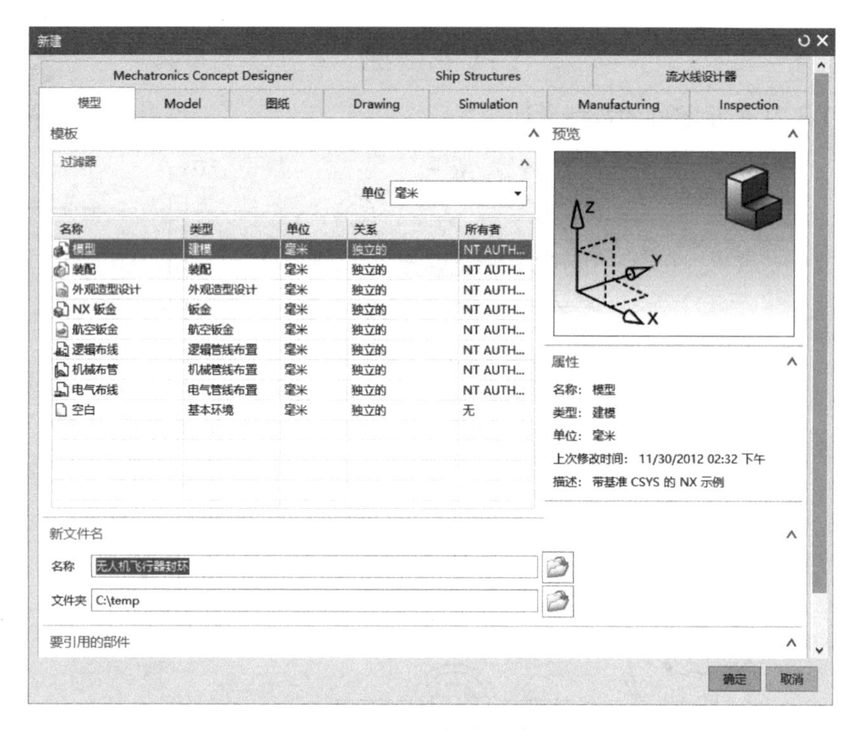

图 1-3-22　新建文件

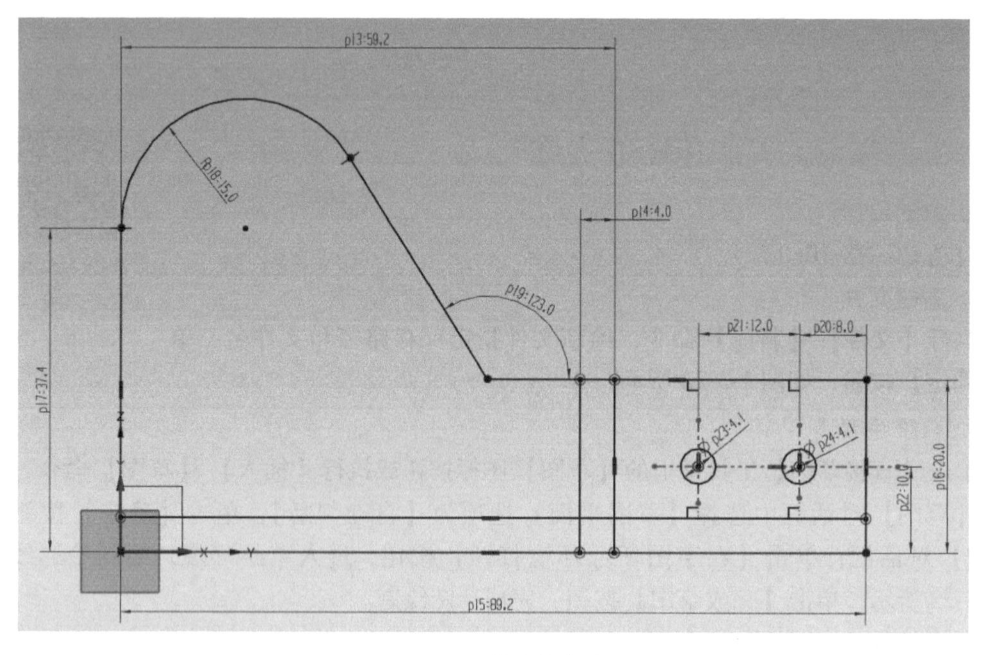

图 1-3-23　草绘轮廓线

5. 创建 ϕ18mm 孔

单击【特征】工具条上的【孔】按钮，或执行【插入】→【设计特征】→【孔】命令，在弹出的对话框中选择【常规孔】选项，选择 *R*15mm 圆弧的中心，在【形状和尺寸】选项组

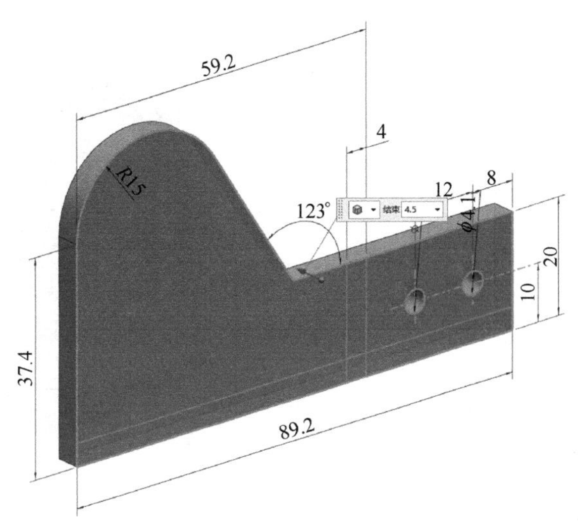

图 1-3-24　第一次拉伸

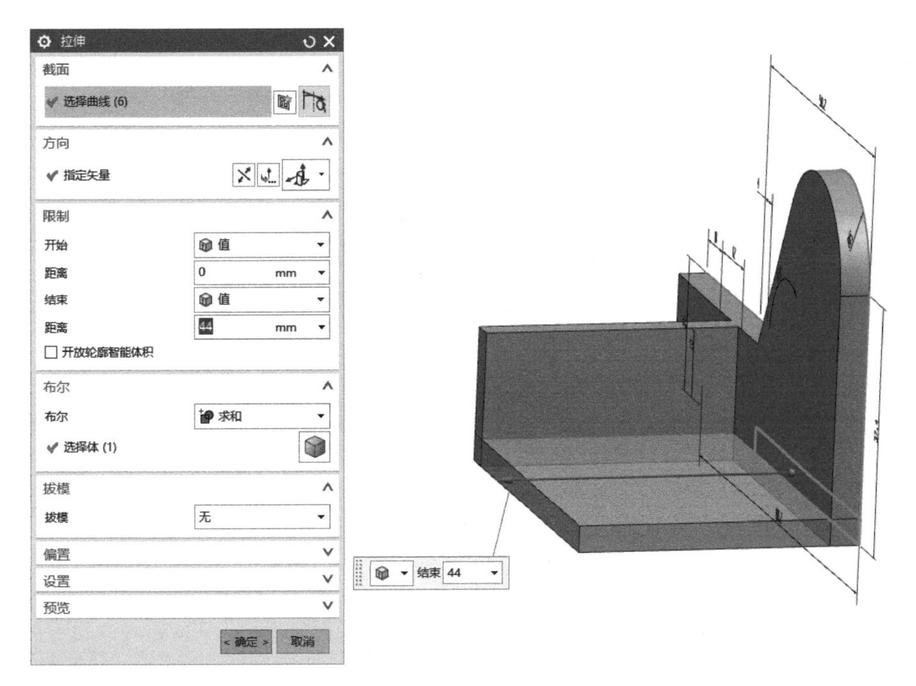

图 1-3-25　第二次拉伸

中设置孔的直径为 18mm，【深度限制】为【贯通体】；【布尔】选择【求差】，如图 1-3-27 所示。单击【确定】按钮完成 ϕ18mm 孔的创建。

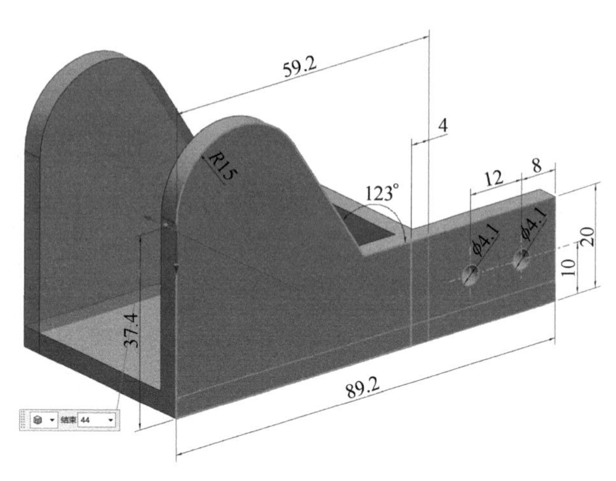

图 1-3-26　第三次拉伸

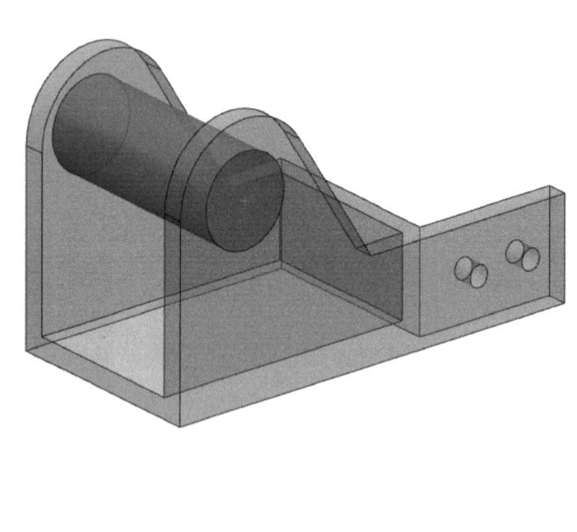

图 1-3-27　ϕ18mm 孔创建

6. 创建 4 个 ϕ4.1mm 孔

利用【孔】命令先创建一个 ϕ4.1mm 孔，然后单击【特征操作】工具条上的【阵列特征】按钮，或执行【插入】→【关联复制】→【阵列特征】命令，弹出【阵列特征】对话框，单击【选择特征】，选取已创建的 ϕ4.1mm 孔为阵列特征，在【阵列定义】的【布局】中选择【线性】选项，设置【方向 1】参数为：间距选择【数量和节距】，数量设置为 2，节距设置为 18mm；【方向 2】参数为：间距选择【数量和节距】，数量设置为 2，节距设置为 20mm，如图 1-3-28 所示。单击【确定】按钮，这时系统弹出【创建引用】对话框，单击【是】按钮，完成实体阵列。

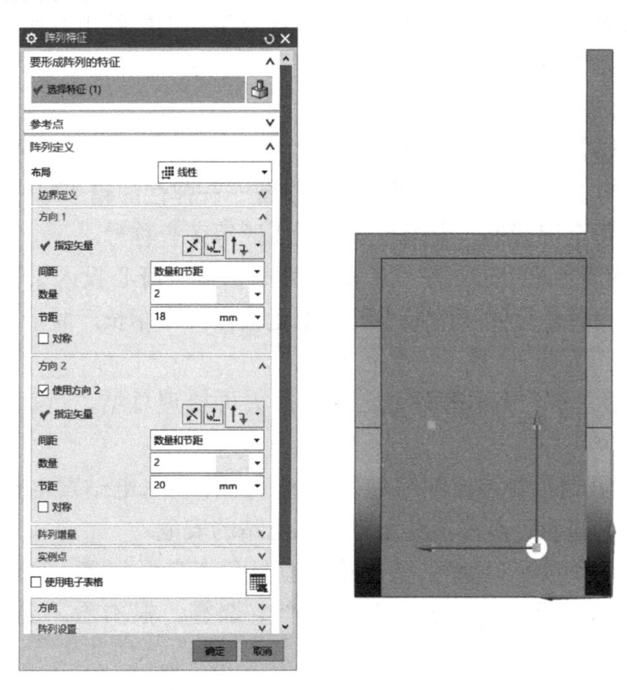

图 1-3-28　阵列参数设置

7. 创建 $C1$ 倒角

单击【特征操作】工具条上的【倒斜角】按钮，或执行【插入】→【细节特征】→【倒斜角】命令，弹出【倒斜角】对话框，【选择边】为两侧 ϕ18mm 内圆，【横截面】设置为【对称】，设置【距离】为 1mm，单击【确定】按钮，完成倒斜角的创建，如图 1-3-29 所示。

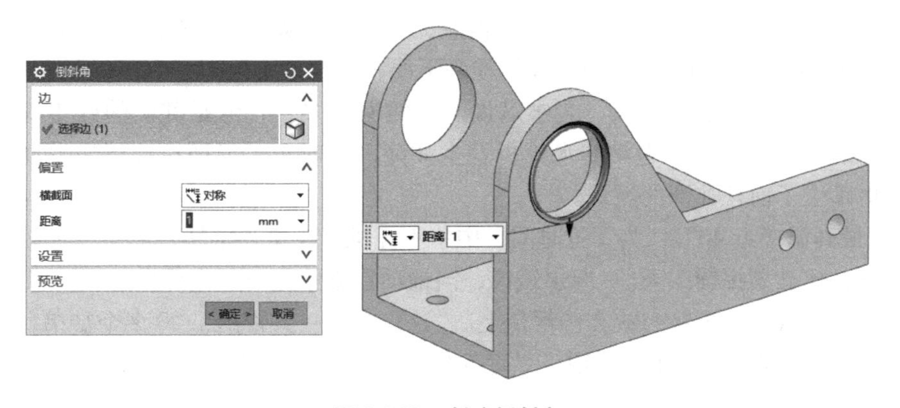

图 1-3-29　创建倒斜角

8. 创建倒圆角

单击【建模】工具条上的【边倒圆】按钮，或执行【插入】→【细节特征】→【边倒圆】命令，在【边倒圆】对话框中设置半径为5mm。

【工匠心语】

除了掌心厚厚的老茧和指甲下黢黑的泥垢，这双手并不能瞧出有何特异之处。但就是这双手，轻触钢铁，便能感知百分之一毫米的误差，被称为“金手指”。这双手属于裴永斌——哈电集团哈尔滨电机厂首席技师。

自1985年从部队转业以来，裴永斌一直在生产一线与机床相伴，平均每年提出技术革新10多项，参与生产加工水电站发电机组核心设备——弹性油箱4000多件，创造了无一废品的纪录，并先后获得全国劳模、中国首届质量工匠等荣誉称号。

1982年，18岁的裴永斌走进了军营。服役期间，他全身心投入军事训练，是当时全师第二个入党的新兵，也曾是全团年龄最小的装甲运输指挥车车长。脱下军装后，裴永斌来到哈尔滨电机厂穿上“工人蓝”，成了一名普通车工。

“白天跟着师傅学，拿个小本随时记，晚上回去再梳理总结。”没几年，裴永斌就凭着过硬的技术在厂里崭露头角。

1995年，裴永斌开始接触弹性油箱的生产加工。作为水电站发电机组核心设备，弹性油箱承载着机组数千吨重量，其品质关系整座水电站的安危。

才上手，裴永斌就倒吸一口凉气，“作业误差只允许有百分之一毫米，在加工油箱内部时，车刀刀架遮挡入口，注入的切削液也会产生烟雾，根本看不到走刀情况，实在太难了。”

为提高效率，裴永斌决定用手测量，他找来一件以前的废件，下班后就一个人在车间练习。年复一年，他终于练就了一手绝活。

“裴永斌用手摸就能‘盲测’油箱壁厚和表面粗糙度的绝活，测量精度不亚于专用仪器，他也因此成为行业公认的‘金手指’。”哈尔滨电机厂水电分厂党委书记、厂长许晖说。

成绩背后，是每天工作10多个小时、节假日不休的艰苦付出。

随着弹性油箱的订单量大幅增长，厂里开始引进数控机床。数控机床要投产，离不开关键一步：编程。这项重任，又落到了裴永斌的肩上。

裴永斌当时已年近50岁，他没有任何抱怨，又带领团队一头扎在生产车间。“日夜奋战30多天，数控机床生产的第一台弹性油箱顺利下线，生产效率提高了100%。”裴永斌说。

“要敢打硬仗，敢啃硬骨头。”裴永斌说。虽然退役多年，但是部队的好传统、好作风不能丢。2014年，非洲某水电站的水轮机发生故障，当时正是埃博拉疫情暴发期，裴永斌义无反顾地踏上了前往非洲的航班。

“当地最高温接近40℃，为了抢时间，中午不停机，夜班连轴转，用了4天时间就完成了抢修任务，比计划提前3天。”裴永斌说，当地项目方给他竖起大拇指。

裴永斌还一直把主要精力放在传帮带上。“这么多年一共带出了20多个徒弟，都已经在各自的岗位上成为骨干。”裴永斌说，“近5年我开展技能培训40多次，受训人员千余人次，这是让我最感欣慰的。”

【拓展训练】

任务 3 拓展训练-无人机飞行器工业相机壳体零件造型设计

任务描述：无人机飞行器工业相机壳体零件如图 1-3-30 所示，创建其实体模型。

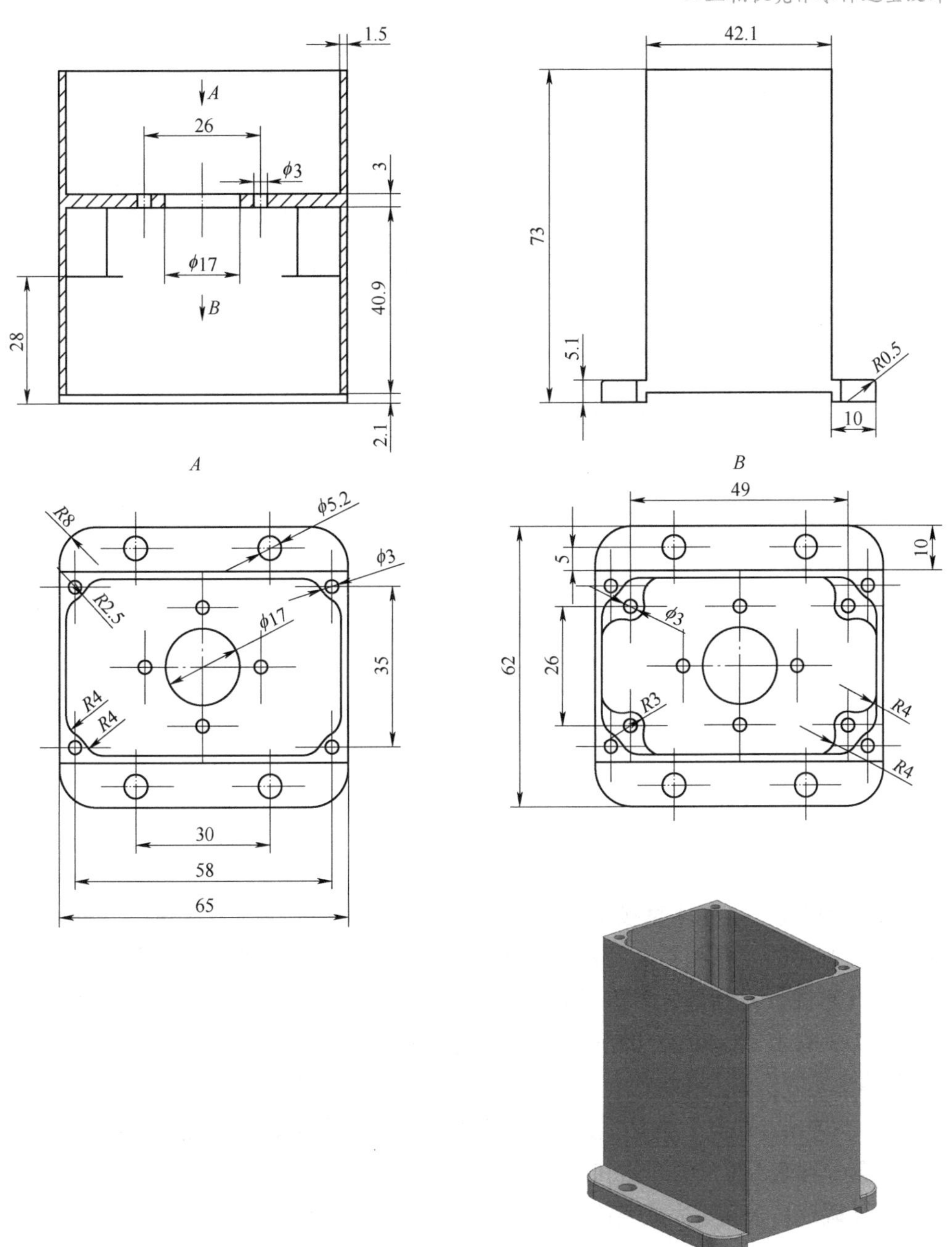

图 1-3-30 无人机飞行器工业相机壳体

任务实施如下：

1）启动 UG NX 10.0。

2）新建一个文件。执行【文件】→【新建】命令，给新文件指定保存路径和文件名，如图 1-3-31 所示，单击【确定】按钮。

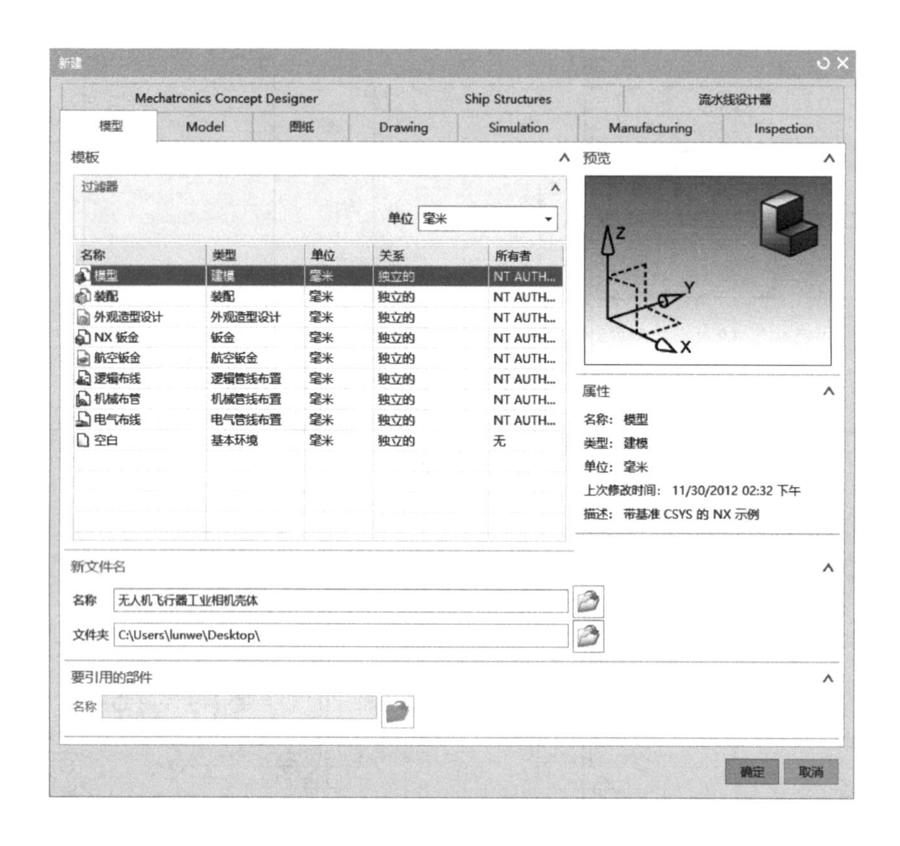

图 1-3-31 新建文件

3）草绘轮廓线。单击【直接草绘】工具条上的【草图】按钮，或执行【插入】→【草图】命令，在弹出的【草图】对话框中，选择【草图平面】为【自动判断】。单击【确定】按钮，退出【草图】对话框；单击【在草图任务环境打开】按钮，进入草绘环境，绘制轮廓线，如图 1-3-32 所示。单击【完成草图】按钮完成草图绘制。

4）创建主实体。单击【特征】工具条上【拉伸】按钮，或执行【插入】→【设计特征】→【拉伸】命令，弹出【拉伸】对话框，先选择曲线，在【曲线规则】里利用区域边界曲线进行选择，每部分分别输入拉伸的开始和结束距离，并进行布尔求并运算，如图 1-3-33～图 1-3-36 所示。单击【确定】按钮，完成实体的创建，如图 1-3-37 所示。

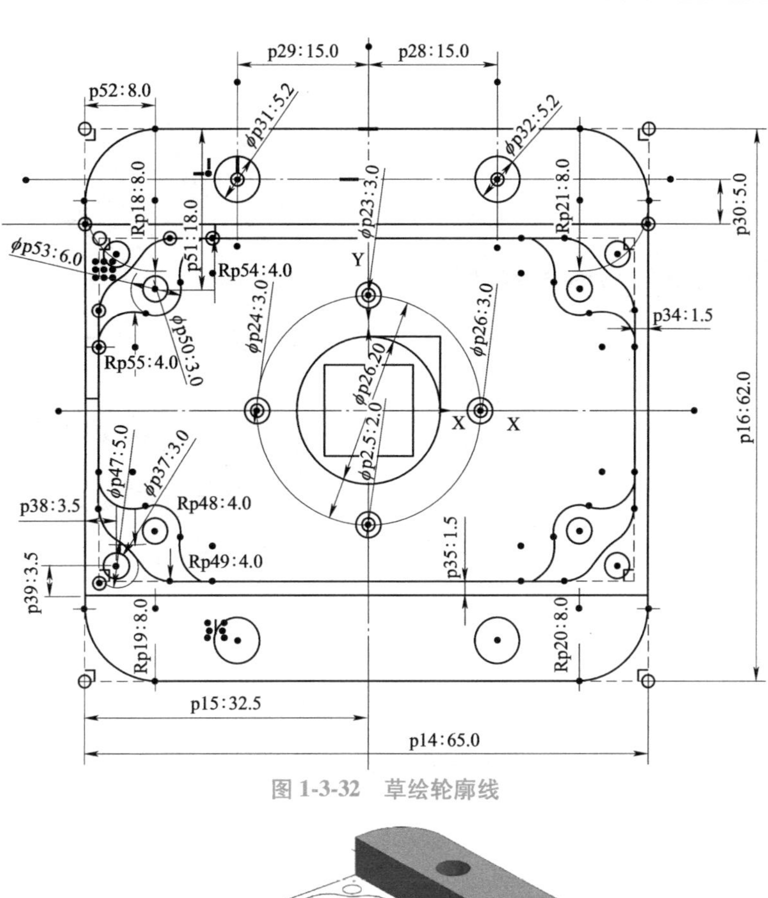

图 1-3-32　草绘轮廓线

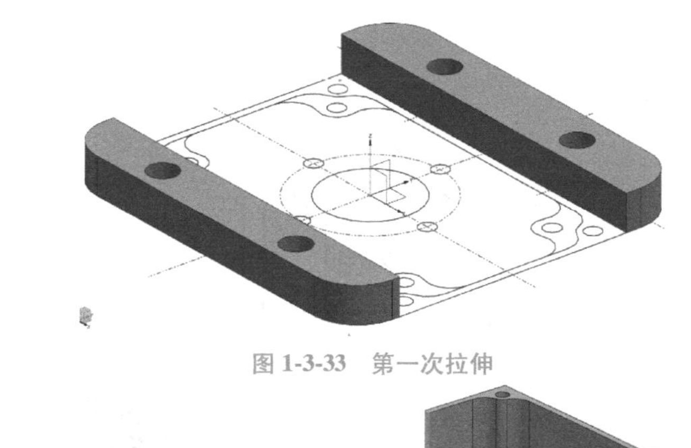

图 1-3-33　第一次拉伸

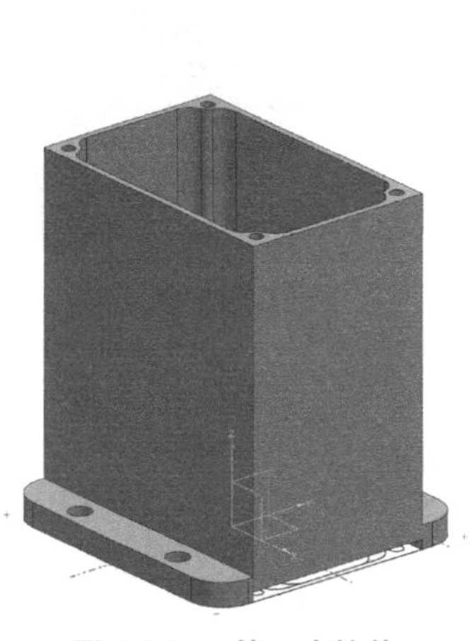

图 1-3-34　第二次拉伸

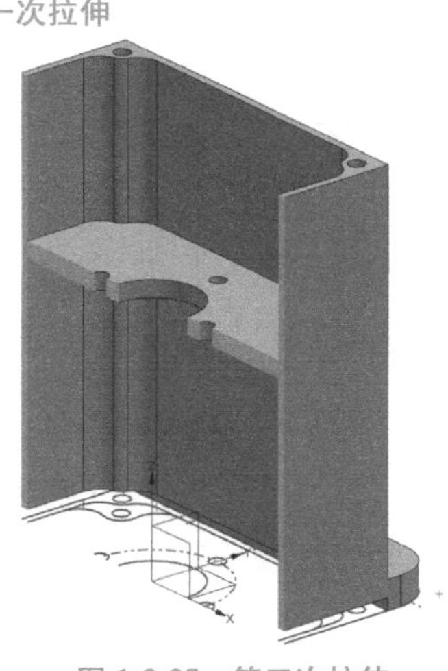

图 1-3-35　第三次拉伸

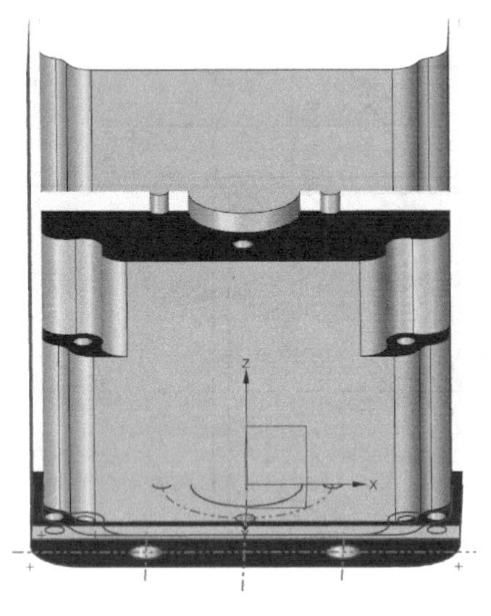

图 1-3-36　第四次拉伸

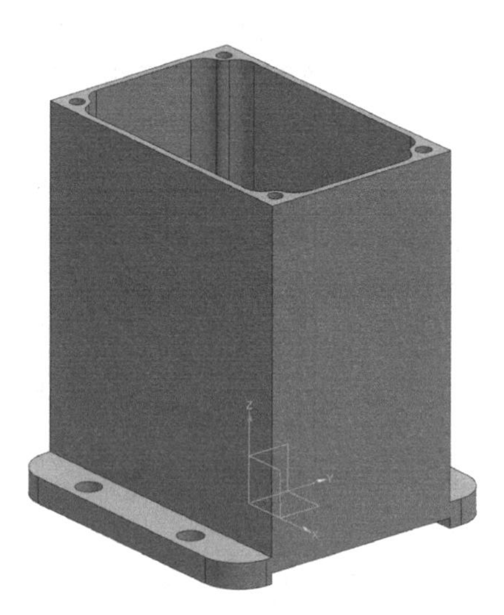

图 1-3-37　最终实体模型

【课后作业】

创建如图 1-3-38、图 1-3-39、图 1-3-40、图 1-3-41 所示支撑块、阀体、垫块、底座的实体三维模型。

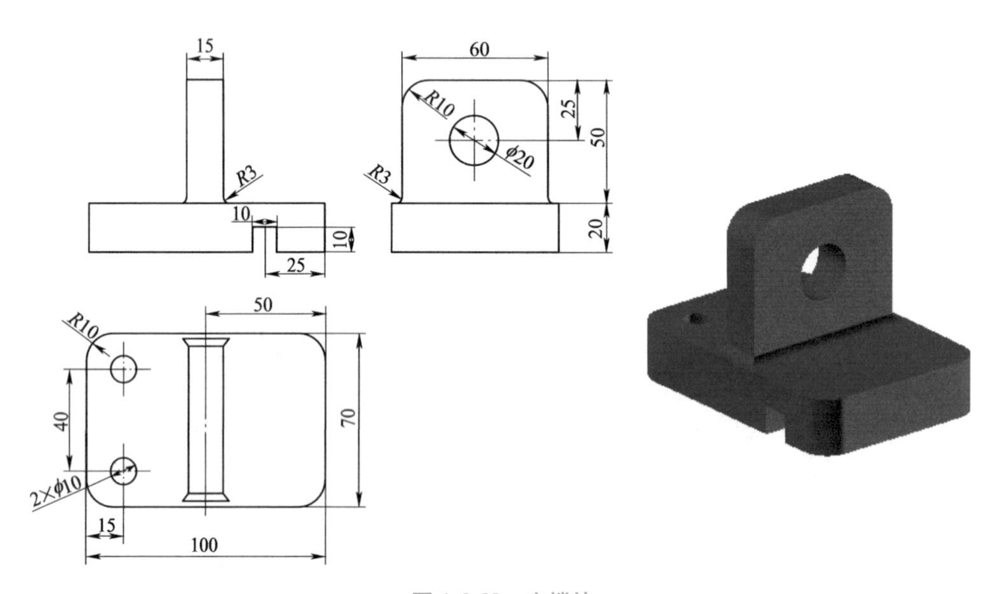

图 1-3-38　支撑块

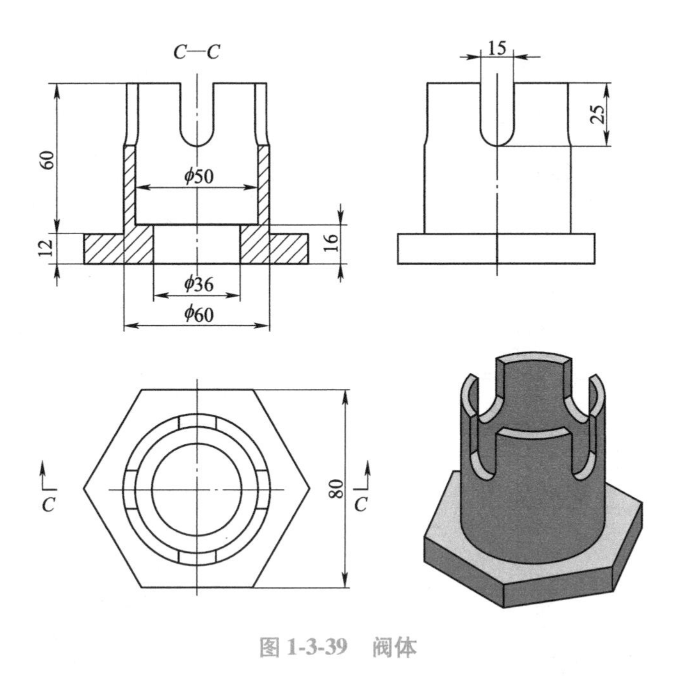

图 1-3-39　阀体

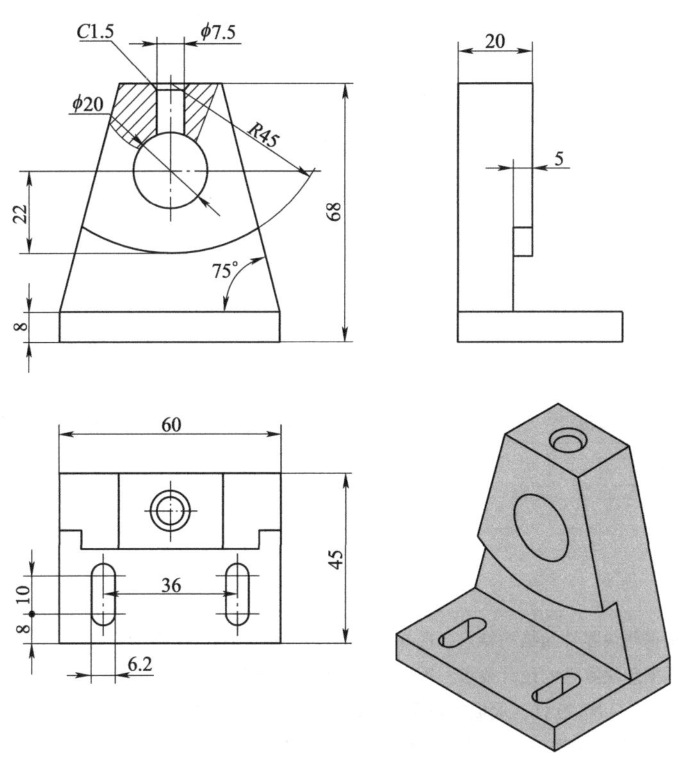

图 1-3-40　垫块

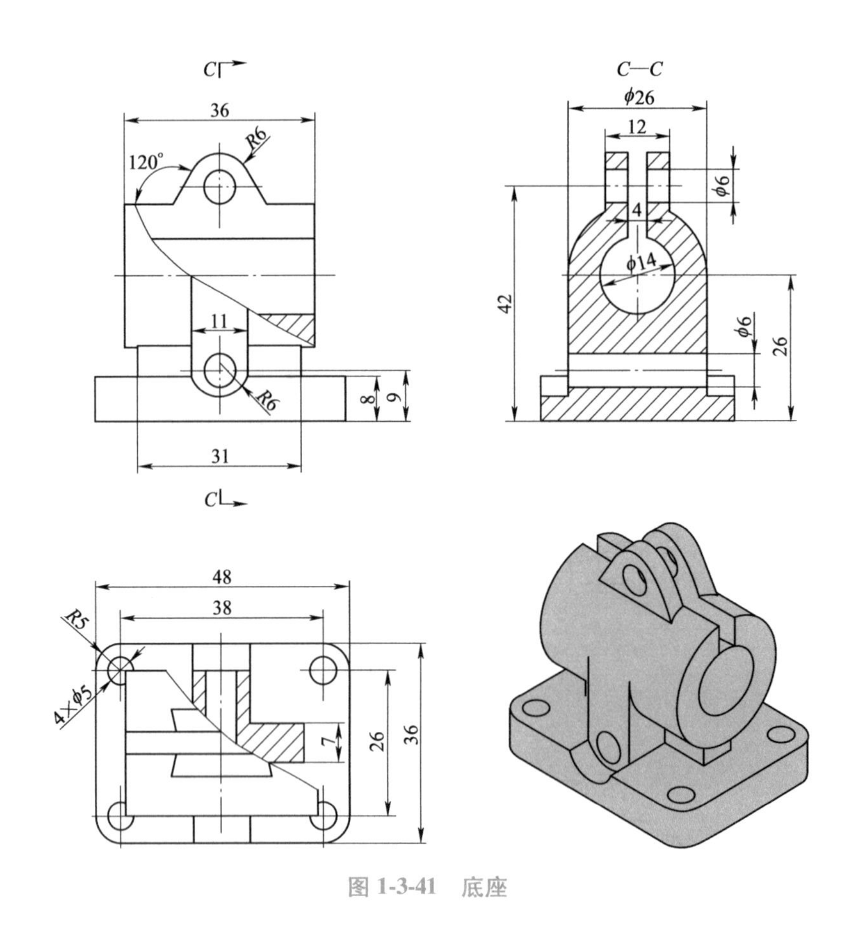

图 1-3-41　底座

任务 4　垫块的三维造型设计

【任务工单】

学习情境 1	实体造型设计	工作任务 4	垫块的三维造型设计
任务学时		4 学时（课外 4 学时）	
布置任务			
工作目标	1）根据垫块零件的结构特点，选择合理的软件命令进行三维造型设计。 2）根据垫块零件的设计要求，拟定垫块零件的设计过程。 3）使用 UG NX 软件，完成垫块零件三维造型相关命令的使用。 4）使用 UG NX 软件，完成垫块零件三维造型设计。		

（续）

<table>
<tr><td>学习情境 1</td><td colspan="2">实体造型设计</td><td colspan="2">工作任务 4</td><td colspan="2">垫块的三维造型设计</td></tr>
<tr><td>任务描述</td><td colspan="6">垫块零件如图 1-4-1 所示，由上、下两个长方体组成，在下长方体上有均布的 4 个孔，在上长方体内部有键槽以及曲线槽。该零件拟采用特征组合的方式进行建模。
本任务介绍实体建模的一些基本操作和编辑方法，主要内容包括以下几个方面：
1）运用实体的建模方法，创建长方体、圆柱体、圆锥体和球体等基本实体模型。
2）运用实体特征及特征操作创建简单实体模型。
3）基本孔的建模方法。
4）阵列特征命令的使用方法。 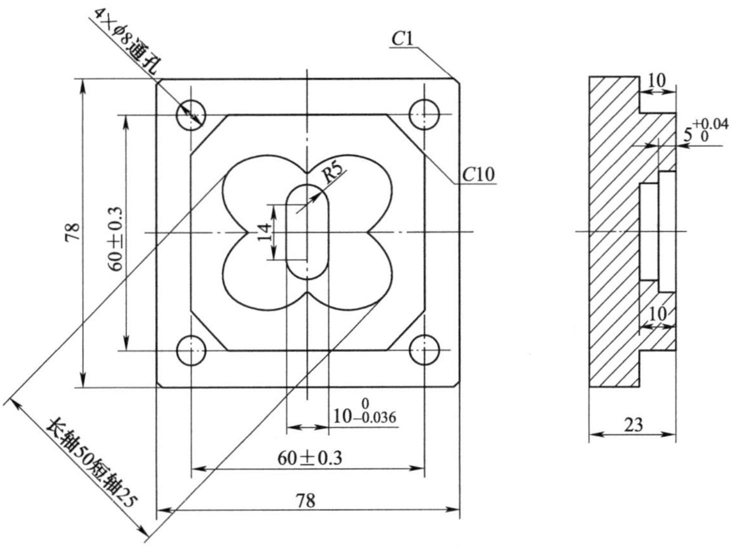 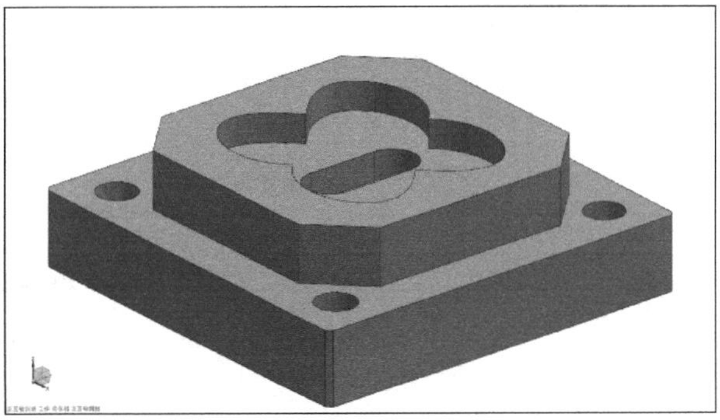
图 1-4-1　垫块</td></tr>
<tr><td>学时安排</td><td>资讯
1 学时</td><td>计划
0. 5 学时</td><td>决策
0. 5 学时</td><td>实施
1 学时</td><td>检查
0. 5 学时</td><td>评价
0. 5 学时</td></tr>
<tr><td>提供资源</td><td colspan="6">1）垫块零件图。
2）电子教案、课程标准、多媒体课件、教学演示视频及其他共享数字资源。
3）垫块零件模型。
4）游标卡尺等量具。</td></tr>
</table>

（续）

学习情境 1	实体造型设计	工作任务 4	垫块的三维造型设计
对学生学习及成果的要求	1）具备垫块零件图的识读能力。 2）严格遵守实训基地各项规章制度。 3）对比垫块零件的三维模型与零件图，分析结构是否正确，尺寸是否准确。 4）能按照学习导图自主学习，并完成自学自测。 5）严格遵守课堂纪律，学习态度认真、端正，能够正确评价自己和同学在本任务中的素质表现。 6）必须积极参与小组工作，承担零件设计、零件校验等工作，做到积极主动不推诿，能够与小组成员合作完成工作任务。 7）需独立或在小组同学的帮助下完成任务工单、加工工艺文件、垫块零件图样、垫块零件设计视频等，并提请检查、签认，对提出的建议或错误之处，务必及时修改。 8）每组必须完成任务工单，并提请教师进行小组评价，小组成员分享小组评价分数或等级。 9）完成任务反思，并以小组为单位提交。		

【学习导图】

任务 4 的学习导图如图 1-4-2 所示。

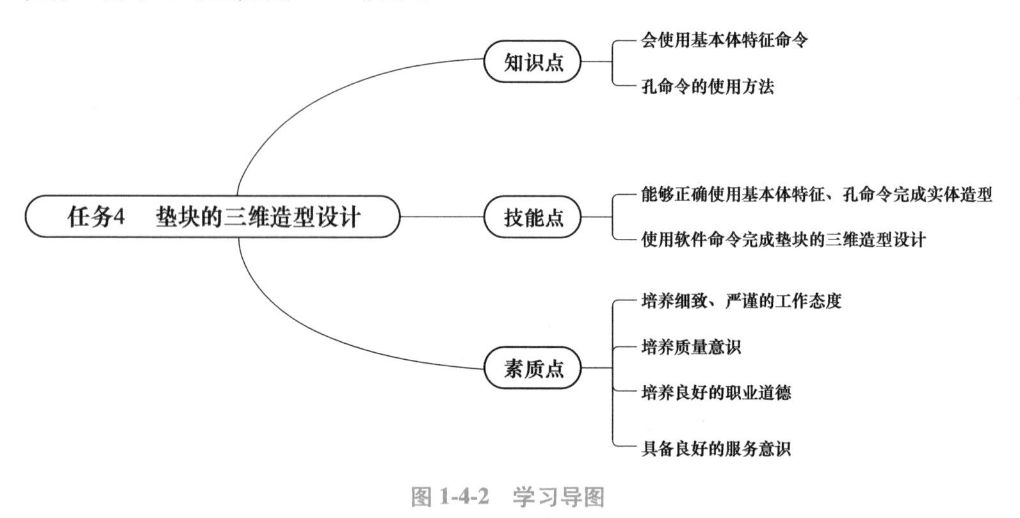

图 1-4-2　学习导图

【课前自学】

一、基本体特征

直接生成实体的方法一般称为基本体特征，可用于创建形状简单的对象，包括长方体、圆柱、圆锥和球等特征。

调用基本体特征的命令：

菜单：【插入】→【设计特征】→【长方体】、【圆柱】、【圆锥】、【球】。

1. 长方体

单击【长方体】命令，则打开【块】对话框，如图 1-4-3 所示。在该对话框的【类型】下拉列表中，提供了【原点和边长】、【两点和高度】、【两个对角点】3 种创建长方体的方式。

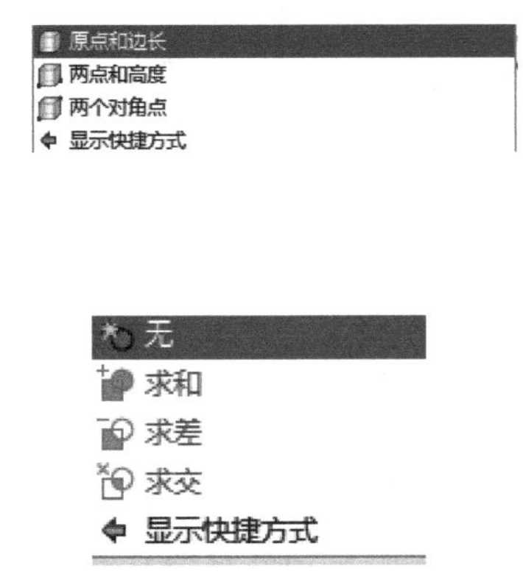

图 1-4-3 【块】对话框

1）【原点和边长】方式：通过在文本框中输入长方体的长度、宽度、高度，然后指定一点作为长方体前面左下角点（即原点）创建长方体。

2）【两点和高度】方式：通过指定底面的两个对角点和高度创建长方体。

3）【两个对角点】方式：通过指定长方体的两个对角点创建长方体。

2. 圆柱

单击【圆柱】命令，则打开【圆柱】对话框，如图 1-4-4 所示。在该对话框的【类型】下拉列表中，提供了【轴、直径和高度】、【圆弧和高度】两种创建圆柱的方式。

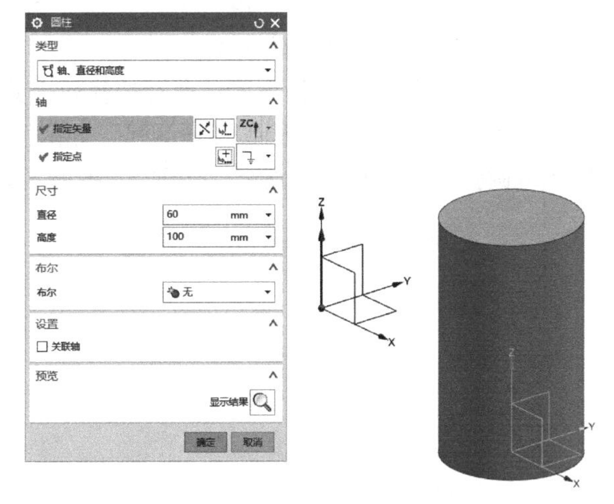

图 1-4-4 【圆柱】对话框及【轴、直径和高度】方式创建圆柱

1）【轴、直径和高度】方式：通过指定圆柱的矢量方向（即圆柱的轴线方向）和底面中心点位置，并设置直径和高度创建圆柱体。

2）【圆弧和高度】方式：通过选择一个已有的圆弧（圆弧可不封闭，该圆弧的半径和中心点即为所创建圆柱的半径和中心点），并设置高度创建圆柱，如图 1-4-5 所示。

3. 圆锥

单击【圆锥】命令，则打开【圆锥】对话框，如图 1-4-6 所示。在该对话框的【类型】下拉列表中，提供了 5 种创建圆锥的方式。

1）【直径和高度】方式：通过指定圆锥轴线方向、底面中心点位置，并设置底部直径、

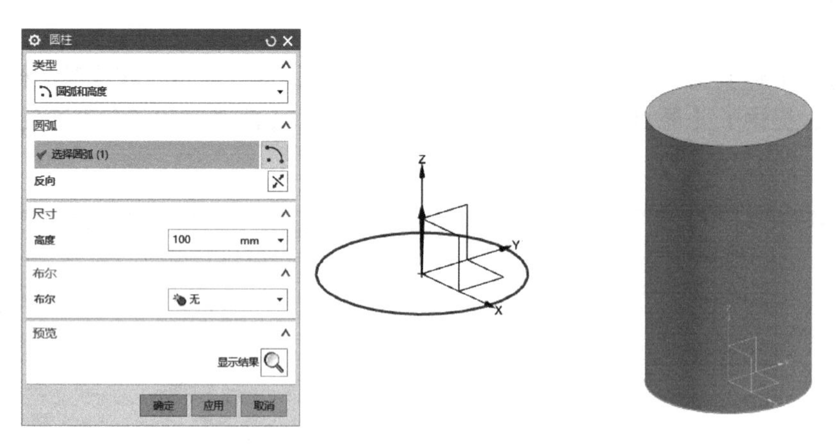

图 1-4-5 【圆弧和高度】方式创建圆柱

顶部直径和高度创建圆锥。本任务实例中圆锥孔的创建采用的就是此方式。

2）【直径和半角】方式：通过指定圆锥轴线方向、底面中心点位置，并设置底部直径、顶部直径和半角创建圆锥。

3）【底部直径，高度和半角】方式：通过指定圆锥轴线方向、底面中心点位置，并设置底部直径、高度和半角创建圆锥。

4）【顶部直径，高度和半角】方式：通过指定圆锥轴线方向、底面中心点位置，并设置顶部直径、高度和半角创建圆锥。

5）【两个共轴的圆弧】方式：通过选择两个共轴的圆弧（圆弧可不封闭）来创建圆锥。所选的两个圆弧分别作为基圆弧和顶圆弧。如两圆弧不共轴，系统会以投影的方式将顶圆弧投射到基圆弧轴上，再创建圆锥，如图 1-4-6 所示。

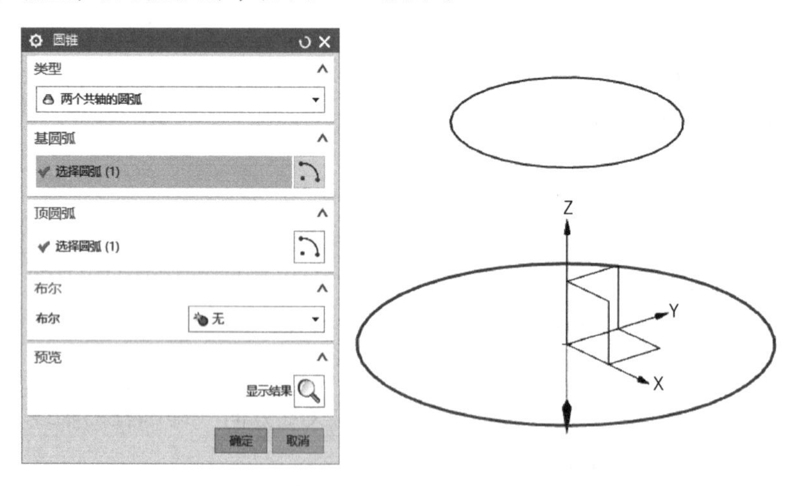

图 1-4-6 以【两个共轴的圆弧】方式创建圆锥

4. 球

单击【球】命令，则打开【球】对话框，如图 1-4-7 所示。在该对话框的【类型】下拉列表中，提供了【中心点和直径】、【圆弧】两种创建球的方式。

1）【中心点和直径】方式：通过指定或选择一点作为中心点，并设置直径创建球。

2）【圆弧】方式：通过选择一个已有圆弧（圆弧可不封闭，该圆弧的半径和中心点即为所创建球的半径和中心点）来创建球。

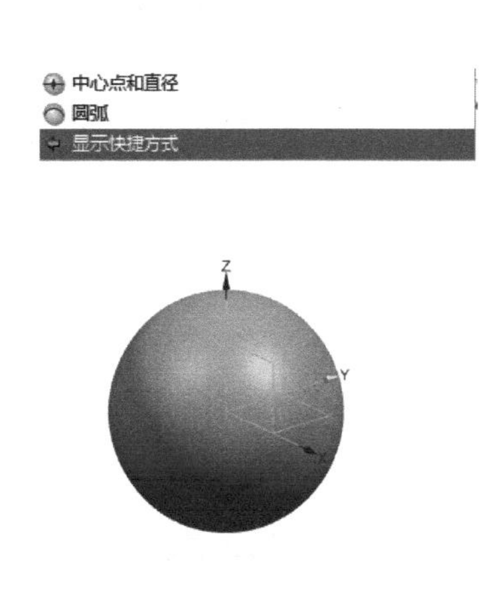

图 1-4-7　【球】对话框及示例

二、键槽

【键槽】命令可以从实体上去除具有矩形、球形、U 形、T 型和燕尾形 5 种类型的实体来创建键槽。创建键槽只能在平面上操作，当在非平面的实体（如圆柱）上创建键槽特征时，需先创建所需要的基准平面。

执行【键槽】命令后，弹出【键槽】对话框，如图 1-4-8 所示。

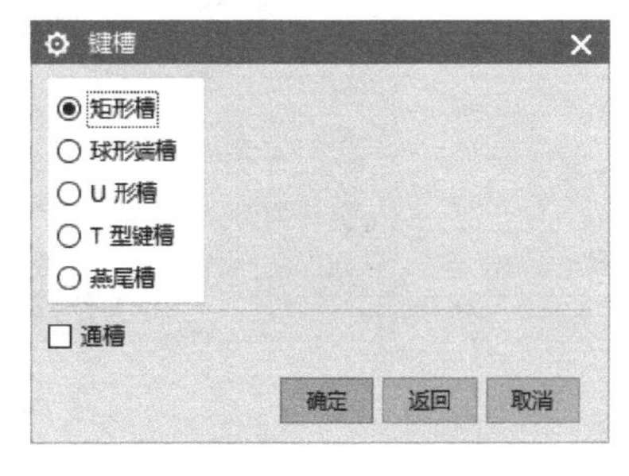

图 1-4-8　【键槽】对话框

1. 矩形键槽

矩形键槽的底部是平的，其长度是指沿水平参考方向的尺寸，宽度是指垂直于水平参考方向的尺寸，如图 1-4-9 所示。

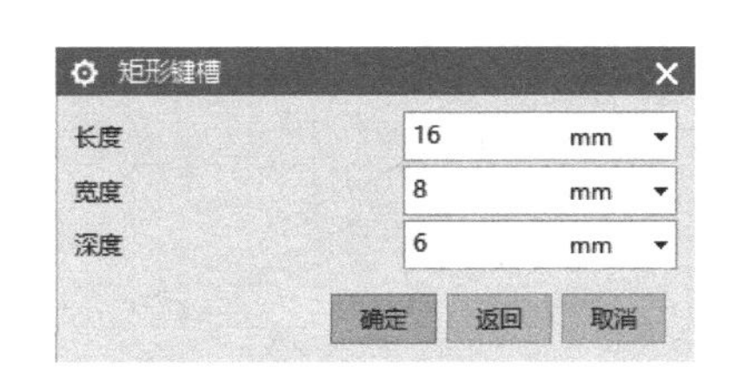

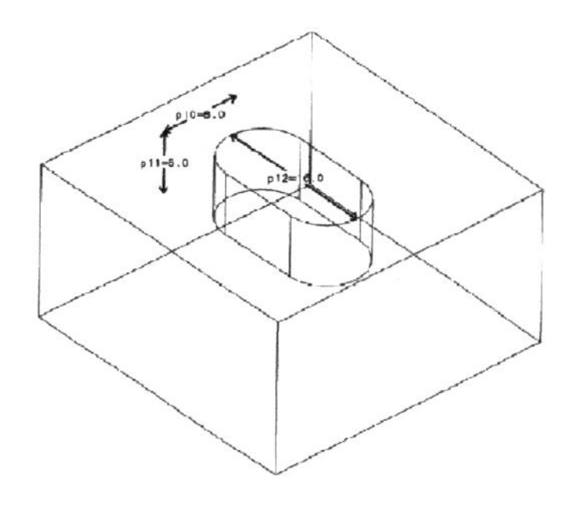

图 1-4-9　【矩形键槽】对话框及示例

2. 球形键槽

球形键槽的底部为圆弧形，如图 1-4-10 所示。球形键槽的深度应大于球半径，而长度需大于球直径。

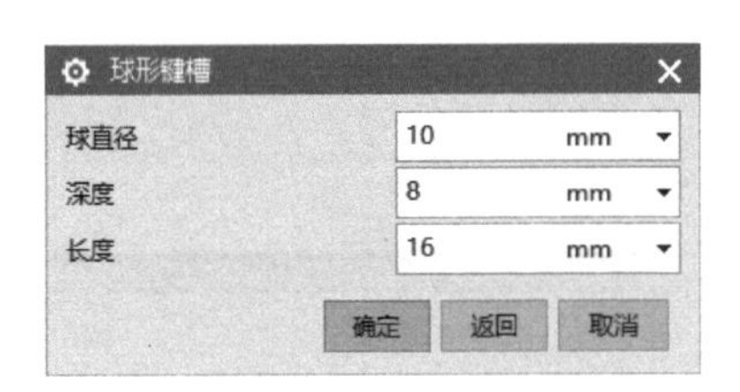

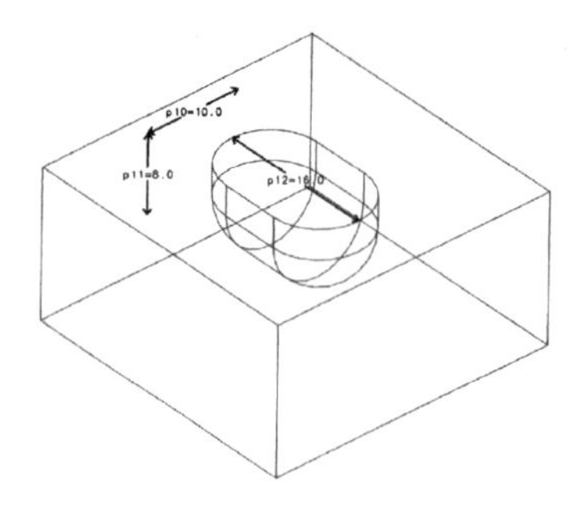

图 1-4-10 【球形键槽】对话框及示例

3. U 形键槽

U 形键槽的底面与侧面为圆弧过渡，如图 1-4-11 所示。

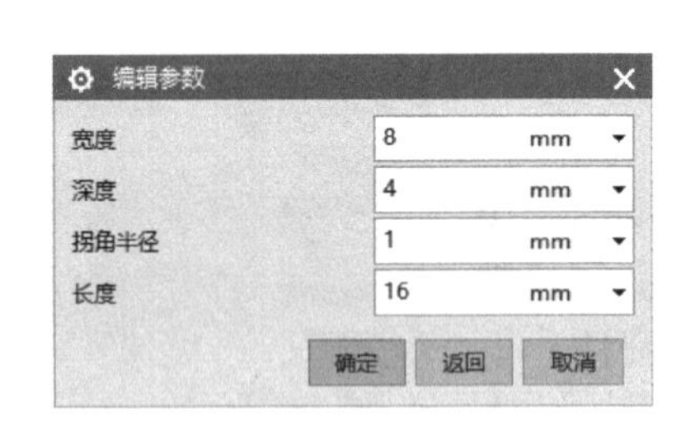

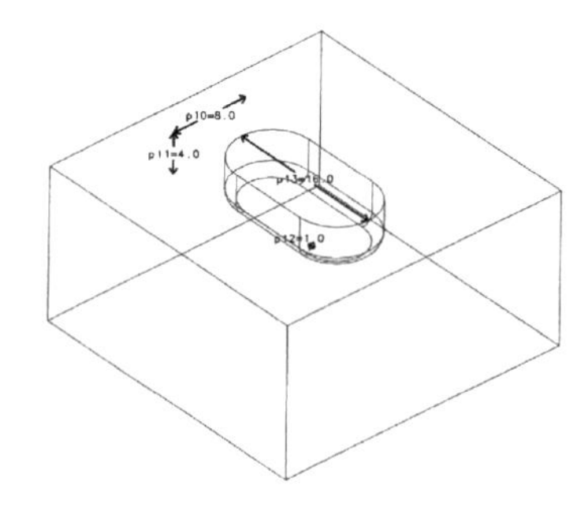

图 1-4-11 U 形键槽参数及示例

4. T 型键槽

T 型键槽的截面为 T 字形，如图 1-4-12 所示。T 型键槽的底部宽度应大于顶部宽度。

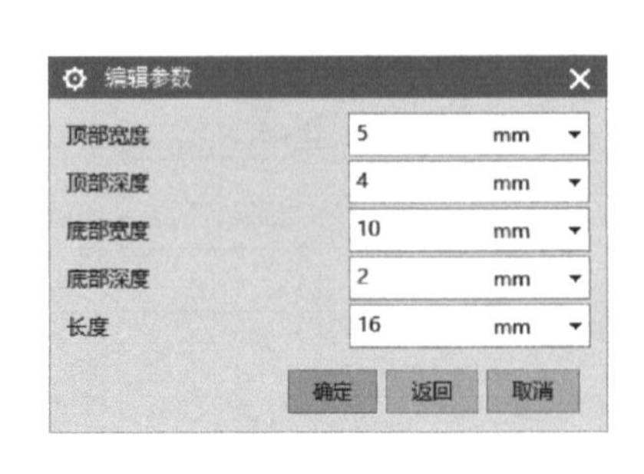

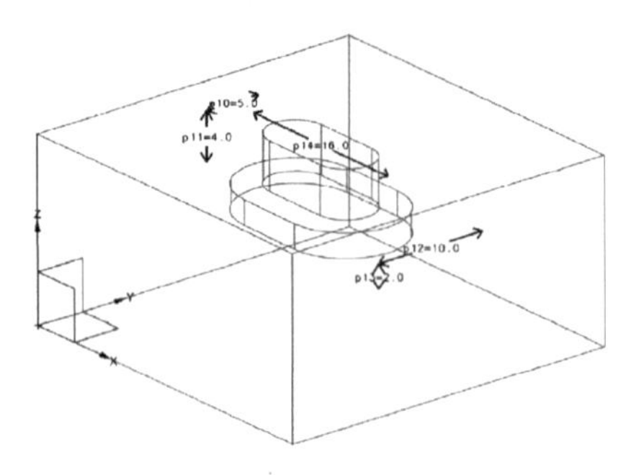

图 1-4-12 T 型键槽参数及示例

5. 燕尾槽

燕尾槽的截面为燕尾形，如图 1-4-13 所示。

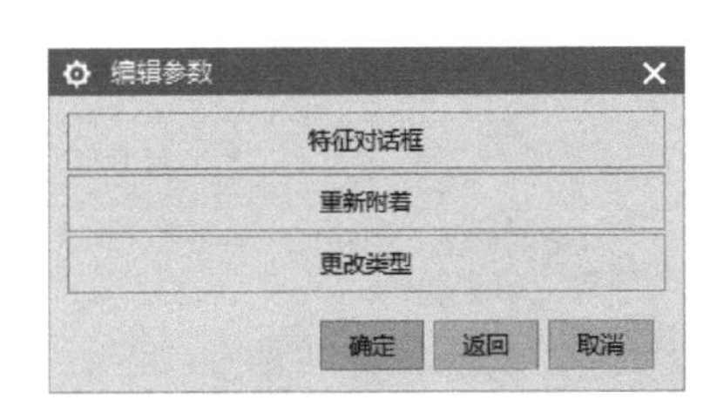

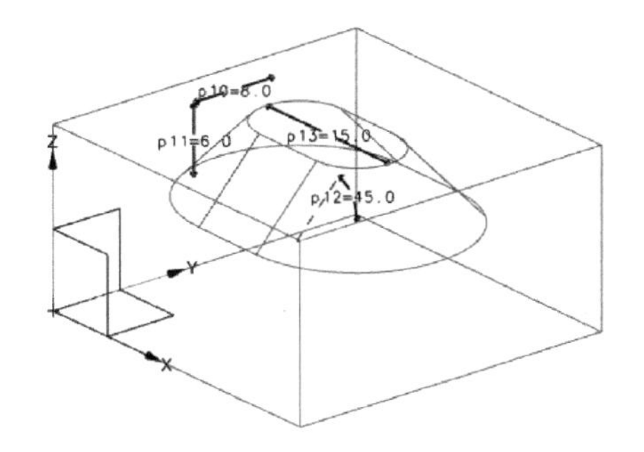

图 1-4-13 燕尾槽参数及示例

创建键槽时如勾选【键槽】对话框中的【通槽】，则可以创建一个完全通过两个面的槽，如图 1-4-14 所示。

图 1-4-14 通槽示例

三、键槽阵列特征与阵列几何特征

1. 阵列特征

阵列特征指将指定的一个或一组特征，按一定的规律复制，建立一个特征阵列。

单击菜单中的【插入】→【关联复制】→【阵列特征】，或单击工具栏中的【阵列特征】按钮，弹出如图 1-4-15 所示的【阵列特征】对话框。

1)【要形成阵列的特征】选项组。

选择特征：选择要阵列的特征。

2)【参考点】选项组。

指定点：指定特征上的参考点。

3)【阵列定义】选项组。

布局：选择布局方式，包括线性、圆形、多边形、螺旋式、沿、常规、参考等。

①线性：用于沿两个线性方向生成多个实例，如图 1-4-16 所示。

【方向 1】选项组：

指定矢量：选择阵列方向。

间距：包括数量和节距、数量和跨距、节距和跨距。

数量：输入数量。

节距：输入节距。

②圆形：用于绕一个参考轴、以参考点为旋转中心，按指定的数量和旋转角度复制特征，如图 1-4-17 所示。

【旋转轴】选项组：

指定矢量：选择旋转轴方向。

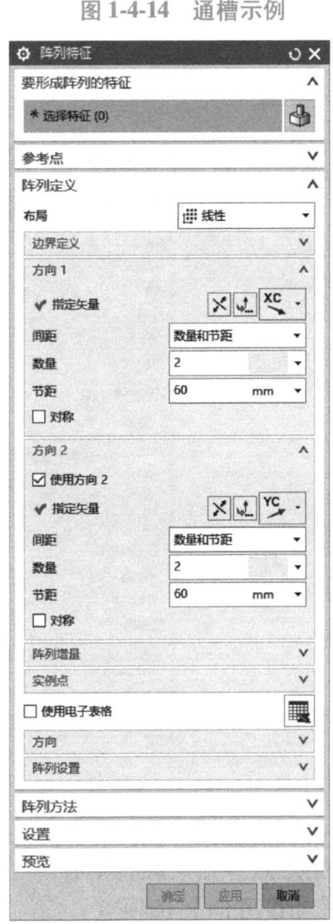

图 1-4-15 【阵列特征】对话框

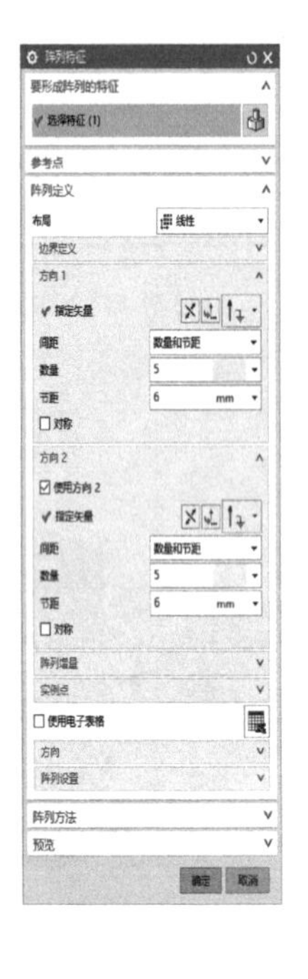

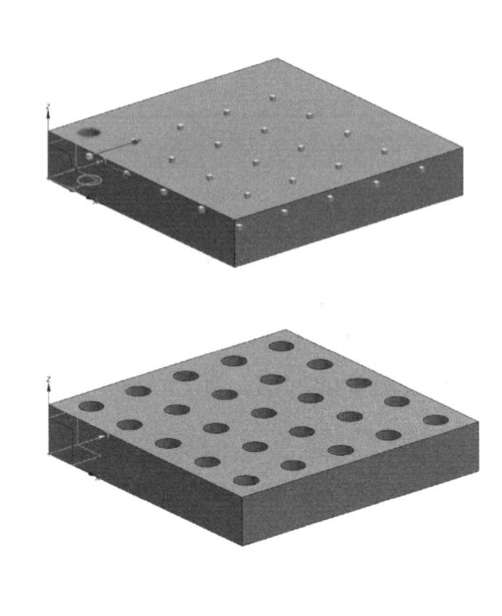

图 1-4-16　线性阵列

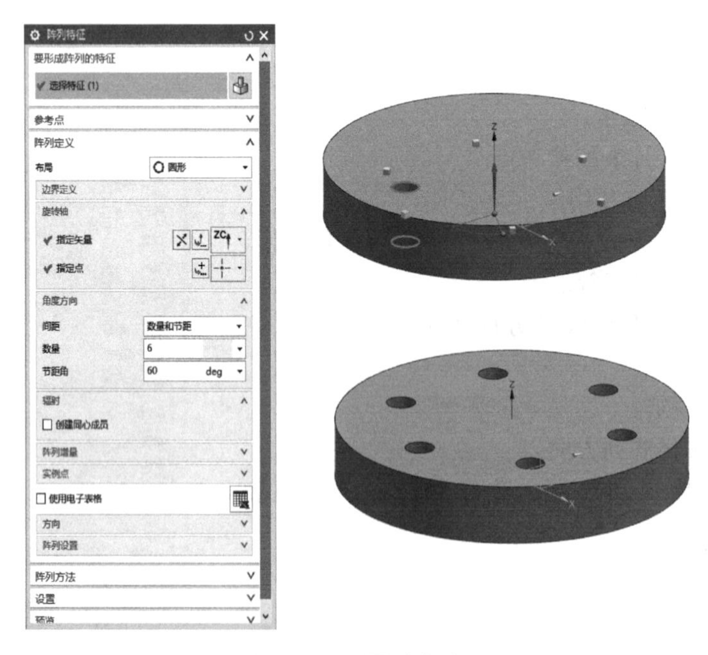

图 1-4-17　圆形阵列

指定点：指定旋转中心。

【角度方向】选项组：

间距：包括数量和节距、数量和跨距、节距和跨距。

数量：输入数量。

节距角：输入角度值。

③多边形：用于沿定义的多边形边线生成复制特征。

④螺旋式：以所选特征为中心，向四周沿平面螺旋路径复制特征。

⑤沿：用于沿选定的曲线边线或草图曲线复制特征。

⑥常规：使用由一个或多个目标点或坐标系定义的位置来定义布局。

⑦参考：使用现有的阵列来定义新的阵列。

2. 阵列几何特征

【阵列几何特征】命令可以将选定的几何体以矩形、环形或螺旋式等方式排列进行复制。

调用该命令的方式：

1）功能区：【插入】→【特征】→【关联复制】→【阵列几何特征】。

2）菜单：单击【阵列几何特征】。

执行上述操作后，弹出【阵列几何特征】对话框，如图 1-4-18 所示。

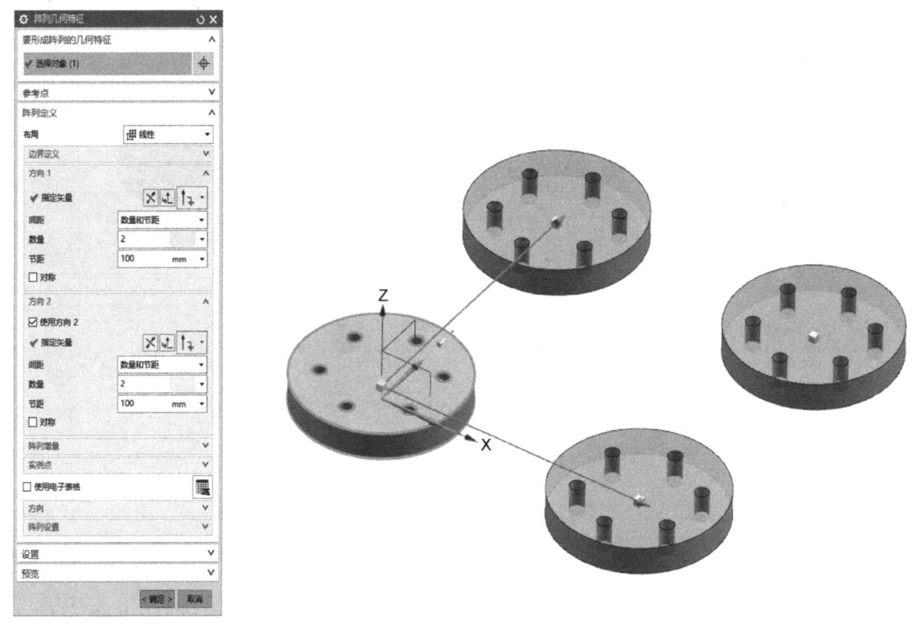

图 1-4-18　【阵列几何特征】对话框及示例

阵列几何特征有 8 种方式：线性、圆形、多边形、螺旋式、沿（曲线）、常规、参考和螺旋线，其中常用的是线性、圆形。

阵列几何特征的操作方法、对话框与阵列特征类似，区别在于：阵列特征是对特征进行操作，而阵列几何特征是对体进行操作。

四、布尔运算

对象间的布尔运算是指将两个或多个对象（实体或片体）组合成一个对象。布尔运算包括求和、求差和求交。调用布尔运算命令主要有以下方式：

1）菜单：【插入】→【组合】→【合并】、【减去】、【相交】，如图 1-4-19 所示。

2）对话框：在相关对话框的【布尔】选项组中单击【合并】、【减去】、【相交】。

布尔运算中需要与其他体组合的实体或片体称为目标体，目标体只能有一个；用来改变目标体的实体或片体称为工具体（也称刀具体），工具体可以有多个。

(1) 合并　将两个或多个实体合并成一个独立的实体。

(2) 减去　从一个实体（目标体）中减去另一个或多个实体（工具体），从而创建一个新的实体。

(3) 相交　将目标体与所选工具体之间的相交部分创建为一个新的实体。

合并时工具体必须与目标体接触或相交；减去、相交时工具体必须与目标体相交，否则会产生出错信息，如图 1-4-20 所示。

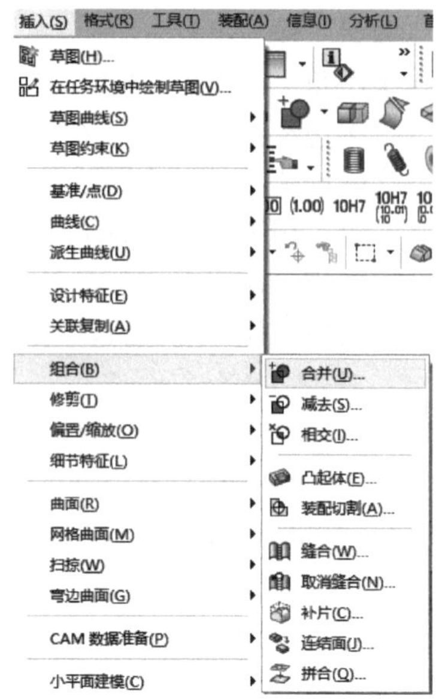

图 1-4-19　布尔运算命令的调用方法

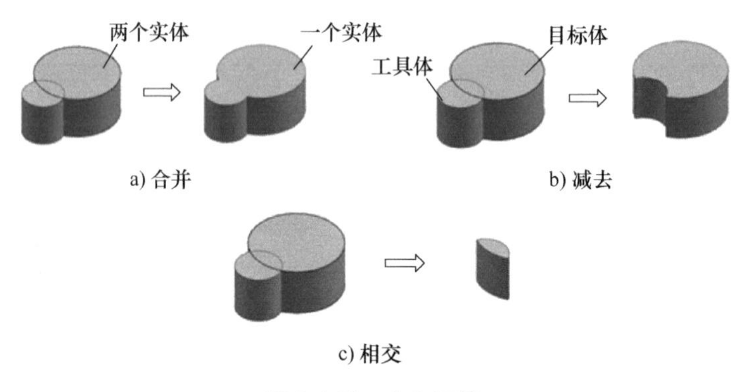

图 1-4-20　布尔运算

五、定位操作

创建槽、键槽、凸台、垫块等特征时，需通过在【定位】对话框中选择定位方法来确定其在实体上的位置。在定位过程中，通常称要定位的特征上的对象为工具对象，称要定位到实体上的对象为目标对象。例如，在轴上开键槽，定位键槽时，键槽上的对象称为工具对象，而轴上的对象称为目标对象。

在定位之前通常要先定义水平参考方向，【水平参考】对话框如图 1-4-21 所示。该对话框中提供了【终点】、【实体面】、【基准轴】、【基准平面】、【竖直参考】5 种定义水平参考方向的方式。

【定位】对话框如图 1-4-22 所示，其按钮分别表示不同的定位方式。

(1) 水平（即定位尺寸的尺寸线平行于水平参考方向）　以目标对象上的点或线与工具对象上的点或线沿所选水平参考方向的指定距离进行定位。

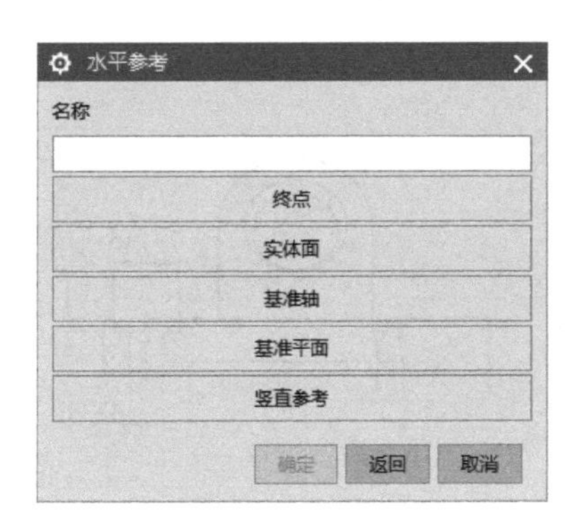

图 1-4-21 【水平参考】对话框

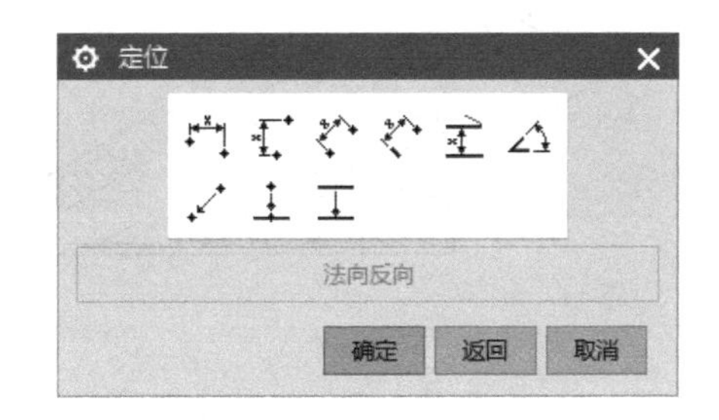

图 1-4-22 【定位】对话框

（2）竖直（即定位尺寸的尺寸线垂直于水平参考方向） 以目标对象上的点或线与工具对象上的点或线沿垂直于所选水平参考方向的指定距离进行定位。竖直定位通常与水平定位配合使用。

（3）平行（即点到点的距离） 以目标对象上的点和工具对象上的点之间的距离定位。当选择的对象为圆或圆弧时，会弹出【设置圆弧的位置】对话框，如图 1-4-23 所示，其上有 3 个按钮，分别表示终点、圆弧中心和相切点，单击其中一个即可。

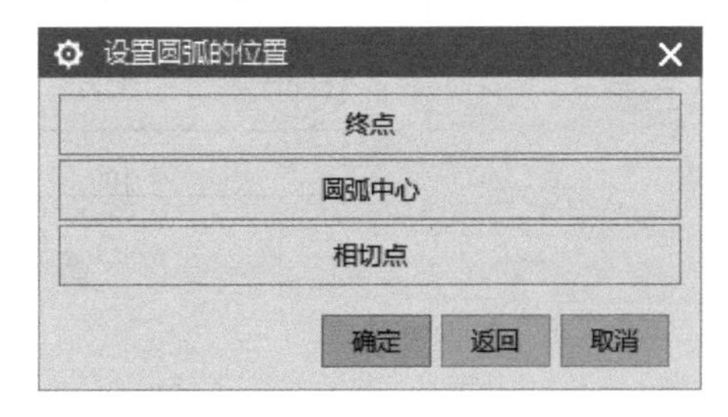

图 1-4-23 【设置圆弧的位置】对话框

（4）垂直（即点到线的距离） 以工具对象上的点到目标对象上边的垂直距离进行定位。

（5）按一定距离平行（即两平行线间的距离） 以目标对象上的边与工具对象上的边之间的距离进行定位。

（6）角度 以目标对象的边与工具对象的边之间的夹角进行定位。

（7）点落在点上（即点与点重合） 以目标对象上的点和工具对象上的点重合进行定位，是“平行”定位的特例。

（8）点落在线上 以工具对象上的点到目标对象的垂直距离为 0 进行定位，是“垂直”定位的特例。

（9）线落在线上 以目标对象上的边与工具对象的边重合进行定位，是“按一定距离平行”定位的特例。

【自学自测】

完成图 1-4-24 所示零件的造型设计。

任务 4 自学自测-零件的三维造型设计

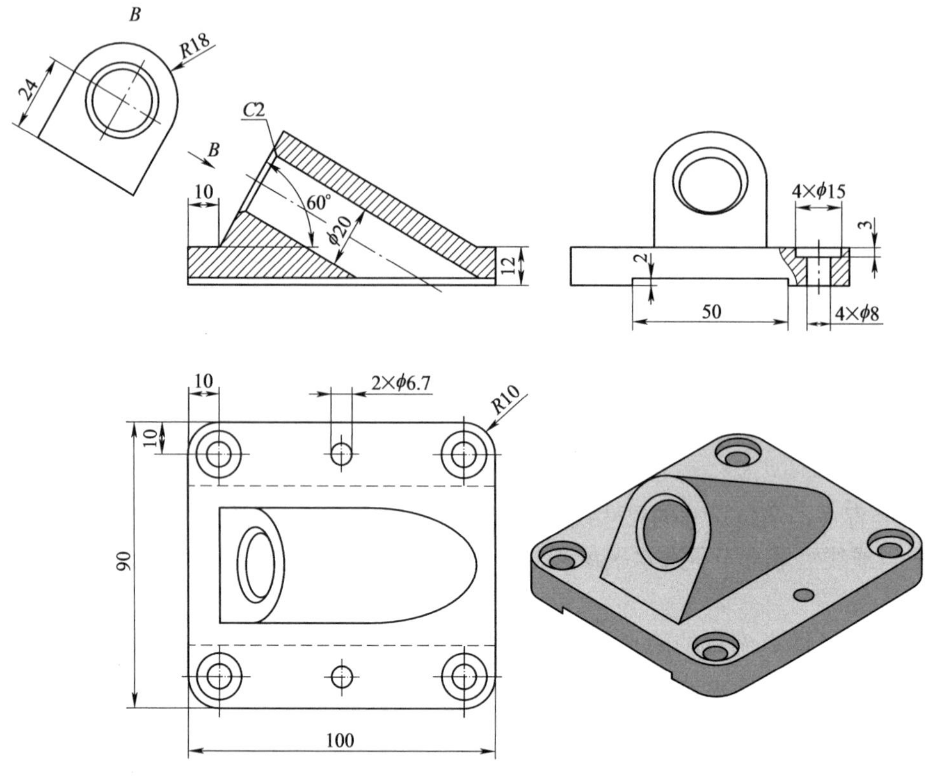

图 1-4-24 自学自测题

【任务实施】

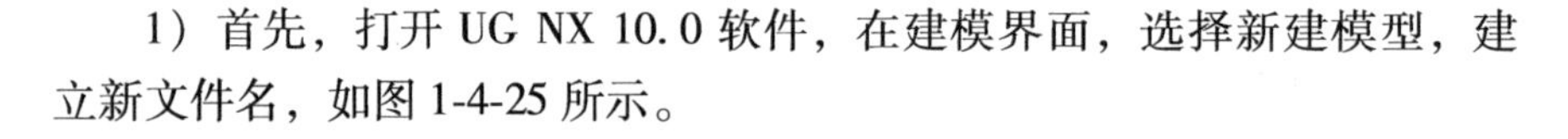

任务 4 垫块的三维造型设计

1）首先，打开 UG NX 10.0 软件，在建模界面，选择新建模型，建立新文件名，如图 1-4-25 所示。

2）单击【插入】→【设计特征】→【长方体】命令，创建长方体。以【原点和边长】方式，【指定点】为坐标原点，长度为 78mm、宽度为 78mm、高度为 13mm，单击【确定】按钮完成创建，如图 1-4-26 所示。

3）单击【插入】→【设计特征】→【长方体】命令，创建长方体。以【原点和边长】方式，【指定点】坐标为（9，9，13），长度为 60mm、宽度为 60mm、高度为 10mm，单击【确定】按钮完成创建，如图 1-4-27 所示。

4）单击【直接草绘】工具条上的【草图】按钮，或执行【插入】→【草图】命令，弹出【草图】对话框，选择【草图平面】为【自动判断】。单击【确定】按钮，退出【草图】对话框；单击【在草图任务环境打开】按钮，进入草绘环境，以上表面为草图平面绘制轮廓线，如图 1-4-28 所示。单击【完成草图】按钮完成草图绘制。

5）创建上部槽。单击【特征】工具条上的【拉伸】按钮，或执行【插入】→【设计特征】→【拉伸】命令，弹出【拉伸】对话框，先选择曲线，在【曲线规则】里利用区域边界曲线进行选择，每部分分别输入拉伸的开始和结束距离，并进行布尔合并运算，如图 1-4-29 所示。单击【确定】按钮完成槽的创建。

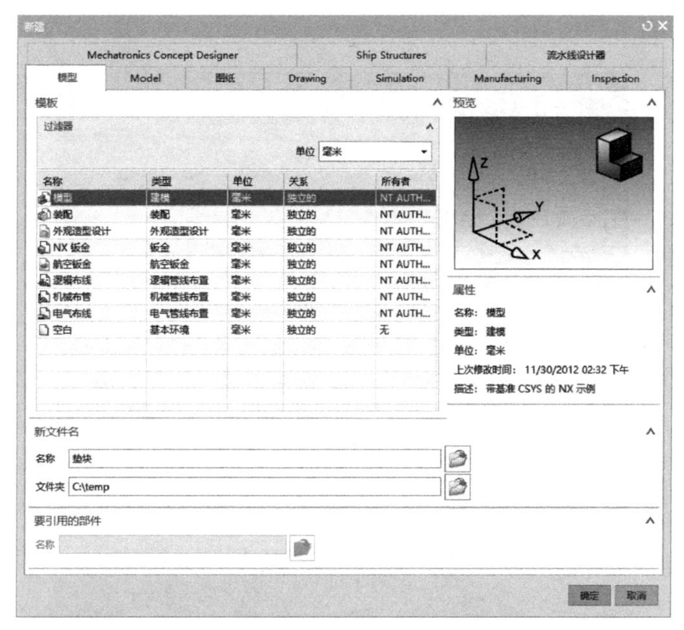

图 1-4-25　新建建模环境

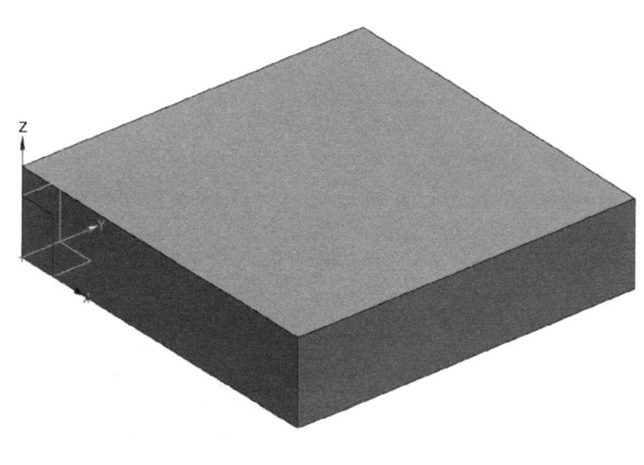

图 1-4-26　创建长方体

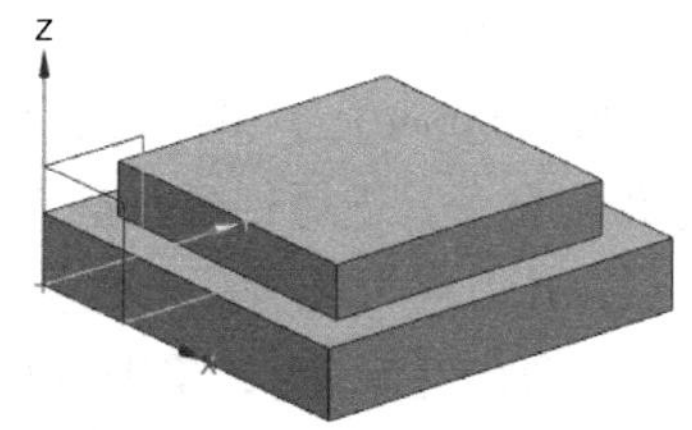

图 1-4-27　创建长方体

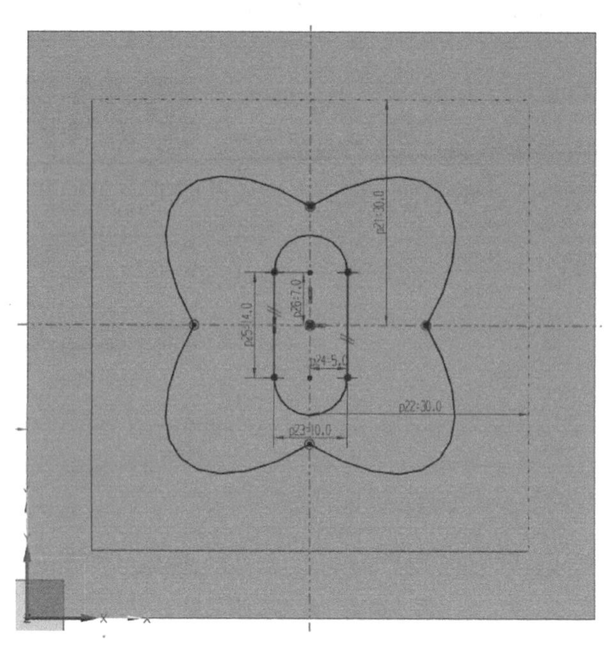

图 1-4-28　创建草图

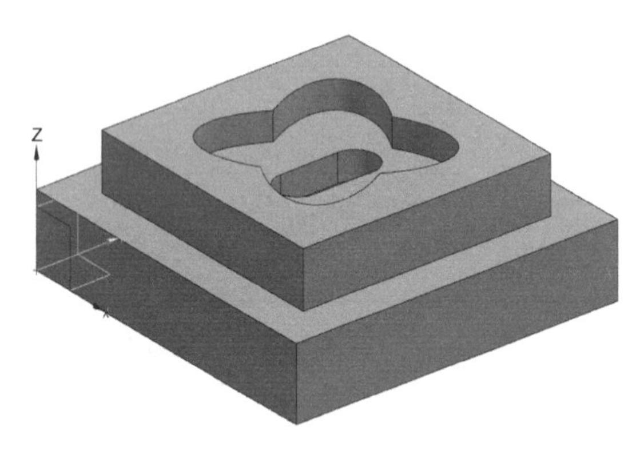

图 1-4-29　创建上部槽

6）单击【特征】工具条上的【合并】按钮，或执行【插入】→【组合】→【合并】命令，进行布尔合并操作。

7）创建 ϕ8mm 孔。单击【特征】工具条上的【孔】按钮，或执行【插入】→【设计特征】→【孔】命令，进行创建孔操作。孔类型选择【常规孔】，【指定点】选择上部长方体棱边的端点，孔方向为【垂直于面】，形状为【简单孔】，输入孔的尺寸，直径为 8mm，深度贯穿即可，布尔【求差】，单击【确定】按钮完成孔的创建，如图 1-4-30 所示。

8）创建 4 个 ϕ8mm 孔。单击【特征】工具条上的【阵列特征】按钮，或执行【插入】→【关联复制】→【阵列特征】命令，进行阵列操作。首先选择创建的孔，布局为线性阵列，【方向 1】为 X 轴，数量为 2，节距为 60mm，【方向 2】为 Y 轴，数量为 2，节距为 60mm，可单击

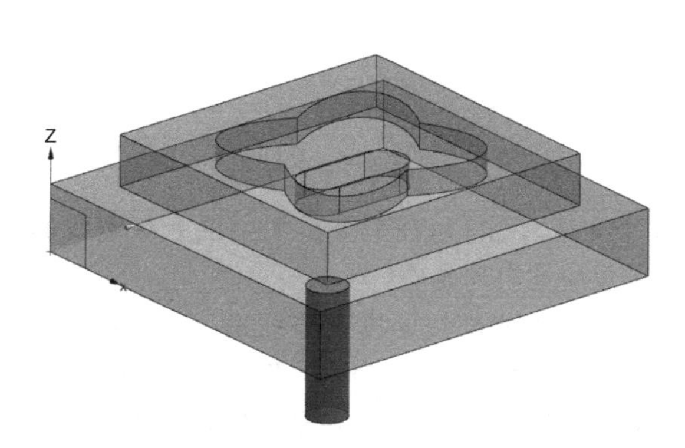

图 1-4-30 创建 ϕ8mm 孔

反向调整方向，单击【确定】按钮完成 4 个 ϕ8mm 孔的创建，如图 1-4-31 所示。

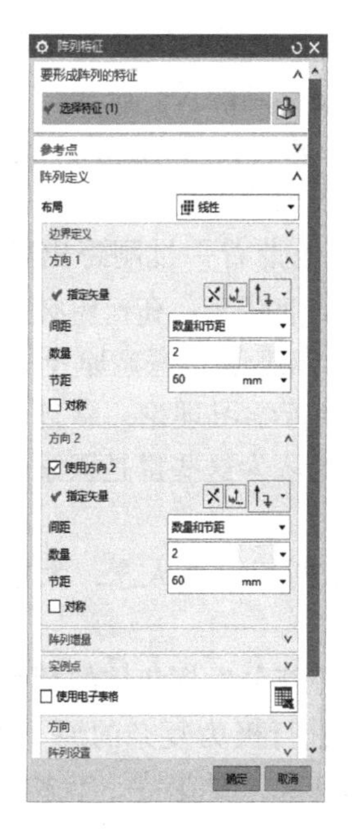

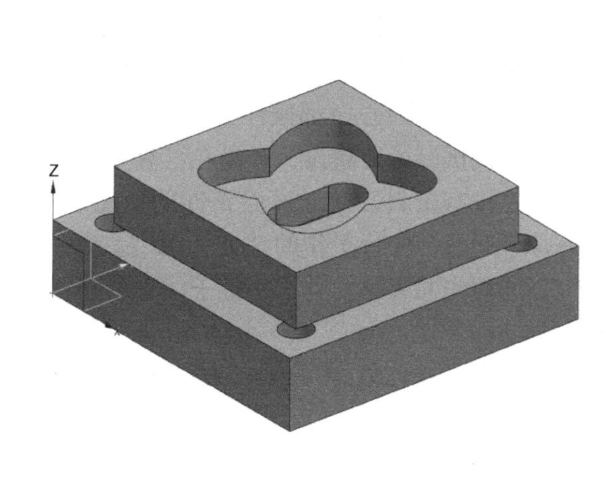

图 1-4-31 创建 4 个 ϕ8mm 孔

9）倒斜角。单击【特征】工具条上的【倒斜角】按钮，或执行【插入】→【细节特征】→【倒斜角】命令，进行倒斜角操作，分别倒 *C*10 和 *C*1 的斜角，如图 1-4-32 所示。

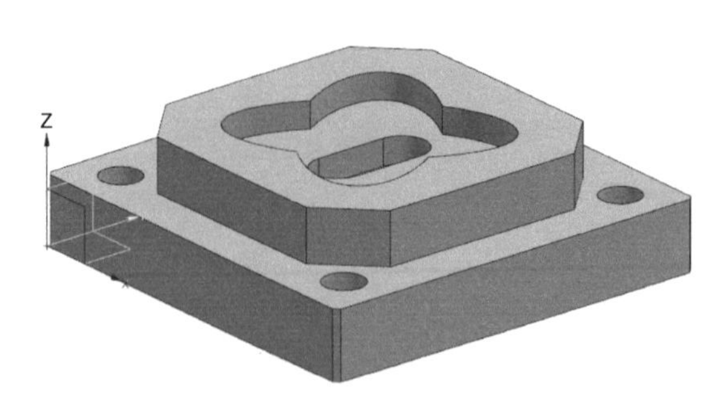

图 1-4-32　倒斜角

【两弹元勋（一）】

1958 年 6 月，毛泽东在军委扩大会议上决定我们要搞自己的原子弹。此后不久，中国第一个原子反应堆启动成功！

1958 年秋，二机部领导找到邓稼先，说“国家要放一个‘大炮仗’”，征询他是否愿意参加这项必须严格保密的工作。邓稼先义无反顾地同意，回家对妻子只说自己“要调动工作”，不能再照顾家和孩子，通信也困难。妻子表示支持。从此，邓稼先的名字便在刊物和对外联络中消失。

当邓稼先得知自己将要参加原子弹的设计工作时，兴奋难眠，同时他又感到任务艰巨，担子十分沉重。

1958 年 8 月，邓稼先调到新筹建的核武器研究所任理论部主任，负责领导核武器的理论设计，随后任研究所副所长、所长，核工业部第九研究设计院副院长、院长，核工业部科技委副主任，国防科工委科技委副主任。10 月 16 日，以聂荣臻为主任的国防科学技术委员会成立。越来越多的仁人志士汇集到北京，紧张而有序地投入到这项秘密工作中来。

从此，邓稼先把全部的心血都倾注到任务中去。首先，他带着一批刚跨出校门的大学生，日夜挑砖拾瓦搞试验场地建设，硬是在乱坟里碾出一条柏油路来，在松树林旁盖起原子弹教学模型厅。在没有资料，缺乏试验条件的情况下，邓稼先挑起了探索原子弹理论的重任。为了当好原子弹设计先行工作的“龙头”，他带领大家刻苦学习理论，靠自己的力量搞尖端科学研究。邓稼先向大家推荐了一揽子的书籍和资料，他认为这些都是探索原子弹理论设计奥秘的向导。

由于都是外文书，并且只有一份，邓稼先只好组织大家阅读，一人念，大家译，连夜印刷。

为了解开原子弹的科学之谜，在北京近郊，科学家们决心充分发挥集体的智慧，研制出我国的“争气弹”。那时，由于条件艰苦，同志们使用算盘进行极为复杂的原子理论计算，为了演算一个数据，一日三班倒。算 1 次，要一个多月，算 9 次，要花费一年多时间，常常是工作到天亮。作为理论部负责人，邓稼先跟班指导年轻人运算。每当过度疲劳，思维中断时，他都着急地说：“唉，一个太阳不够用呀！”

在北京外事部门的招待会上，有人问他带了什么回来。他说：“带了几双眼下中国还不能生产的尼龙袜子送给父亲，还带了一脑袋关于原子核的知识。”此后的 8 年间，他进行了中国原子核理论的研究。

邓稼先不仅在秘密科研院所里费尽心血，还经常到飞沙走石的戈壁试验场。他冒着酷暑严寒，在试验场度过了整整 8 年的单身汉生活，有 15 次在现场领导核试验，从而掌握了大量的第一手材料。

1959 年，邓稼先根据中央决策“自己动手，从头摸起，准备用 8 年时间搞出原子弹”，选定中子物理、流体力学和高温高压下的物理性质这三个方面作为研制中国第一颗原子弹的主攻方向。选对主攻方向，是邓稼先为中国原子弹理论设计工作做出的最重要贡献。

20 世纪 50 年代末 60 年代初，中国处在严重的困难时期。对于中国的原子能事业来说，那是一个卡脖子的时代。1959 年 6 月，苏联方面拒绝提供原子弹数学模型和有关技术资料。8 月，苏联又单方面终止两国签订的国防新技术协定，撤走全部专家，甚至连一张纸片都不留下，还讥讽说：“离开外界的帮助，中国 20 年也搞不出原子弹。就守着这堆废铜烂铁吧。”

为了记住那个撕毁合同的日子，中国第一颗原子弹的工程代号定名为“五九六”。

在这以后的 5 年时间里，科学家们和工程技术人员克服了资料少、设备差、时间短、环境恶劣等常人难以想象的困难，迎来了中国原子弹研制工作的决战阶段。

中国大西北昔日的荒凉环境，就连生存都是很难的，可见搞科学研究是多么困难。然而“五九六”的战士们凭着爱国心和革命的豪情壮志，硬是把青海、新疆、神秘的古罗布泊、马革裹尸的古战场建设成了中国第一个核武器基地。

1962 年 9 月，二机部向中央打了一个“两年规划”的报告，此报告提出争取在 1964 年，最迟在 1965 年上半年爆炸中国的第一颗原子弹。此时，邓稼先和其同事拿出了原子弹理论设计方案，为中国核武器研究奠定了基础。

1963 年 9 月，接聂荣臻元帅命令，邓稼先、于敏率领九院理论部研究原子弹的原班人马，承担中国第一颗氢弹的理论设计任务。

1964 年 10 月，中国成功爆炸的第一颗原子弹，就是由邓稼先最后签字确定的设计方案。他还率领研究人员在试验后迅速进入爆炸现场采样，以证实效果。他又同于敏等人投入对氢弹的研究。按照“邓-于方案”，最后终于制成了氢弹，并于原子弹爆炸后的 2 年零 8 个月试验成功。这同法国用 8 年零 6 个月 、美国用 7 年零 3 个月、苏联用 6 年零 3 个月的时间相比，创造了世界上最快的速度。

中国能在那样短的时间和那样差的基础上研制成“两弹一星”（苏联 8 年、美国 6 年、法国 4 年、中国 2 年 8 个月），西方人感到不可思议。杨振宁来华探亲返程之前，故意问还不暴露工作性质的邓稼先：“在美国听人说，中国的原子弹是一个美国人帮助研制的。这是真的吗?”邓稼先请示了周恩来后，写信告诉他：“无论是原子弹，还是氢弹，都是中国人自己研制的。”杨振宁看后激动得流出了泪水。正是由于中国有了这样一批勇于奉献的知识分子，才挺起了坚强的民族脊梁。

【拓展训练】

任务 4 拓展训练-轴承座零件的三维造型设计

任务描述：轴承座零件如图 1-4-33 所示，创建其实体模型。

任务实施如下：

1）利用基本体特征【圆柱】命令，创建 ϕ80mm×15mm 的圆柱，如图 1-4-34 所示。

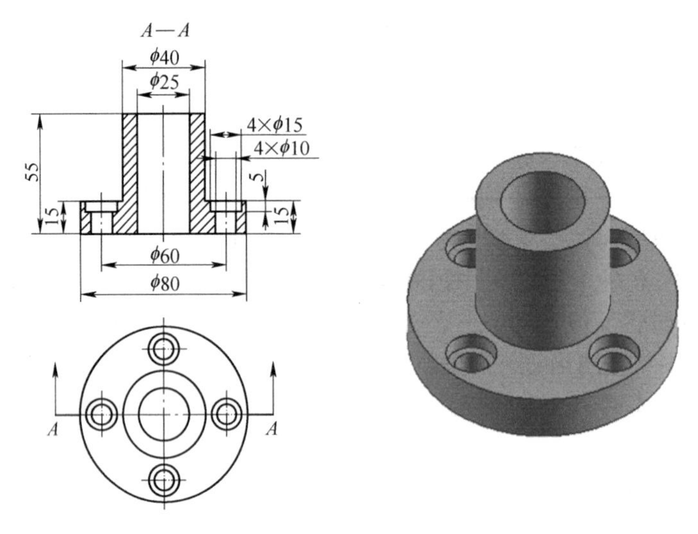

图 1-4-33　轴承座

2）利用基本体特征【圆柱】命令，创建 ϕ40mm×40mm 的圆柱，布尔求并，如图 1-4-35 所示。

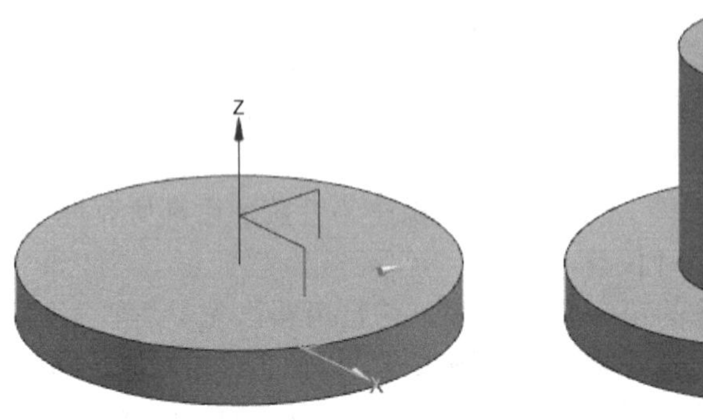

图 1-4-34　创建圆柱

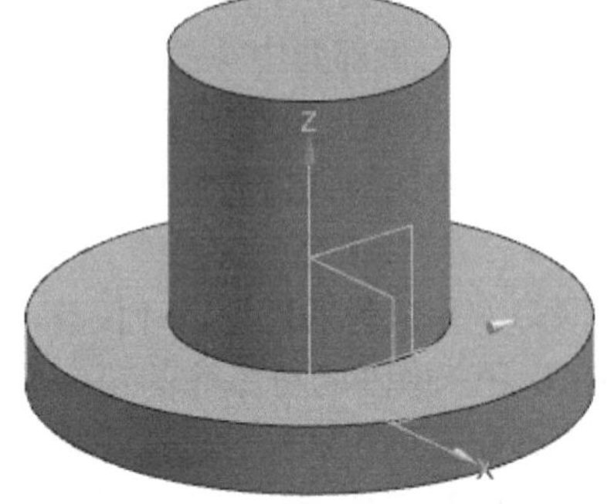

图 1-4-35　创建圆柱

3）利用【孔】命令创建 ϕ25mm 的通孔，如图 1-4-36 所示。

4）利用【孔】命令创建沉头孔，沉头直径 ϕ15mm、深度 5mm，孔直径 ϕ10mm、深度 10mm，如图 1-4-37 所示。

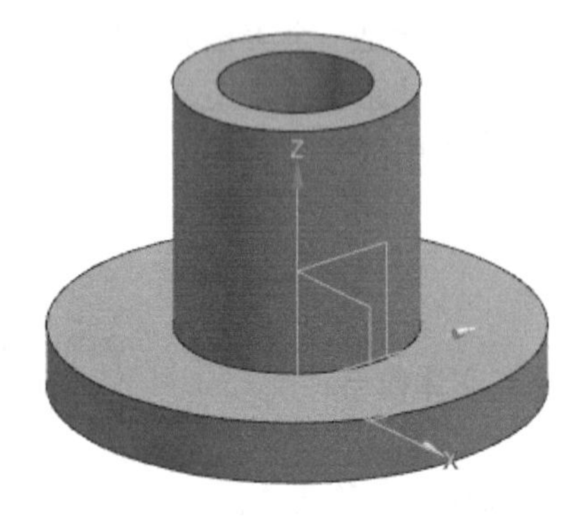

图 1-4-36　创建 ϕ25mm 通孔

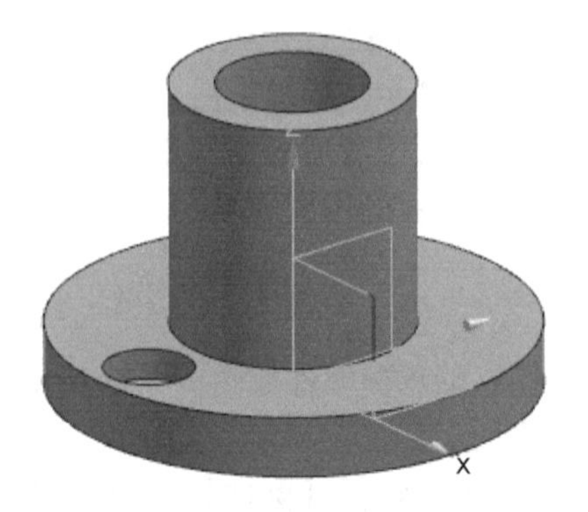

图 1-4-37　创建沉头孔

5）利用【阵列特征】命令，圆形阵列，数量为4，角度为90°，创建4个沉头孔，如图1-4-38所示，完成轴承座实体的创建。

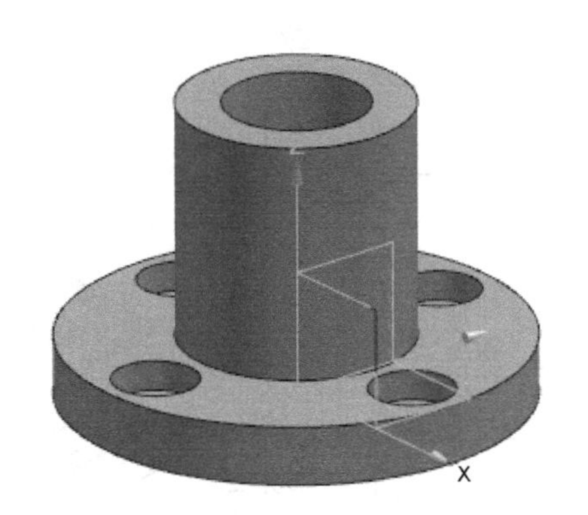

图1-4-38　轴承座实体

【课后作业】

创建如图1-4-39、图1-4-40、图1-4-41、图1-4-42所示联轴器、连接件、拨叉、夹爪的实体三维模型。

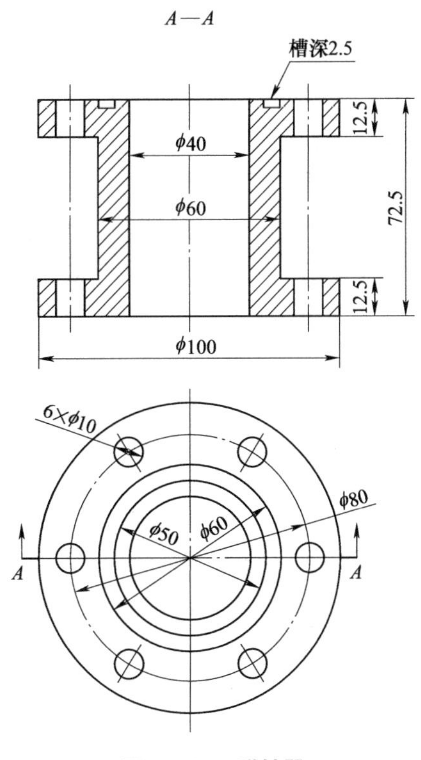

图1-4-39　联轴器

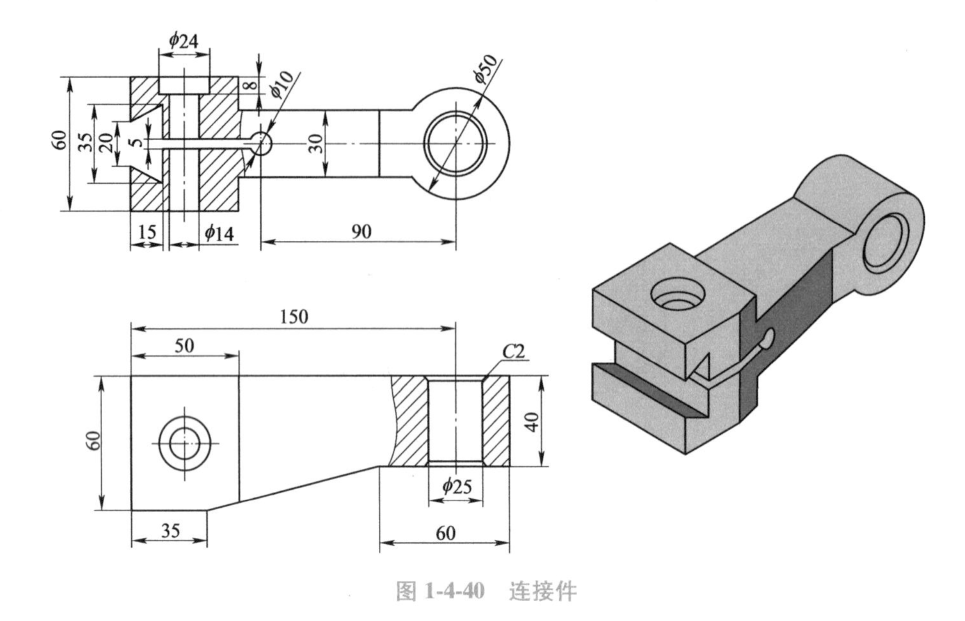

图 1-4-40　连接件

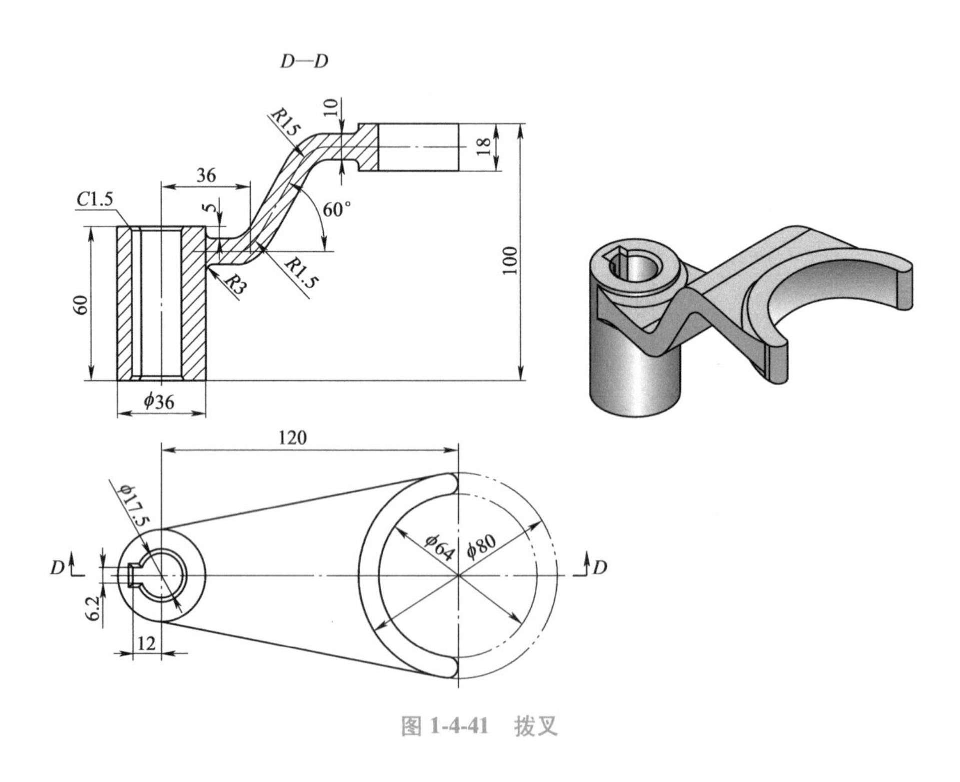

图 1-4-41　拨叉

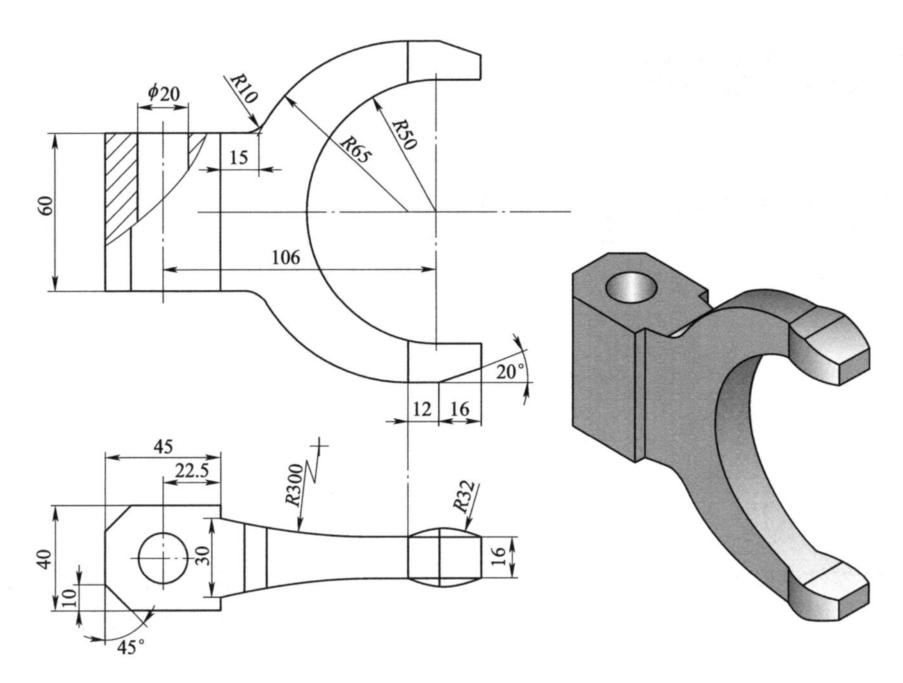

图 1-4-42 夹爪

学习情境2

回转类零件造型设计

【学习指南】

【情境导入】

某机械零件设计生产公司的设计研发部接到2项生产任务，在设计过程中研发设计人员需要根据零件图样，使用软件造型命令，完成泄压螺钉和阀杆零件的造型设计，设计后的零件应达到图样要求的精度。

【学习目标】

知识目标：

1）拉伸命令、阵列特征命令的使用方法。

2）运用草图命令，进行二维草图的绘制。

3）边倒圆和倒斜角命令的用途。

4）旋转命令、螺纹命令的使用方法。

能力目标：

1）能够正确使用拉伸命令、旋转命令完成实体造型。

2）能够正确使用螺纹命令完成实体造型。

3）熟练完成泄压螺钉和阀杆的三维造型设计。

4）能根据机械制图国家标准，读懂零件图，分析零件的设计与工艺要求。

5）能使用CAD/CAM软件，运用绘图方法和技巧，绘制符合机械制图国家标准的零件图。

素养目标：

1）培养学生遵守职业规范的素养。

2）培养学生民族自豪感和荣誉感。

3）培养学生精益求精的工匠精神。

【工作任务】

任务1　泄压螺钉的三维造型设计　参考学时：课内4学时（课外4学时）

任务2　阀杆的三维造型设计　参考学时：课内4学时（课外4学时）

任务 1 泄压螺钉的三维造型设计

【任务工单】

<table>
<tr><td>学习情境 2</td><td colspan="2">回转类零件造型设计</td><td colspan="2">工作任务 1</td><td colspan="2">泄压螺钉的三维造型设计</td></tr>
<tr><td colspan="3">任务学时</td><td colspan="4">4 学时（课外 4 学时）</td></tr>
<tr><td colspan="7">布置任务</td></tr>
<tr><td>工作目标</td><td colspan="6">1）根据泄压螺钉零件的结构特点，选择合理的软件命令进行三维造型设计。
2）根据泄压螺钉零件的设计要求，拟定泄压螺钉零件的设计过程。
3）使用 UG NX 软件，完成轮泄压螺钉零件三维造型相关命令的使用。
4）使用 UG NX 软件，完成轮泄压螺钉零件三维造型设计。</td></tr>
<tr><td>任务描述</td><td colspan="6">根据图 2-1-1 中泄压螺钉的主视图和左视图，对泄压螺钉进行三维实体造型设计。该任务涉及的命令主要有草图命令、多边形命令、拉伸命令、旋转命令等。
本任务主要介绍了实体建模的一些基本操作，主要内容包括以下两个方面：
1）运用实体建模方法，创建泄压螺钉实体模型。
2）利用创建基准平面命令，定位螺纹位置，完成泄压螺钉螺纹的建模。 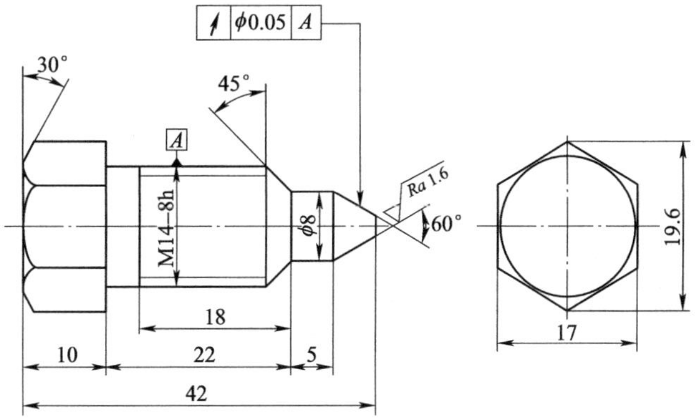
图 2-1-1 泄压螺钉</td></tr>
<tr><td>学时安排</td><td>资讯
1 学时</td><td>计划
0.5 学时</td><td>决策
0.5 学时</td><td>实施
1 学时</td><td>检查
0.5 学时</td><td>评价
0.5 学时</td></tr>
<tr><td>提供资源</td><td colspan="6">1）泄压螺钉零件图。
2）电子教案、课程标准、多媒体课件、教学演示视频及其他共享数字资源。
3）泄压螺钉零件模型。</td></tr>
<tr><td>对学生学习及成果的要求</td><td colspan="6">1）具备泄压螺钉零件图的识读能力。
2）严格遵守实训基地各项规章制度。
3）对比泄压螺钉零件的三维模型与零件图，分析结构是否正确，尺寸是否准确。
4）能按照学习导图自主学习，并完成自学自测。
5）严格遵守课堂纪律，学习态度认真、端正，能够正确评价自己和同学在本任务中的素质表现。
6）必须积极参与小组工作，承担零件设计、零件校验等工作，做到积极主动不推诿，能够与小组成员合作完成工作任务。
7）需独立或在小组同学的帮助下完成任务工作单、加工工艺文件、泄压螺钉零件图样、泄压螺钉零件设计视频等，并提请检查、签认，对提出的建议或错误之处，务必及时修改。
8）每组必须完成任务工单，并提请教师进行小组评价，小组成员分享小组评价分数或等级。
9）完成任务反思，并以小组为单位提交。</td></tr>
</table>

【学习导图】

任务 1 的学习导图如图 2-1-2 所示。

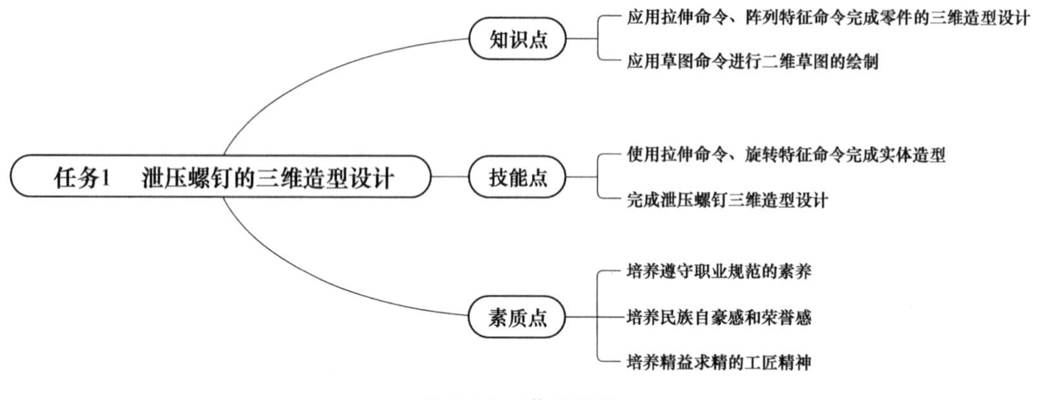

图 2-1-2　学习导图

【课前自学】

一、阵列特征

在【菜单】栏中单击【插入】→【关联复制】→【阵列特征】命令，弹出如图 2-1-3 所示的对话框。然后选择要阵列的特征，指定参考点，进行阵列定义，设置阵列方法等。阵列方法主要有【变化】和【简单孔】2 种选项。

以下以实例说明不同阵列布局的应用。

例：创建阵列特征 。

1. 线性

1）新建模型 1，如图 2-1-4 所示。在【菜单】栏中单击【插入】→【关联复制】→【阵列特征】命令，弹出【阵列特征】对话框，在绘图窗口选择平面上面的圆柱作为阵列对象。

2）在【阵列定义】选项组的【布局】下拉列表中选择【线性】选项。

3）在【阵列定义】选项组的【方向 1】子选项组中单击【XC】轴按钮，定义方向 1 的矢量，【间距】选项设置为【数量和节距】，数量设置为 5，节距设置为 20mm；

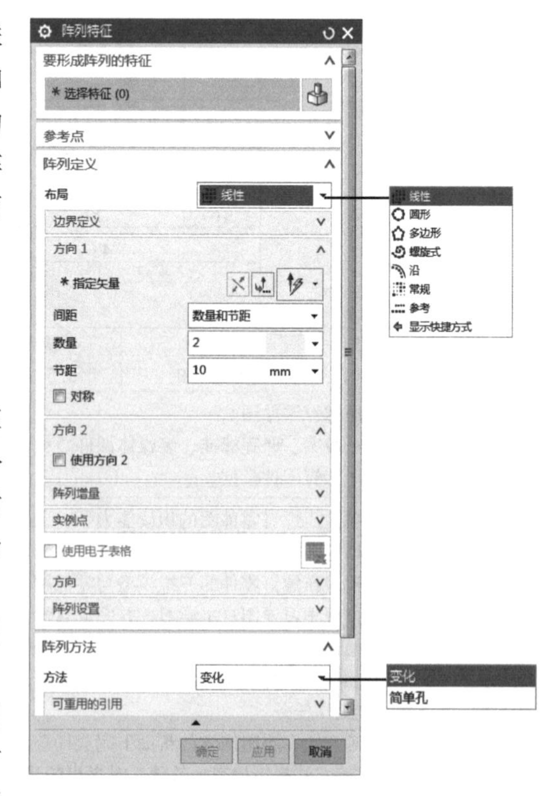

图 2-1-3　【阵列特征】对话框

然后勾选【使用方向 2】复选框，单击【YC】轴按钮，定义方向 2，【间距】选项设置为【数量和节距】，数量设置为 3，节距设置为 20mm，如图 2-1-5 所示。

4）在【阵列方法】选项组的【方法】下拉列表中选择【变化】选项，单击【确定】按钮，完成阵列的结果如图2-1-6 所示。

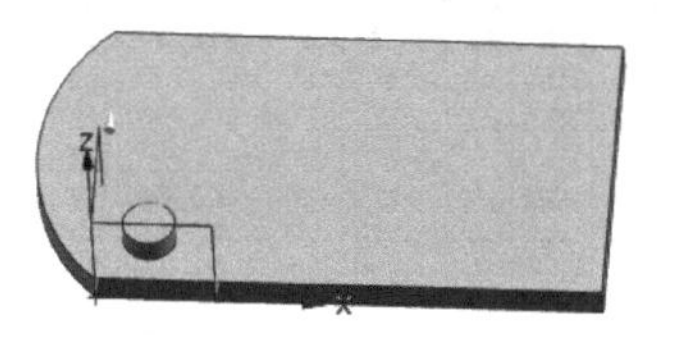

图 2-1-4　模型 1

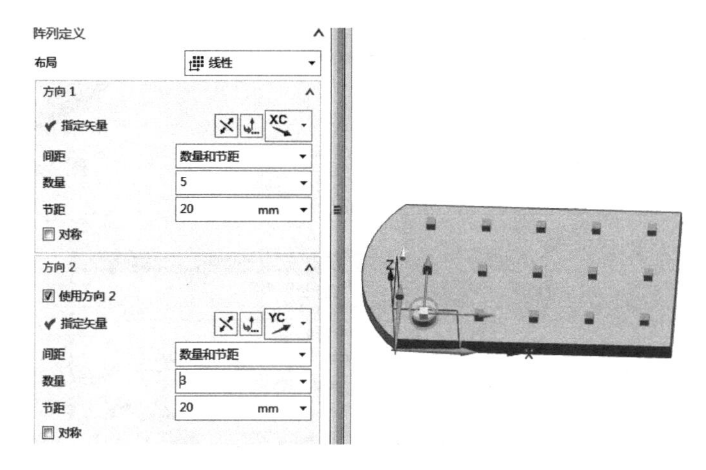

图 2-1-5　参数设置

2. 圆形

1）新建模型 2，如图 2-1-7 所示。在【菜单】栏中单击【插入】→【关联复制】→【阵列特征】命令，弹出【阵列特征】对话框，在绘图窗口选择平面上面的沉头孔作为阵列对象。

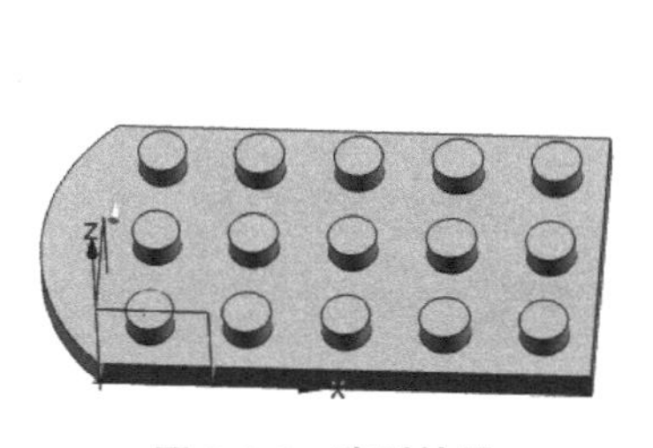

图 2-1-6　阵列结果

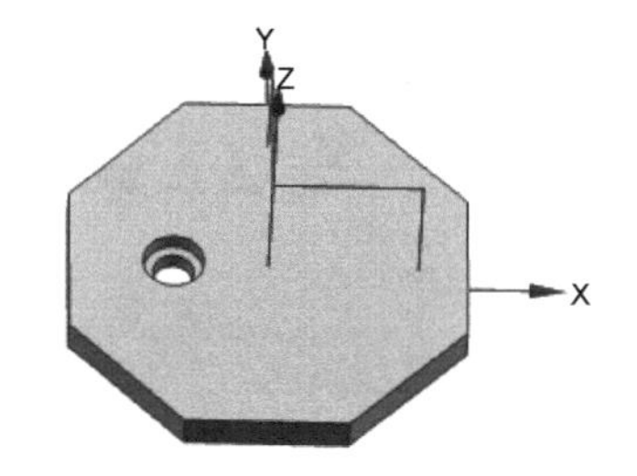

图 2-1-7　模型 2

2）在【阵列定义】选项组的【布局】下拉列表中选择【圆形】选项。

3）在【旋转轴】子选项组中单击【ZC】轴按钮。在【指定点】中单击【点构造器】按钮，指定坐标原点为圆形阵列轴点。在【角度方向】子选项组中，将【间距】设置为【数量和跨距】，数量设置为 6，跨角设置为 360°，如图 2-1-8 所示。

4）在【阵列方法】选项组的【方法】下拉列表中选择【变化】选项，单击【确定】按钮，完成阵列的结果如图 2-1-9 所示。

3. 多边形

选择【多边形】布局，使用正多边形定义参数和可选的径向间距参数定义布局。需要在【辐射】子选项组中勾选【创建同心成员】复选框。多边形阵列如图 2-1-10 所示。

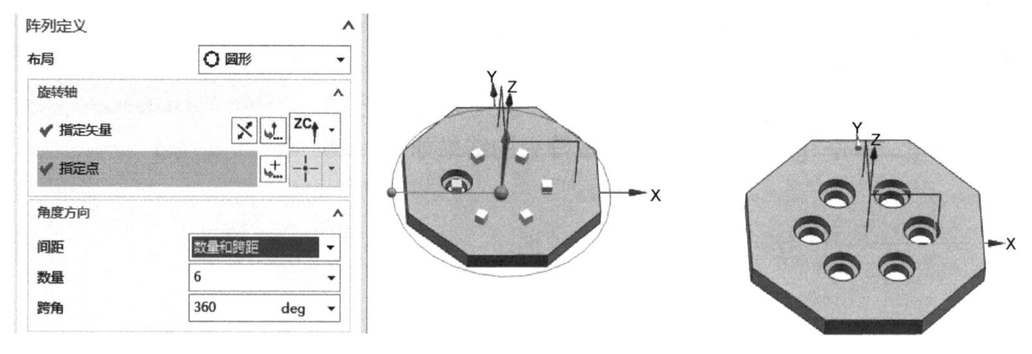

图 2-1-8　参数设置　　　　图 2-1-9　阵列结果

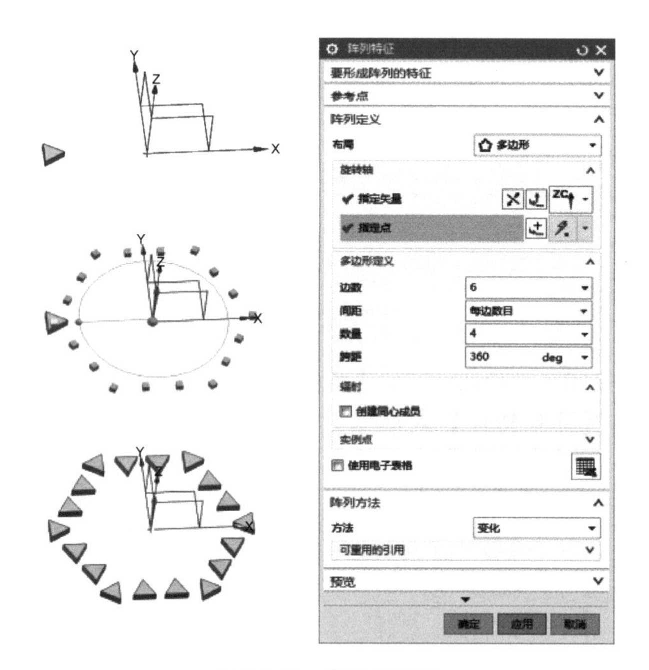

图 2-1-10　多边形阵列

4. 螺旋式

选择【螺旋式】布局选项时，使用螺旋路径定义布局，实例如图 2-1-11 所示。

5. 沿

选择【沿】布局选项时，阵列遵循一个连续的曲线链和可选的第二曲线链或矢量。沿曲线阵列实例如图 2-1-12 所示。

6. 常规

选择【常规】布局选项时，使用按一个或者多个目标点或坐标系定义的位置来定义布局。

7. 参考

使用现有阵列的定义来定义布局。

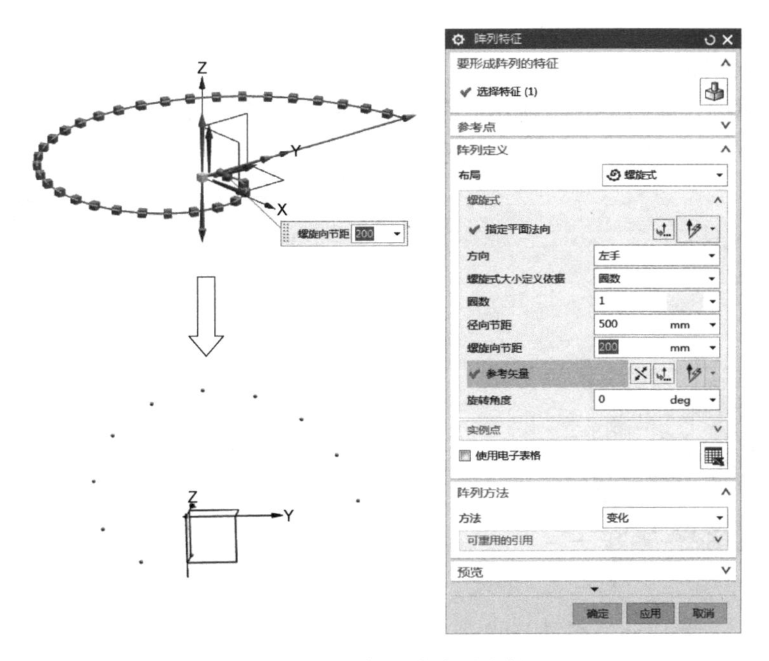

图 2-1-11　螺旋式阵列实例

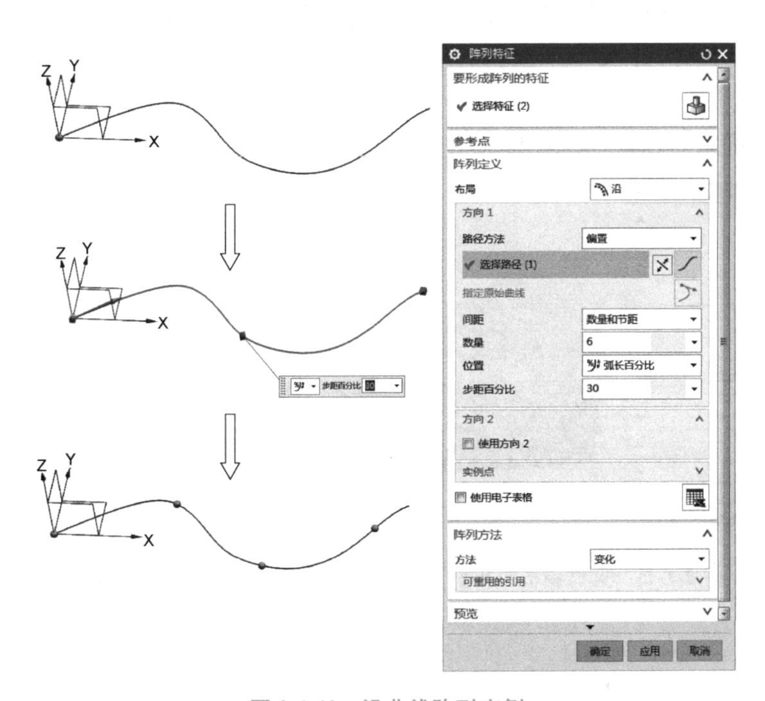

图 2-1-12　沿曲线阵列实例

二、镜像特征

【镜像特征】命令可以复制特征并根据指定平面进行镜像。可以通过单击【菜单】栏中的【插入】→【关联复制】→【镜像特征】命令，启动此特征。以下通过实例演示此命令的应用。

例：创建镜像特征。

1）新建模型 3，如图 2-1-13 所示。在【菜单】栏中单击【插入】→【关联复制】→【镜像特征】命令，弹出【镜像特征】对话框，如图 2-1-14 所示。

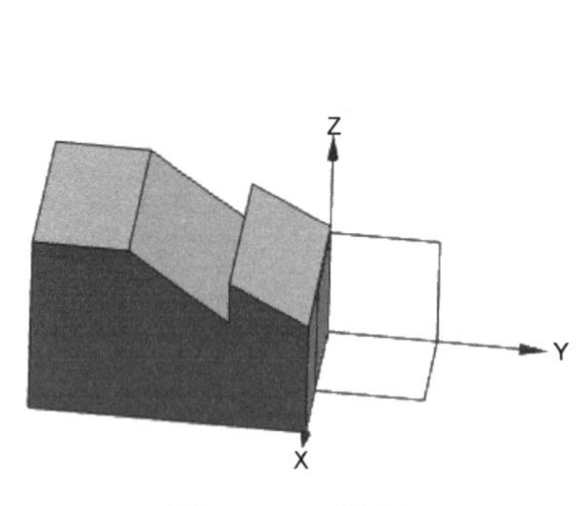

图 2-1-13　模型 3

图 2-1-14　【镜像特征】对话框

2）选择绘图窗口中的模型为镜像对象。在【镜像平面】选项组的下拉列表中选择【现有平面】选项，再单击【选择平面】按钮，在绘图窗口选择 XC-ZC 平面为镜像平面，如图 2-1-15 所示。

3）单击【确定】按钮，镜像特征结果如图 2-1-16 所示。

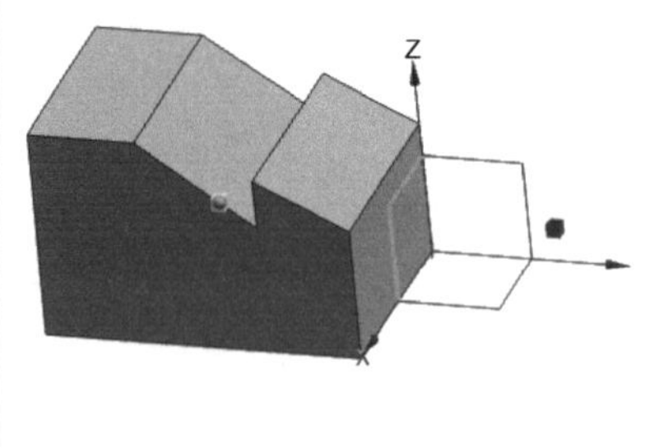

图 2-1-15　选择特征及平面

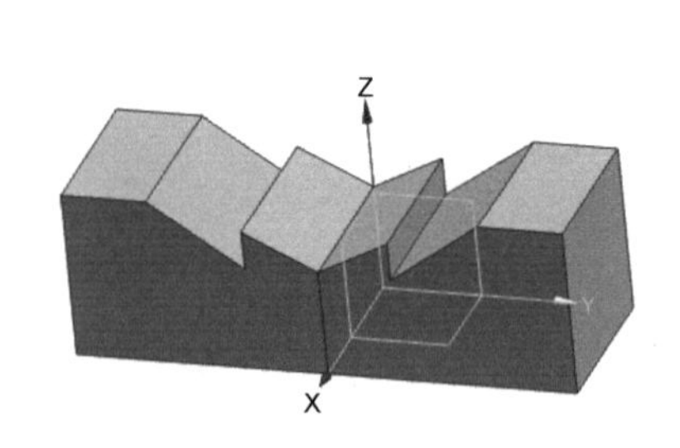

图 2-1-16　镜像特征结果

三、镜像面和镜像几何体

镜像面即复制一组面并跨平面进行镜像，其命令按钮位于【菜单】栏中【插入】→【关联复制】→【镜像特征】命令，启动后对话框如图 2-1-17 所示。

镜像几何体与镜像特征类似，区别在于镜像对象不同，单击【菜单】栏中的【插入】→【关联复制】→【镜像几何体】命令，弹出的对话框如图 2-1-18 所示。

由于这两个命令的操作过程与【镜像特征】类似，不再进行实例演示。

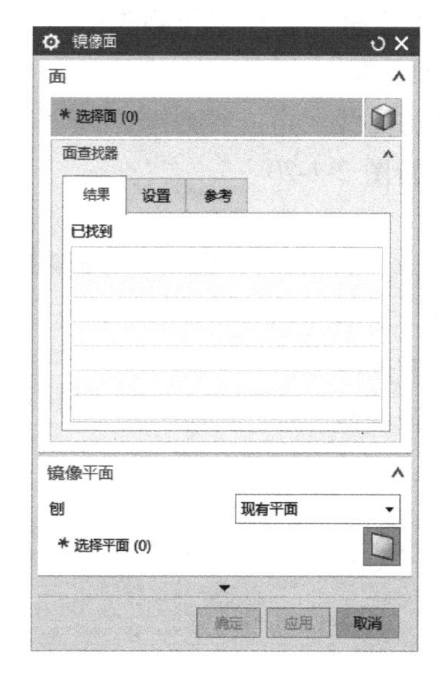

图 2-1-17 【镜像面】对话框

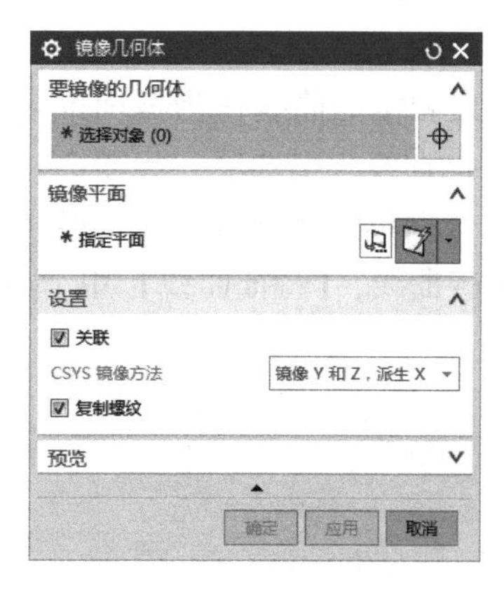

图 2-1-18 【镜像几何体】对话框

四、扫掠

【扫掠】命令可以通过沿着一个或多个引导线扫掠创建的截面来创建特征。单击【菜单】栏中的【扫掠】按钮，弹出【扫掠】对话框，如图 2-1-19 所示。

图 2-1-19 【扫掠】对话框

首先，选择曲线定义扫掠截面，并指定引导线，设置截面选项。根据设计要求可以选择合适的曲线定义脊线。在【截面选项】选项组的【截面位置】下拉列表中可以选择【沿引导线任何位置】或【引导线末端】选项来定义截面位置。

如果在选择曲线过程中，选择了不满足要求的曲线，可以在对话框中展开的相应列表中单击☒图标，如图 2-1-20 所示。

在选择多段相接的曲线作为截面或者引导线时，需要使用【选择条】的曲线规则选项，如图 2-1-21 所示。其中【单条曲线】用于选中单条曲线段，【相连曲线】用于选中与其相连的所有有效曲线，【特征曲线】用于只选中特征曲线。

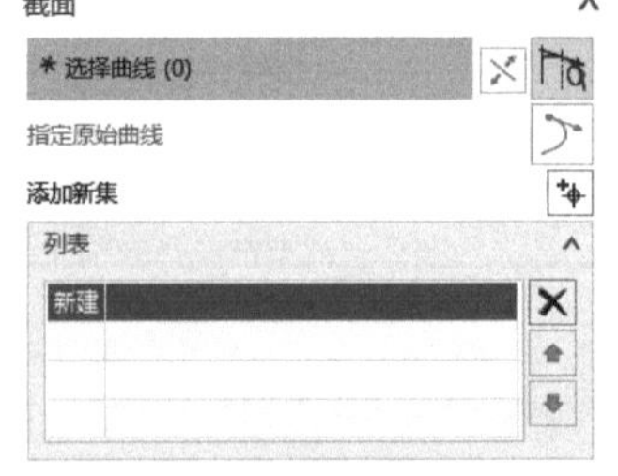

图 2-1-20　曲线集

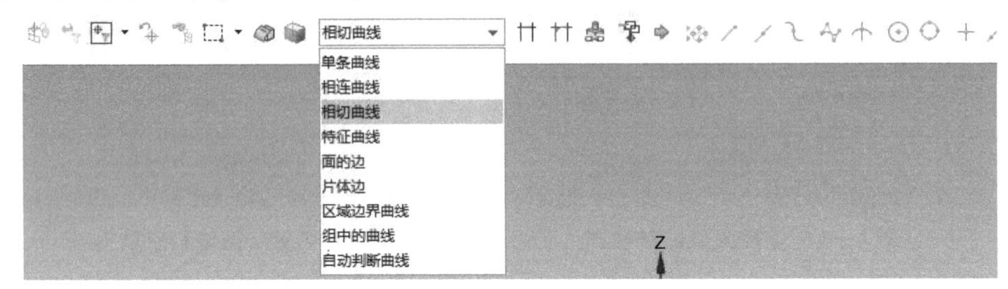

图 2-1-21　【选择条】曲线规则选项

例：创建扫掠特征。

1）新建模型 4，如图 2-1-22 所示，以图中的正五边形作为扫掠截面，XC-YC 平面上的曲线作为引导线。

2）选择【扫掠】命令，在【选择条】中选择【相连曲线】曲线规则，再选择正五边形作为扫掠截面，然后单击【引导线】选项组中的【选择曲线】按钮，选择引导线，曲线规则选为【相连曲线】，如图 2-1-23 所示。

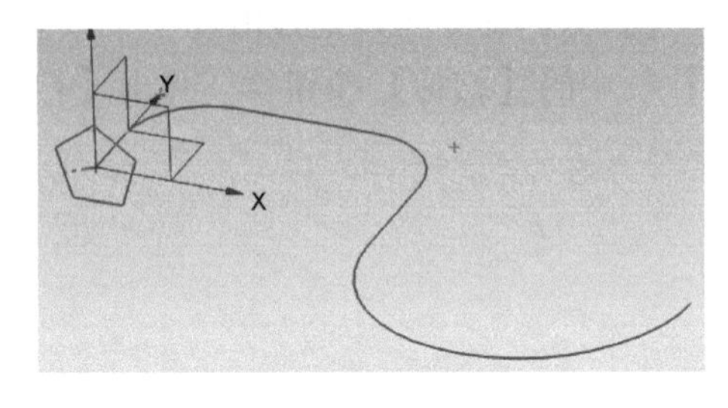

图 2-1-22　模型 4

3）单击【确定】按钮，扫掠效果如图 2-1-24 所示。

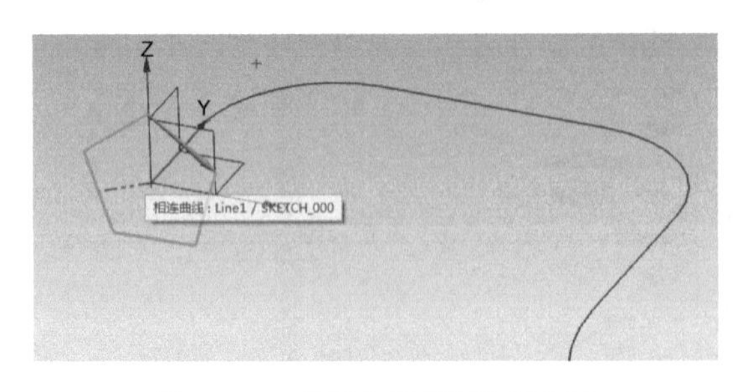

图 2-1-23　选择扫掠截面和引导线

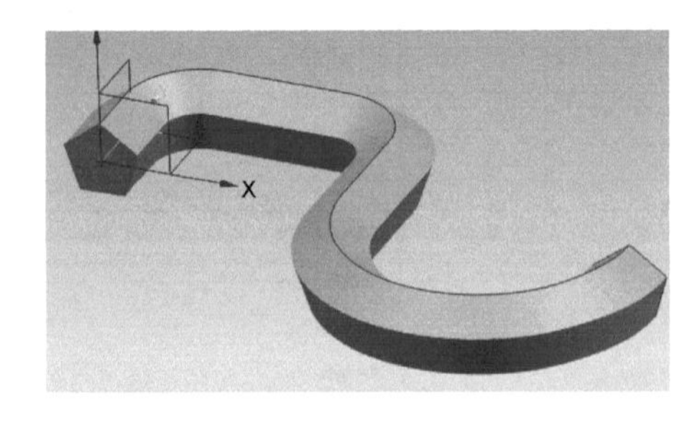

图 2-1-24　扫掠效果

五、特征编辑

特征编辑是对当前面通过实体造型特征进行各种操作。编辑特征的命令在【编辑特征】

工具栏中，主要包括编辑位置、移动、替换、由表达式抑制、实体密度、回放等。另外，在选择某些特征后右键单击，在弹出的快捷菜单中可以方便地编辑所选择的特征。

1. 编辑特征参数

编辑特征参数是指通过重新定义创建特征的参数来编辑特征，生成修改后的新特征。通过编辑特征参数可以随时对实体特征进行更新，而不用重新创建实体，可以大大提高工作效率和建模准确性。该命令的功能是编辑创建特征的基本参数，如坐标系、长度、角度等。用户可以编辑几乎所有参数的特征。

单击【菜单】→【编辑】→【特征】→【编辑参数】命令，弹出【编辑参数】对话框。新建模型 5，启动【编辑参数】命令，弹出对话框，如图 2-1-25 所示。然后选择模型的圆角特征，并单击【确定】按钮，如图 2-1-26 所示。接着弹出【边倒圆】对话框，如图 2-1-27 所示，在此对话框中可以对特征参数进行编辑。

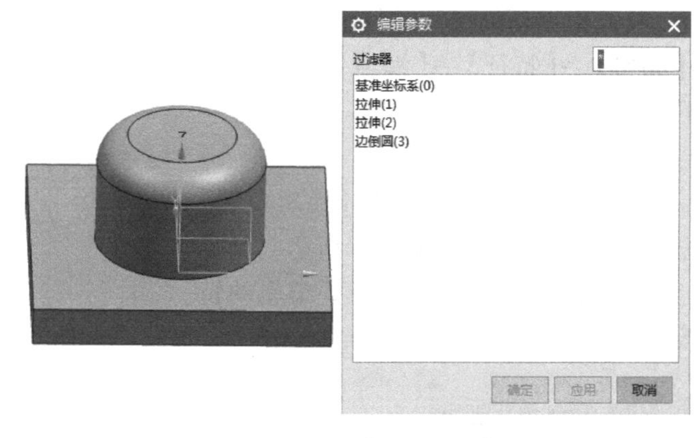

图 2-1-25　模型 5 及【编辑参数】对话框

图 2-1-26　选择圆角特征

图 2-1-27　【边倒圆】对话框

2. 编辑特征尺寸

单击【菜单】→【编辑】→【特征】→【编辑特征尺寸】命令，可以编辑选定的特征尺寸。下面通过实例演示此命令的应用。

例：编辑特征尺寸。

1）新建模型 6，如图 2-1-28 所示。启动【编辑特征尺寸】命令，弹出【特征尺寸】对话框，选择要编辑的对象，如图 2-1-29 所示。

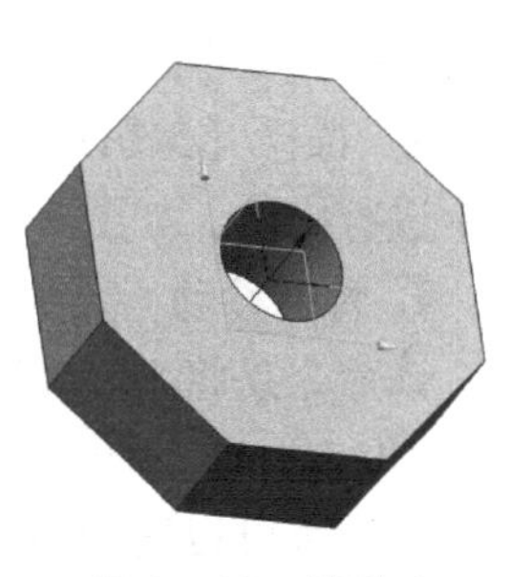

图 2-1-28　模型 6

2）在【特征】选项组的【相关特征】列表框中列出了模型包含的全部特征，单击每个特征，在【尺寸】选项组列表中显示特征尺寸。这里选择【简单孔（2)】选项，在显示的尺寸中 P56 为孔的直径，如图 2-1-30 所示。将 P56 文本框中的数值改为“100”。

3）单击【确定】按钮，尺寸修改结果如图 2-1-31 所示。

3. 编辑位置

编辑位置是指通过改变定位尺寸来生成新的模型，达到移动特征的目的，也可以重新创建未添加定位尺寸的定位尺寸，此外，还可以删除定位尺寸。该命令用于对特征的定位位置进行编辑，特征根据新的尺寸进行定位。

单击【菜单】→【编辑】→【特征】→【编辑位置】命令，启动此命令，下面是其应用实例。

例：编辑特征尺寸。

1）新建模型 7，如图 2-1-32 所示。启动【编辑位置】命令，弹出【编辑位置】对话框，如图 2-1-33 所示，其中列出了文件中具有定位性质的全部特征，选择要编辑的特征后单击【确定】按钮。

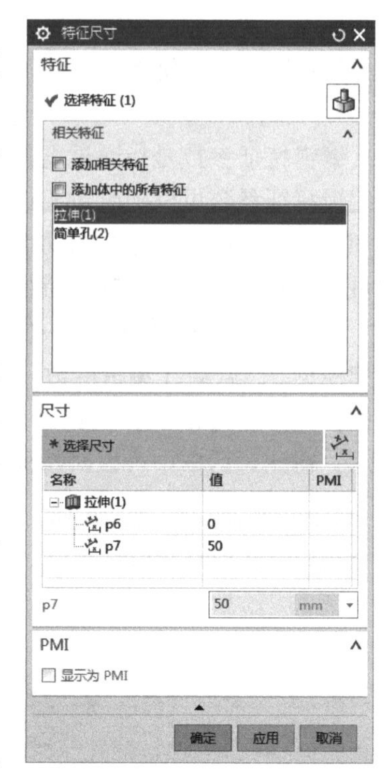

图 2-1-29 【特征尺寸】对话框

图 2-1-30 尺寸修改

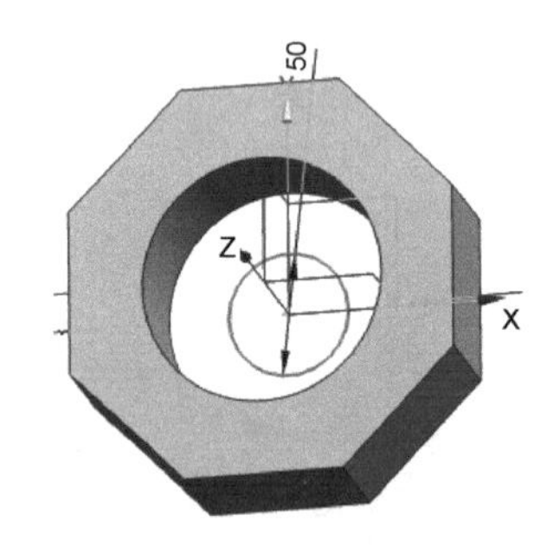

图 2-1-31 尺寸修改结果

2）此时弹出图 2-1-34 所示的【编辑位置】对话框，其中有 3 个选项可供选择，包括【添加尺寸】、【编辑尺寸值】、【删除尺寸】选项，用户可以根据需要选择相应的操作。

3）选择【编辑尺寸值】后，将显示其定位尺寸。选择需要编辑的尺寸值，在编辑表达式中进行修改，如图 2-1-35 所示，修改后的定位尺寸为 15mm。

4. 特征移动

该命令是将主要关联特征移动到指定的位置。移动的特征可以是一个，也可以是多个。因为 UG NX 是一个全参数化软件，很多部件之间有相互依存的关系，因此在移动之前需要先考虑是否可以进行移动，即移动后依附于它的其他特征是否有无法定位或基准失去参考等错误发生。

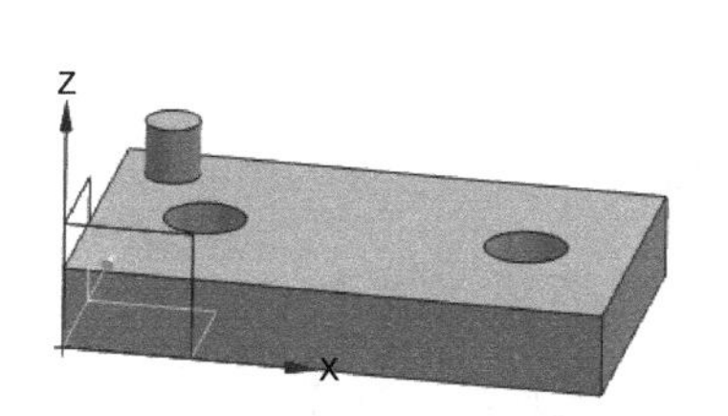

图 2-1-32　模型 7

图 2-1-33　【编辑位置】对话框

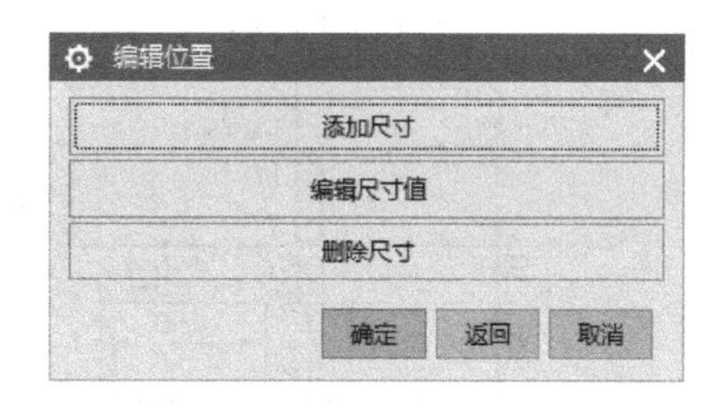

图 2-1-34　【编辑位置】对话框

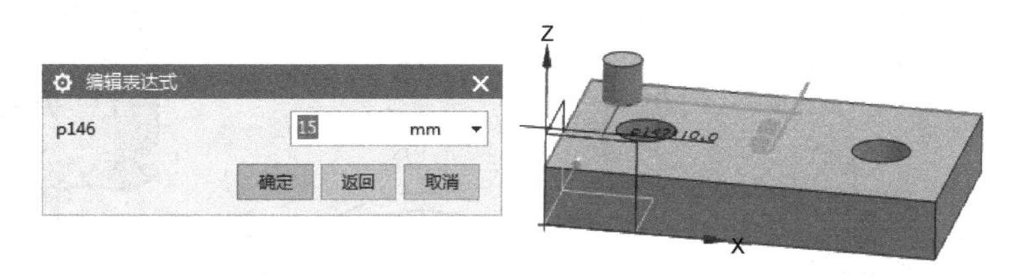

图 2-1-35　修改定位尺寸

具体操作步骤如下：

在模型中选择要移动的特征后，单击【菜单】→【编辑】→【特征】→【移动】命令，弹出图 2-1-36 所示的【移动特征】对话框；选择要移动的特征为【基准坐标系（0）】并单击【确定】按钮，在弹出的图 2-1-37 所示的【移动特征】对话框中选择输入尺寸增量或其他的移动方式，然后单击【确定】按钮，程序将自动根据修改的参数更新模型。

图 2-1-36　【移动特征】对话框

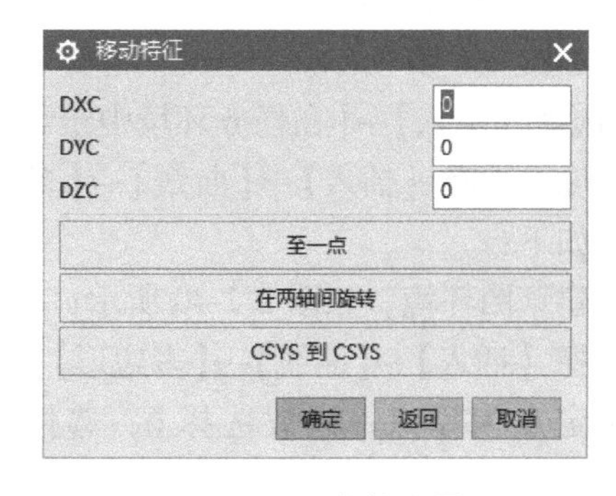

图 2-1-37　参数设置

【自学自测】

完成图 2-1-38 所示零件的三维造型设计。

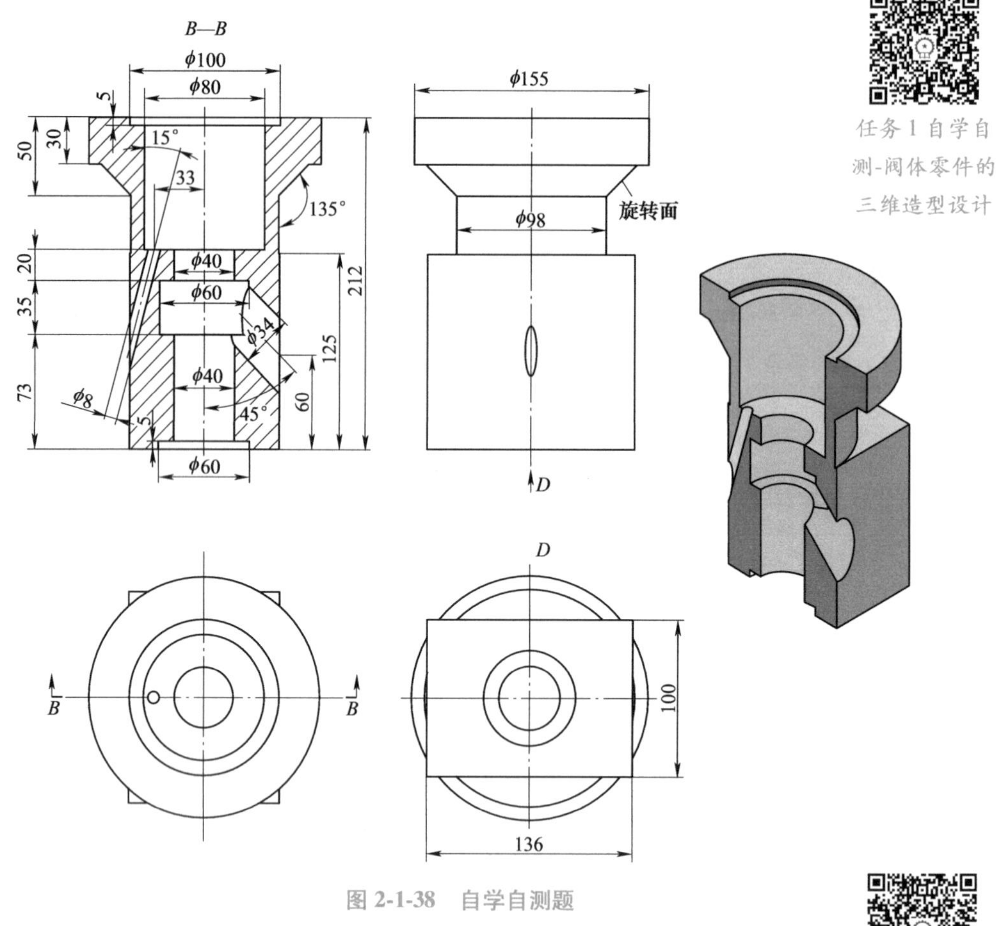

图 2-1-38　自学自测题

【任务实施】

1）首先，打开 UG NX 10.0 软件，在建模界面，选择新建模型，建立新文件名，如图 2-1-39 所示。

2）选择【插入】→【在任务环境中绘制草图】，在 XOY 平面创建草图。绘制六边形时，在草图环境中选择【插入】→【曲线】→【多边形】，绘制的草图要保证草图完全约束。草图绘制步骤如下：

①创建草图环境，如图 2-1-40 所示；

②选择【插入】→【曲线】→【多边形】；

③指定点为原点、边数选择 6，选择内切圆半径，半径设置为 8.5mm，如图 2-1-41 所示；

④绘制好的草图曲线如图 2-1-42 所示。

3）单击【菜单】栏中的【插入】→【设计特征】→【拉伸】命令，或在【特征】工具栏中单击【拉伸】按钮，将弹出图 2-1-43 所示的【拉伸】对话框。沿 Z 轴正方向拉伸图 2-1-42所示草图轮廓，拉伸距离为 10mm，拉伸效果如图 2-1-44 所示。

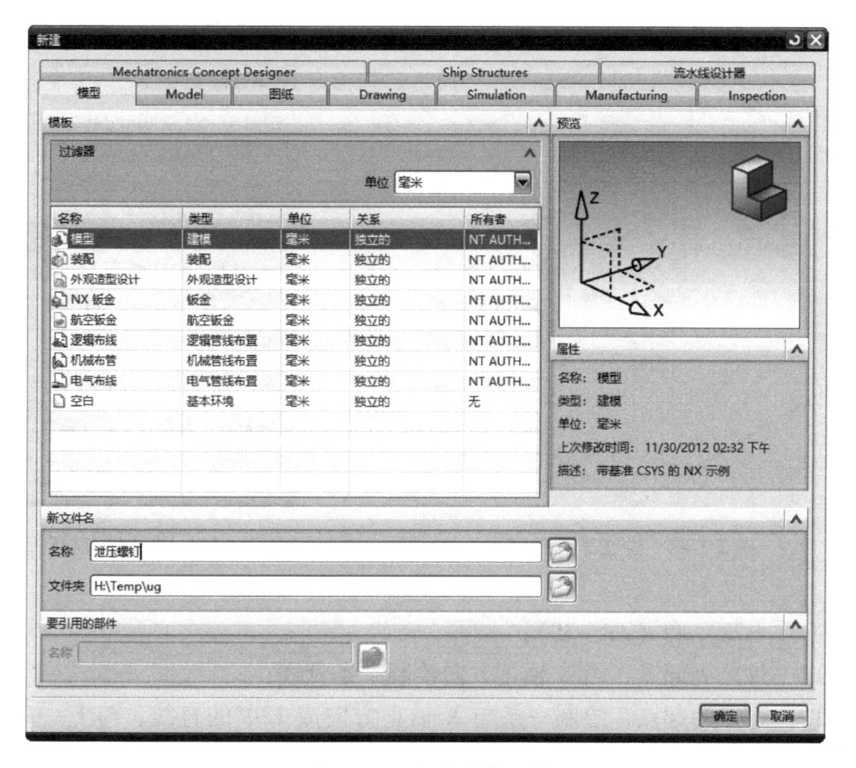

图 2-1-39　新建建模环境

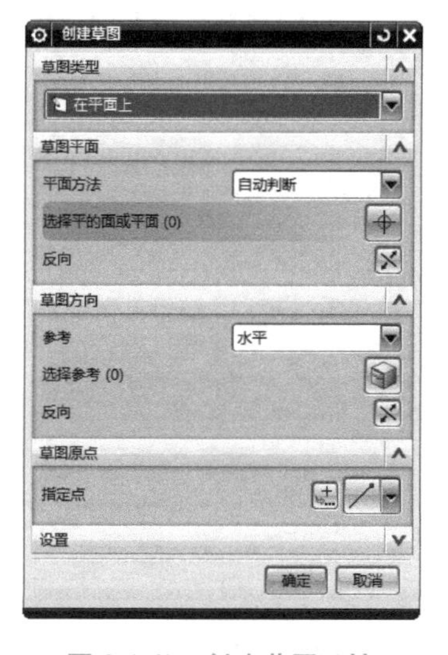

图 2-1-40　创建草图环境

图 2-1-41　绘制多边形

4）选择【插入】→【在任务环境中绘制草图】，如图 2-1-45 所示，在 XOZ 平面创建如图 2-1-46 所示的草图轮廓，要保证草图完全约束。草图绘制步骤如下：

①以原点为起点，沿 X 轴正方向绘制一条 7mm 的直线；

②以上条直线终点作为起点，与草图 Y 轴成 45°处负方向绘制一条 19mm 的直线；

③以（0，−22）为起点，沿 Y 轴负方向绘制一条 5mm 的直线；

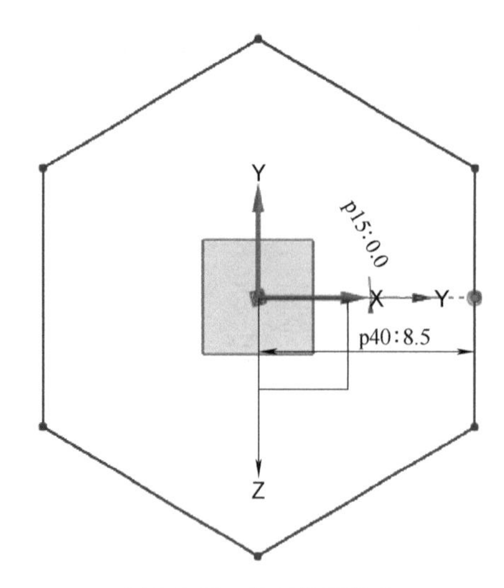

图 2-1-42　绘制草图轮廓

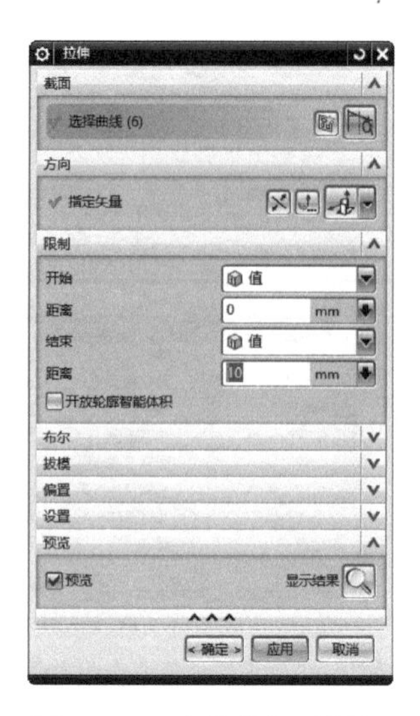

图 2-1-43　【拉伸】对话框

④连接（0，-22）和（7，-19）；

⑤以（0，-32）为起点，沿 X 轴正方向绘制一条直线；

⑥以（0，-27）为起点，绘制一条与 X 轴正方向成 120°的直线，与上一条直线相交，修剪多余部分；

⑦绘制好的草图如图 2-1-46 所示。

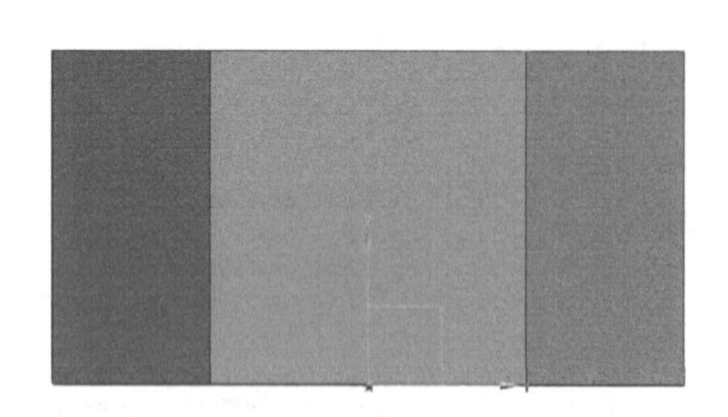
图 2-1-44　拉伸效果图

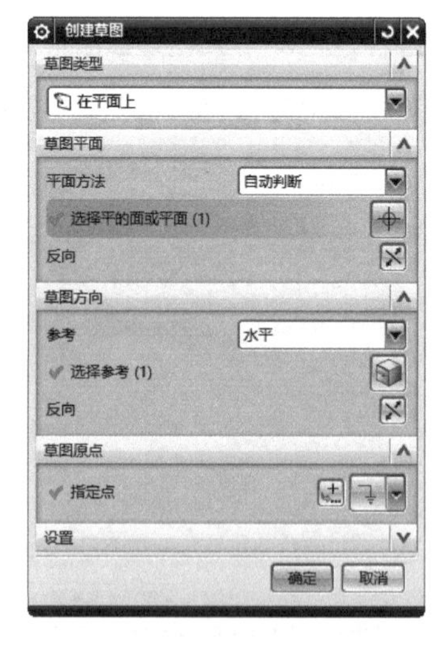

图 2-1-45　创建草图环境

5）选择【插入】→【设置特征】→【旋转】命令，在任务环境中绘制草图。选择【菜单】→【插入】→【设计特征】→【旋转】命令，或单击【特征】工具栏中的【旋转】按钮，将弹出图 2-1-47 所示的【旋转】对话框。旋转图 2-1-46 所示草图曲线，选择 X 轴作为指定矢量，坐标原点作为指定点，旋转 360°，布尔运算为与上一步完成实体求和，旋转效果如图2-1-48 所示。

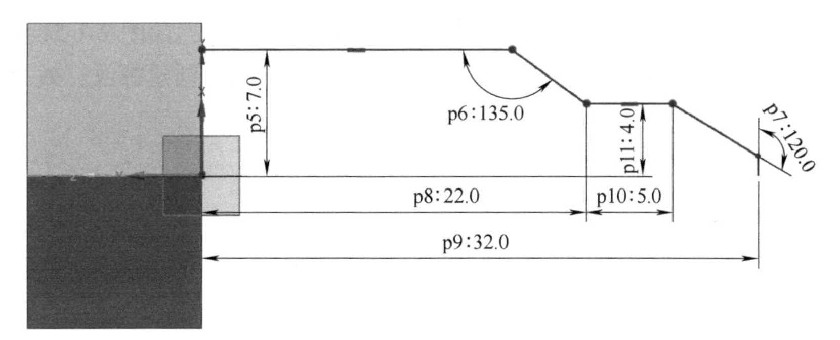

图 2-1-46　绘制草图轮廓

图 2-1-47 【旋转】对话框

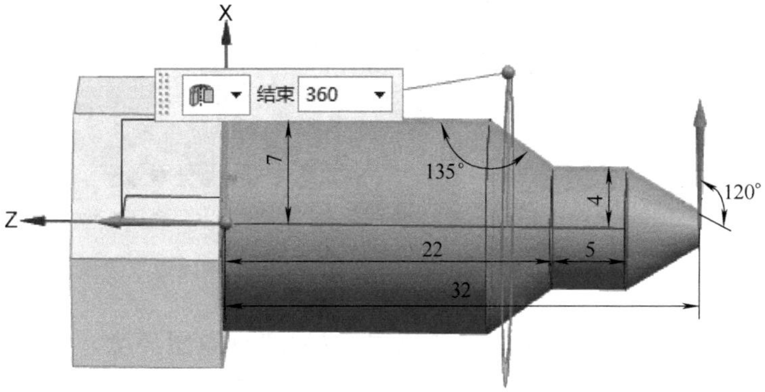

图 2-1-48　旋转效果

6）根据任务要求，创建基准平面，便于后续螺纹的创建。选择【插入】→【基准/点】→【基准平面】，选择平面对象为指引线指向的平面，偏置距离选择 Z 轴负方向 4mm，如图 2-1-49 所示。绘制基准平面效果如图 2-1-50 所示。

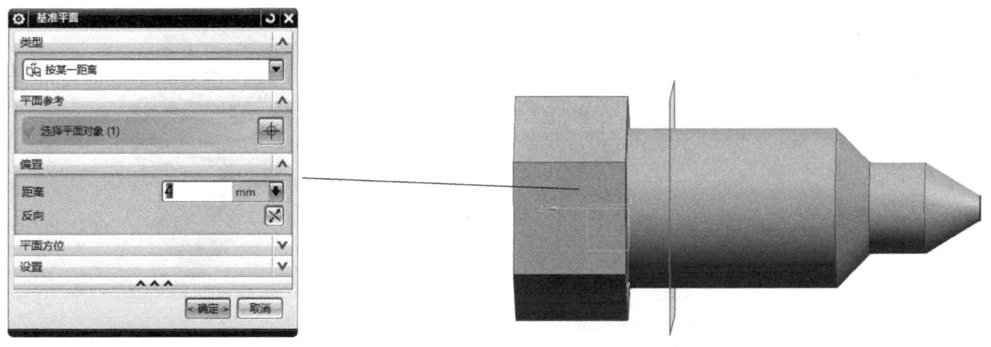

图 2-1-49　创建基准平面

图 2-1-50　绘制基准平面效果

7）建立基准平面后，选择【插入】→【设计特征】→【螺纹】，如图 2-1-51 所示，【选择起始】为基准平面，并选择【螺纹轴反向】，如图 2-1-52 所示，创建螺纹，效果如图 2-1-53 所示。

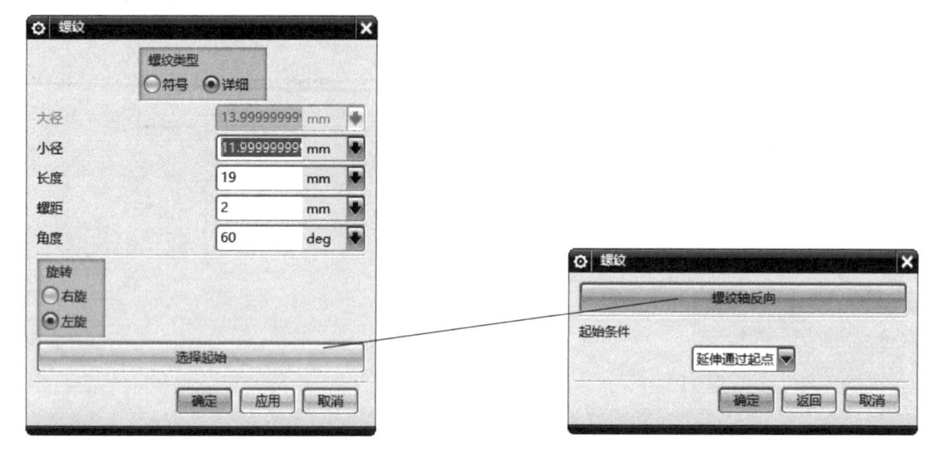

图 2-1-51 建立螺纹　　图 2-1-52 选择起始

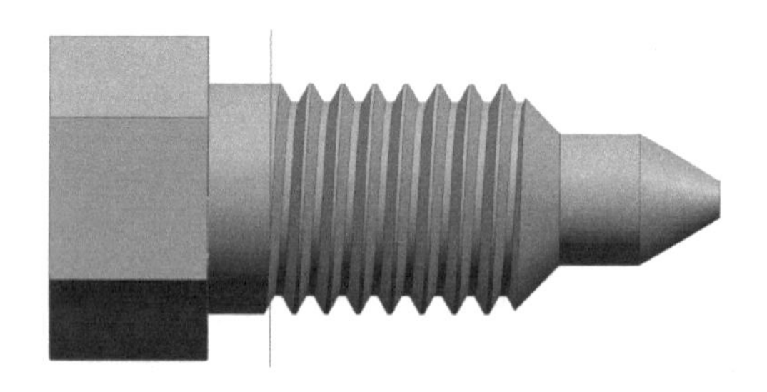

图 2-1-53 创建螺纹效果

8）根据任务要求，绘制螺纹，为此新建草图环境，如图 2-1-54 所示，选择指引线指向的平面，如图 2-1-55 所示，绘制草图，如图 2-1-56 所示，然后关闭草图环境。

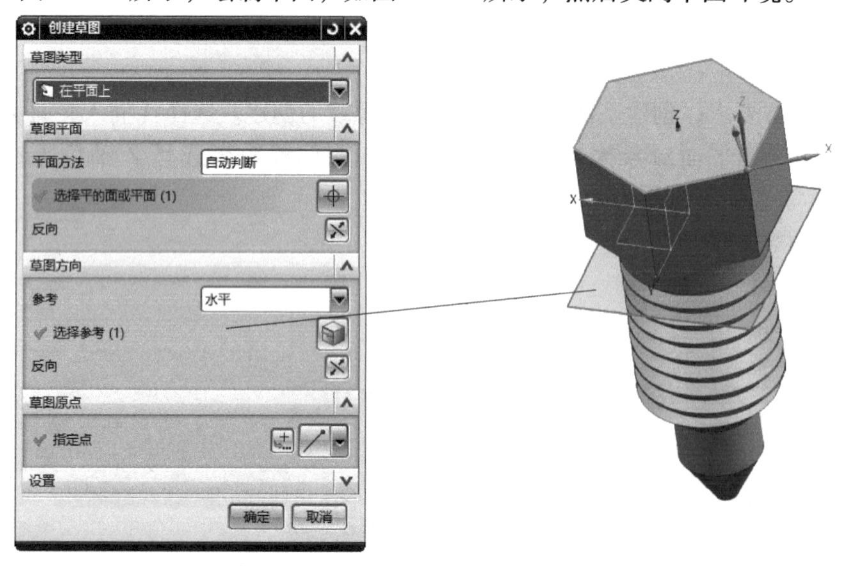

图 2-1-54 新建草图环境　　图 2-1-55 选择草图平面

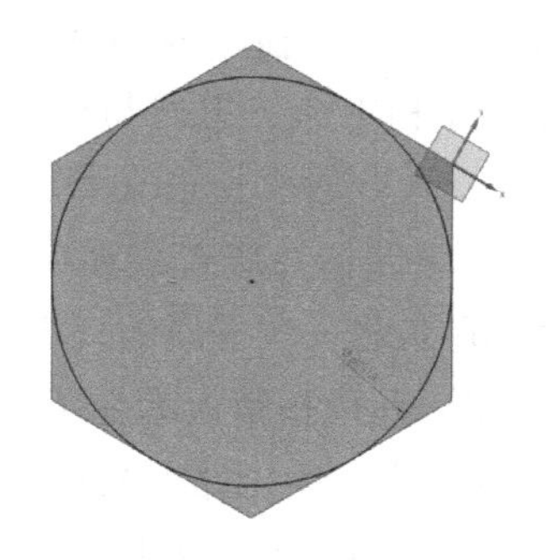

图 2-1-56　绘制草图

9）选择【插入】→【细节特征】→【拉伸】命令，或单击【菜单】栏中的【插入】→【设计特征】→【拉伸】命令，或在【特征】工具栏中单击【拉伸】按钮，将弹出图 2-1-57 所示的【拉伸】对话框。曲线选择图 2-1-56 所示草图轮廓，指定矢量为 Z 轴负方向，具体设置如图 2-1-57 所示，布尔运算选择与上一步骤实体求交，拉伸效果如图 2-1-58 所示。

10）泄压螺钉最终效果图如图 2-1-59 所示。

图 2-1-57　【拉伸】对话框

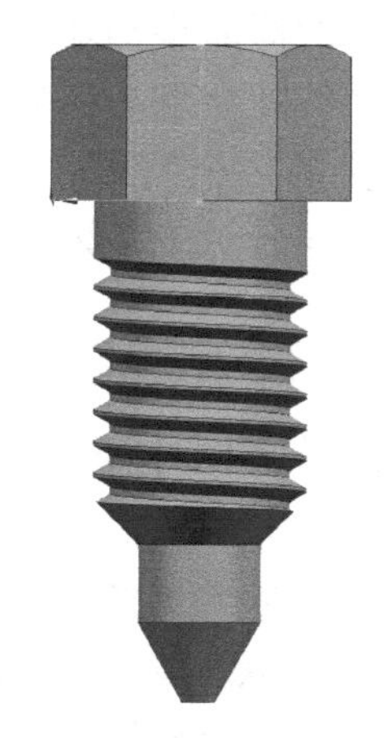

图 2-1-58　拉伸效果图

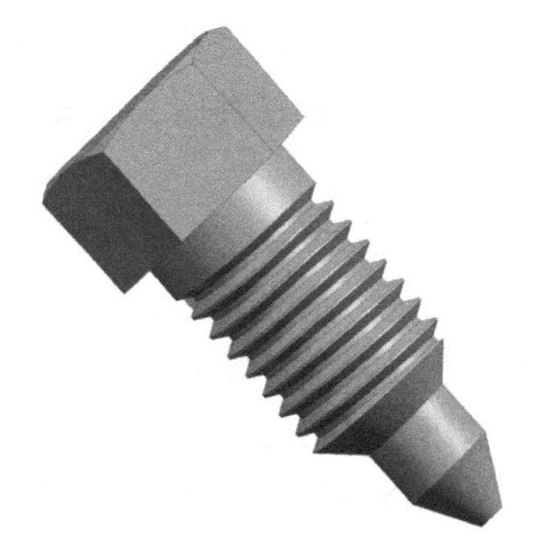

图 2-1-59　泄压螺钉最终效果图

【北大荒精神】

北大荒精神

不畏艰险、顽强拼搏的艰苦奋斗精神；
解放思想、敢闯新路的勇于开拓精神；
胸怀全局、富国强民的顾全大局精神；
不计得失、勇于牺牲的无私奉献精神。
什么是北大荒精神？这便是“艰苦奋斗、勇于开拓、顾全大局、无私奉献”这十六个字，字字铿锵有力，发人深思。北大荒人在创造丰硕的物质文明成果的同时，在把北大荒打造成北大仓的同时，更用他们的青春和生命、忠诚与坚韧为后人留下了名传千古的创业精髓。

人们赞美拓荒者，歌颂拓荒牛，更颂扬在艰苦跋涉中取得辉煌业绩的北大荒精神。20世纪50年代初，我国十万转业官兵在东北三江平原的亘古荒原上发起了“向地球开战，向荒原要粮”的伟大壮举。半个世纪来，几代拓荒人承受了难以想象的艰难困苦，战天斗地，百折不挠，用火热的激情、青春和汗水把人生道路上的句号划在了祖国边陲那曾经荒芜凄凉的土地上，他们以“艰苦奋斗、勇于开拓、顾全大局、无私奉献”为内容的北大荒精神，献了青春献终身，献了终身献子孙。垦荒英雄们跋山涉水、勇往直前，他们已把生命融入了这片荒原，用青春和智慧征服了这片桀骜不驯的黑土地，实现了从北大荒到北大仓的历史性巨变。

20世纪50年代中期，王震将军奉党中央、毛主席之命，先是率领铁道兵，后又指挥十万转业官兵挺进荒原，展开了大规模的开发建设，奠定了垦区的基础。半个多世纪以来，先后由14万转复官兵，5万大专院校毕业生，20万山东、四川等地的支边青年，54万城市知识青年和地方干部、农民组成的垦荒大军，继承发扬解放军的光荣传统和“南泥湾”精神，头顶蓝天、脚踏荒原，人拉肩扛，搭马架、睡地铺，战胜重重困难，在茫茫沼泽荒原上建起了一大批机械化国营农场群。老一代北大荒人数十年如一日，艰苦创业，自强不息，为垦区的开发建设“献了青春献终身，献了终身献子孙。”黑龙江垦区从无到有，不断发展壮大，成为国家重要的商品粮基地，成为工农商学兵结合、农林牧工副渔综合经营、两个文明建设协调发展的社会经济区域。垦区始终与共和国同呼吸共命运，垦区的开发建设史是共和国发展史的一个缩影。垦区人民在创造物质财富的同时，还创造了宝贵的精神财富，即“艰苦奋斗，勇于开拓，顾全大局，无私奉献”的北大荒精神。

北大荒的艰苦奋斗精神主要从以下三个方面来体现。

随着北大荒的历史变迁，北大荒精神在不同时期闪耀着不同的光芒，以艰苦奋斗、勇于开拓、无私奉献、顾全大局的精神激励着一代又一代的农垦人。多少年来，北大荒精神不仅激励着第二、第三代农垦人为之奋斗，也召唤着更多来自五湖四海的有志青年，更多的北大荒人为此奋斗拼搏，为建设祖国北大仓而贡献智慧和力量，将这里从人迹罕至的莽莽草原变成了稳固的中华大粮仓。北大荒精神既体现了民族精神，也体现了时代精神。新时代，我们应牢记垦荒人的奋斗史，用新思维、新理念给北大荒注入新的精神力量，让老一辈的垦荒精神在新一辈中薪火相传。

继承发扬北大荒精神，不管是在学习中、生活中、还是在工作中，都要保持无私奉献、自强不息的意志品质，开拓创新、攻坚克难的精神状态，乐观向上、积极进取的精神风貌，不断提升自己，为中华民族伟大复兴不懈奋斗。

任务1拓展训练-活塞连接环的三维造型设计

【拓展训练】

根据图2-1-60所示零件图，完成三维实体建模。

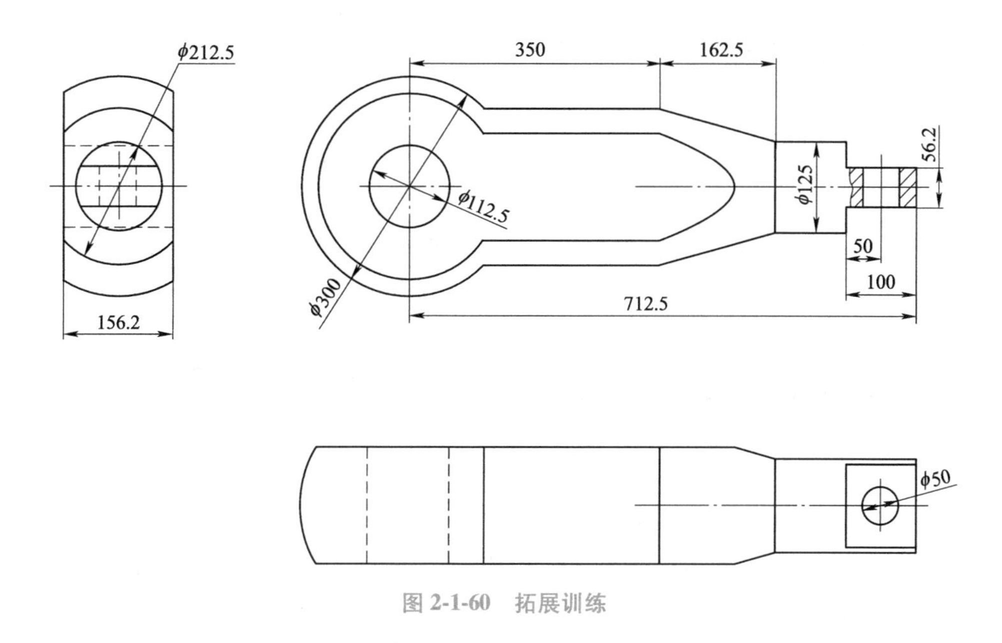

图 2-1-60 拓展训练

1）首先，打开 UG NX 10.0 软件，在建模界面选择新建模型，建立新文件名，如图 2-1-61 所示。

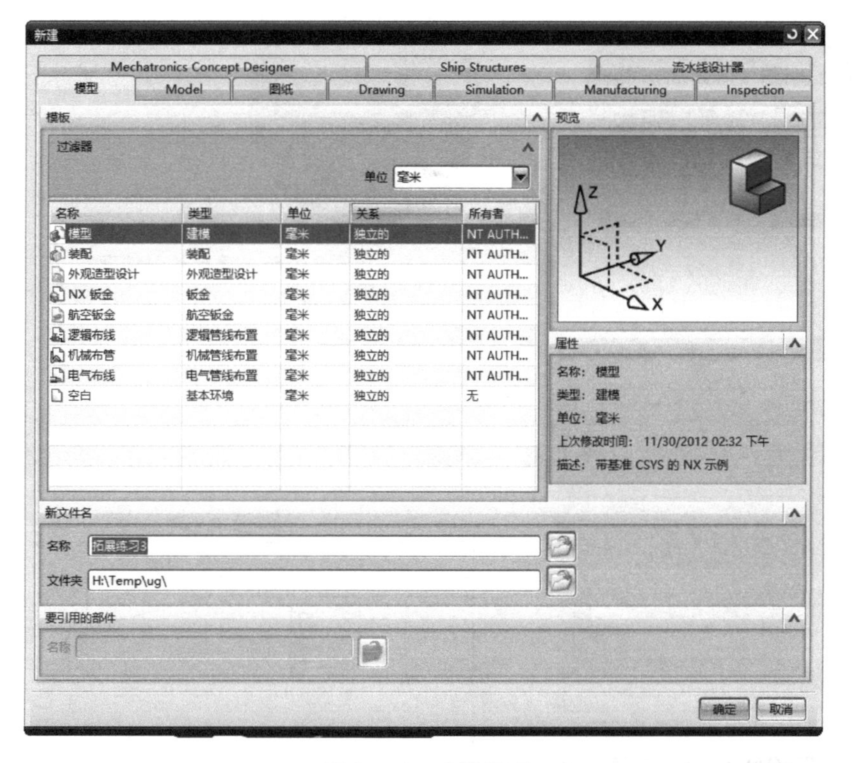

图 2-1-61 建模界面

2）选择【球】命令，如图 2-1-62 所示，以原点为中心点，绘制直径为 300mm 的球，如图 2-1-63 所示。

图 2-1-62 【球】命令

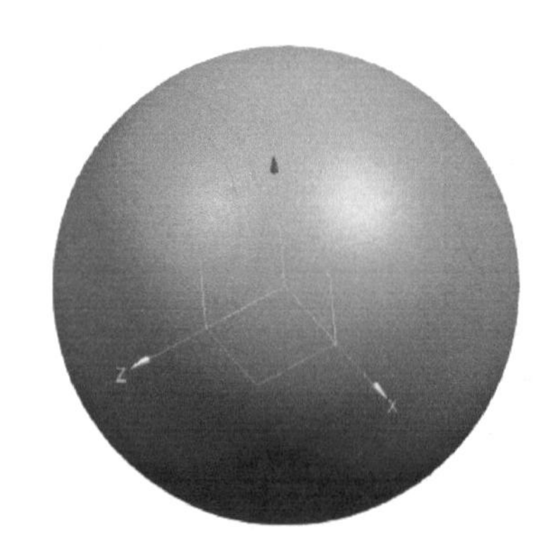

图 2-1-63 效果图

3）选择【插入】→【在任务环境中绘制草图】，在【草图平面】的【平面方法】下拉列表中选择【自动判断】选项，在 XOY 平面上创建草图轮廓，草图绘制步骤如下。

①利用【轮廓】中的直线命令，如图 2-1-64 所示。绘制如图 2-1-65 所示的图形。

②利用图 2-1-66 所示的【快速尺寸】和【位置约束】命令，对上述图形进行约束，如图 2-1-67 所示。

图 2-1-64 【轮廓】对话框

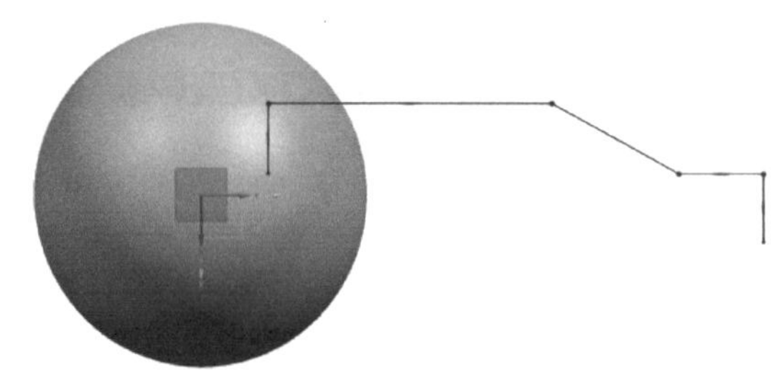

图 2-1-65 绘制草图轮廓

图 2-1-66 【快速尺寸】对话框

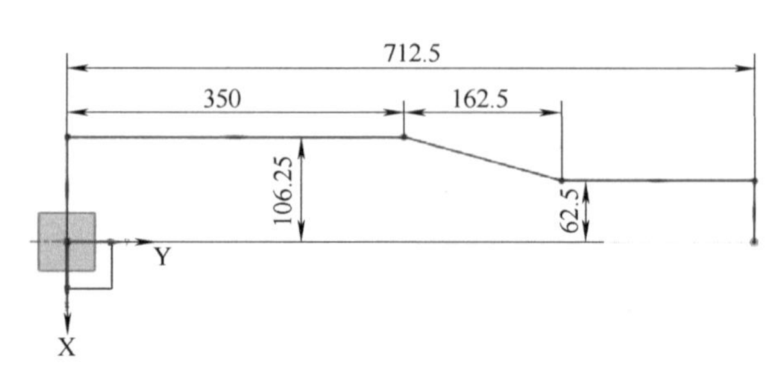

图 2-1-67 约束草图轮廓

4）选择【插入】→【设置特征】→【旋转】命令，在任务环境中绘制草图。选择【菜单】→【插入】→【设计特征】→【旋转】命令，或单击【特征】工具栏中的【旋转】按钮，将弹出图 2-1-68 所示的【旋转】对话框。旋转图 2-1-67 所示草图曲线，选择 X 轴作为指定矢量，坐标原点作为指定点，旋转 360°，旋转效果如图 2-1-69 所示。

图 2-1-68 【旋转】对话框

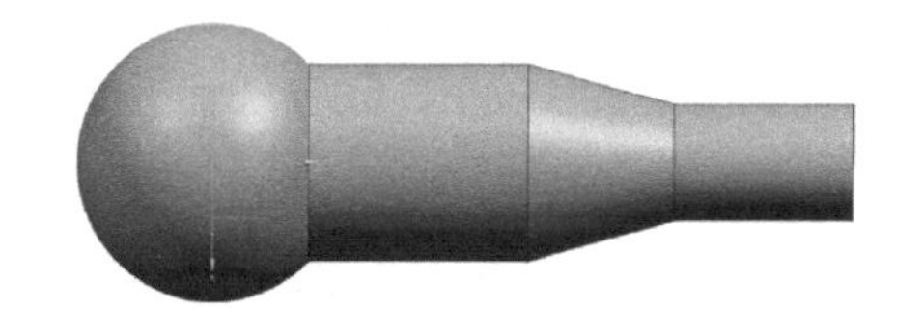

图 2-1-69 旋转效果图

5）选择【插入】→【在任务环境中绘制草图】，如图 3-1-70 所示。在 XOY 平面上创建如图 2-1-71 所示的草图轮廓，要保证草图完全约束。

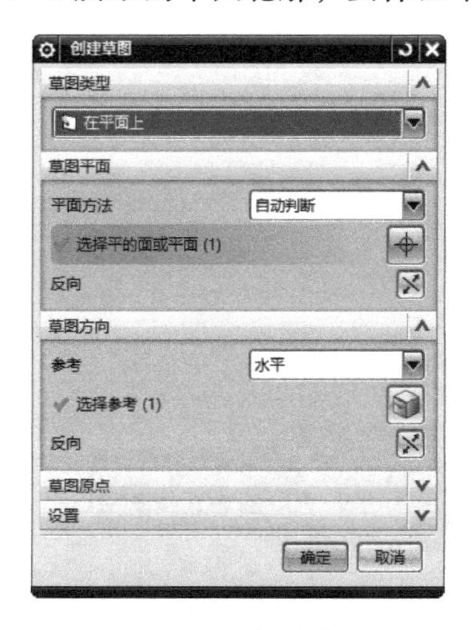

图 2-1-70 创建草图

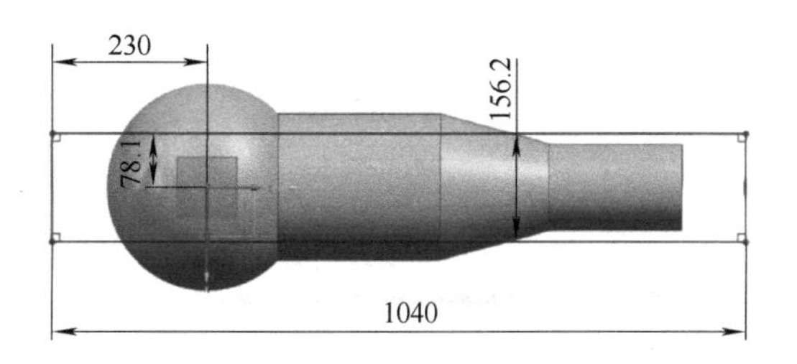

图 2-1-71 绘制草图轮廓

6）选择【菜单】栏中的【插入】→【设计特征】→【拉伸】命令，或在【特征】工具栏中单击【拉伸】按钮，将弹出图 2-1-72 所示的【拉伸】对话框。沿 Z 轴正方向拉伸

图 2-1-71 所示草图轮廓，拉伸距离为 250mm，选择与上一步骤实体求交。拉伸效果如图 2-1-73 所示。

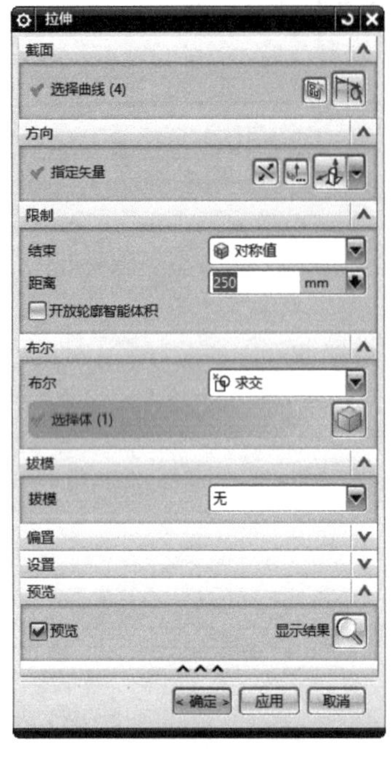

图 2-1-72 【拉伸】对话框

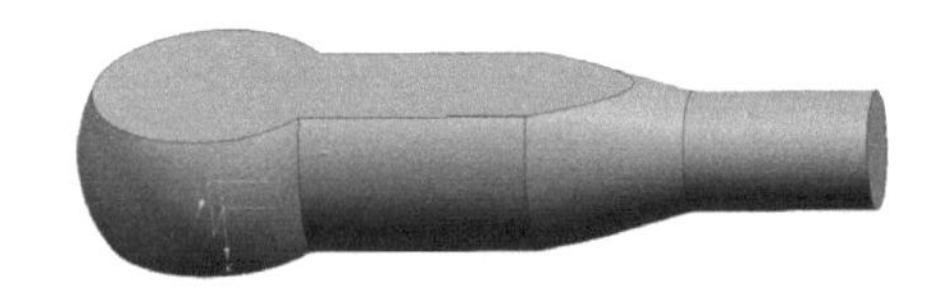

图 2-1-73 拉伸效果

7）选择【插入】→【在任务环境中绘制草图】，如图 2-1-74 所示。选择草图平面，如图 2-1-75 所示，要保证草图完全约束。

图 2-1-74 创建草图

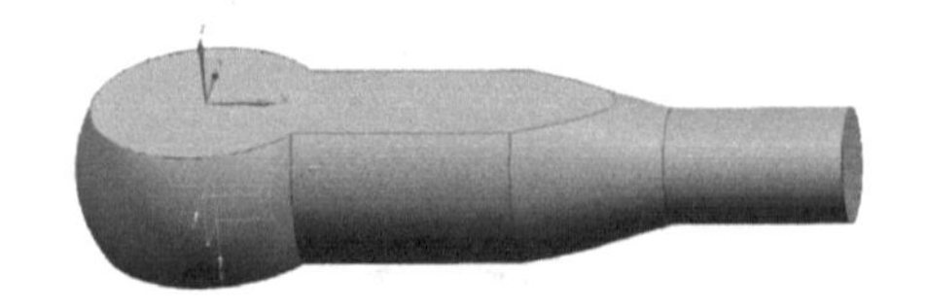

图 2-1-75 选择草图平面

8）选择【圆】命令，绘制一个圆，圆心为原点，通过图 2-1-76 所示【快速尺寸】命令对圆进行尺寸约束，如图 2-1-77 所示。

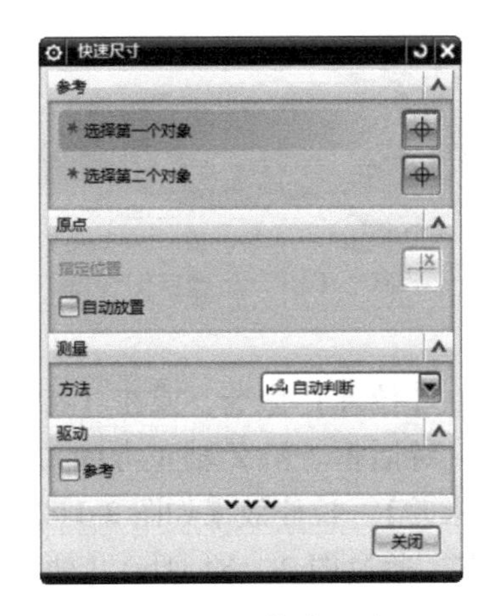

图 2-1-76　快速尺寸

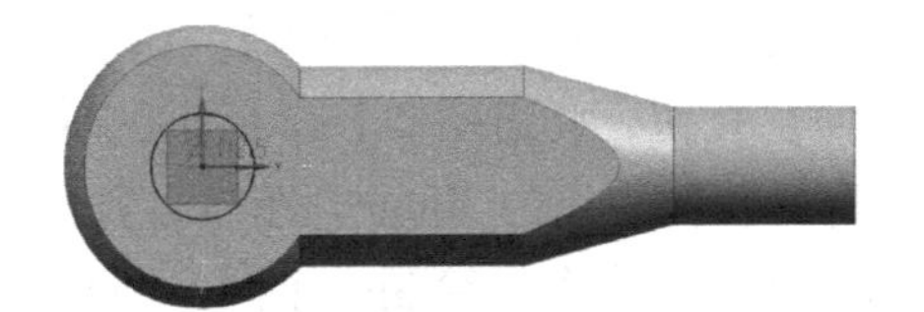
图 2-1-77　创建草图轮廓

9）选择【菜单】栏中的【插入】→【设计特征】→【拉伸】命令，或在【特征】工具栏中单击【拉伸】按钮，弹出图 2-1-78 所示的【拉伸】对话框。沿 Z 轴正方向拉伸图 2-1-77 所示草图轮廓，拉伸距离选择贯通，贯通面为实体底面，布尔运算选择求差。拉伸效果如图 2-1-79 所示。

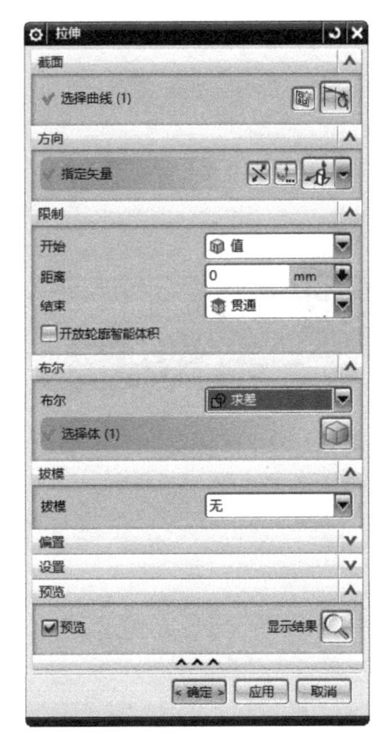

图 2-1-78　【拉伸】对话框

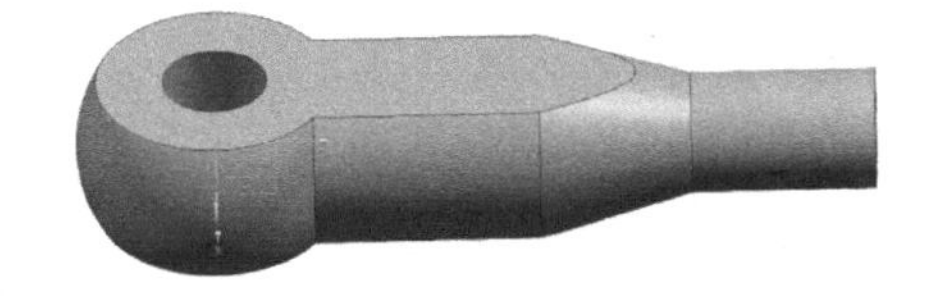
图 2-1-79　拉伸效果

①利用【轮廓】中的直线命令，绘制如图 2-1-81 所示的图形。

②利用【快速尺寸】和【位置约束】命令，对上述图形进行约束。

③镜像上一步骤所绘制直线，选择镜像轴为 Y 轴，原点为镜像点，如图 2-1-80 所示。镜像后的图形如图 2-1-81 所示。

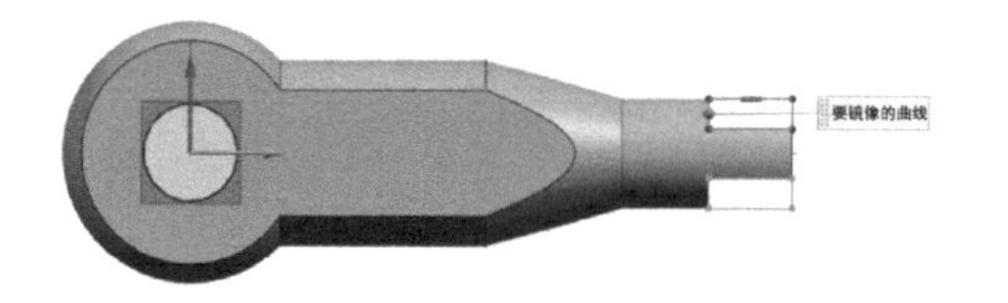

图 2-1-80　镜像前图形

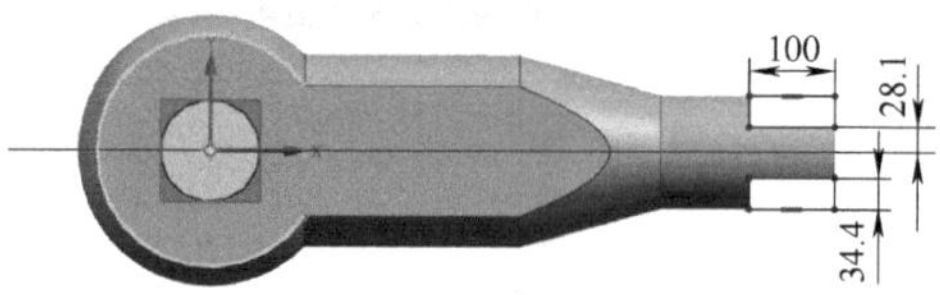

100
28.1
34.4

图 2-1-81　镜像草图轮廓

10）选择【菜单】栏中的【插入】→【设计特征】→【拉伸】命令，或在【特征】工具栏中单击【拉伸】按钮，弹出图 2-1-82 所示的【拉伸】对话框。沿 Z 轴正方向拉伸图 2-1-81 所示草图轮廓，拉伸距离为 30mm，布尔运算选择【求差】。拉伸效果如图 2-1-83 所示。

11）选择【圆】命令，绘制一个圆，圆心为原点，通过图 2-1-84 所示【快速尺寸】命令对圆进行尺寸约束，如图 2-1-85 所示。

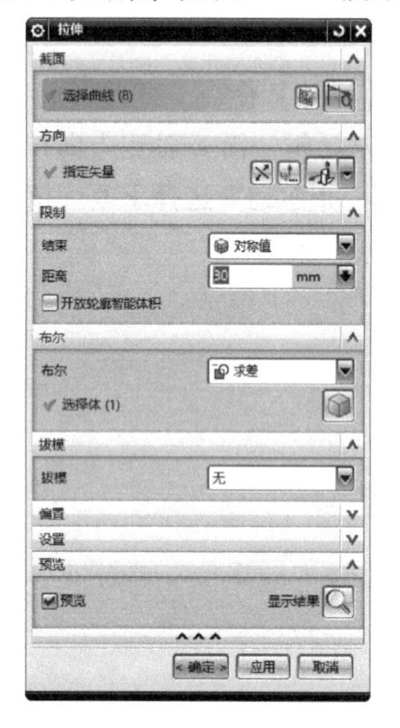

图 2-1-82　【拉伸】对话框

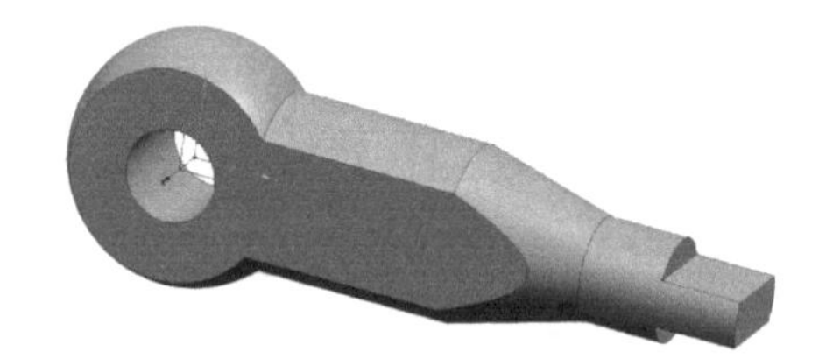

图 2-1-83　拉伸效果

图 2-1-84　【快速尺寸】对话框

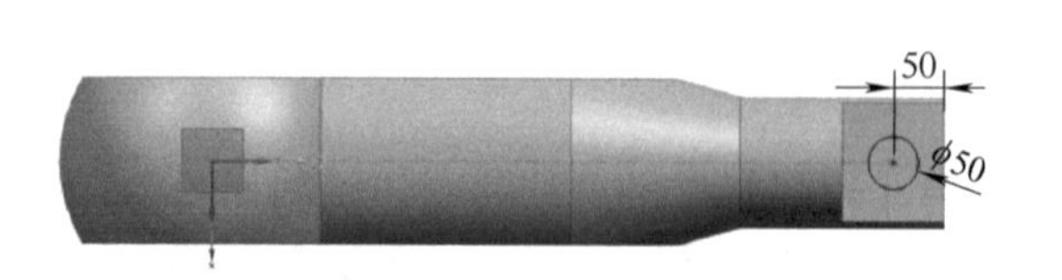

图 2-1-85　创建草图轮廓

12）选择【菜单】栏中的【插入】→【设计特征】→【拉伸】命令，或在【特征】工具栏中单击【拉伸】按钮，弹出图 2-1-86 所示的【拉伸】对话框。沿 Z 轴正方向拉伸图 2-1-85 所示草图轮廓，拉伸距离选择贯通，贯通面选择实体底面，布尔运算选择求差。拉伸效果如图 2-1-87 所示。

13）完成三维实体建模，如图 2-1-88 所示。

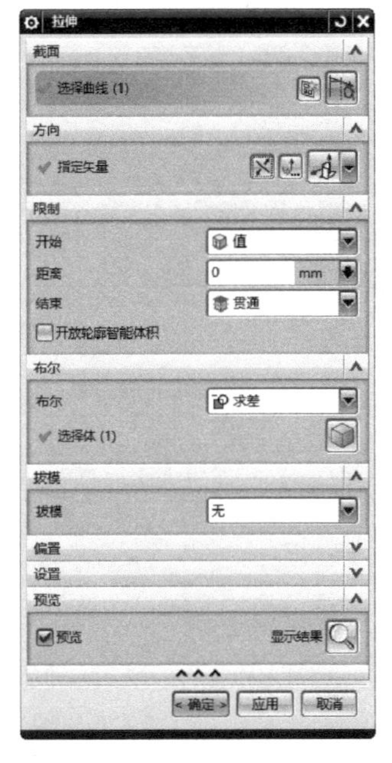

图 2-1-86 【拉伸】对话框

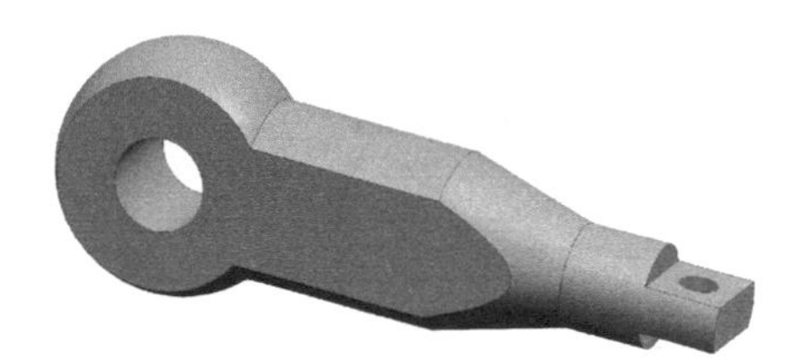

图 2-1-87 拉伸效果

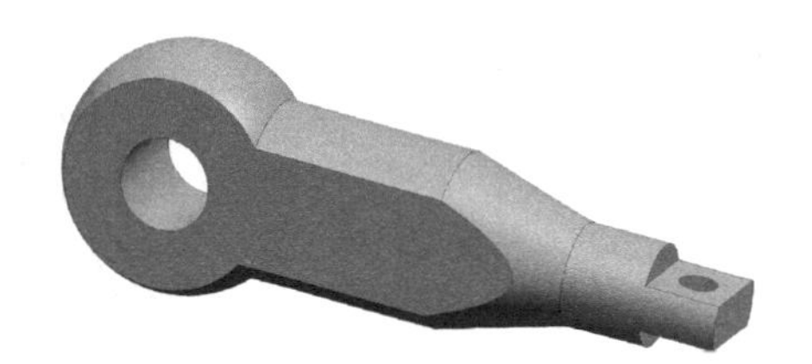

图 2-1-88 三维实体建模结果

【课后作业】

创建图 2-1-89、图 2-1-90、图 2-1-91 所示带轮、手柄、锥形瓶的三维实体模型。

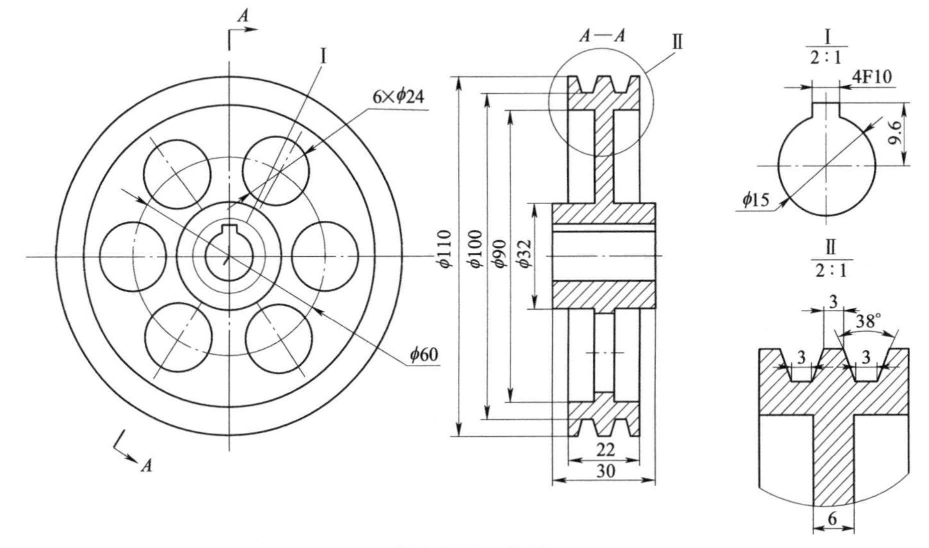

图 2-1-89 带轮

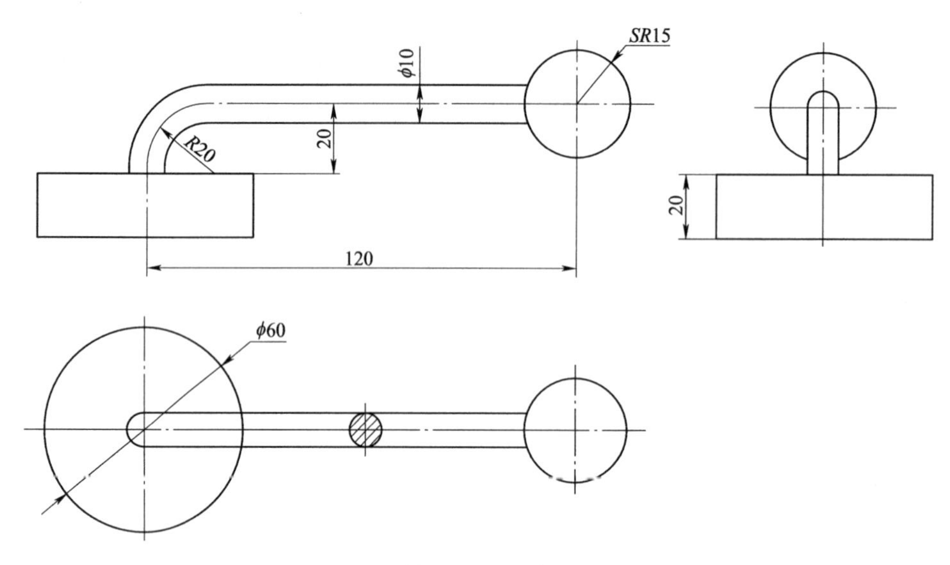

图 2-1-90　手柄

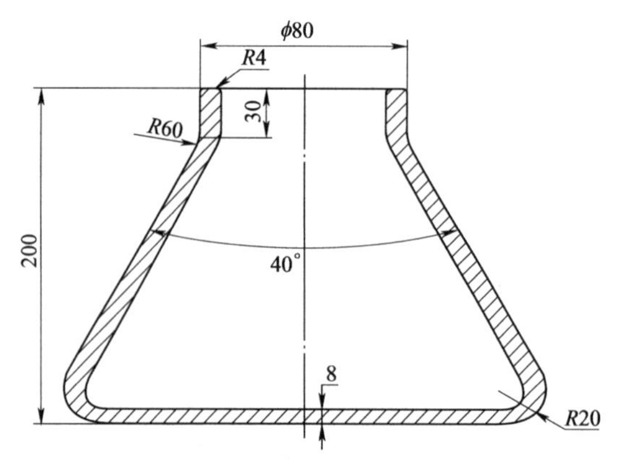

图 2-1-91　锥形瓶

任务 2　阀杆的三维造型设计

【任务工单】

学习情境 2	回转类零件造型设计	工作任务 2	阀杆的三维造型设计
任务学时		4 学时（课外 4 学时）	
布置任务			
工作目标	1）根据阀杆零件的结构特点，选择合理的软件命令进行三维造型设计。 2）根据阀杆零件的设计要求，拟定阀杆零件的设计过程。 3）使用 UG NX 软件，完成阀杆零件三维造型相关命令的使用。 4）使用 UG NX 软件，完成阀杆零件三维造型设计。		

（续）

<table>
<tr><td>学习情境 2</td><td colspan="2">回转类零件造型设计</td><td colspan="2">工作任务 2</td><td colspan="2">阀杆的三维造型设计</td></tr>
<tr><td>任务描述</td><td colspan="6">根据图 2-2-1 所示阀杆零件，完成三维实体造型设计。阀杆零件为典型的回转类零件，涉及的特征命令主要有草图的绘制、旋转、基准平面、螺纹等。
本任务首先绘制草图曲线，通过旋转命令创建阀杆的主要结构，然后建立基本平面，创建螺纹特征。 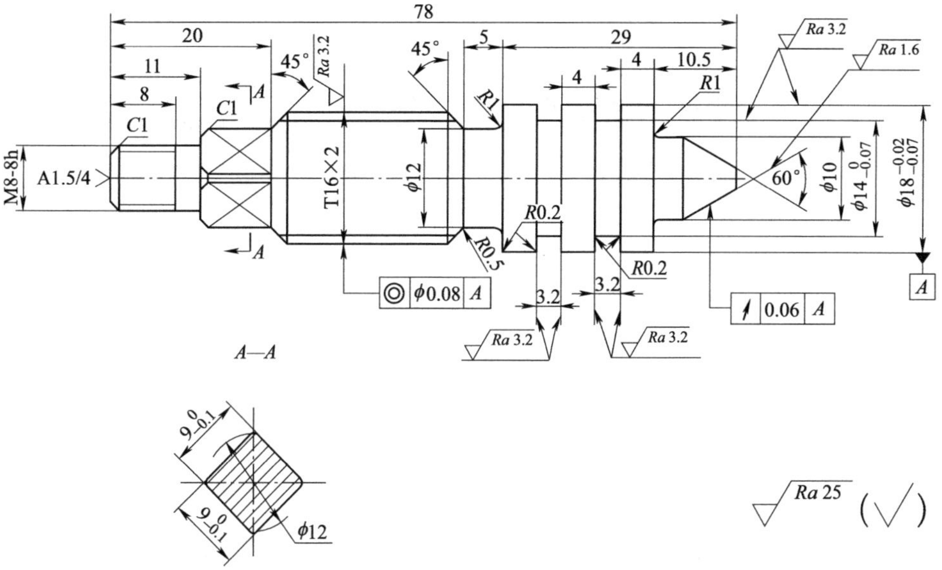
图 2-2-1　阀杆</td></tr>
<tr><td>学时安排</td><td>资讯
1 学时</td><td>计划
0.5 学时</td><td>决策
0.5 学时</td><td>实施
1 学时</td><td>检查
0.5 学时</td><td>评价
0.5 学时</td></tr>
<tr><td>提供资源</td><td colspan="6">1）阀杆零件图。
2）电子教案、课程标准、多媒体课件、教学演示视频及其他共享数字资源。
3）阀杆零件模型。
4）游标卡尺等量具。</td></tr>
<tr><td>对学生学习及成果的要求</td><td colspan="6">1）具备阀杆零件图的识读能力。
2）严格遵守实训基地各项规章制度。
3）对比阀杆零件的三维模型与零件图，分析结构是否正确，尺寸是否准确。
4）能按照学习导图自主学习，并完成自学自测。
5）严格遵守课堂纪律，学习态度认真、端正，能够正确评价自己和同学在本任务中的素质表现。
6）必须积极参与小组工作，承担零件设计、零件校验等工作，做到积极主动不推诿，能够与小组成员合作完成工作任务。
7）需独立或在小组同学的帮助下完成任务工单、加工工艺文件、阀杆零件图样、阀杆零件设计视频等，并提请检查、签认，对提出的建议或错误之处，务必及时修改。
8）每组必须完成任务工单，并提请教师进行小组评价，小组成员分享小组评价分数或等级。
9）完成任务反思，并以小组为单位提交。</td></tr>
</table>

【学习导图】

任务2的学习导图如图2-2-2所示。

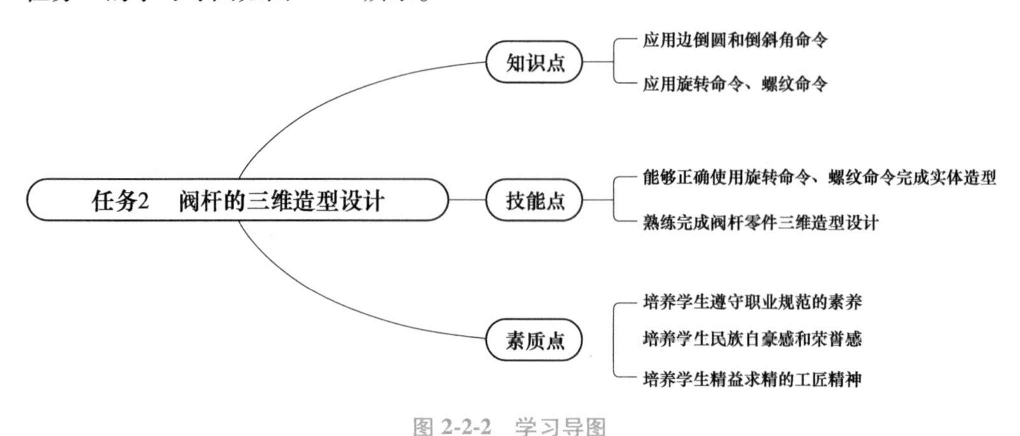

图2-2-2　学习导图

【课前自学】

一、凸起

单击【特征】工具栏中的【凸起】按钮，弹出【凸起】对话框，如图2-2-3所示，利用该对话框用沿着矢量投影截面形成的面修改体，可以选择端盖位置和形状。

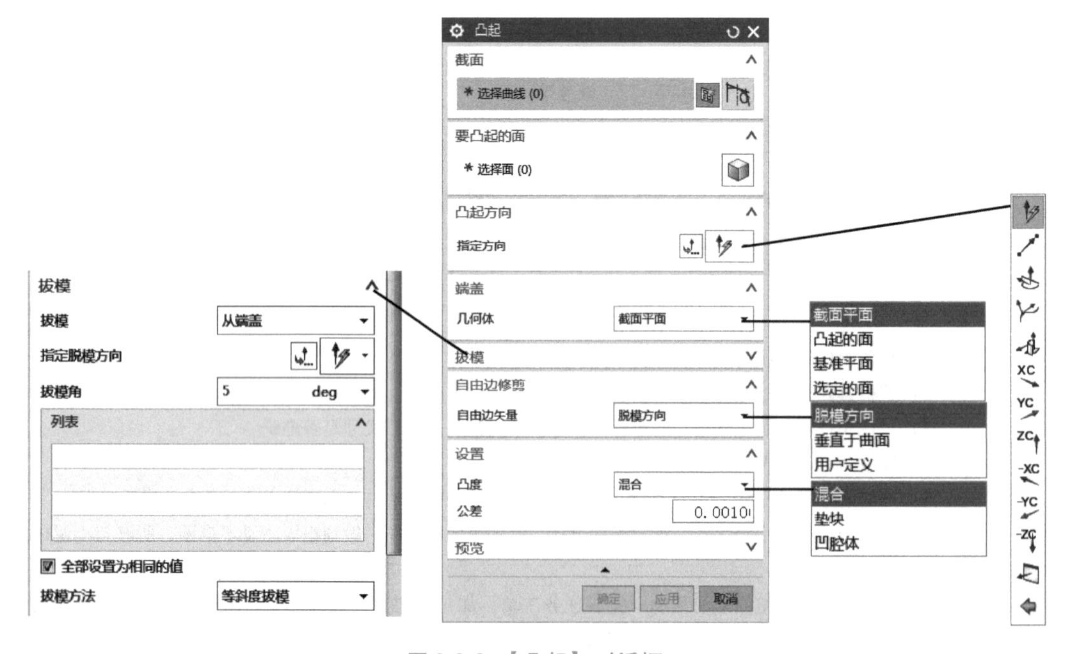

图2-2-3　【凸起】对话框

以一个实例介绍凸起特征的创建。

例：创建凸起特征。

1）新建模型 1 实体模型和草图曲线，如图 2-2-4 所示。

2）单击【特征】工具栏中的【凸起】按钮，弹出【凸起】对话框。在选择条的【曲线规则】下拉列表中选择【相连曲线】选项，然后在绘图窗口单击草图曲线的任意一段，如图 2-2-5 所示。

3）在【凸起】对话框的【要凸起的面】选项组中单击【要凸起的面】按钮，选择如图 2-2-6 所示的实体曲面，凸起方向为默认。

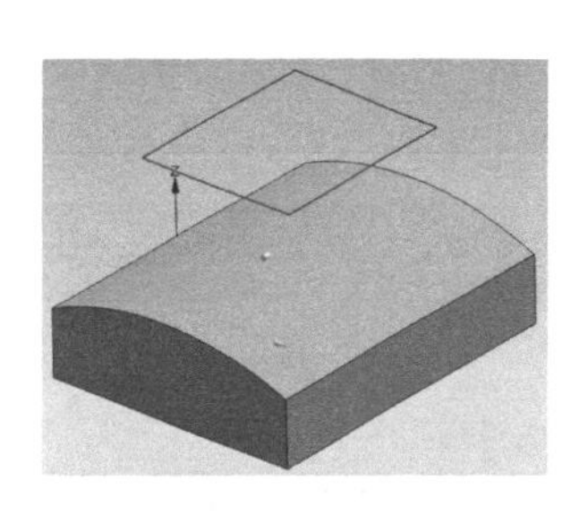

图 2-2-4　模型 1

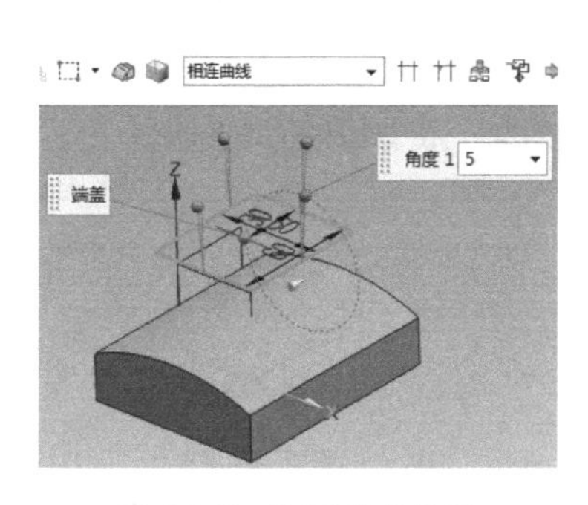

图 2-2-5　选择截面曲线

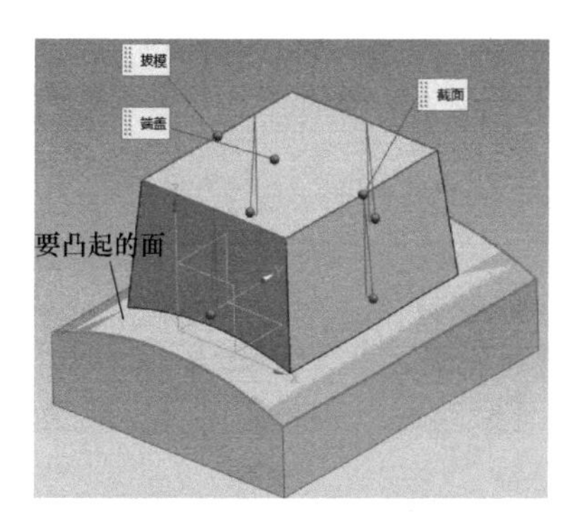

图 2-2-6　选择要凸起的面

4）在【端盖】选项组的【几何体】下拉列表中选择【凸起的面】选项，在【位置】下拉列表中选择【偏置】选项，在【距离】文本框中输入 5mm，如图 2-2-7 所示。

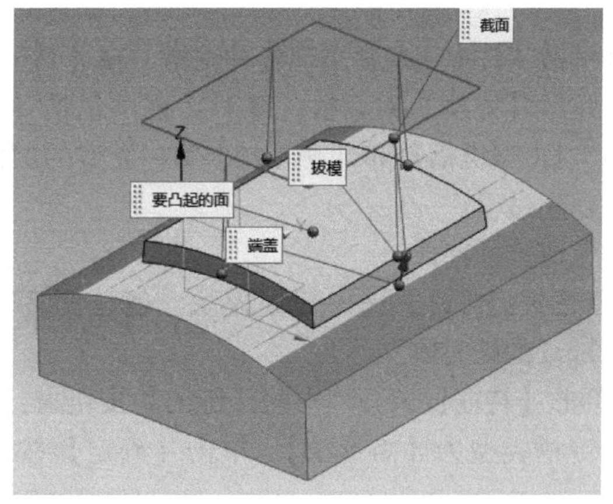

图 2-2-7　设置端盖选项及参数

5）在【拔模】选项组的【拔模】下拉列表中选择【从端盖】选项，取消勾选【全部设置为相同的值】复选框，拔模方法选择【真实拔模】，从角度下拉列表中选择相应的拔模角度，并修改各自的拔模角度，如图 2-2-8 所示。

6）分别设置【自由边修剪】选项组和【设置】选项组中的选项，如图 2-2-9 所示。然后单击【凸起】对话框中的【确定】按钮，完成凸起特征的创建，如图 2-2-10 所示。

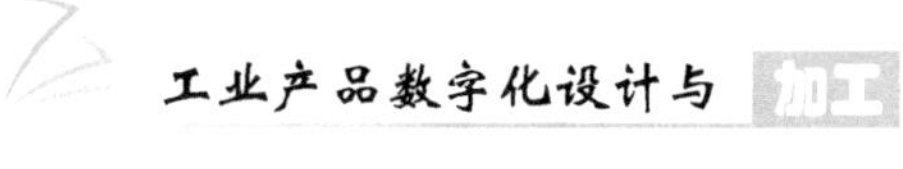

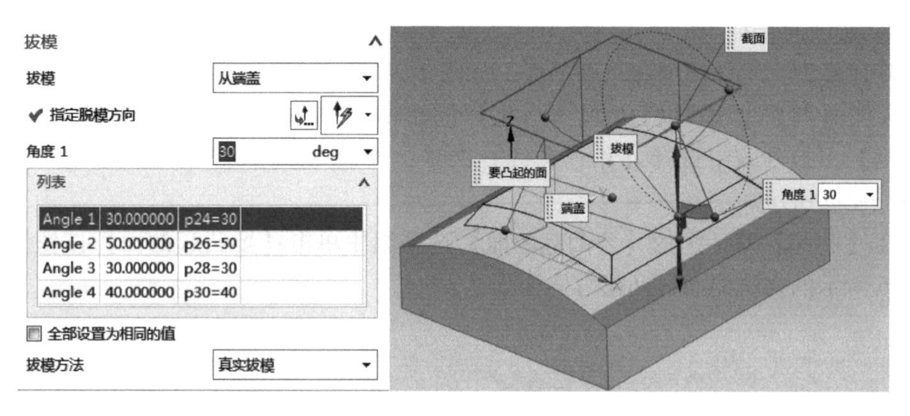

图 2-2-8　设置拔模选项及参数

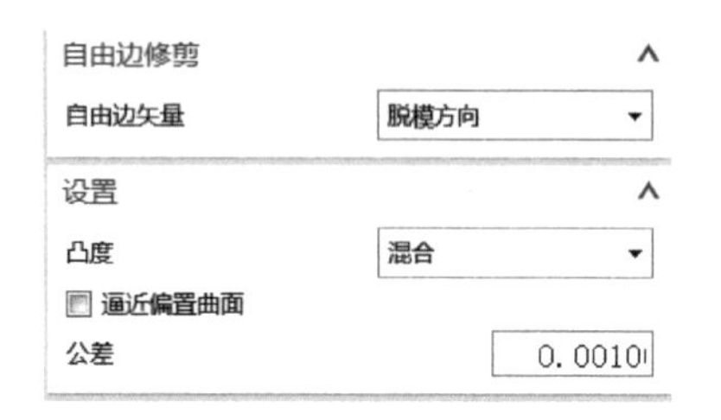

图 2-2-9　设置自由边修剪等

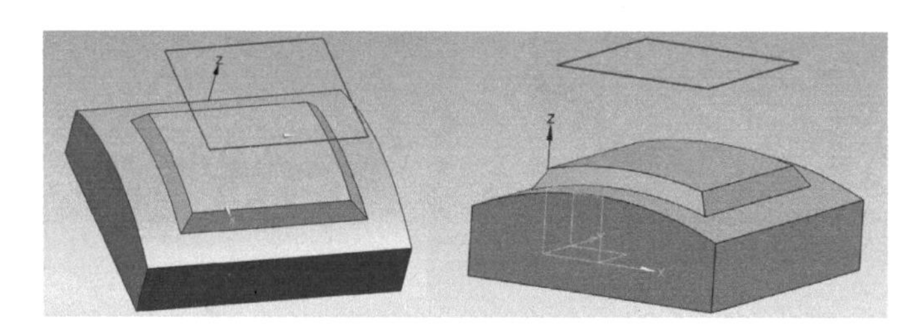

图 2-2-10　凸起特征效果

二、键槽

键槽和槽命令的使用

各种机械零件中，经常出现各种键槽，在【特征】工具栏中单击【键槽】按钮，弹出【键槽】对话框。该对话框中包括【矩形槽】、【球形端槽】、【U 形槽】、【T 型键槽】和【燕尾槽】5 种类型的键槽。现以矩形槽为例来介绍键槽的创建过程。

例：创建键槽特征。

1）新建模型文件，进入建模模块，创建图 2-2-11 所示的长、宽、高分别为 100mm、60mm、30mm 的长方体。

2）单击【特征】工具栏中的【键槽】按钮，弹出图 2-2-12 所示的【键槽】对话框，默认选择键槽类型为【矩形槽】，单击【确定】按钮，弹出图 2-2-13 所示的【矩形键槽】对话框。

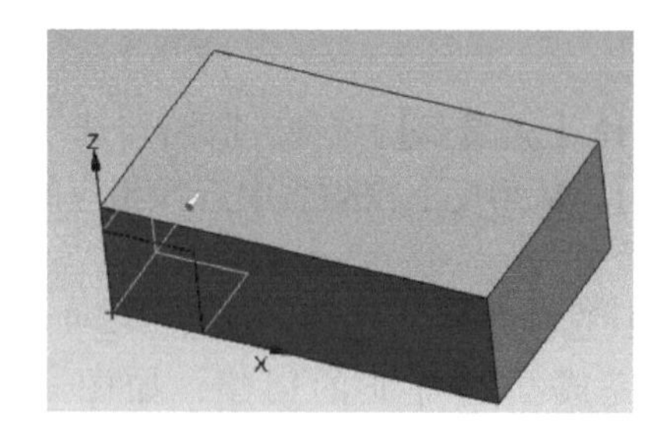

图 2-2-11　绘制长方体

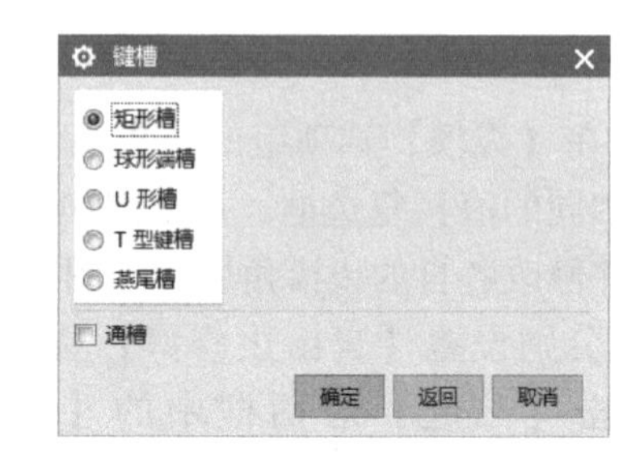

图 2-2-12　【键槽】对话框

3）选择创建键槽的实体面或基准平面。因为键槽的放置面必须是平面，所以此例中选择长方体上表面作为键槽放置面，如图 2-2-14 所示。然后弹出【水平参考】对话框，选择长方体侧面作为水平参考面，如图 2-2-15 所示。

4）然后弹出图 2-2-16 所示的【矩形键槽】对话框，参数设置如图所示，单击【确定】按钮，弹出【定位】对话框，如图 2-2-17 所示。

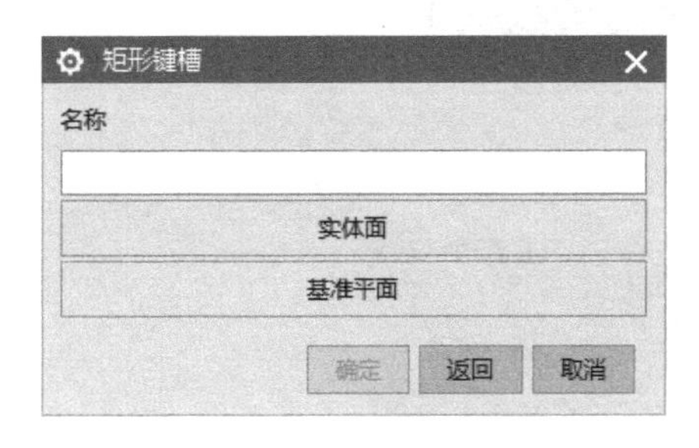

图 2-2-13 【矩形键槽】对话框

图 2-2-14　选择键槽放置面

图 2-2-15　选择水平参考面

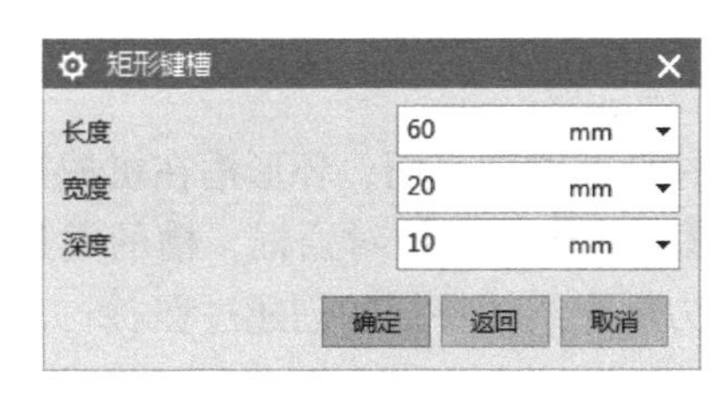

图 2-2-16 【矩形键槽】参数设定

图 2-2-17　键槽定位

5）单击【垂直】按钮，提示选择目标边/基准。选择长方体模型的一条边，系统提示选择工具边，选择如图 2-2-18 所示的工具边，在弹出的【创建表达式】对话框的尺寸框中将定位尺寸修改为 50mm，然后单击【确定】按钮。

6）重复步骤 5)，选择如图 2-2-19 所示的工具边，在弹出的【创建表达式】对话框的尺寸框中将定位尺寸修改为 30mm，然后单击【确定】按钮，返回【矩形键槽】对话框，单击【取消】或【关闭】按钮，键槽绘制效果如图 2-2-20 所示。

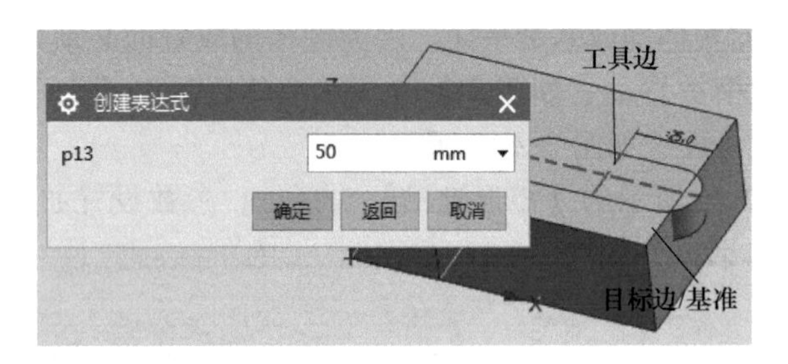

图 2-2-18　定位设置（1）

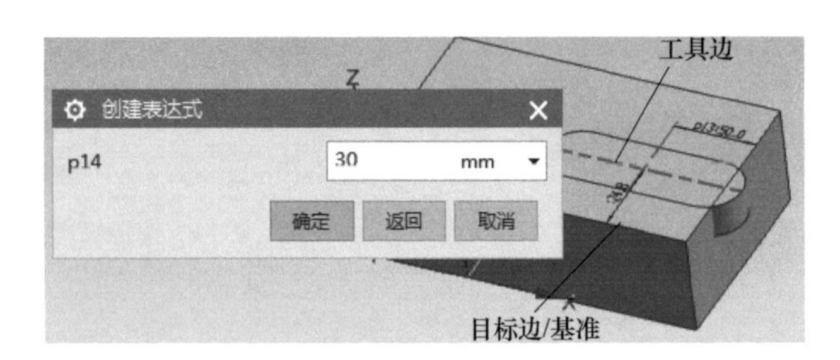

图 2-2-19　定位设置（2）

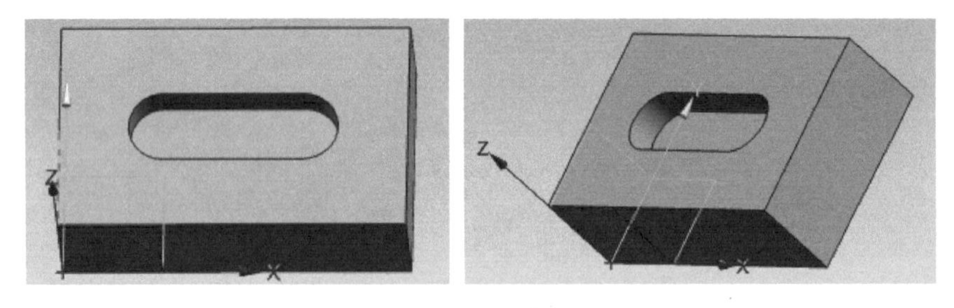

图 2-2-20　键槽效果

三、槽

槽命令用来将一个外部或内部槽添加到一个实体的圆柱形或锥形表面，环形槽在机械零件中也是常见的。在【特征】工具栏中单击【槽】按钮，弹出【槽】对话框，槽的类型包括【矩形】、【球形端槽】和【U 形槽】。下面以矩形槽为例介绍槽特征的创建过程。

例：创建槽特征。

1）新建模型文件，进入建模模块，创建如图 2-2-21 所示的直径为 50mm、高度为 100mm 的圆柱。

2）单击【特征】工具栏中的【槽】按钮，弹出图 2-2-22 所示的【槽】对话框，默认槽类型为【矩形】，单击【确定】按钮，弹出图 2-2-23 所示的【矩形槽】对话框。

3）选择创建槽的依附表面。此例中选择圆柱的外圆表面为槽的依附表面，随即弹出【矩形槽】对话框，在文本框中输入槽直径和宽度，如图 2-2-24 所示，单击【确定】按钮，此时在绘图窗口中将显示槽的预览图形，如图 2-2-25 所示，并弹出【定位槽】对话框。

图 2-2-21　创建圆柱

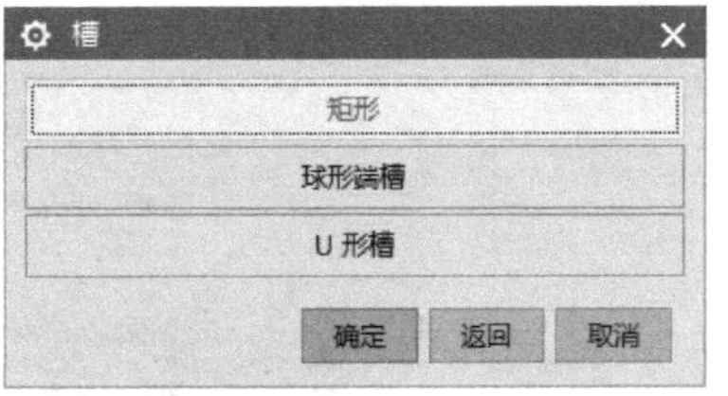

图 2-2-22　【槽】对话框

图 2-2-23　【矩形槽】对话框

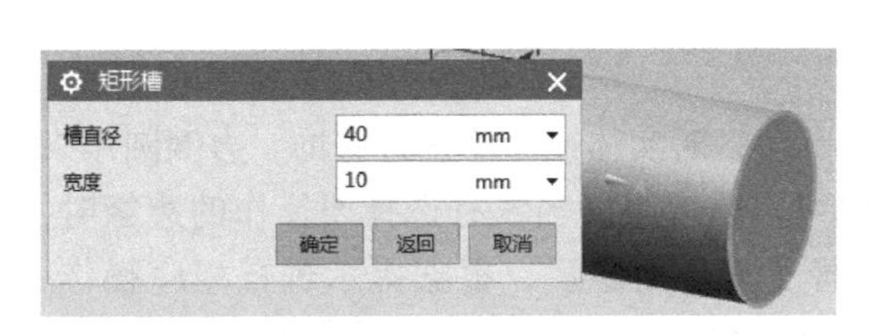

图 2-2-24　【矩形槽】参数设定

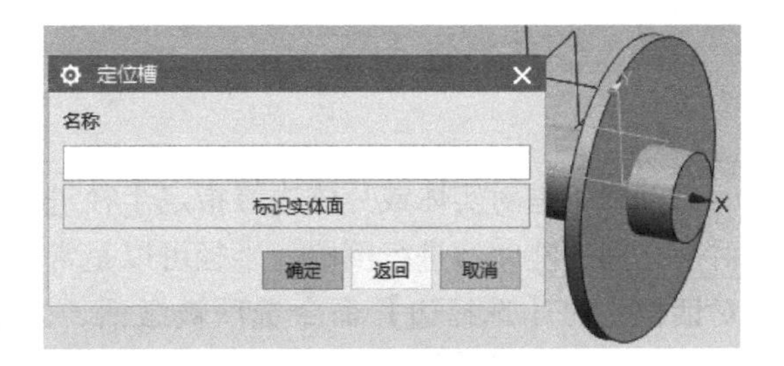

图 2-2-25　槽预览

4）此时需要对槽进行定位。首先选择圆柱的端面轮廓为目标边，再选择切割部分的一条边为刀具边，如图 2-2-26 所示，弹出【创建表达式】对话框，在该对话框的文本框中输入表达式值 30mm，单击【确定】按钮，在轴上生成矩形槽特征，如图 2-2-27 所示。

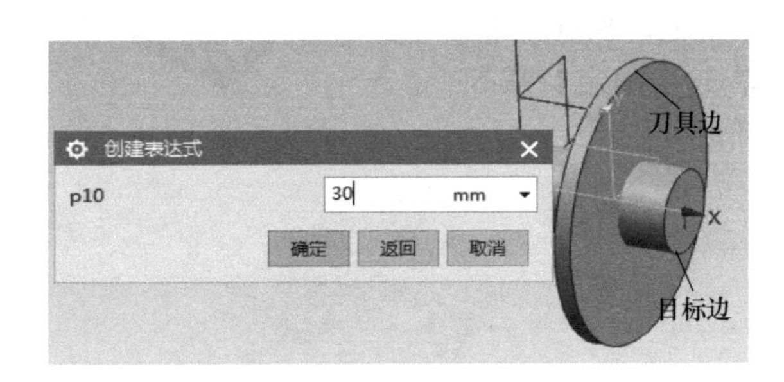

图 2-2-26　槽定位

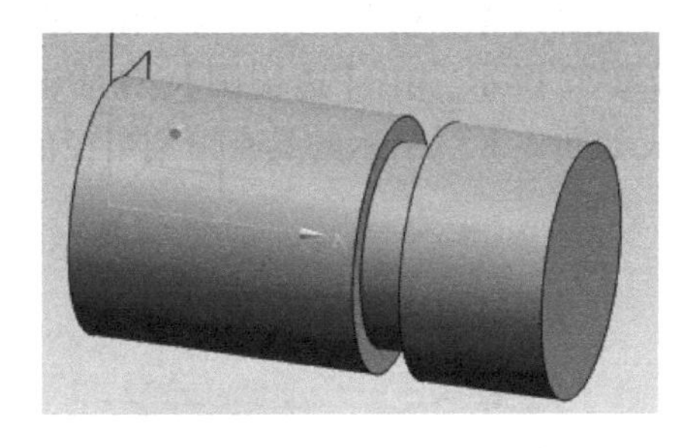

图 2-2-27　创建矩形槽特征

球形端槽和 U 形槽的创建方法与矩形槽的创建方法完全一致，其输入槽参数的对话框及效果图分别如图 2-2-28 和图 2-2-29 所示。

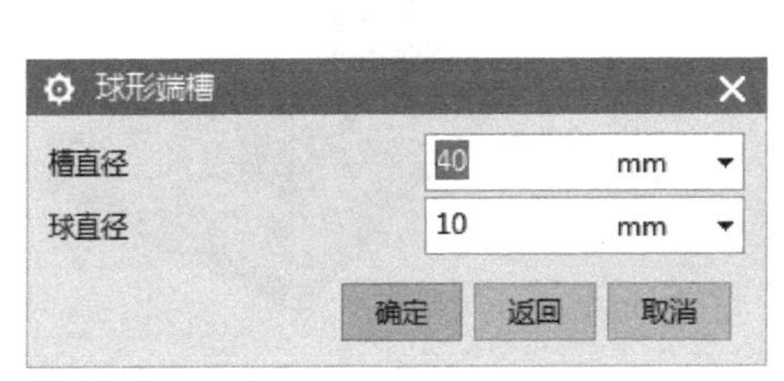

图 2-2-28　球形端槽参数设置及效果

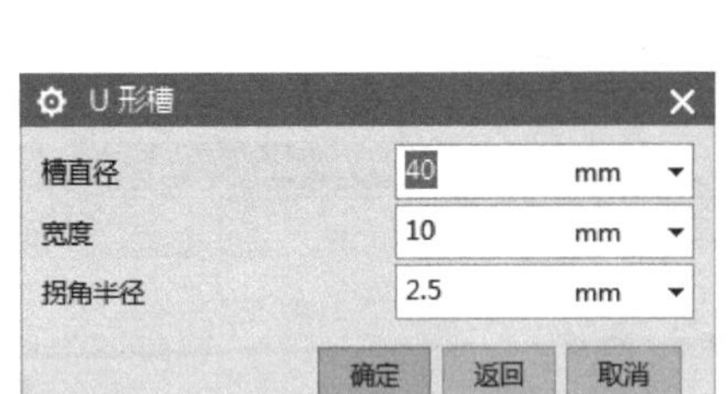

图 2-2-29　U 形槽参数设置及效果

四、细节特征

1. 倒圆角

倒圆角是对实体或片体边缘指定半径进行倒圆角，对实体或片体进行修饰。边倒圆用来对面之间的陡峭边进行倒圆，半径可以是常量也可以是变量。当没有选择要操作的边缘时，对话框中的【选择边】命令选项被激活，当选择了操作对象后，根据提示进行相应操作。在菜单栏中选择【插入】→【细节特征】→【边倒圆】命令，或在【特征操作】工具栏中单击【边倒圆】按钮。

例：创建倒角特征。

（1）简单倒圆角　新建模型 3，如图 2-2-30 所示。在【特征】工具栏中单击【边倒圆】按钮，弹出图 2-2-31 所示的【边倒圆】对话框；首先根据提示选择需要进行倒圆操作的边缘，然后在【半径 1】文本框中输入圆角半径值，预览效果如图 2-2-32 所示；在【边倒圆】对话框中单击【确定】按钮，生成如图 2-2-33 所示的具有恒定半径值的圆角特征。

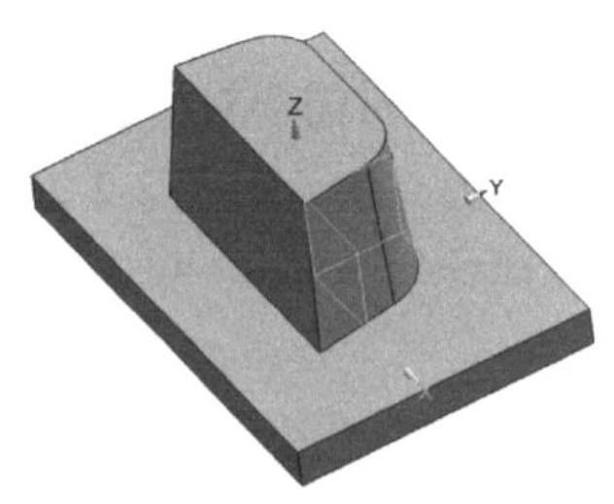

图 2-2-30　模型 3

图 2-2-31　【边倒圆】对话框

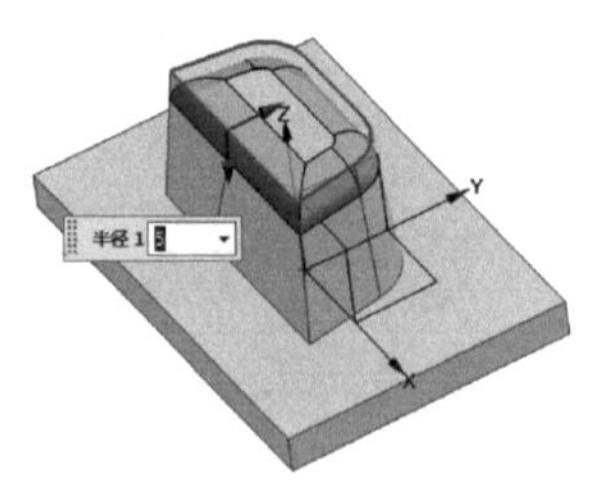

图 2-2-32　边倒圆预览

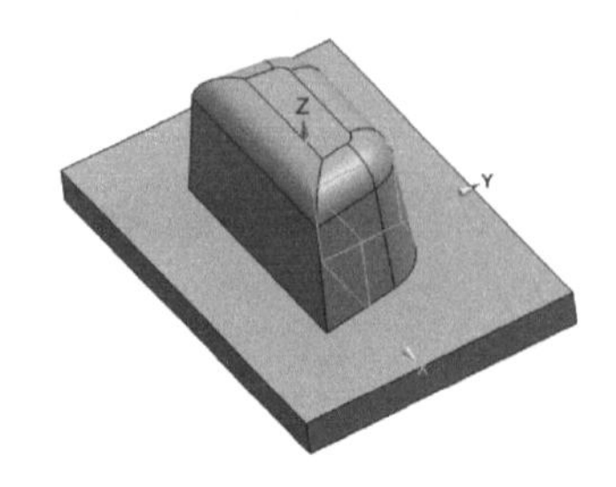

图 2-2-33　恒定半径圆角特征

（2）变半径圆角　该选项用于修改控制点处的半径，从而实现沿选择边指定的多个点，以不同半径对实体或片体进行倒圆角。修改半径的方法是先在半径列表中选择某控制点，然后输入半径值。该选项只有选择了一个控制点后才被激活。

在【特征】工具栏中单击【边倒圆】按钮，弹出【边倒圆】对话框，首先选择需要进行倒圆操作的边缘，然后输入圆角【半径 1】值为 4mm；输入完成后在图 2-2-34 所示的【可变半径点】的【指定新的位置】选项中，通过捕捉点或点构造器在倒圆边缘中输入变半径线段的起始位置点和终止位置点（点放置在哪条边上就定义哪条边倒圆的半径），图中指定了【半径 1】为 4mm，【半径 2】为 2mm，系统提供预览效果如图 2-2-35 所示。在文本框中输入该段圆角半径为 2mm，单击【确定】按钮，生成如图 2-2-36 所示的变半径圆角特征。

图 2-2-34　参数设置

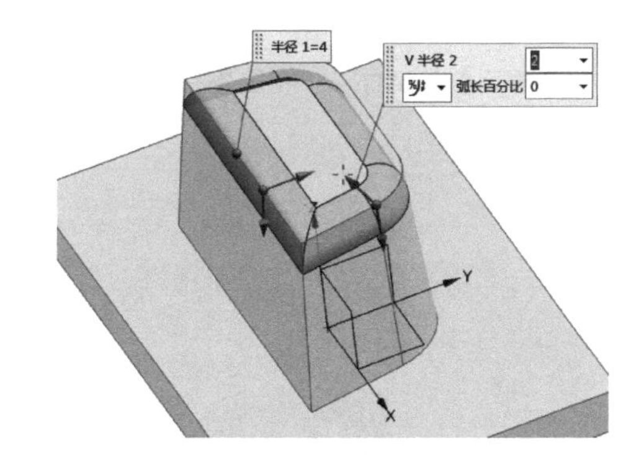

图 2-2-35　倒圆角预览

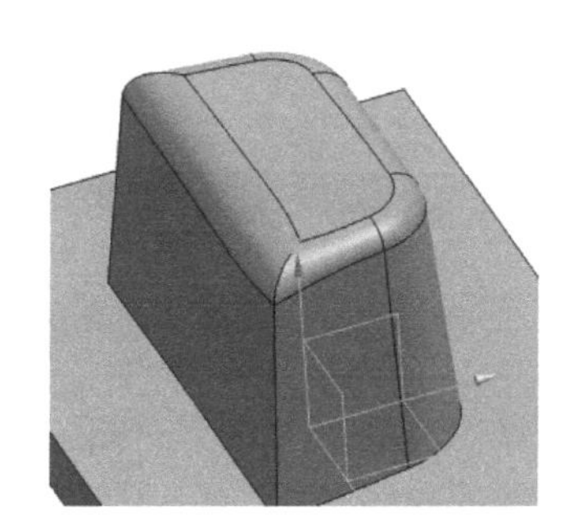

图 2-2-36　变半径圆角特征

2. 倒斜角

倒斜角也是工程中常用的倒角方式，是对实体边缘指定尺寸进行倒角。在实际生产中，零件产品外围棱角过于尖锐时，为了避免划伤，可以进行倒斜角操作。

打开模型 3，在菜单栏中选择【插入】→【细节特征】→【倒斜角】命令，或在【特征】工具栏中单击【倒斜角】按钮，弹出图 2-2-37 所示的【倒斜角】对话框；首先按照提示选择需要倒斜角的边，选择完成后在【倒斜角】对话框的【偏置】选项中设置【横截面】类型和【距离】值，设置完成后单击【确定】按钮，生成如图 2-2-38 所示的倒斜角特征。

图 2-2-37　【倒斜角】对话框

系统提供了 3 种【横截面】类型，包括【对称】、【非对称】和【偏置和角度】。上例中选择了【对称】的横截面类型，如果选择【非对称】类型，则弹出图 2-2-39 所示的【倒斜角】对话框，在对话框中设置相应的参数后，生成图 2-2-40 所示的倒斜角特征。如果选择了【偏置和角度】横截面类型，则弹出图 2-2-41 所示的【倒斜角】对话框，在其中输入相应参数后，单击【确定】按钮，生成图 2-2-42 所示的倒斜角特征。

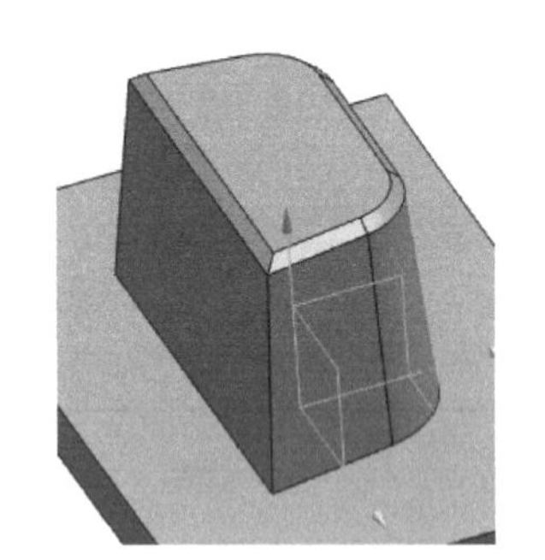

图 2-2-38　创建的倒斜角

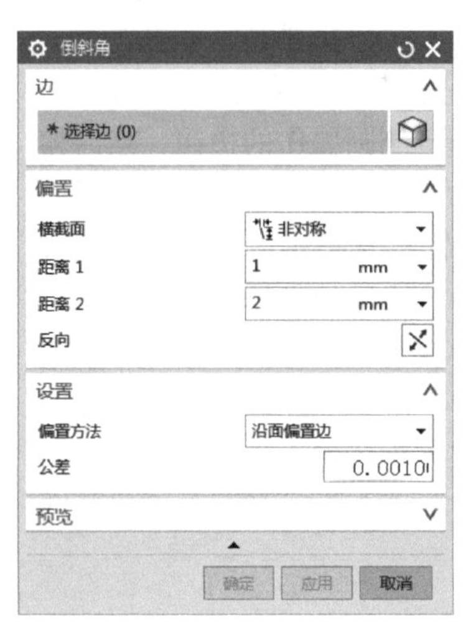

图 2-2-39　【倒斜角】对话框及参数设置

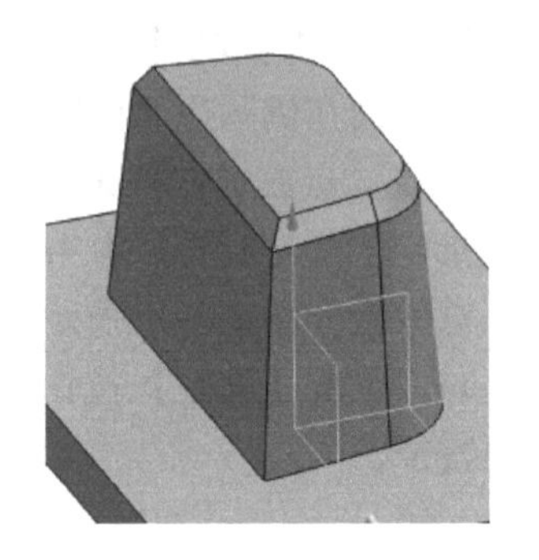

图 2-2-40　倒斜角特征

图 2-2-41　【倒斜角】对话框

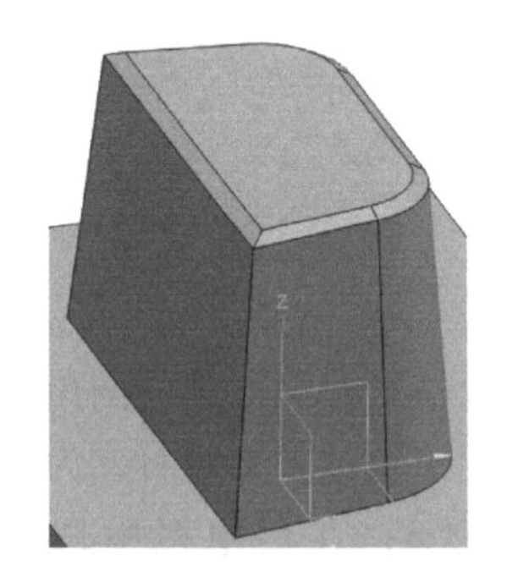

图 2-2-42　倒斜角特征

3. 面倒圆

面倒圆是通过对实体或片体指定半径进行倒圆，并且使倒圆面相切于所选择的平面。【面倒圆】命令的作用是在选定面组之间添加相切圆角面，圆角形状可以是由圆形、规律曲线或二次曲线控制的。在菜单栏中选择【插入】→【细节特征】→【面倒圆】命令，或在【特征】工具栏中单击【面倒圆】按钮，弹出图 2-2-43 所示的【面倒圆】对话框。对话框中各选项的含义如下。

1）【选择面链 1】。用于选择面倒圆的第一个面集。选择该选项，可选择实体或片体上的一个或多个面作为第一个面集。

2）【选择面链 2】。用于选择面倒圆的第二个面集，其操作方法与【选择面链 1】类似。

3）横截面。该选项组包括 3 个选项，用于设置倒圆形状、半径方法和半径值。其中，形状包括【圆形】和【二次曲线】；半径方法包括【恒定】、【规律控制】和【相切约束】。

【恒定】：指用固定的倒角半径进行倒圆角。

【规律控制】：指通过定义规律曲线及曲线上的一系列点的倒角半径值，从而实现可变半径的倒角。有 7 种规律类型，包括恒定、线性、三次等。

【相切约束】：指在一个选择倒角面或倒角面集上指定一条曲线，使得倒角面与该选择的倒角面或倒角面集在指定的曲线处相切。

图 2-2-43 【面倒圆】对话框

当选择形状为【二次曲线】时，【横截面】选项含义如下。

【偏置方法 1】：用于设置面链 1 的偏置值，包含【恒定】和【规律控制的】两种方法。

【偏置方法 2】：用于设置面链 2 的偏置值，包含【恒定】和【规律控制的】两种方法。

【PRO 方法】：用于设置拱高与弦高之比，包含【恒定】、【规律控制的】和【自动椭圆】3 种方法。

4）约束和限制几何体。用于选择相切控制曲线。

5）修剪和缝合选项。该选项组用于设置【倒圆面】下拉列表、【修剪输入面至倒圆面】和【缝合所有面】复选框。【倒圆面】下拉列表中包括【修剪所有面】、【短修剪倒圆】、【长修剪倒圆】和【不修剪】4 个选项。

五、拔模

在设计注塑和压铸模具时，对于大型覆盖件和特征体积落差较大的零件，为使脱模顺利，通常都要设计拔模斜度。【拔模】命令提供的就是设计拔模斜度的操作。拔模对象的类型有表面、边缘、相切表面和分割线。对实体进行拔模时，应先选择实体类型，再选择相应的拔模步骤，并设置拔模参数，然后才可对实体进行拔模。

在【特征】工具栏中单击【拔模】按钮，弹出如图 2-2-44 所示的【拔模】对话框。在【类型】下拉列表中有 4 种拔模类型。

图 2-2-44 【拔模】对话框

下面以实例演示 4 种拔模类型的使用方法。

例：创建拔模特征。

（1）从平面或曲面　以一个长方体模型进行演示。启动【拔模】命令后，选择 Z 轴为脱模方向矢量，双击可以改变方向，然后单击【拔模参考】选项组中的【选择固定面】按钮，在绘图窗口选择如图 2-2-45 所示的固定面，接着单击【要拔模的面】选项组中【选择面】按钮，选择图中所示的要拔模的面，并设定拔模角度，最终效果如图 2-4-45 所示。

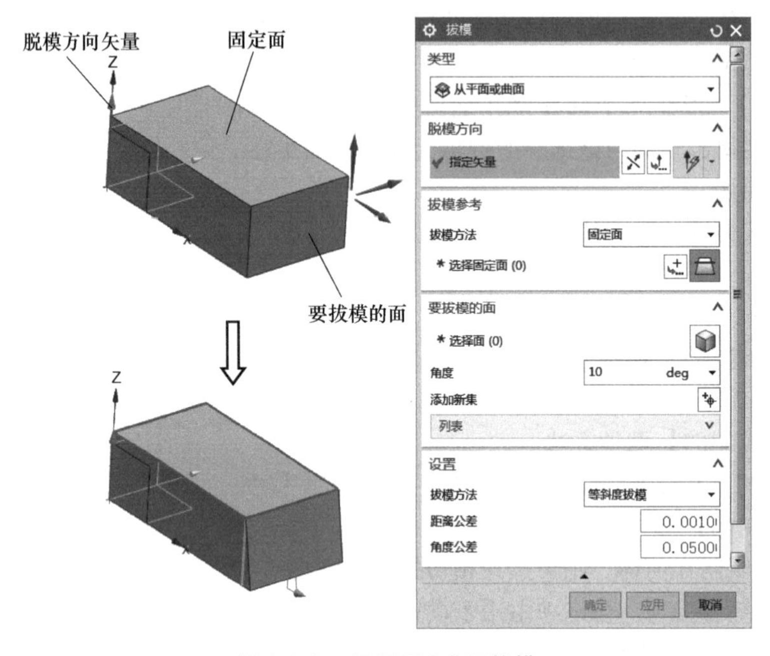

图 2-2-45　从平面或曲面拔模

（2）从边　【从边】拔模的【脱模方向】依然选择 Z 轴，然后在【固定边】选项组中单击【选择边】按钮，单击如图 2-2-46 所示的边，然后设置拔模参数，即可完成拔模。

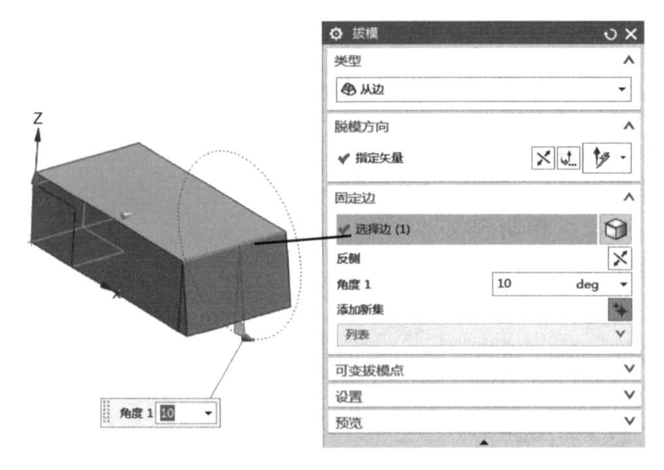

图 2-2-46　从边拔模

（3）与多个面相切　在【与多个面相切】拔模操作过程中，需要进行如图 2-2-47 所示的指定相切面操作。

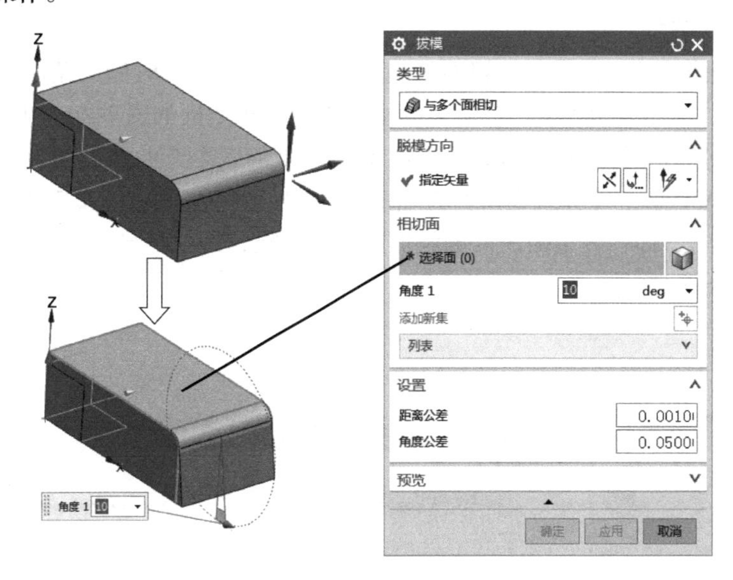

图 2-2-47　与多个面相切拔模

（4）至分型边　在指定完脱模方向后，需要指定固定面，然后单击【Parting Edges】选项组中的【选择边】按钮，在绘图窗口选择模型底面全部边线链作为分型边，如图 2-2-48 所示。

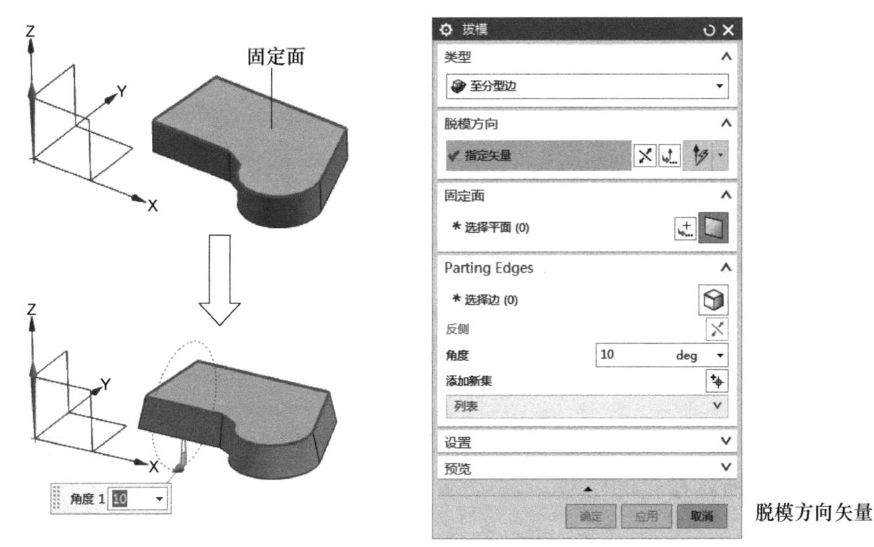

图 2-2-48　至分型边拔模

六、其他细节特征

选择【菜单】→【插入】→【细节特征】命令，菜单中提供了其他几种细节特征的创建命令，如【样式圆角】【美学面倒圆】【样式拐角】和【拔模体】等，它们的功能如下。

（1）【样式圆角】　倒圆曲面并将相切和曲率约束应用到圆角的相切曲线。该命令相应的工具按钮为，启动此命令后，弹出如图 2-2-49 所示的对话框，可以采用规律、曲线或轮廓类型定义样式圆角。

（2）【美学面倒圆】 在圆角的切面处施加相切或曲率约束时倒圆角曲面，其圆角截面形状可以是圆形、锥形或切入型。该命令的按钮为，对话框如图 2-2-50 所示。

（3）【样式拐角】 样式拐角命令可以在即将产生的三个弯曲曲面的投影交点创建一个精确、美观的拐角。单击【样式拐角】按钮，弹出的对话框如图 2-2-51 所示。

（4）【拔模体】 即在分型面的两侧添加并匹配拔模，用材料自动填充底切区域。

图 2-2-49 【样式圆角】对话框

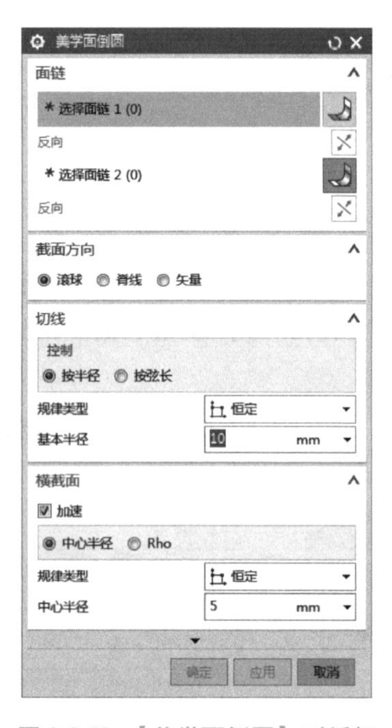

图 2-2-50 【美学面倒圆】对话框

图 2-2-51 【样式拐角】对话框

【自学自测】

创建如图 2-2-52 所示槽轮的模型。

任务 2 自学自测-槽轮零件的三维造型设计

【任务实施】

1）首先，打开 UG NX 10.0 软件，在建模界面，选择新建模型，建立新文件名，如图 2-2-53 所示。

2）选择【插入】→【在任务环境中绘制草图】，如图 2-2-54 所示，在 XOY 平面上创建如图 2-2-55 所示的草图轮廓，要保证草图完全约束。草图具体绘制步骤如下：

任务 2 阀杆零件的三维造型设计

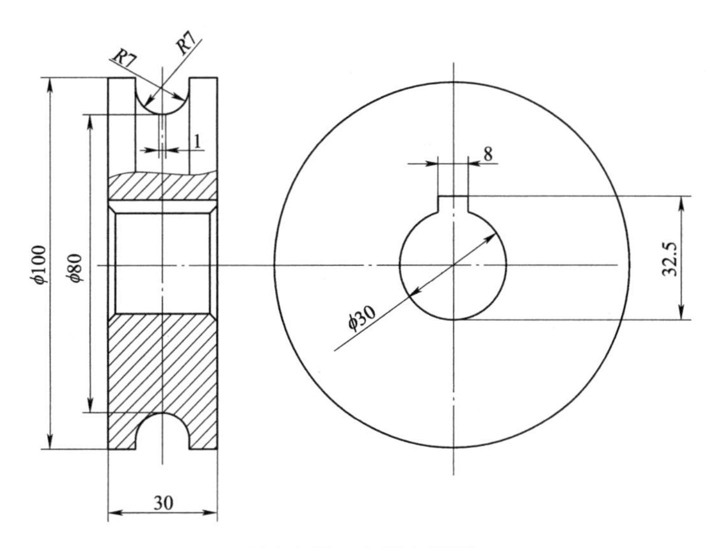

图 2-2-52　自学自测题

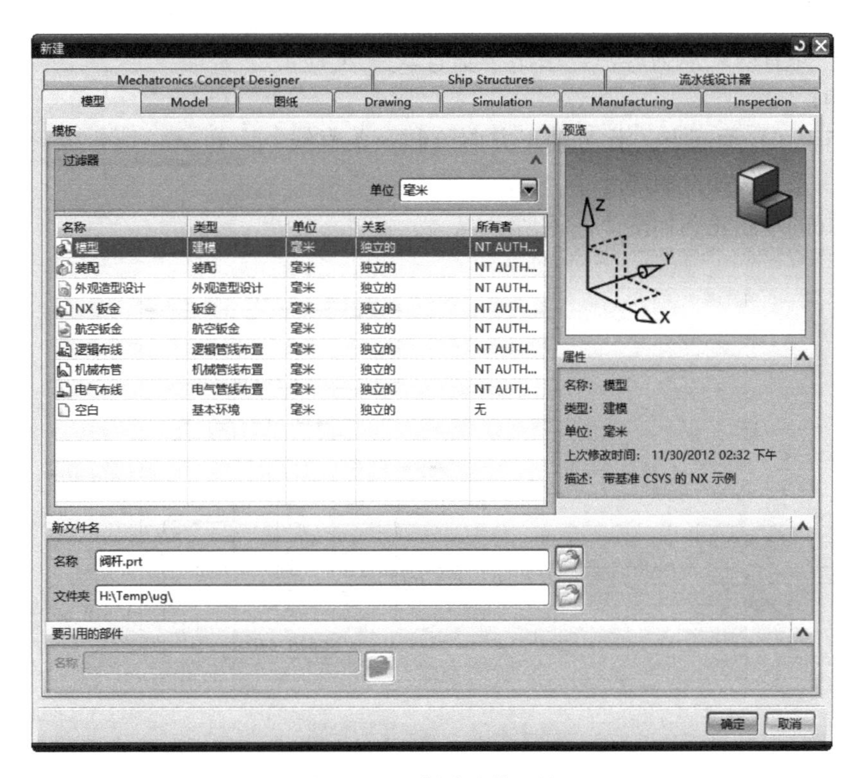

图 2-2-53　新建建模环境

①以草图原点为起点，沿 Y 轴正方向绘制一条 8mm 的直线；

②以上一条直线终点为起点，沿 X 轴正方向绘制一条 24mm 的直线；

③以上一条直线终点为起点，沿 Y 轴负方向绘制一条 2mm 的直线；

④以上一条直线终点为起点，沿 X 轴正方向绘制一条 5mm 的直线；

⑤以上一条直线终点为起点，沿 Y 轴正方向绘制一条 3mm 的直线；

⑥以上一条直线终点为起点，沿 X 轴正方向绘制一条 4.1mm 的直线；

⑦以上一条直线终点为起点，沿 Y 轴负方向绘制一条 2mm 的直线；

⑧以上一条直线终点为起点，沿 X 轴正方向绘制一条 3.2mm 的直线；

⑨以上一条直线终点为起点，沿 Y 轴正方向绘制一条 2mm 的直线；

⑩以上一条直线终点为起点，沿 X 轴正方向绘制一条 4mm 的直线；

⑪以上一条直线终点为起点，沿 Y 轴负方向绘制一条 2mm 的直线；

⑫以上一条直线终点为起点，沿 X 轴正方向绘制一条 3.2mm 的直线；

⑬以上一条直线终点为起点，沿 Y 轴正方向绘制一条 2mm 的直线；

⑭以上一条直线终点为起点，沿 X 轴正方向绘制一条 4mm 的直线；

⑮以上一条直线终点为起点，沿 Y 轴负方向绘制一条 4mm 的直线；

⑯以上一条直线终点为起点，沿 X 轴正方向绘制一条 4mm 的直线；

⑰以上一条直线终点为起点，绘制一条直线与 X 轴正方向成 60°角；

⑱以（58，0）为起点，沿 Y 轴正方向绘制一条直线，修剪掉与上一条直线相交的部分。

⑲绘制好的草图轮廓如图 2-2-55 所示。

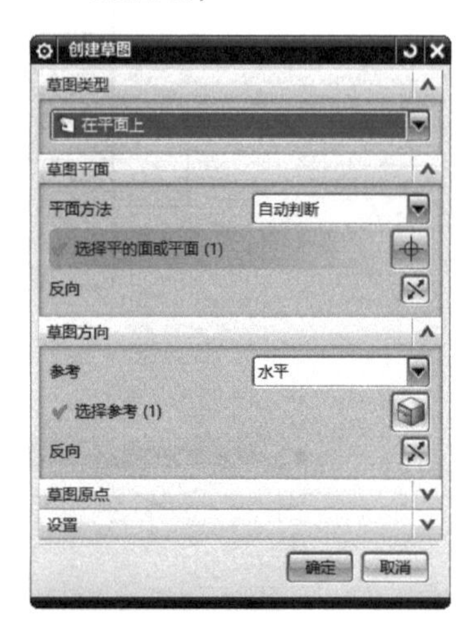

图 2-2-54 【创建草图】对话框

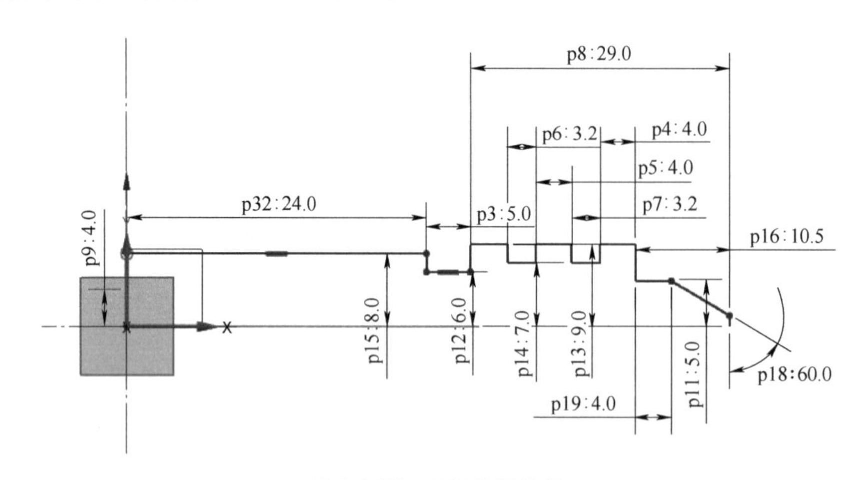

图 2-2-55 绘制草图轮廓

3）选择【插入】→【设置特征】→【旋转命令】，在任务环境中绘制草图。选择【菜单】→【插入】→【设计特征】→【旋转】命令，或单击【特征】工具栏中的【旋转】按钮，弹出如图 2-2-56 所示的【旋转】对话框。旋转图 2-2-55 所示草图曲线，选择 X 轴作为指定矢量，坐标原点作为指定点，旋转 360°，效果如图 2-2-57 所示。

4）根据任务剖面图 *A—A* 段所示，绘制实体造型。创建草图环境，如图 2-2-58 所示，选择指引线指向的平面作为草图平面，如图 2-2-59 所示。

5）绘制草图轮廓，如图 2-2-60 所示。绘制草图时要保证草图完全约束。

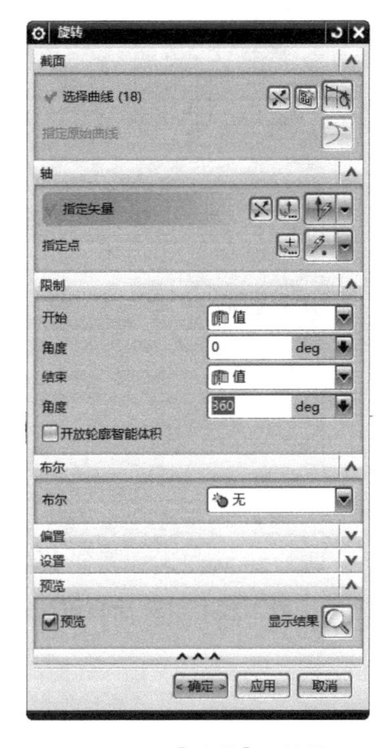

图 2-2-56 【旋转】对话框

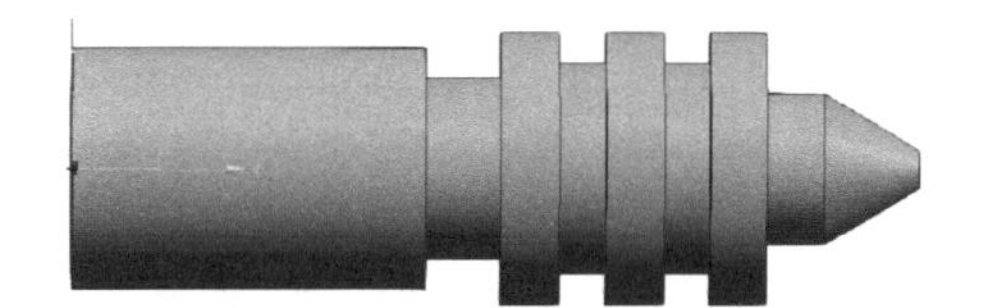

图 2-2-57 旋转效果

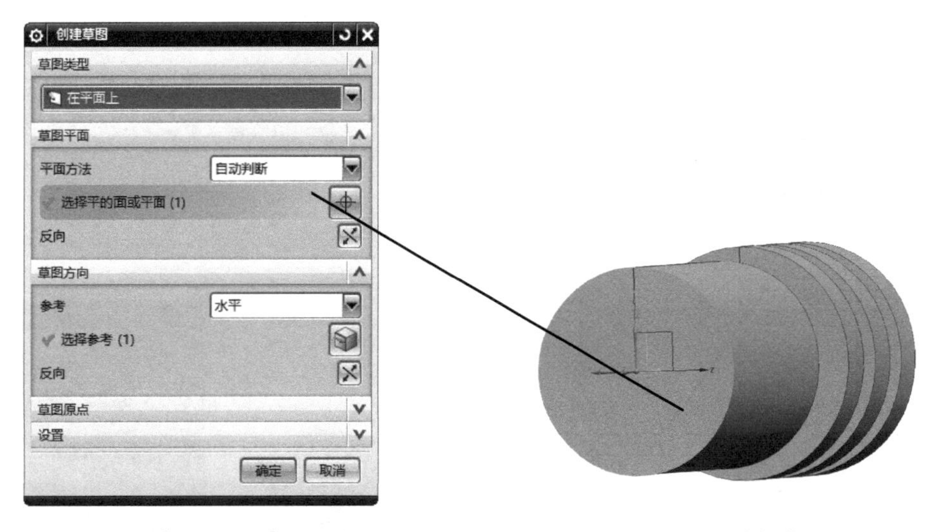

图 2-2-58 【创建草图】对话框

图 2-2-59 选择草图平面

6）选择【插入】→【细节特征】→【拉伸】命令。选择【菜单】栏中的【插入】→【设计特征】→【拉伸】命令，或在【特征】工具栏中单击【拉伸】按钮，弹出如图 2-2-61 所示的【拉伸】对话框。选择曲线为图 2-2-60 所示草图轮廓，拉伸效果如图 2-2-62 所示。

7）根据任务说明，创建草图环境，如图 2-2-63 所示。草图平面选择指引线指向的平面，如图 2-2-64 所示。绘制草图轮廓，如图 2-2-65 所示。

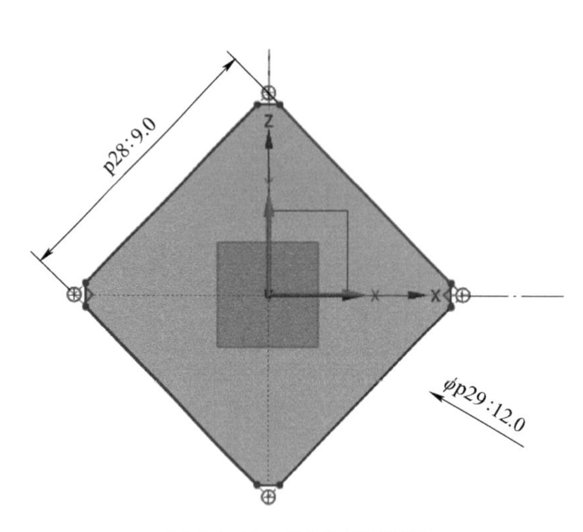

图 2-2-60　绘制草图轮廓

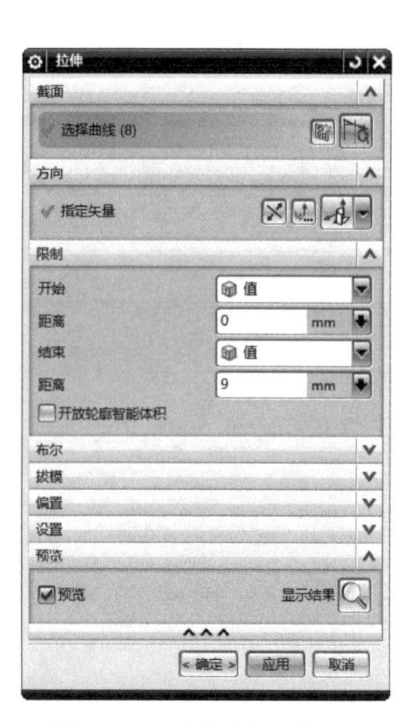

图 2-2-61　【拉伸】对话框

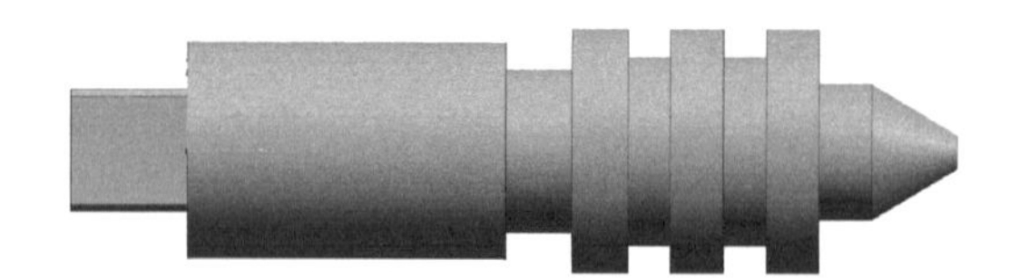

图 2-2-62　拉伸效果

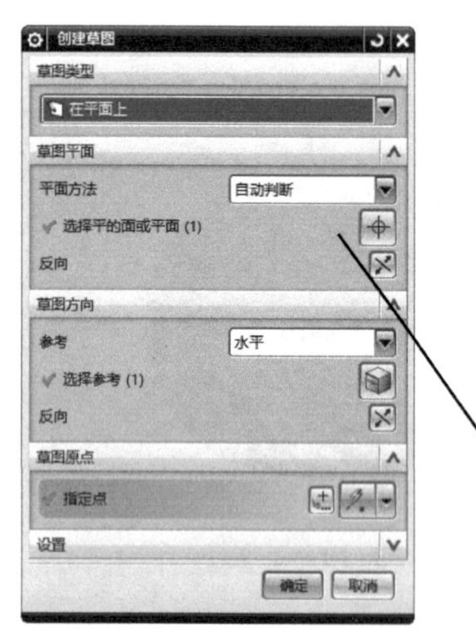

图 2-2-63　【创建草图】对话框

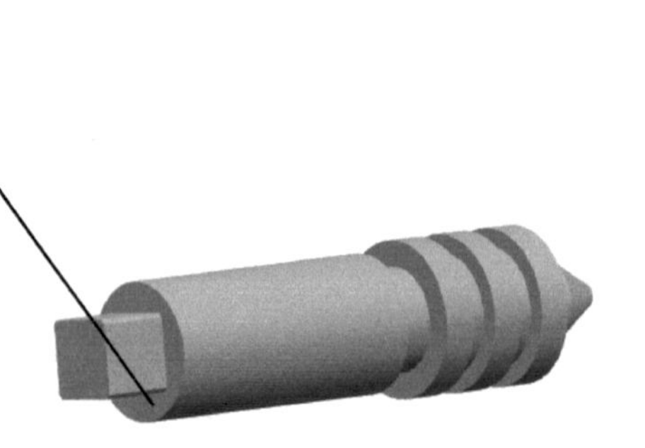

图 2-2-64　选择草图平面

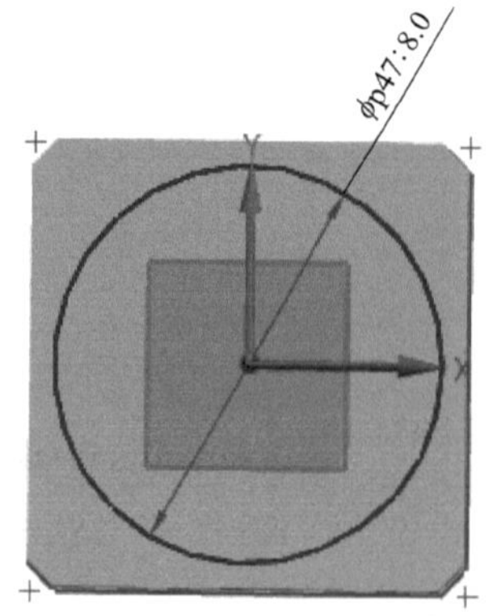

图 2-2-65　绘制草图轮廓

8）选择【插入】→【细节特征】→【拉伸】命令。选择【菜单】栏中的【插入】→【设计特征】→【拉伸】命令，或在【特征】工具栏中单击【拉伸】按钮，弹出如图 2-2-66 所示的【拉伸】对话框。选择曲线为图 2-2-65 所示草图轮廓，指定矢量为 X 轴负方向，具体设置如图 2-2-66 所示，拉伸效果如图 2-2-67 所示。

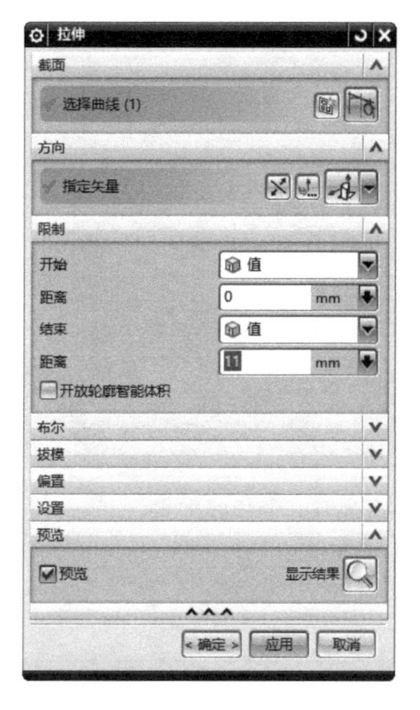

图 2-2-66 【拉伸】对话框

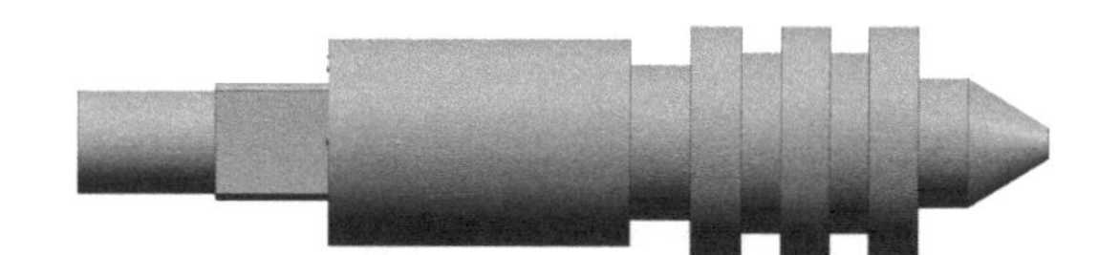

图 2-2-67　拉伸效果

9）结合任务要求，对实体进行倒角。【插入】→【细节特征】→【倒斜角】命令，具体参数设置如图 2-2-68 所示。倒斜角效果如图 2-2-69 所示。

图 2-2-68 【倒斜角】对话框（1）

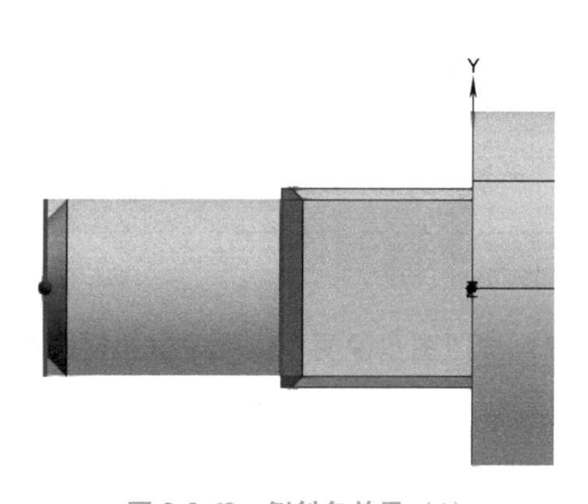

图 2-2-69　倒斜角效果（1）

10）结合任务要求，对实体进行倒角，具体参数设置如图 2-2-70 所示。倒斜角效果如图 2-2-71 所示。

11）结合任务要求，对实体进行边倒圆，具体参数设置如图 2-2-72 所示。边倒圆效果如图 2-2-73 所示。

图 2-2-70 【倒斜角】对话框（2）

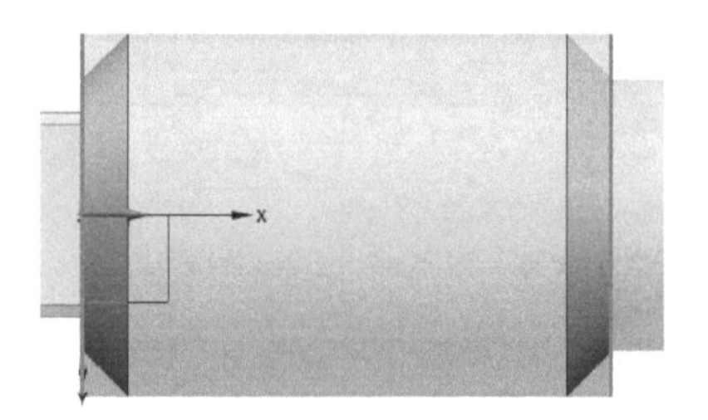

图 2-2-71 倒斜角效果（2）

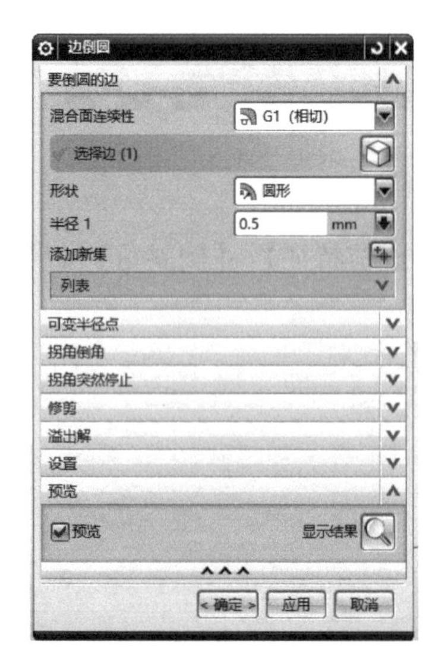

图 2-2-72 【边倒圆】对话框

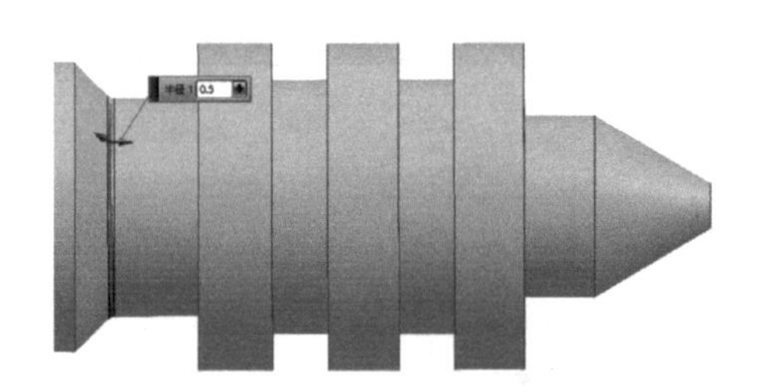

图 2-2-73 边倒圆效果

12）按照图示说明，依次通过边倒圆命令倒出所需圆角，如图 2-2-74 所示。

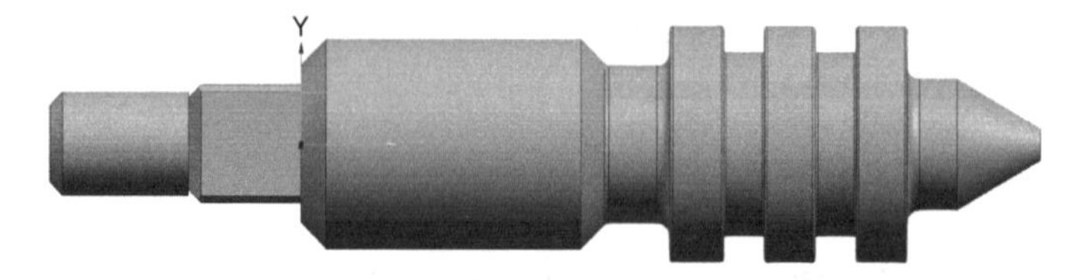

图 2-2-74 边倒圆效果

13）根据任务要求，建立基准平面，便于后续螺纹的创建。选择【插入】→【基准/点】→【基准平面】命令，如图 2-2-75 所示。选择平面对象为指引线指向的平面，偏置距离选择 X 轴负方向 8mm，如图 2-2-76 所示。

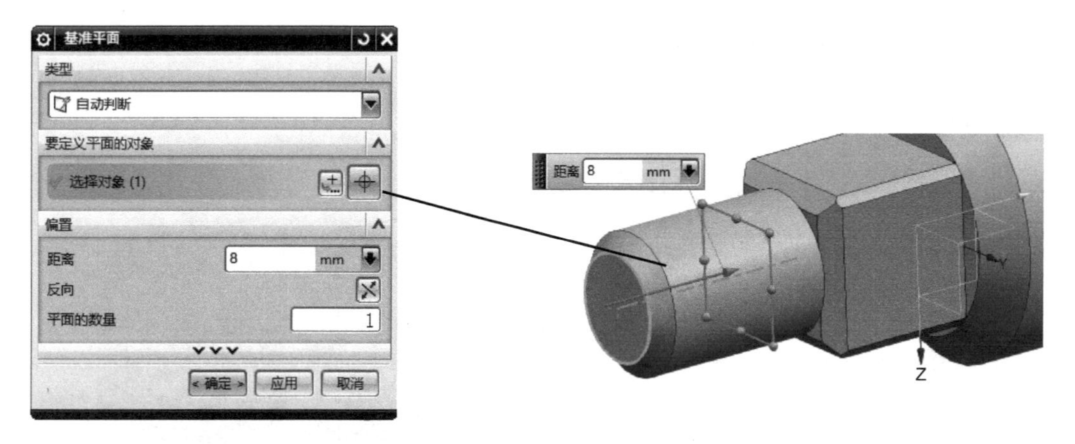

图 2-2-75 【基准平面】对话框

图 2-2-76 选择对象

14）建立基准平面后，选择【插入】→【设计特征】→【螺纹】命令，如图 2-2-77 所示。【选择起始】为基准平面，并选择【螺纹轴反向】，如图 2-2-78 所示，创建螺纹效果如图 2-2-79 所示。

图 2-2-77 【螺纹】对话框

图 2-2-78 选择起始条件

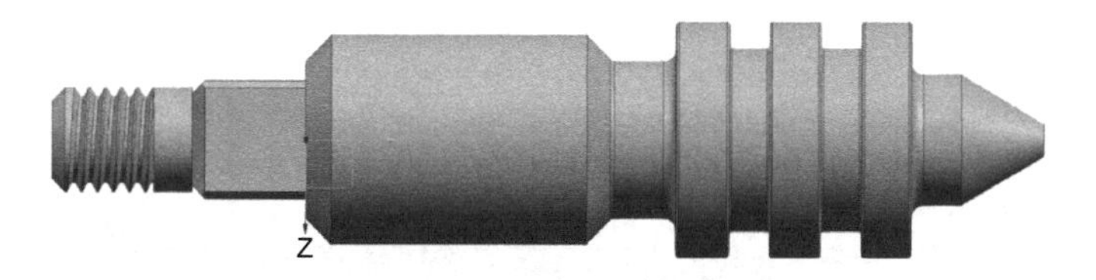

图 2-2-79 创建螺纹效果

15）根据任务要求，建立基准平面，便于后续螺纹的创建。选择【插入】→【基准/点】→【基准平面】命令，如图 2-2-80 所示。选择平面对象为指引线指向的平面，偏置距离选择 X 轴负方向 2mm，如图 2-2-81 所示。

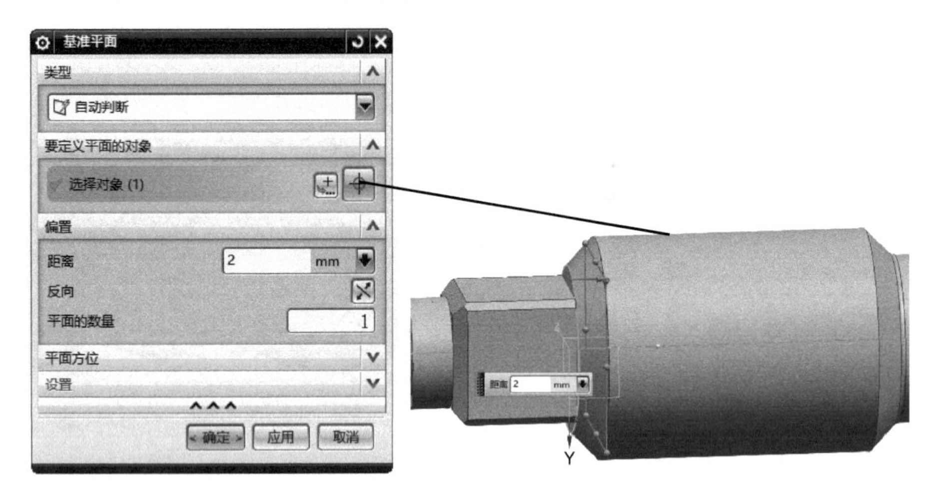

图 2-2-80 【基准平面】对话框　　图 2-2-81 建立基准平面

16）建立基准平面后，选择【插入】→【设计特征】→【螺纹】命令，如图 2-2-82 所示，【选择起始】为基准平面，并选择【螺纹轴反向】，如图 2-2-83 所示。创建螺纹效果如图 2-2-84 所示。

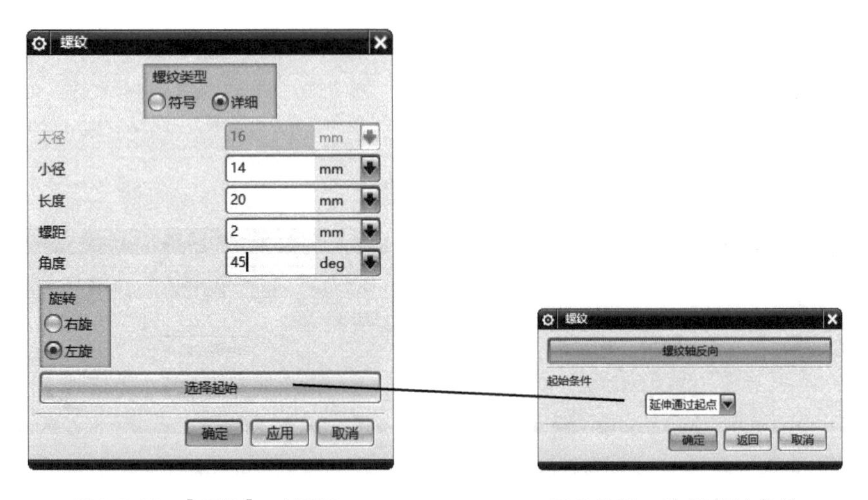

图 2-2-82 【螺纹】对话框　　图 2-2-83 选择起始条件

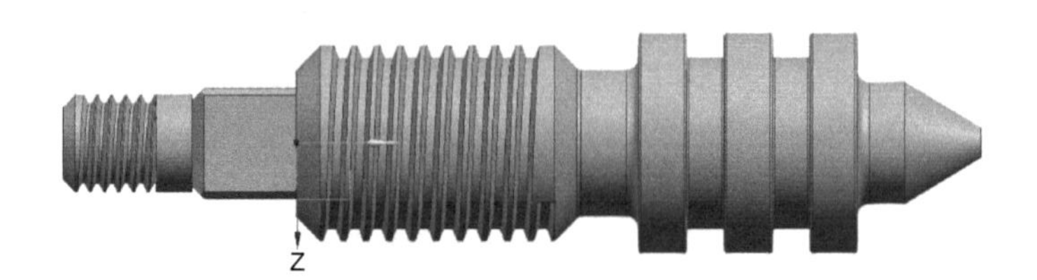

图 2-2-84 创建螺纹效果

17）最终完成阀杆的三维造型设计，如图 2-2-85 所示。

图 2-2-85 阀杆的三维造型

【劳模精神、劳动精神、工匠精神的深刻内涵和光辉历程】

劳模精神、劳动精神、工匠精神的深刻内涵和光辉历程

劳模精神、劳动精神、工匠精神的深刻内涵和光辉历程：劳模精神、劳动精神、工匠精神是以爱国主义为核心的民族精神和以改革创新为核心的时代精神的生动体现，是中国共产党人精神谱系的重要组成部分。劳模精神、劳动精神、工匠精神有着哪些深刻内涵？其形成发展有着怎样的光辉历程？

劳模精神：爱岗敬业、争创一流、艰苦奋斗、勇于创新、淡泊名利、甘于奉献。这 24 个字精准概括了劳模精神的丰富内涵，道出了劳动模范之所以能在广大劳动者群体中脱颖而出的根本原因，为新时代广大劳动者群体提出了奋斗的目标和方向。

★“爱岗敬业、争创一流”体现的是劳动模范的本色和追求。

★“艰苦奋斗、勇于创新”体现的是劳动模范的作风与品质。

★“淡泊名利、甘于奉献”体现的是劳动模范的境界与修为。

劳模精神反映劳动模范在生产实践中的职业素养、职业能力、职业品质，弘扬劳模精神强调用劳模的先进思想、模范行动影响和带动全社会。

劳动精神：热爱劳动、崇尚劳动、辛勤劳动、诚实劳动。这 16 个字是对劳动精神的高度概括和生动诠释，为新时代坚持和弘扬劳动精神指明了方向。

★“热爱劳动、崇尚劳动”动员广大劳动者立足岗位成长，在劳动中体现价值、展现风采、感受快乐，强调全社会要以辛勤劳动为荣，以好逸恶劳为耻，任何时候任何人都不能看不起普通劳动者，都不能贪图不劳而获的生活。

★“辛勤劳动、诚实劳动”强调无论时代如何发展，辛勤、诚实永远是劳动的本色，广大劳动者只要踏实劳动、勤勉劳动，在平凡岗位上也能干出不平凡的业绩。

劳动精神是劳动者劳动意识、劳动理念、劳动态度、劳动习惯的集中展示，弘扬劳动精神强调正确认识劳动是人类的本质活动。

工匠精神：“执着专注、精益求精、一丝不苟、追求卓越”。这 16 个字生动概括了工匠精神的深刻内涵，激励广大劳动者走技能成才、技能报国之路，立志成为高技能人才和大国工匠。

★“执着专注”是工匠的本分。

★“精益求精”是工匠的追求。

★“一丝不苟”是工匠的作风。

★“追求卓越”是工匠的使命。

工匠精神不仅是大国工匠群体特有的品质，更是广大技术工人心无旁骛钻研技能的专业

素质、职业精神，弘扬工匠精神强调在追求卓越中超越自己。

内在联系：劳动精神是劳模精神、工匠精神的根基，离开劳动创造，劳模精神和工匠精神就是无源之水、无本之木。劳模精神和工匠精神是劳动精神向更高水平的发展、在更高层次的升华。

光辉历程：我们党的百年奋斗史，镌刻着劳模精神、劳动精神、工匠精神形成发展的光辉历程。革命战争年代孕育了“边区工人一面旗帜”赵占魁、“兵工事业开拓者”吴运铎、“新劳动运动旗手”甄荣典等劳动模范，社会主义革命和建设时期出现了“高炉卫士”孟泰、“铁人”王进喜、“两弹元勋”邓稼先、“宁肯一人脏、换来万人净”的时传祥等一大批先进模范。改革开放和社会主义现代化建设新时期涌现了“金牌工人”“蓝领专家”孔祥瑞、“新时期铁人”王启民、窦铁成、“新时代知识工人”邓建军、“中国航空发动机之父”吴大观、“汉字激光照排系统之父”王选、“金牌工人”许振超等一大批劳动模范和先进工作者。

实践证明，不论时代怎样变迁、社会怎样变化，劳模精神、劳动精神、工匠精神始终是鼓舞全党全国各族人民风雨无阻、勇敢前进的强大精神动力。

【拓展训练】

根据图 2-2-86 所示阶梯轴，完成其三维实体建模。

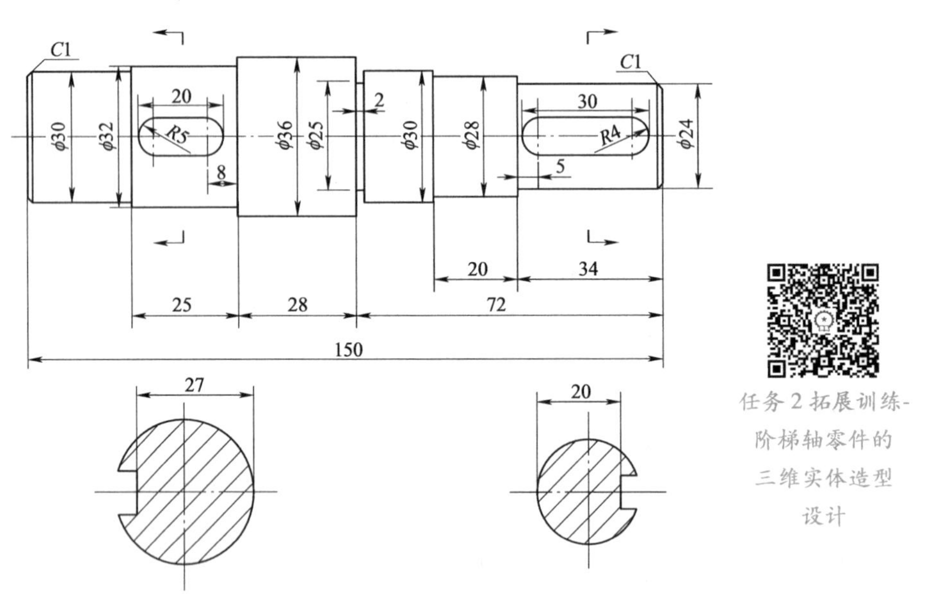

任务 2 拓展训练-阶梯轴零件的三维实体造型设计

图 2-2-86　阶梯轴

任务实施步骤如下：

1）启动 UG NX 10.0。

2）新建一个文件。

执行【文件】→【新建】命令，选择【建模】模式，给阶梯轴零件制定路径和文件名，单击【确定】按钮。

3）创建最右端圆柱。

单击【插入】→【设计特征】→【圆柱】命令，或单击【特征】工具栏中的图标按钮，在弹出的对话框中，类型选择为【轴、直径和高度】，设置【指定矢量】为默认的 ZC 轴，在【指定点】选项中设置默认坐标原点，在【尺寸】选项中设置直径为 24mm，高度为 34mm，选择【布尔】运算为【无】，如图 2-2-87 所示。单击【确定】按钮完成圆柱的创建，如图 2-2-88 所示。

4）创建 ϕ28mm、高 20mm 的圆柱。创建方式与步骤 3）基本相同。【指定点】的选择：在 ϕ24mm、高 34mm 的圆柱最左端圆弧处单击捕捉圆弧中心，【布尔】运算选择【求和】，选择最右端圆柱实体，如图 2-2-89 所示，单击【确定】按钮完成圆柱的创建，如图 2-2-90 所示。

图 2-2-87　【圆柱】对话框

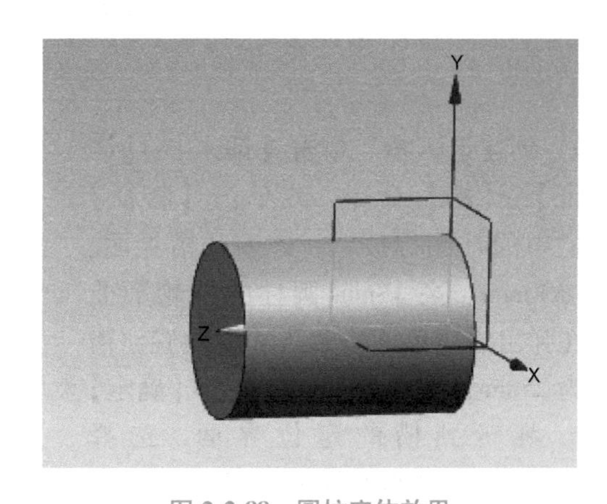

图 2-2-88　圆柱实体效果

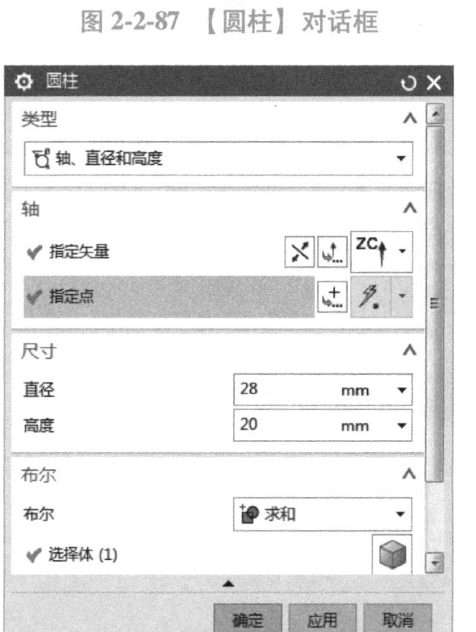

图 2-2-89　【圆柱】对话框

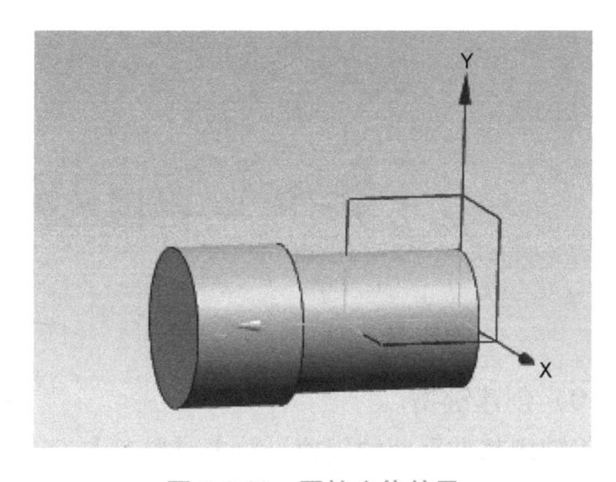

图 2-2-90　圆柱实体效果

5）创建 ϕ30mm、高 18mm 的圆柱。重复步骤 4），修改特征参数，指定点，完成直径 30mm、高 18mm 圆柱的创建。

6）创建ϕ36mm、高 28mm 的圆柱。重复步骤 4）修改特征参数，指定点，完成直径 36mm、高 28mm 圆柱的创建。

7）创建ϕ32mm、高 25mm 的圆柱。重复步骤 4），修改特征参数，指定点，完成直径 32mm、高 25mm 圆柱的创建。

8）创建ϕ30mm、高 25mm 的圆柱。重复步骤 4），修改特征参数，指定点，完成直径 30mm、高 25mm 圆柱的创建，效果如图 2-2-91 所示。

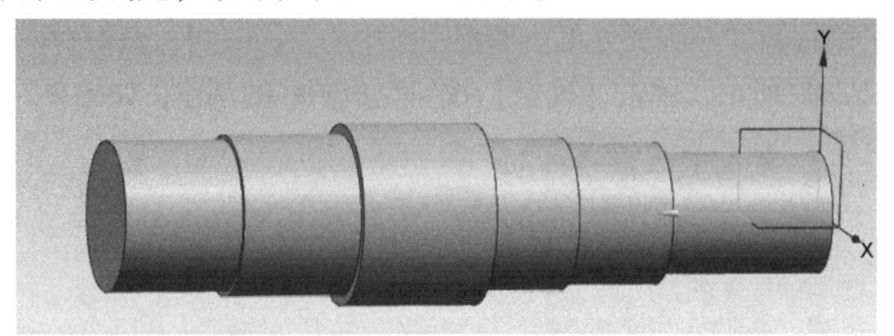

图 2-2-91　阶梯轴主体部分效果图

9）创建退刀槽。单击【插入】→【设计特征】→【槽】命令，或单击【特征】工具栏中的图标按钮，进入开槽界面。选择ϕ30mm、高 18mm 圆柱的外轮廓曲面，在弹出的矩形槽参数尺寸中设置：槽直径为 25mm，宽度为 2mm，单击【确定】按钮，跳转到槽的定位界面，选择ϕ36mm、高 28mm 圆柱最右端圆弧 1 和槽的最左端圆弧 2，如图 2-2-92 所示，输入这两条边的定位距离 2mm，完成退刀槽的创建，如图 2-2-93 所示。

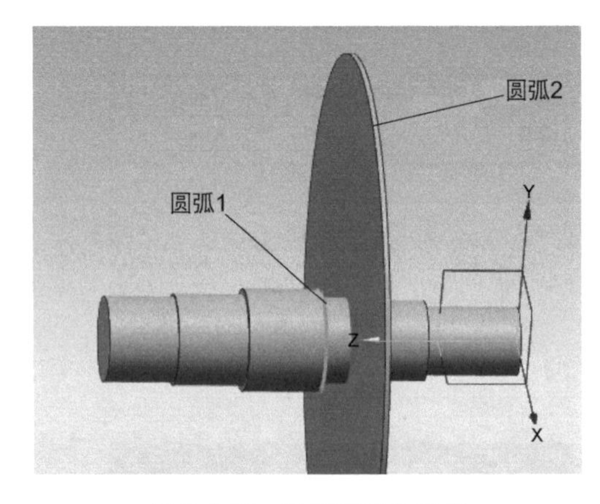

图 2-2-92　退刀槽定位设置

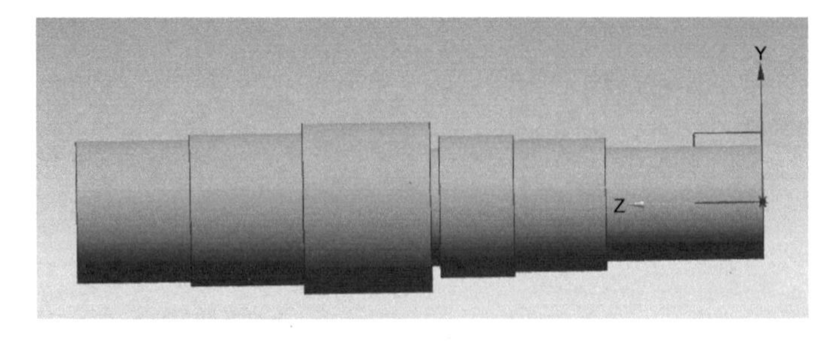

图 2-2-93　退刀槽完成效果

10）创建键槽。

①键槽基准平面的创建。单击【特征】工具栏中【基准平面】图标按钮，或执行【插入】→【基准/点】→【基准平面】命令，弹出【基准平面】对话框。【类型】选择【相切】，【相切子类型】也选择【相切】，【参照几何体】选择对象为图 2-2-94 所示的圆柱面，【平面方位】方向保持不变，其他选项设置为默认，单击【确定】按钮，完成基准平面的创建。

图 2-2-94　基准平面的创建

②右端键槽的创建。单击【插入】→【设计特征】→【键槽】命令，或单击【特征】工具栏中的图标按钮，进入【键槽】对话框，如图 2-2-95 所示，键槽类型选择【矩形键槽】，如图 2-2-96 所示，单击【确定】按钮。

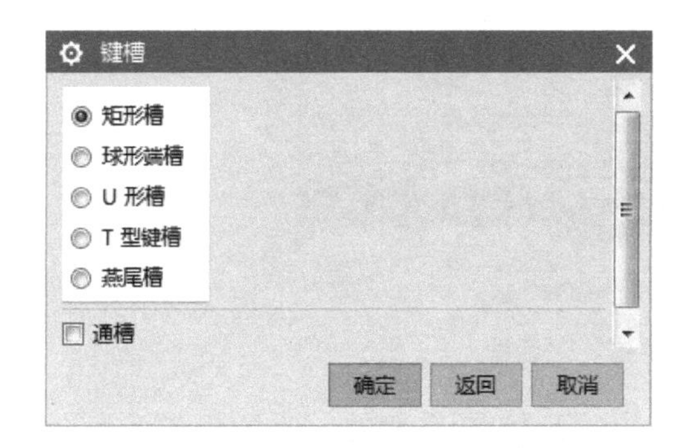

图 2-2-95　【键槽】对话框

图 2-2-96　【矩形键槽】对话框

选择放置平面为图 2-2-97 中指引线所指新建立的基准平面，弹出【键槽方向】对话框，选择【接受默认边】，单击【确定】按钮。

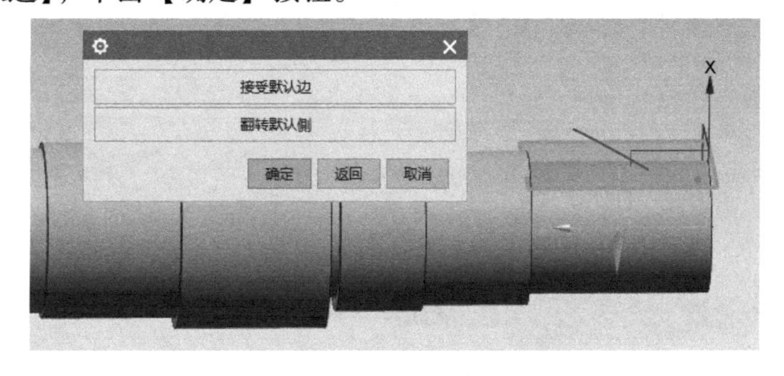

图 2-2-97　【键槽方向】对话框

弹出【水平参考】对话框，选择【类型】为【实体面】，单击图 2-2-98 中右边阴影所示圆柱表面，弹出【矩形键槽】对话框，设置尺寸，如图 2-2-99 所示，单击【确定】按钮。

图 2-2-98 【水平参考】设置

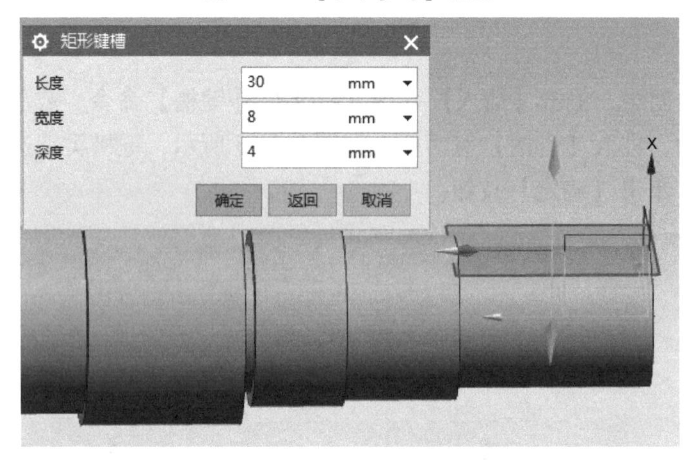

图 2-2-99 【矩形键槽】对话框

弹出【定位】对话框，如图 2-2-100 所示，单击【水平定位】图标，选择 $\phi 28$mm 的圆弧，如图 2-2-101 所示，弹出【设置圆弧的位置】对话框，选择【圆弧中心】，选择键槽左端圆弧，弹出【设置圆弧的位置】对话框，选择【圆弧中心】。

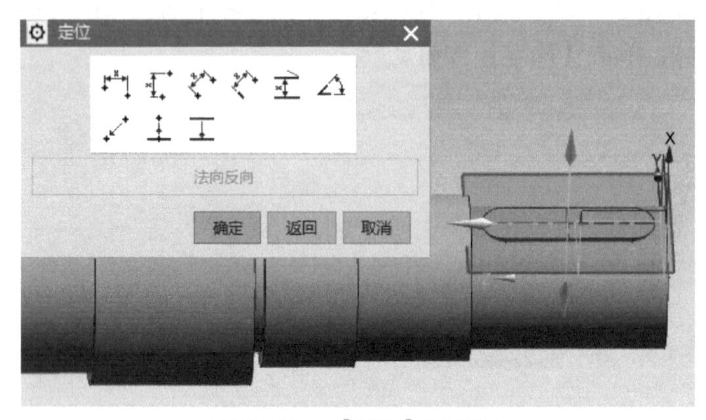

图 2-2-100 【定位】对话框

图 2-2-101 水平定位圆弧的位置的确定

弹出如图 2-2-102 所示【创建表达式】对话框，设置数值为 5mm，单击【确定】按钮。然后单击【竖直定位】图标，设置方法与水平定位相同，设置数值为 0mm，单击【确定】按钮，完成键槽的创建。

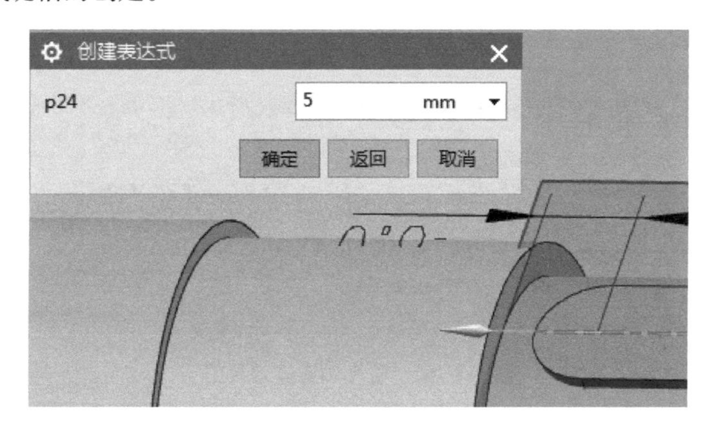

图 2-2-102 【水平定位】设置

11）ϕ32mm 圆柱面上键槽的创建。ϕ32mm 圆柱面上键槽的创建方式与右端键槽的创建方式相同。首先在 ϕ32mm 圆柱面上建立基准平面，然后创建键槽特征，请读者自行完成，完成效果如图 2-2-103 所示。

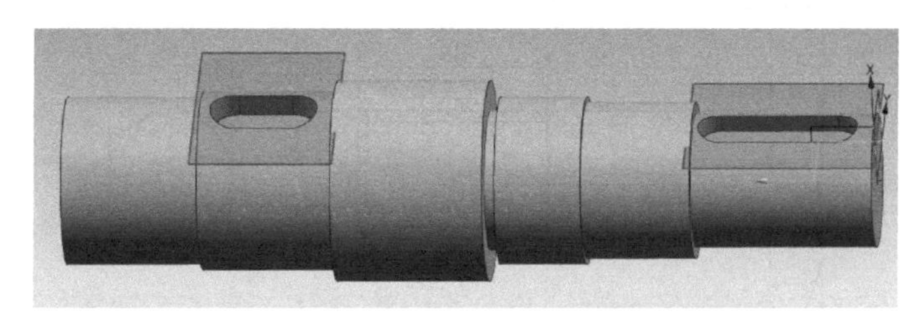

图 2-2-103 键槽创建效果图

12）倒斜角。单击【特征操作】工具栏中的【倒斜角】图标按钮，或执行【插入】→【细节特征】→【倒斜角】指令，设置边为阶梯轴左右两端圆弧，如图 2-2-104 所示，【横截面】设置为【对称】，距离设置为 1mm，单击【确定】按钮。

13）隐藏基准平面。将指针移动到创建的基准平面附近，单击鼠标右键，在弹出的对话框中选择隐藏，将基准平面隐藏，最终效果如图 2-2-105 所示。

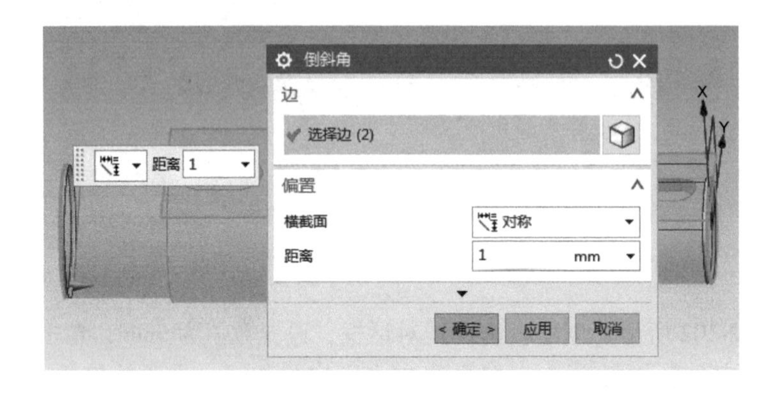

图 2-2-104　创建【倒斜角】

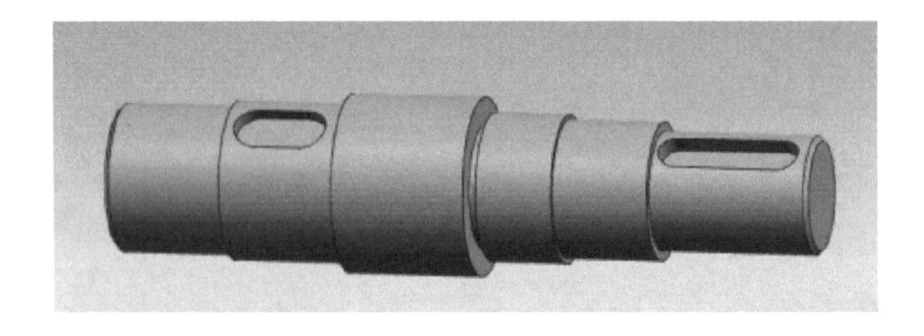

图 2-2-105　阶梯轴实体效果图

【课后作业】

按照图 2-2-106~图 2-2-112 所示各零件，绘制它们的三维实体造型。

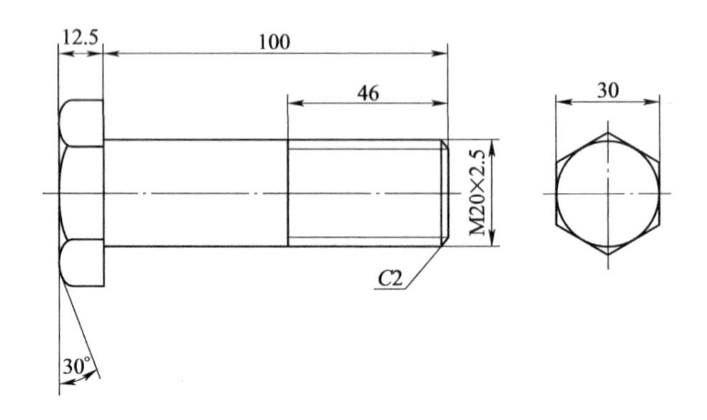

图 2-2-106　螺栓

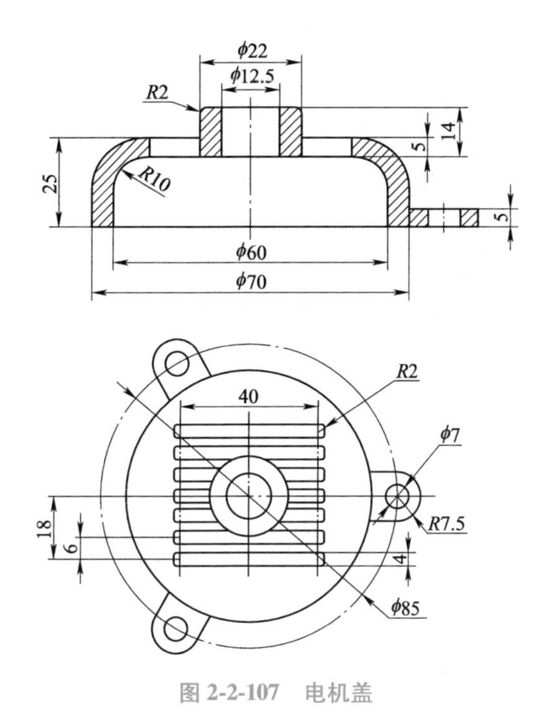

图 2-2-107　电机盖

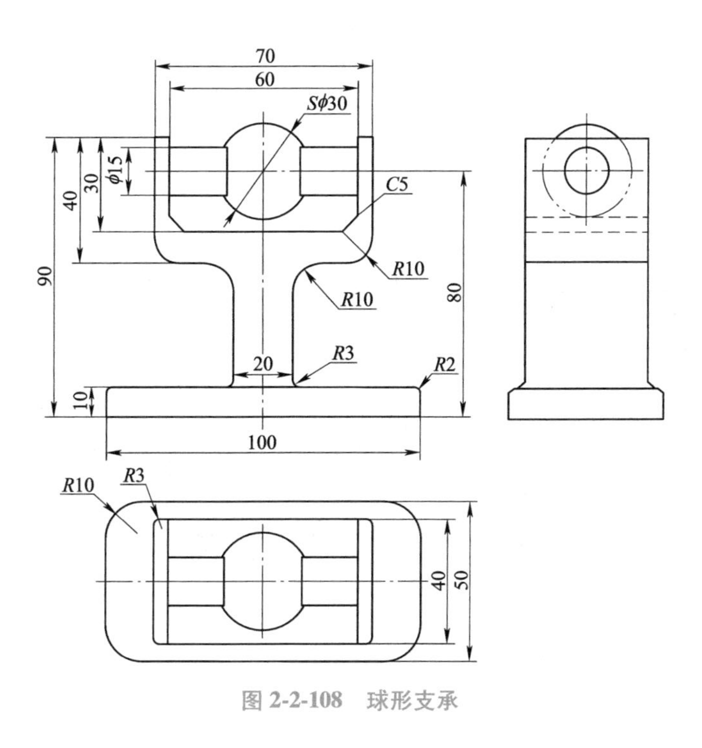

图 2-2-108　球形支承

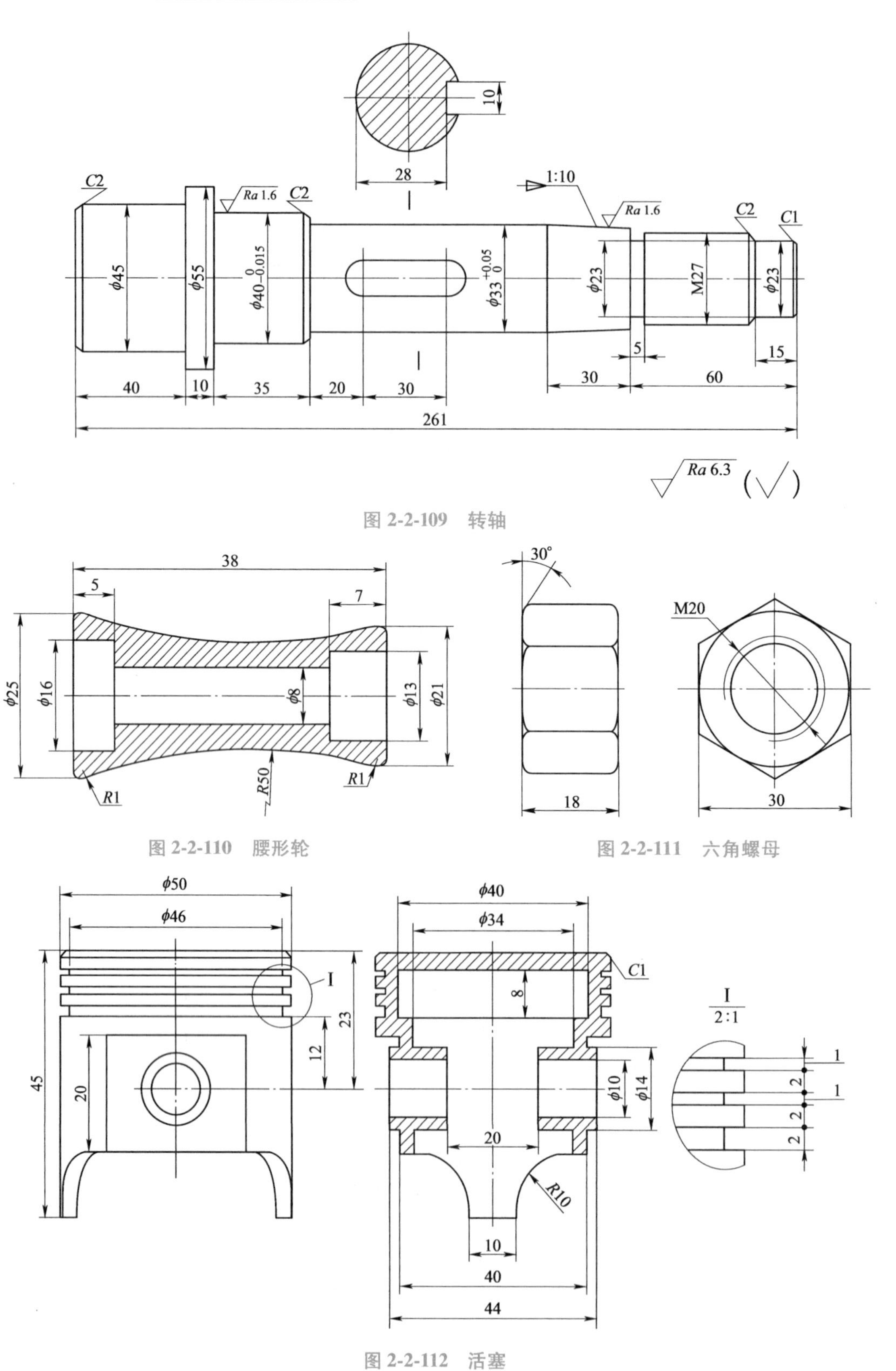

图 2-2-109　转轴

图 2-2-110　腰形轮

图 2-2-111　六角螺母

图 2-2-112　活塞

学习情境3

零件的3D打印

【学习指南】

【情境导入】

3D 打印是基于增材制造原理的一种新加工技术，是快速成形技术的延续与发展。实现 3D 打印技术的关键是 3D 打印设备和 3D 打印成形工艺。现车间需要将前期开发的产品零件，运用 3D 打印技术通过打印机喷头来配送成形材料，按照设计的三维数字模型，将材料一层层地逐步堆积于工作台上，最终形成三维模型。

【学习目标】

知识目标：

1）能够掌握 3D 打印的原理和 3D 打印的技术特点。

2）能够掌握 3D 打印的常用材料和应用领域。

3）能够熟练掌握 3D 打印机的工作原理与结构。

能力目标：

1）能够进行 3D 打印机的设备连线、启动初始化、上丝、退料和调平等操作。

2）初步认识切片软件的功能，会利用切片软件修改打印模型和打印参数。

3）能够根据已有 STL 文件完成零件的 3D 打印。

素养目标：

1）提高学生的创新能力。

2）培养学生的实践动手能力。

3）培养学生遵守职业规范的素养。

4）培养学生精益求精的工匠精神。

【工作任务】

任务 1　阀体的 3D 打印　参考学时：课内 4 学时（课外 4 学时）

任务 2　阀杆的 3D 打印　参考学时：课内 4 学时（课外 4 学时）

任务1　阀体的3D打印

【任务工单】

<table>
<tr><td>学习情境3</td><td colspan="2">零件的3D打印</td><td>工作任务1</td><td colspan="3">阀体的3D打印</td></tr>
<tr><td colspan="3">任务学时</td><td colspan="4">4学时（课外4学时）</td></tr>
<tr><td colspan="7">布置任务</td></tr>
<tr><td>工作目标</td><td colspan="6">1）了解3D打印的原理和3D打印的技术特点。
2）掌握3D打印的常用材料和应用领域。
3）了解3D打印机的工作原理与结构。
4）进行3D打印机的设备连线、启动初始化、上丝、退料和调平等操作。
5）利用切片软件修改阀体模型和打印参数。
6）根据已有阀体模型的STL文件完成阀体的3D打印</td></tr>
<tr><td>任务描述</td><td colspan="6">截止阀又称截门阀，属于强制密封式阀门，在工业生产中广泛应用于控制空气、水、蒸汽、各种腐蚀性介质、泥浆、油品、液态金属和放射性介质等流体的流动。本任务选取大庆油田装备制造集团DN20截止阀阀体作为载体，如图3-1-1所示。通过完成本任务，使学生掌握3D打印的原理和3D打印的技术特点，能够掌握3D打印的常用材料和应用领域，3D打印机的工作原理与结构，能够熟练掌握3D打印机的设备连线、启动初始化、上丝和退料等操作，以及打印模型后处理，并根据已有STL文件完成零件的3D打印全流程操作。
图3-1-1　截止阀阀体零件</td></tr>
<tr><td>学时安排</td><td>资讯
1学时</td><td>计划
0.5学时</td><td>决策
0.5学时</td><td>实施
1学时</td><td>检查
0.5学时</td><td>评价
0.5学时</td></tr>
<tr><td>提供资源</td><td colspan="6">1）截止阀阀体零件图、STL格式文件。
2）电子教案、课程标准、多媒体课件、教学演示视频及其他共享数字资源。
3）铲刀、斜口钳、尖嘴镊子、砂纸等。</td></tr>
<tr><td>对学生学习及成果的要求</td><td colspan="6">1）具备阀体零件图的识读能力。
2）严格遵守实训基地各项规章制度。
3）熟练掌握3D打印设备的操作方法，完成阀体零件的3D打印。
4）能按照学习导图自主学习，并完成自学自测。
5）严格遵守课堂纪律，学习态度认真、端正，能够正确评价自己和同学在本任务中的素质表现。
6）必须积极参与小组工作，做到积极主动不推诿，能够与小组成员合作完成工作任务。
7）需独立或在小组同学的帮助下完成任务工单、加工工艺文件、阀体零件STL切片、阀体零件打印视频录制等，并提请检查、签认，对提出的建议或错误之处，务必及时修改。
8）每组必须完成任务工单，并提请教师进行小组评价，小组成员分享小组评价分数或等级。
9）完成任务反思，并以小组为单位提交。</td></tr>
</table>

【学习导图】

任务 1 的学习导图如图 3-1-2 所示。

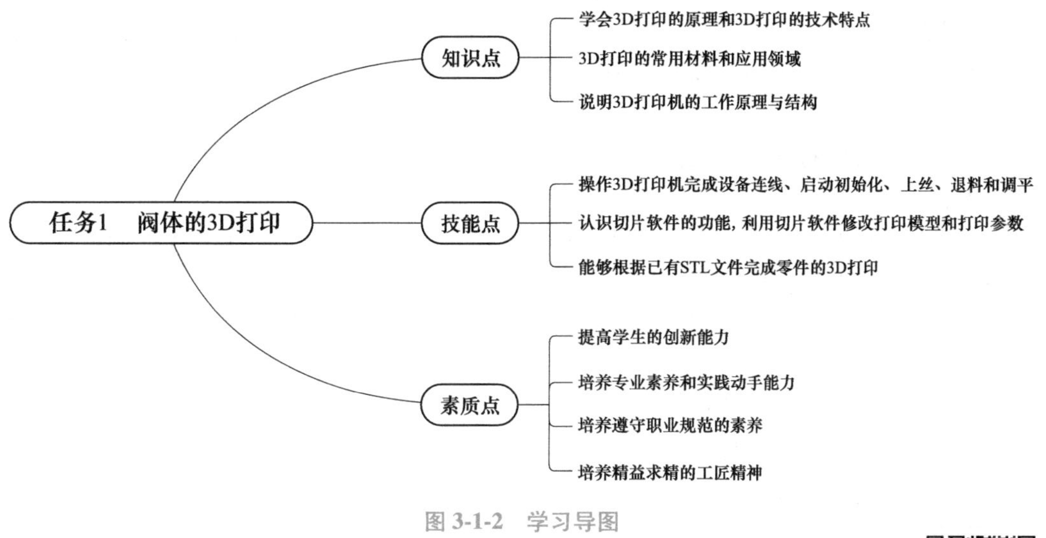

图 3-1-2　学习导图

【课前自学】

3D 打印技术介绍

一、什么是 3D 打印

3D 打印又称三维打印，出现在 20 世纪 90 年代中期，是快速成形技术的一种。它是一种以数字模型文件为基础，运用特殊蜡材、粉末状金属或塑料等可黏合材料，通过一层层地打印黏合材料来制造物体。

3D 打印机与传统打印机最大的区别在于它使用的“墨水”是实实在在的原材料。其堆叠薄层的形式多种多样，可用于打印的介质种类繁多，从塑料到金属、陶瓷以及橡胶类物质，均可打印。有些打印机还能结合不同介质，打印出一头坚硬而另一头柔软的物体。

3D 打印技术的魅力在于它不需要在工厂操作，使用桌面打印机就可以打印出小物品、技术产品和模型等，人们可以将其放在办公室一角、办公桌、书房，让它安静地工作。当然，车架、汽车方向盘甚至飞机零件等大物品，则需要工业级的 3D 打印机及更大的打印空间才可以实现。

只需要一个想法、一些材料、一台 3D 打印机，就可以把你脑中的虚拟想法转化成实体，它可以打印一辆车、一栋房子、一块巧克力，甚至是组织器官。3D 打印机的操作原理与传统打印机很多地方是相似的，它配有融化塑料丝材的加热头和三维工作平台，允许使用者下载模型。与传统打印机不同的是，3D 打印机打印的不是纸而是塑料或金属。打印时它将设计品分为若干薄层，每次用原材料生成一个薄层，再通过逐层叠加“成形”。3D 打印技术的神奇之处在于可以自动、快速、直接和精确地将计算机中的设计转化为实体，甚至直接制造零件或模具，不依赖传统的刀具、夹具和机床，就可以打造出任意形状的产品，小型产品半天时间就可完成。

二、3D 打印技术特点

3D 打印带来了世界性的制造业革命，以前是部件设计完全依赖于生产工艺能否实现，而 3D 打印机的出现，将颠覆这一生产思路，这使得企业在生产部件时不再考虑生产工艺问题，任何复杂形状的设计均可以通过 3D 打印来实现。

3D 打印技术的优点：

1）3D 打印节省材料，不用去除边角材料，提高了材料利用率，不依赖生产线，从而降低了成本。

2）3D 打印产品可达到很高的精度和复杂程度，可以打印出传统工艺无法制造的产品，并且外形美观，兼具鉴赏性和实用性。

3）3D 打印告别了传统的刀具、夹具和机床或任何模具，能直接从计算机图形数据中生成任何形状的零件。

4）3D 打印可以自动、快速、直接和精确地将计算机中的设计转化为实体，甚至直接制造零件或模具，从而有效地缩短产品研发周期。

5）3D 打印能在数小时内成形，这种技术让设计人员和开发人员实现了从平面图样到实体模型的飞跃。

6）3D 打印能制造出组装好的产品，因此它大大降低了组装成本，在某些领域可以挑战大规模生产方式。

由于目前的技术发展，3D 打印技术还存在一些明显的缺点：

（1）打印效果受材料限制　虽然高端工业打印机可以实现某些金属或者陶瓷材料的打印，但目前实现打印的材料都是比较昂贵、稀缺的。从整个产业来看，材料质量的稳定性、易用性等还有待提高，新型材料研发面临的瓶颈也难以在短时间内取得突破。此外，一些 3D 打印设备还没有达到成熟的水平，无法支持在日常生活中人们所接触到的各种材料。

（2）成品不够坚固耐用　房子、车子固然能“打印”出来，但能否抵挡得住风雨，能否在路上顺利跑起来？3D 打印目前比较常用的是高分子材料，而每种材料都有自己的熔点以及流体等各种性能，3D 打印很难实现将各种材料配合，从而导致打印的成品存在脆性大等缺点。

（3）知识产权的忧虑　如今，随着法律意识的逐渐加强，人们对知识产权保护越来越重视，3D 打印技术也涉及这一问题。如何保证 3D 打印出来的产品具有正当的版权，不受盗用和冒用，已经成为行业发展过程中必须解决的问题。有关部门如何制定 3D 打印相关法律法规来保护 3D 打印知识产权，也是 3D 打印能否得到合理运用的关键。

（4）难以克服环境因素　在 3D 打印室内，由于空气净化不足、机器上存在缝隙以及金属粉末材料中混有杂质等，会使打印室内的氧气含量发生不同变化，从而对打印部件的力学性能产生不良影响，甚至可能导致部件中的化学成分发生变化，所以需要想办法检测打印室内的氧含量。

三、3D 打印的常用材料

3D 打印技术的兴起和发展，离不开 3D 打印材料的发展。3D 打印有多种技术种类，如

SLS（选择性激光烧结）、SLA（光固化成形技术）和 FDM（熔融沉积快速成形技术）等，每种打印技术的打印材料都是不一样的，比如 SLS 常用的打印材料是金属粉末，而 SLA 通常用光敏树脂，FDM 采用的材料比较广泛，如 ABS 塑料、PLA 塑料等。

当然，不同的打印材料是针对不同应用的，目前 3D 打印材料还在持续丰富中，材料的丰富和发展也是 3D 技术能够普及的关键。

1. ABS 塑料

ABS 塑料是丙烯腈（A）、丁二烯（B）、苯乙烯（S）三种单体的三元共聚物，三种单体相对含量可任意变化，制成各种树脂。ABS 塑料兼有三种组元的性能，A 使其耐化学腐蚀、耐热，并有一定的表面硬度，B 使其具有高弹性和韧性，S 使其具有热塑性塑料的加工成型特性并改善了电性能。因此，ABS 塑料是一种原料易得、综合性能良好、价格便宜、用途广泛的“坚韧、质硬、刚性”材料。ABS 塑料在机械、电气、纺织、汽车、飞机、轮船等制造工业及化工中获得了广泛的应用，可以说是最常用的打印材料，目前有多种颜色可以选择，是消费级 3D 打印机用户最喜爱的打印材料，比如打印玩具、制作创意家居饰件等。ABS 塑料通常是细丝盘装，通过 3D 打印喷嘴加热熔化打印。

2. PLA 塑料

PLA 学名聚乳酸，又称聚丙交酯，是以乳酸为主要原料聚合得到的聚酯类聚合物，是一种新型的生物降解材料。聚乳酸的热稳定性好，加工温度为 170~230℃，有好的抗溶剂性，可用多种方式进行加工，如挤压、纺丝、双轴拉伸、注射吹塑。由聚乳酸制成的产品除能生物降解外，生物相容性、光泽度、透明性、手感和耐热性好。PLA 塑料熔丝可以说是另外一个非常常用的打印材料，尤其是对于消费级 3D 打印机来说，因 PLA 塑料可以降解，是一种环保的材料。PLA 塑料一般情况下不需要加热床，这一点不像 ABS 塑料，所以 PLA 塑料容易使用，而且更加适合低端的 3D 打印机。PLA 塑料有多种颜色可以选择，而且还有半透明的红、蓝、绿以及全透明的材料。

3. 亚力克

亚克力又称 PMMA 或有机玻璃，源自英文 acrylic（丙烯酸塑料），化学名称为聚甲基丙烯酸甲酯。这是一种开发较早的重要可塑性高分子材料，具有较好的透明性、化学稳定性和耐候性，易染色、易加工、外观优美，在建筑业中有着广泛应用。有机玻璃产品通常可以分为浇注板、挤出板和模塑料。亚力克材料表面光洁度好，可以打印出透明和半透明的产品。目前，利用亚力克材质可以打印出牙齿模型，用于牙齿的矫正治疗。

4. 尼龙铝粉材料

聚酰胺俗称尼龙（Nylon），英文名称 Polyamide（简称 PA），是分子主链上含有重复酰胺基团-[NHCO]-的热塑性树脂总称，包括脂肪族 PA、脂肪-芳香族 PA 和芳香族 PA。其中，脂肪族 PA 品种多，产量大，应用广泛，其命名由合成单体的碳原子数而定。在尼龙的粉末中掺杂了铝粉，利用 SLS 技术进行打印，其成品具有金属光泽，结构强度高，经常用于装饰品、首饰和创意产品的打印。

5. 陶瓷

陶瓷常用非硅酸盐类化工原料或人工合成原料，如氧化物（氧化铝、氧化锆、氧化钛等）和非氧化物（氮化硅、碳化硼等）制造，具有优异的绝缘、耐腐蚀、耐高温、耐辐射，以及硬度高、密度小等优点，已在国民经济各领域得到广泛应用。陶瓷粉末采用 SLS 技术进行烧结，上釉陶瓷产品可以用来盛食物，或用陶瓷来打印个性化的杯子。当然3D打印并不能完成陶瓷的高温烧制，需要在打印完成之后进行高温烧结。

6. 光敏树脂

光敏树脂俗称紫外线固化无影胶或UV树脂（胶），主要由聚合物单体与预聚体组成，其中加有光（紫外光）引发剂或称光敏剂，在一定波长的紫外光（250~300nm）照射下便会立刻引起聚合反应，完成固态化转换。光敏树脂指用于光固化快速成型的材料为液态光固化树脂，或称液态光敏树脂，主要由低聚物、光引发剂、稀释剂组成。近两年，光敏树脂正被用于3D打印新兴行业，因为其优秀的特性而受到行业青睐与重视，其种类很多，有透明的、半固体状的，可以制作中间设计过程模型。由于其成型精度非常高，可以作为生物模型或医用模型。

7. 不锈钢

不锈钢是不锈耐酸钢的简称，具有耐空气、蒸汽、水等弱腐蚀介质等性质。不锈钢常按组织状态分为马氏体钢、铁素体钢、奥氏体钢、奥氏体-铁素体（双相）钢及沉淀硬化不锈钢等。另外，可按成分分为铬不锈钢、铬镍不锈钢和铬锰氮不锈钢等，还有用于压力容器的专用不锈钢。不锈钢硬度高，而且有很高的韧性。不锈钢粉末采用SLS技术进行3D烧结，可以选用银色、古铜色以及白色等颜色。不锈钢可以制作模型、现代艺术品以及很多功能性和装饰性的用品。

8. 彩色打印和其他材质

彩色打印有两种情况，一种是两种或多种颜色不同的材料从各自的喷嘴中挤出，最常用的是消费级的FDM双喷嘴打印机，通过两种或多种材料的组合来形成有限的色彩组合；另一种是采用喷墨打印机的原理，通过不同染色剂的组合，将黏结剂混合注入打印材料粉末中进行凝固。

其他的打印材质包括水泥、岩石、纸张、甚至是盐，目前都有少量的研究应用。比如用混凝土来打印房屋，初步实验可以打印出小的模型或预制件。也有人研究用木屑或者纸张来打印家具，尤其是纸张，可以利用回收的报纸，很具有发展前景。

四、UP BOX 3D打印机的工作原理与结构

本情境所选取的北京太尔时代UP BOX 3D打印机是典型的FDM（Fused Deposition Modeling，熔融沉积成形）打印机，其主要原理如图3-1-3所示。

熔融沉积又叫熔丝沉积，是将丝状热熔性材料加热融化，通过带有一个微细喷嘴的喷头挤喷出来。热熔材料融化后从喷嘴喷出，沉积在制作面板或前一层已固化的材料上，温度低于固化温度后开始固化，通过材料的层层堆积形成最终成品。

目前主流的FDM桌面打印机按照结构主要分为3种：XYZ型打印机、Prusa i3型打印机和三角洲（并联臂）型打印机。

XYZ型驱动：3轴传动互相独立，3个轴分别由3台步进电动机独立控制（有些机器Z轴由2台电动机驱动）。XYZ型打印机结构简单，其独立控制的3个轴，使得机器稳定性、打印精度和打印速度能维持比较高的水平。本情境采用的就是XYZ型打印机。

Prusa i3型打印机：此打印机采用龙门结构，控制X、Z轴，Y轴通过工作台的移动来实现。Y轴行进的惯性影响以及打印件在打印过程中越来越重，会导致Y轴电动机丢步、

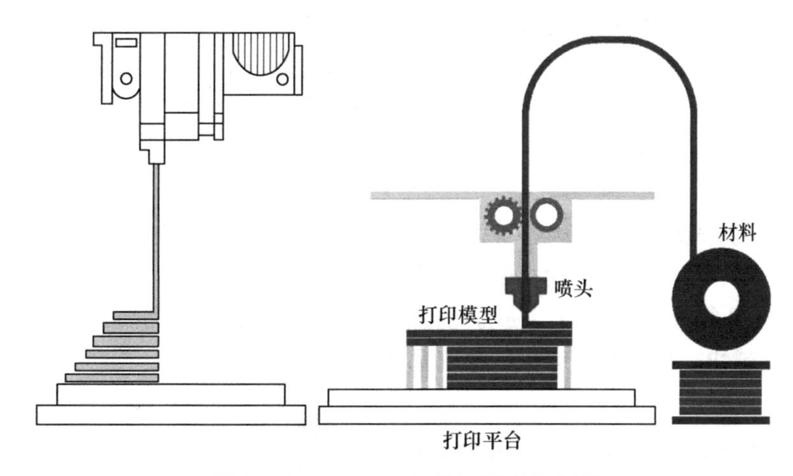

图 3-1-3 FDM 3D 打印机原理示意图

发热严重。这种结构主要优点是价格便宜，适合做 3D 打印入门机。

三角洲（并联臂）型打印机：并联臂结构通过一系列互相连接的平行四边形机械结构来控制目标在 X、Y、Z 轴上的运动。在同样的成本下，并联臂结构能设计出打印尺寸更大的 3D 产品，性价比更高。其 3 轴联动的结构，使传动效率更高，打印速度更快。

FDM 3D 打印机的结构组成如图 3-1-4 所示。

1. 框架

框架是 3D 打印机的骨架。通常工业用打印机都被灰色塑料所包围，但家用的则没有。早期的 3D 打印机用木材来做框架，现今大多采用亚克力或者是金属来打造框架。框架有开放式、半开放式和封闭式。封闭式框架的好处在于容易保持打印的环境温度，防尘以及防止烫伤。

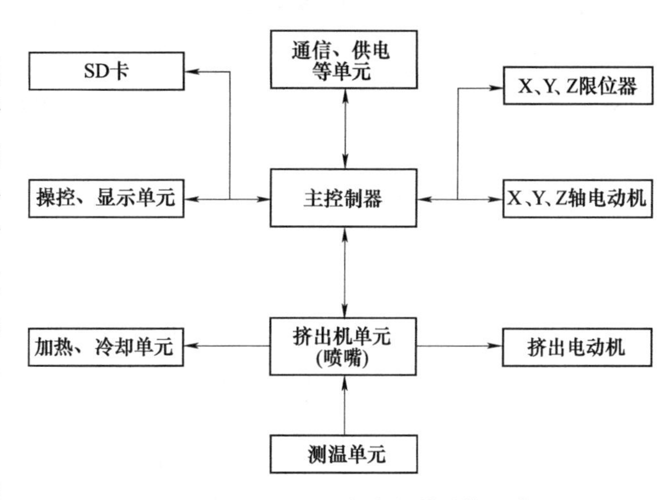

图 3-1-4 FDM 3D 打印机的结构组成

2. 主控制器

主控制器相当于计算机的 CPU+内存+硬盘等，程序存放在主控制器的内存中，通电后主控制器按照程序运行控制电动机，显示内容，接受按键操作、通信等。

3. 电动机

图 3-1-5 所示为 3D 打印机步进电动机，有 X、Y、Z、E 轴。X、Y、Z 轴控制打印空间的位置，E 轴控制耗材的挤出和回抽。3D 打印机通常采用步进电动机，好的步进电动机可以让打印细节更精准，有效减少振纹，模型表面更平滑、细腻。

4. 限位器

3D 打印机 X、Y、Z 轴可能会被移动或在打印过程中丢步等，这会使主控制器无法正确得到打印头和平台所处的位置。通过让打印头和平台朝一个方向一直移动，然后使其撞击限位器，撞击限位器后主控制器获取到打印头和平台目前处于限位器的位置，通常将该位置设为坐标零点，从而控制打印头和平台在允许的空间内移动，避免撞到机器边缘。常用的限位器有机械开关式和光电开关式。

5. 喷嘴

图 3-1-6 所示为 3D 打印机喷嘴。喷嘴由黄铜制成，可以获得较大的冷却性。喷嘴的主要功能是加热材料，最后再靠电动机的推力来挤压丝材，使丝材按一定速率进给。大多数打印机采用 0.4mm 孔径大小的喷嘴。喷嘴孔径越小，精度越高，产品质量越好；孔径越大的喷嘴，打印速度越快。大多数打印机的喷嘴都能替换。

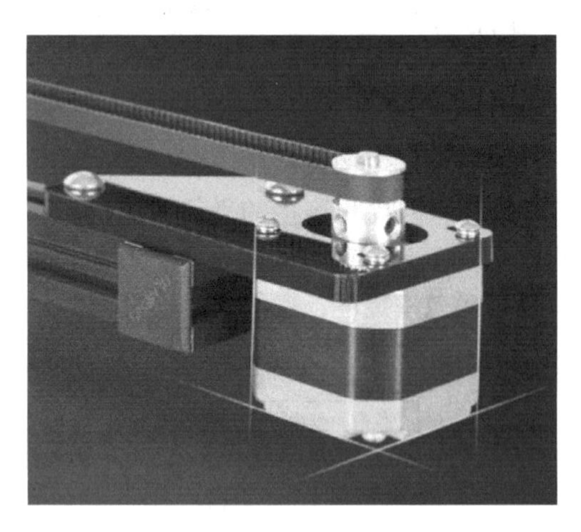

图 3-1-5　3D 打印机步进电动机

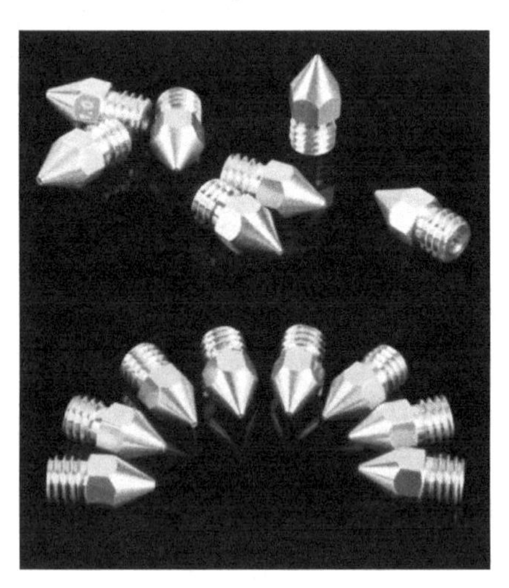

图 3-1-6　3D 打印机喷嘴

6. 操控、显示单元

打印机的移动、打印、加热等操作需要由人或者计算机下达命令，通常机器上都有按键+显示屏、旋钮+显示屏、触摸屏等，以方便对机器进行操作和对状态进行显示。也有的打印机无显示和控制单元，采用 USB 接口或无线方式进行控制操作。

7. SD 卡

SD 卡通常用于脱机打印，将需要打印的文件分层处理后放置到 SD 卡中，然后将 SD 卡插入打印机进行打印，这样能避免计算机长时间开机或与计算机通信中断导致的打印失败。

常用的存储介质有 SD 卡、U 盘、TF 卡、硬盘等。SD 卡和 TF 卡技术成熟，存储容量大、价格便宜、性能可靠、传输稳定，还带有一个“写入保护开关”，TF 卡尺寸比 SD 卡更小。U 盘小巧、便于携带、存储容量大、价格便宜、性能可靠。硬盘通常容量大，体积也较大。

8. 挤出机单元

打印头也称挤出机。通常 PLA 耗材打印时需要加热至 210℃，变成熔融状态后挤出堆积成形。挤出后的耗材需要冷却，避免打印的模型塌陷等，因此通常挤出机单元包括加热棒和测温元件，加热后的耗材通过挤出电动机挤出。

北京太尔时代 UP BOX 3D 打印机的结构如图 3-1-7~图 3-1-12 所示。

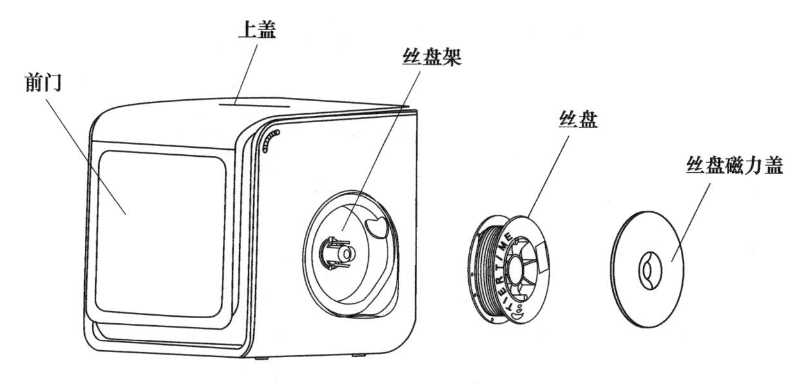

图 3-1-7 UP BOX 3D 打印机外部结构

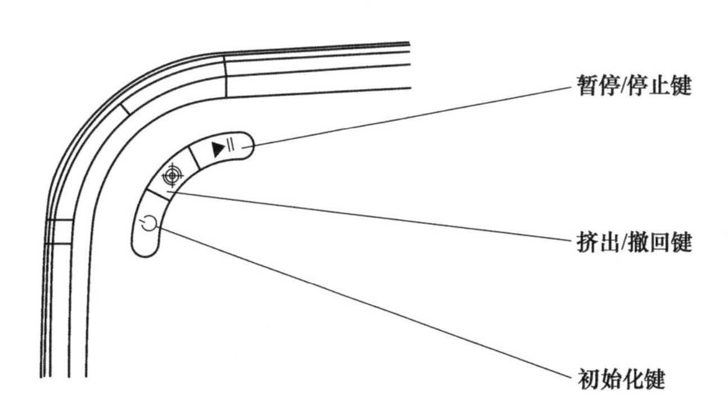

图 3-1-8 打印机侧边按钮

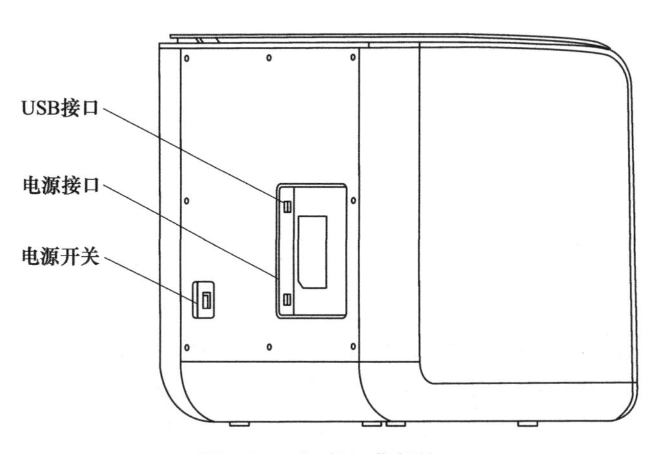

图 3-1-9 打印机背部接口

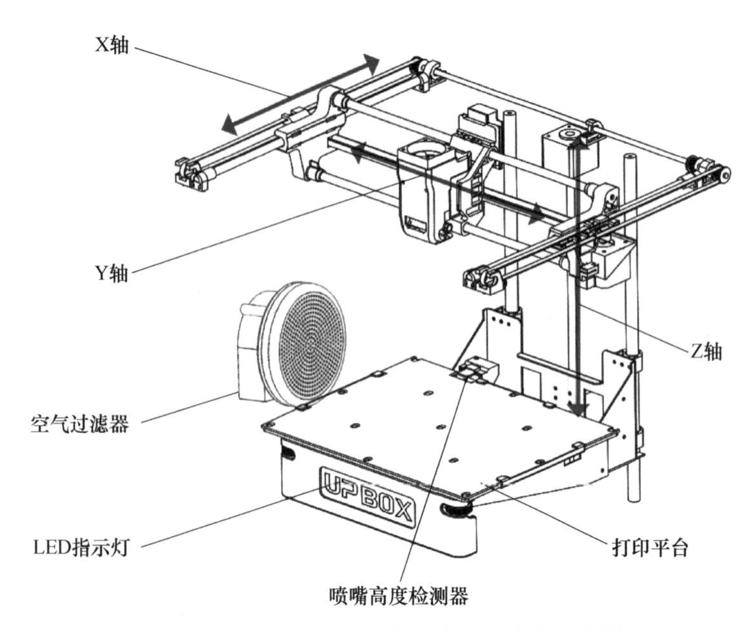

图 3-1-10　打印机内部打印平台和各工作轴

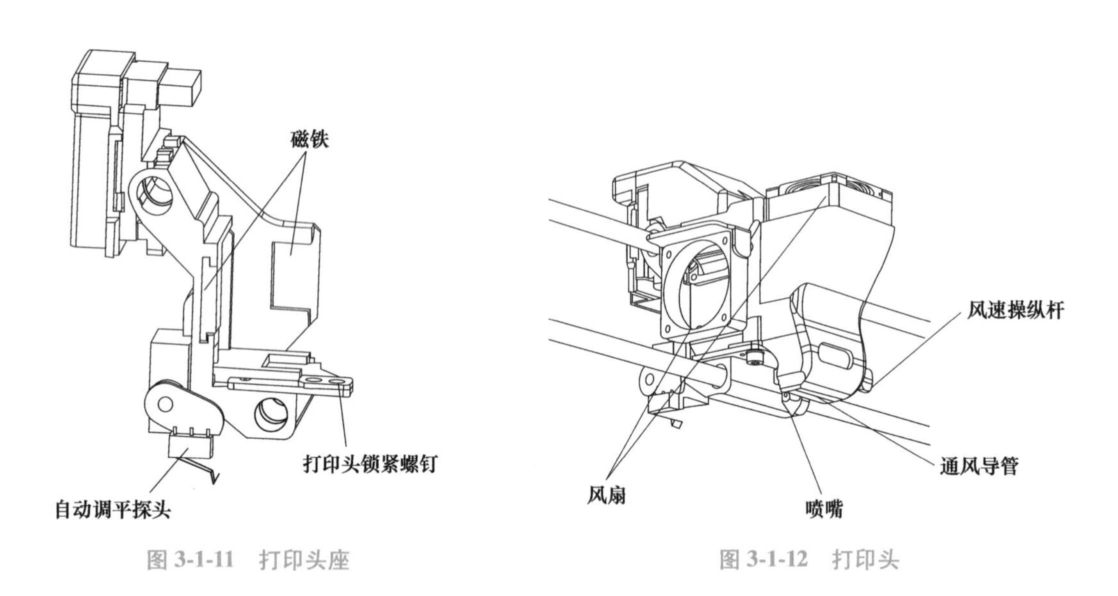

图 3-1-11　打印头座

图 3-1-12　打印头

五、3D 打印的技术分类

1. FDM（熔融沉积成形）技术

FDM 是 Fused Deposition Modeling 的缩写。熔融沉积成形工艺的材料一般是热塑性材料，如 PLA、ABS 等，以丝状供料。如图 3-1-13 所示，材料在喷头内被加热熔化，喷头沿零件截面轮廓和填充轨迹运动，同时将熔化的材料挤出，材料迅速固化，并与周围的材料黏结。每一个层片都是在上一层上堆积而成，上一层对当前层起到定位和支撑的作用。随着高度的增加，层片轮廓的面积和形状都会发生变化，当形状发生较大的变化时，上一层轮廓就不能给当前层提供充分的定位和支撑，这就需要设计一些辅助结构——“支撑”，对后续层提供定位和支撑，以保证成形过程的顺利实现。

技术优点：

1）容易操作和维护。

2）与其他主要的3D打印方法相比，更加经济、实惠，且有成本效益。

3）相对干净，不需要使用刺激性化学品。

4）设备可以放在桌面上，适合办公环境或是居家使用。

5）可选用多种材料，如各种色彩的工程塑料ABS、PC、PPS以及医用ABS等。

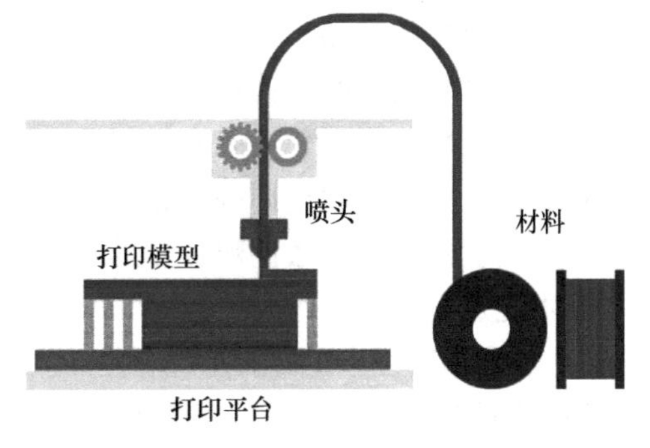

图3-1-13　FDM 3D打印原理示意图

6）材料强度、韧性优良，可以装配，进行功能测试。

7）设备价格相对较低。

技术缺点：

1）表面通常有堆叠纹路。

2）成形速度相对较慢，不适合构建大型零件。

3）喷头容易发生堵塞。

2. SLA/DLP

SLA是Stereo Lithography Appearance的缩写，即光固化成形技术。如图3-1-14所示，用特定波长与强度的紫外光聚焦到液态光敏树脂表面，使之由点到线、由线到面顺序凝固，完成一个层面的绘图作业，然后升降台在垂直方向移动一个层片的高度，再固化另一个层面。这样层层叠加构成一个三维实体。

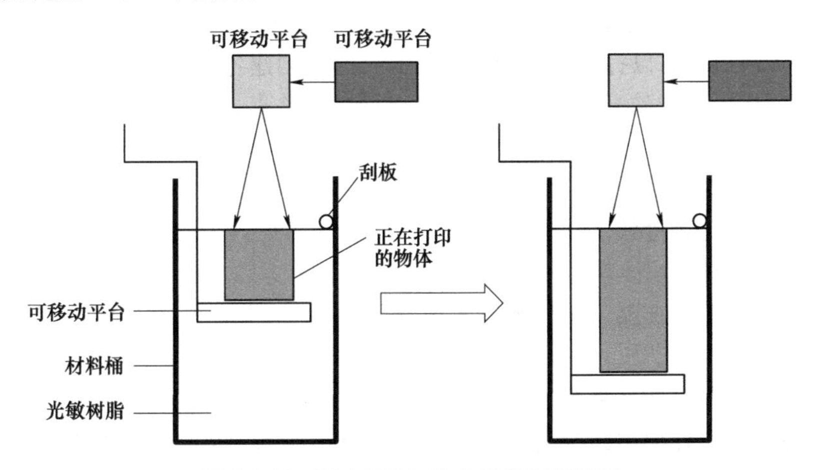

图3-1-14　SLA/DLP 3D打印原理示意图

首先通过CAD设计出三维实体模型，利用离散程序将模型进行切片处理，设计扫描路径，产生的数据将精确控制激光扫描器和升降台的运动；紫外光束通过数控装置控制的扫描器，按设计的扫描路径照射到液态光敏树脂表面，使表面特定区域内的一层树脂固化，当一层加工完毕后，就生成零件的一个截面；然后升降台下降一定距离，固化层上覆盖另一层液态树脂，再进行第二层扫描，第二固化层牢固地黏结在前一固化层上，这样一层层叠加而成三维工件原型。将原型从树脂中取出后，进行最终固化，再经打光、电镀、喷漆或着色处理，即得到要求的产品。

DLP（数字光处理）技术与光固化成形技术相似，不过它是使用高分辨率的数字光处理器（DLP）投影仪来固化液态光敏树脂，逐层地进行光固化。由于每层固化时通过幻灯片似的片状固化，因此速度比同类型的 SLA 速度更快。该技术成形精度高，在材料属性、细节和表面粗糙度方面可匹敌注塑成型的耐用塑料部件。

技术优点：

1）适合形状复杂的零件。

2）表面光滑、质量好，适合做精细零件。

3）可以呈现最佳细节，是小型零件的理想制造法。

4）设备有整合性且相对容易操作。

5）可以打印多种属性的材料。

技术缺点：

1）原料常有化学刺激性或刺鼻味及易燃性。

2）后处理时需要添加药剂。

3）材料具有黏性，可能会弄脏环境。

4）需要设计支撑结构。支撑结构需要未完全固化时去除，容易破坏成形件。

5）在单次打印时无法同时使用多种材料或颜色。

6）与其他技术相比，可打印体积相对较小。

7）中空零件必须准备好孔洞，让未固化的树脂流出。

3. 3DP（全彩 3D 打印）技术

3DP 即 3D Printing，采用 3DP 技术的 3D 打印机使用标准喷墨打印技术，通过将液态联结体铺放在粉末薄层上，以打印横截面数据的方式逐层创建各部件，创建三维实体模型。采用这种技术打印成形的样品模型与实际产品具有同样的色彩，还可以将彩色分析结果直接描绘在模型上，模型样品所传递的信息量较大。

技术优点：

1）3DP 技术成形速度快。

2）无须支撑结构。

3）可以打印全彩色产品（胶水的颜色为彩色）。

技术缺点：

1）粉末粘接的直接成品强度不高，只能作为测试原型。

2）粉末粘接的工作原理使得其成品表面不如 SLA 产品光洁，精细度也有劣势。

3）制造相关材料粉末的技术比较复杂，成本较高。

4. SLS 技术

SLS 选区激光烧结技术，即 Selective Laser Sintering。与 3DP 技术相似，同样采用粉末为材料，所不同的是这种粉末在激光照射高温条件下才能融化。如图 3-1-15 所示，喷粉装置先铺一层粉末材料，将材料预热到接近熔化点，再采用激光照射，将需要成形模型的截面形状扫描，使粉末融化，被烧结部分黏合到一起。通过这种过程不断循环，粉末层层堆积直到最后成形。

技术优点：

1）成品带有少许粉末、没有层积纹理。

2）零件具有较高的力学性能，是目前金属材料实现 3D 打印的唯一方法。

3）打印时不需要支撑。

技术缺点：

1）设备相对较大。

2）加工时须佩戴口罩，以防吸入粉尘。

3）材料种类或颜色较少。

4）设备和材料相对价格较高，对操作和维护有技术要求。

5）需要处理后加工和回收粉末。

6）打印体积符合整个容器范围时较划算。

5. LOM

分层实体制造技术（Laminated Object Manufacturing，LOM）又称层叠法成形技术，是以片材（如纸片、塑料薄膜或复合材料）为原材料，其成形原理如图 3-1-16 所示，激光切割系统按照计算机提取的横截面轮廓线数据，将背面涂有热熔胶的纸用激光切割出工件的内外轮廓。切割完一层后，送料机构将新的一层纸叠加上去，利用热粘压装置将已切割层黏合在一起，然后再进行切割，这样一层层地切割、黏合，最终成为三维工件。LOM 常用材料是纸、金属箔、塑料膜、陶瓷膜等，此方法除了可以制造模具、模型外，还可以直接制造构件或功能件。

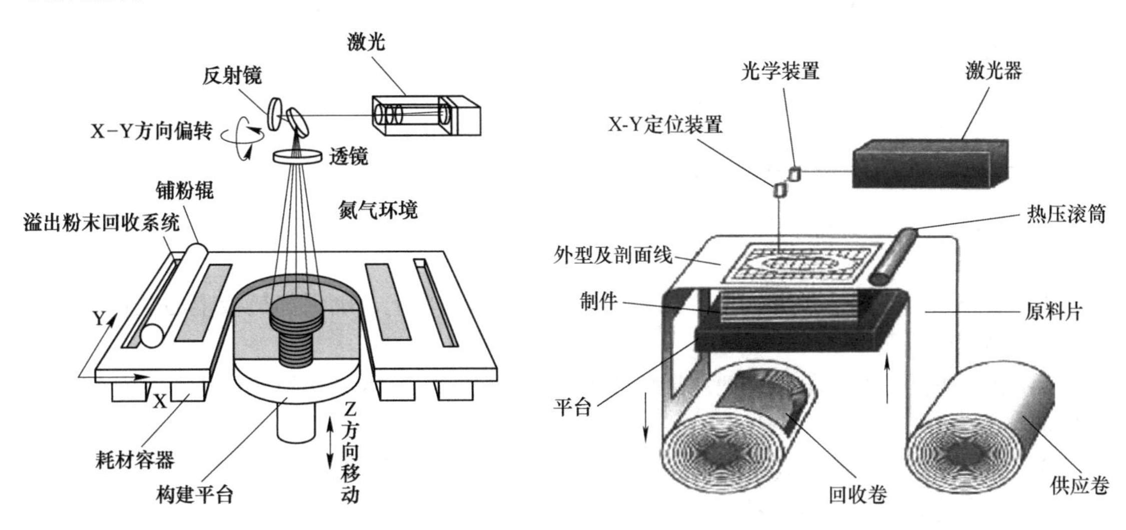

图 3-1-15　SLS 3D 打印原理示意图

图 3-1-16　LOM 3D 打印原理示意图

技术优点：

1）原材料易于获取，工艺成本较低。

2）其加工过程不包含化学反应，非常适合制作大尺寸的产品。

技术缺点：

1）传统 LOM 成型工艺的 CO_2 激光器成本高。

2）原材料种类过少。

3）纸张的强度偏弱且容易受潮。

【自学自测】

任务 1 自学自测-轴座的 3D 打印

通过给出的 STL 格式，完成图 3-1-17 所示轴座零件的 3D 打印。

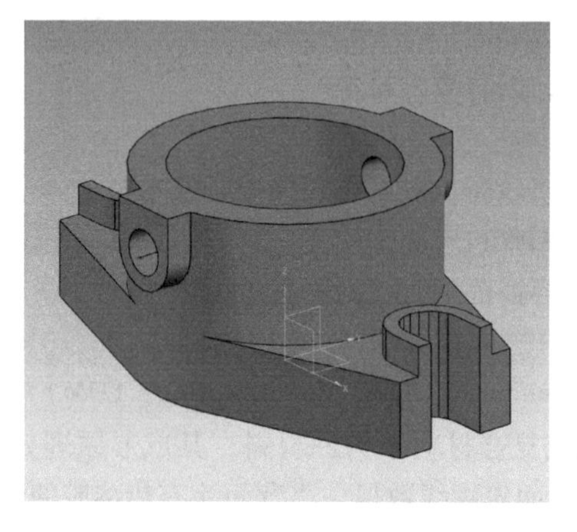

图 3-1-17　轴座零件图

任务 1 3D 打印机的基本操作

【任务实施】

本任务完成截止阀阀体零件的 3D 打印。截止阀阀体零件图如图 3-1-18 所示。

任务实施步骤：

1. 开箱

如图 3-1-19 所示，移除防撞泡沫和尼龙索带，无须移动平台，在方口处把泡沫外拉放倒，然后旋转泡沫并取出，从光杆上剪断尼龙索带（带黄色标签的“Remove me”）。最好保留所有包装，以防以后需要运输。

2. 安装多孔板

1）按照图 3-1-20 所示的方法，把多孔板放在打印平台上，确保加热板上的螺钉放入多孔板的孔洞中。

2）在右下角和左下角用手把加热板和多孔板压紧，然后将多孔板向前推，使其锁紧在加热板上。

3）确保所有孔洞都已妥善紧固，此时多孔板应放平，如图 3-1-21 所示。

4）要在打印平台和多孔板冷却后安装或拆卸多孔板。

3. 安装丝盘

1）打开磁盘盖，并将丝材插入丝盘架中的导管。

2）把丝材送入导管，直到丝材从另一端伸出，将丝盘安装到丝盘架上，然后盖好丝盘盖，如图 3-1-22 所示。

如图 3-1-23 所示，为使用 1kg 的丝盘，需要将丝盘架附加组件安装至原丝盘架上。该机器还配备了突出的磁性外壳，以安装更厚的丝盘。

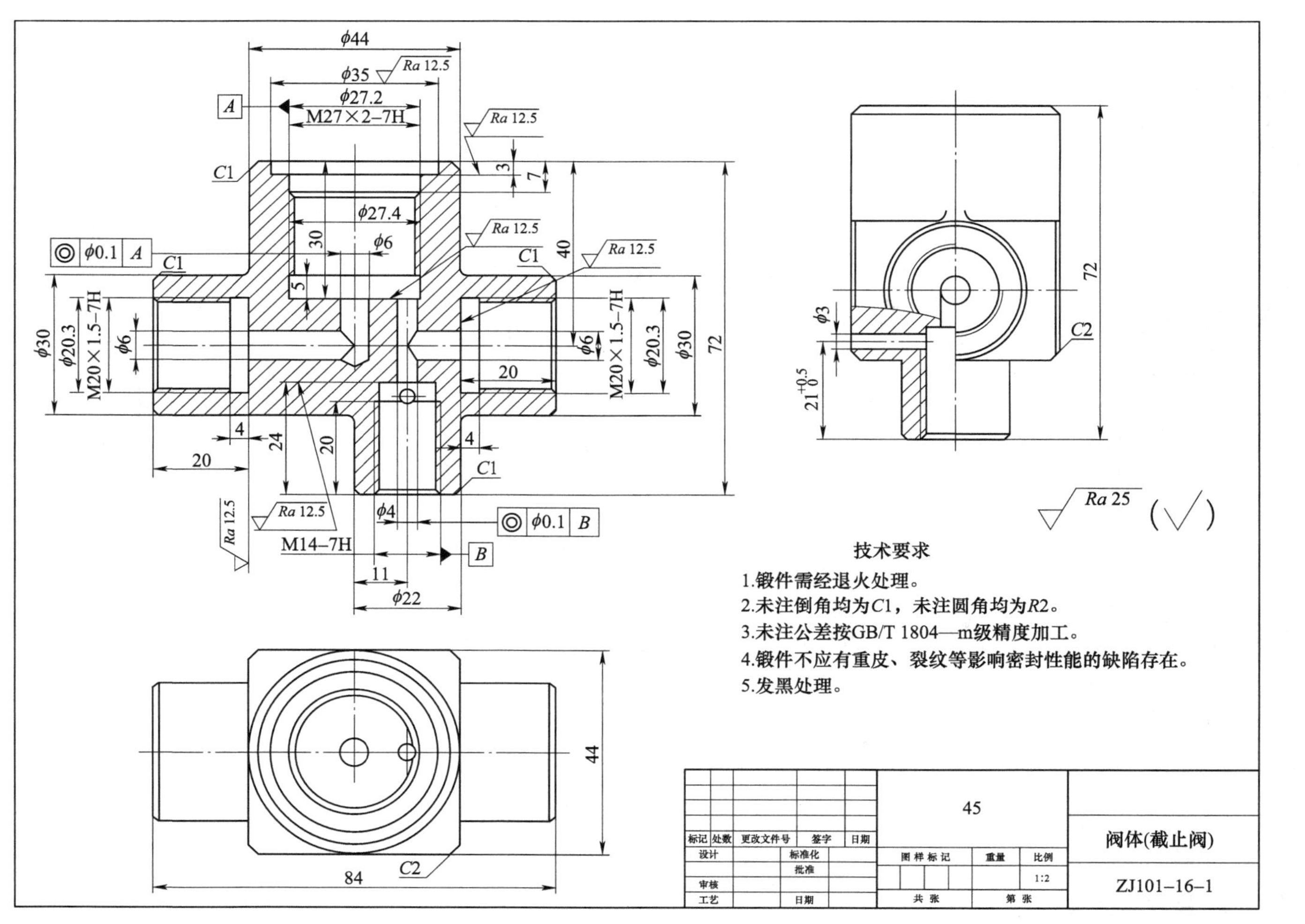

图 3-1-18 截止阀阀体零件图

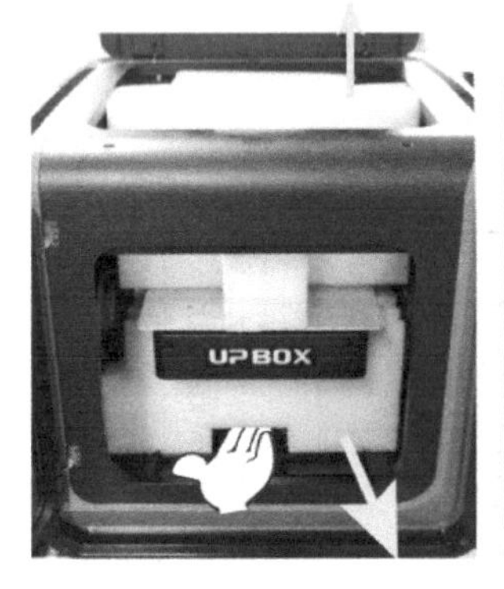

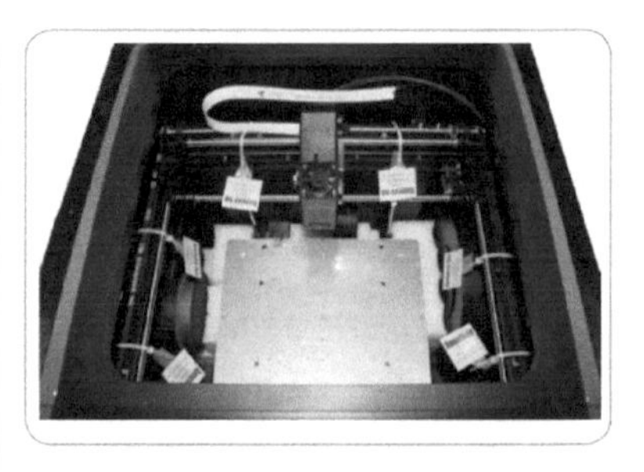

图 3-1-19　开箱步骤

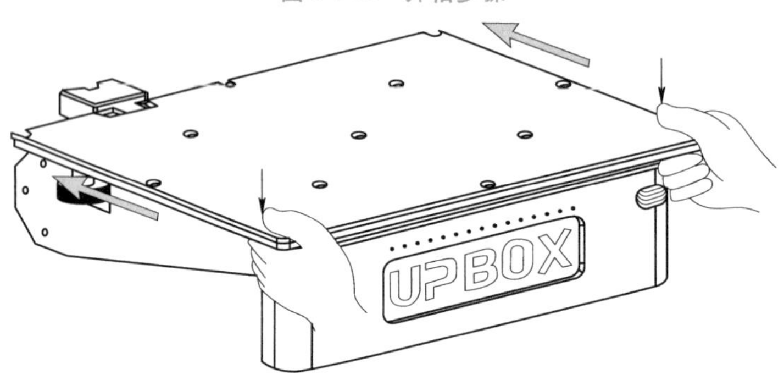

图 3-1-20　安装多孔板

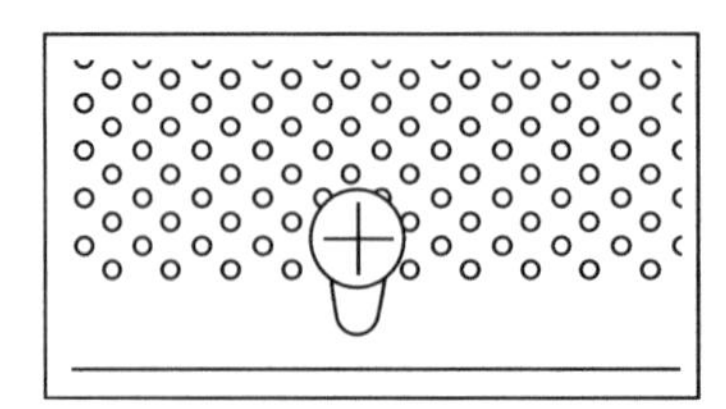

a) 未扣紧

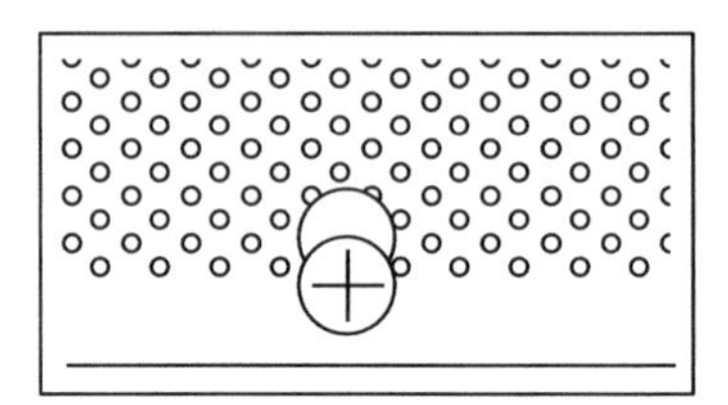

b) 已扣紧

图 3-1-21　检查多孔板是否和打印平台扣紧

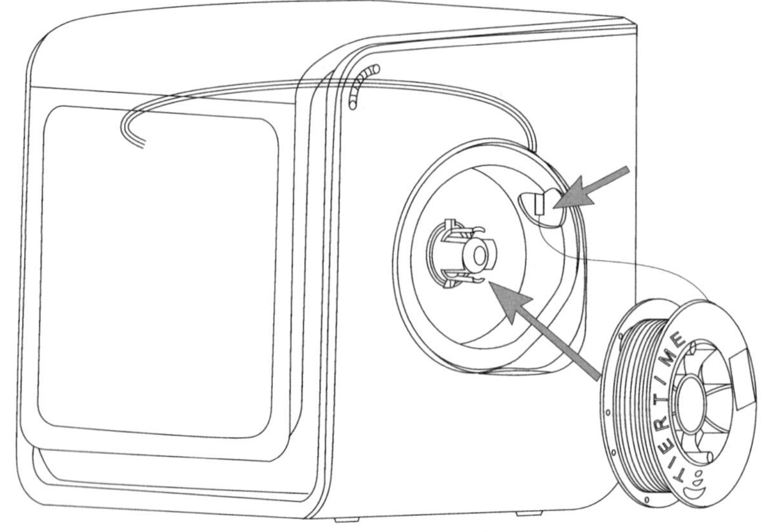

图 3-1-22　丝盘的安装步骤

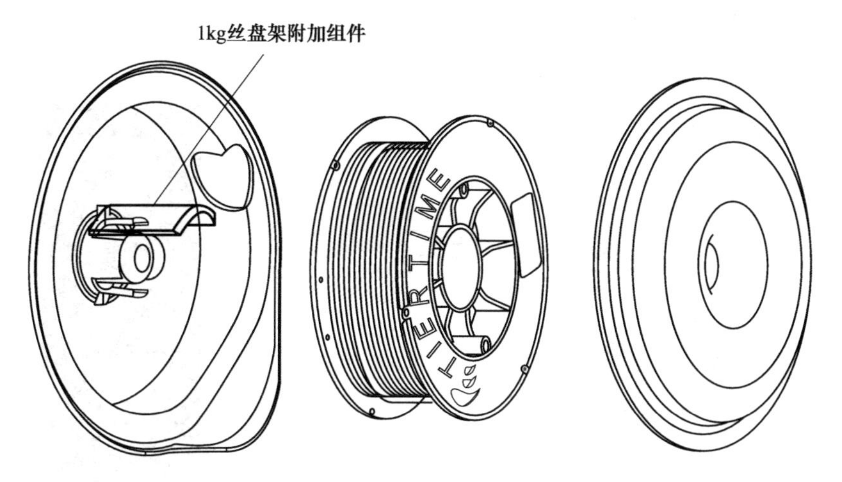

图 3-1-23 1kg 丝盘架附加组件

4. 安装 UP Studio 软件

1）进入 www. tiertime. com 官方网站的下载界面，下载最新版的 UP Studio 软件。Mac 版本的 UP Studio 软件仅能从苹果应用商店下载。

2）双击 setup. exe 安装软件（默认安装路径为 C:\Program Files\UP Studio\），出现一个弹出窗口，选择“安装”，然后按照指示完成安装。打印机的驱动程序现被安装到系统内，如图 3-1-24 所示。

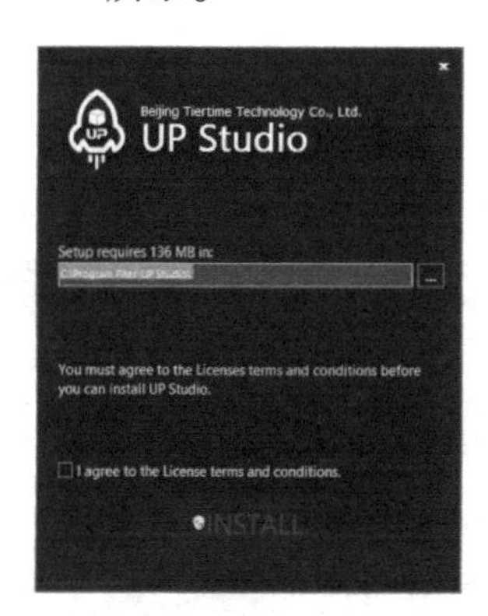

图 3-1-24 UP Studio 软件安装

5. 打印机初始化

每次打开打印机时都需要初始化。在初始化期间，打印头和打印平台缓慢移动，并会触碰到 X、Y、Z 轴的限位开关。这一步很重要，因为打印机需要找到每个轴的起点。只有在初始化之后，软件其他选项才会亮起，供选择使用。

初始化有以下两种方式。

1）通过单击上述软件菜单中的“初始化”选项，可以对 UP BOX 打印机进行初始化。

2）如图 3-1-25 所示，当打印机空闲时，长按打印机上的初始化按钮，也会触发初始化。

初始化按钮还有以下功能。

1）停止当前的打印工作：在打印期间，长按该按钮。

2）重新打印上一项工作：双击该按钮。

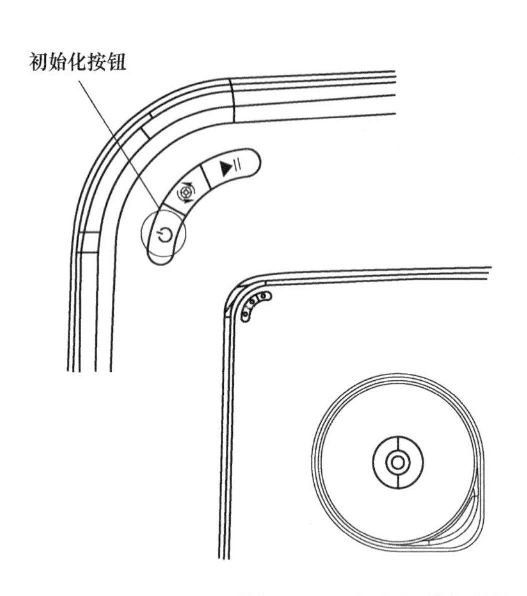

图 3-1-25　打印机的初始化

3D 打印机的平台调整

6. 平台自动校准

平台校准是成功打印最重要的步骤，因为它能确保第一层的黏附。理想情况下，喷嘴与平台之间的距离是恒定的。但在实际中，由于很多原因（如平台略微倾斜），此距离会有所不同，这可能造成作品翘边，甚至完全失败。UP BOX 具有平台自动校准和喷嘴自动对高功能。使用这两个功能，可以快速、方便地完成校准过程。

如图 3-1-26、图 3-1-27 所示，在校准菜单中选择【自动水平校准】，校准探头将被放下，并开始探测平台上的 9 个位置。在探测平台之后，调平数据将被更新，并储存在机器内，调平探头也将自动缩回。当自动调平完成并确认后，自动开始进行喷嘴对高，打印头会移动至喷嘴对高装置上方。最终，喷嘴接触并挤压金属薄片，完成高度测量。

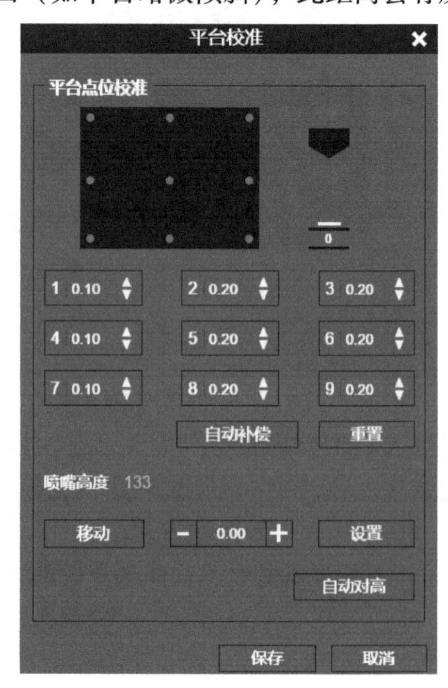

图 3-1-26　平台校准界面

校准时应注意：

1）应在喷嘴未被加热时进行校准。

2）在校准之前应清除喷嘴上残留的料。

3）在校准前，应把多孔板安装在平台上。

4）平台自动校准和喷头对高只能在喷嘴温度低于 80℃的状态下进行。

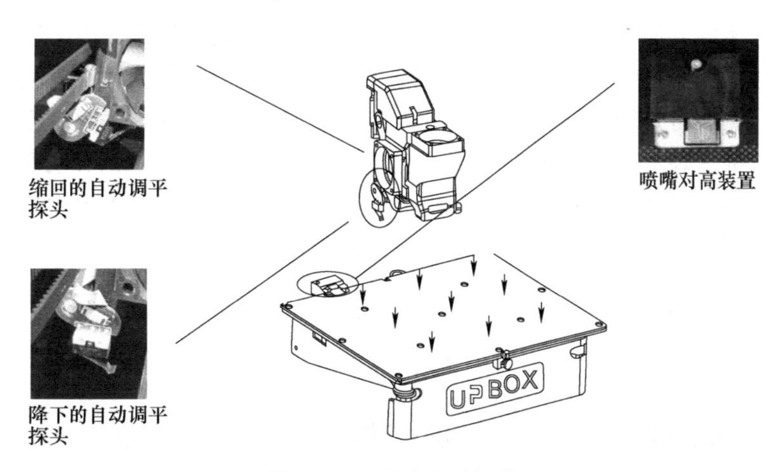

图 3-1-27　平台校准过程

7. 自动喷嘴对高

如图 3-1-28、图 3-1-29 所示，喷嘴对高除了在自动调平后自动启动，也可以手动启动。在校准菜单中选择【喷嘴对高】，启动该功能。在完成喷嘴对高之后，软件会询问在机器上使用的多孔板类型，请选择当前使用的多孔板类型，以完成测量。

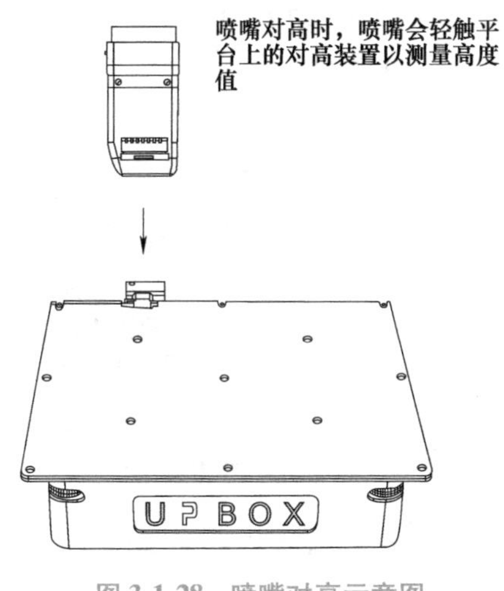

图 3-1-28　喷嘴对高示意图

图 3-1-29　底板类型选择

如果在自动调平之后出现持续的翘边问题，可能是平台严重不平，超出了自动调平功能的调平范围。在这种情况下，应当在自动调平之前尝试手动粗调，也可以采用除自动调平和喷嘴对高之外的方式对平台进行校准。

8. 平台手动精确校准

通常情况下，手动校准非必要步骤，只有在自动调平不能有效调平平台时才进行。UP BOX 的平台下有 4 颗手调螺母，2 颗在前面，2 颗在平台后下方。可以通过上紧或松开这些螺母，以调节平台的水平度，如图 3-1-30 所示。

图 3-1-30　平台手动校准

手动校准的主要方法是：在校准界面，使用【复位】按钮将所有补偿值设置为零；然后使用9个编号的按钮将平台移动到不同的位置，也可以使用【移动】按钮将打印平台移动到特定高度，然后将打印头移动到平台中心，并将平台移动到几乎触到喷嘴（喷嘴高度）的位置；使用校准卡确定正确的平台高度，尝试移动校准卡，并感觉其移动时的阻力；通过在平台高度保持不变的状态下移动打印头和调节螺母，确保可以在所有9个位置都能感觉到近似的阻力，如图3-1-31所示。其具体操作步骤如下：

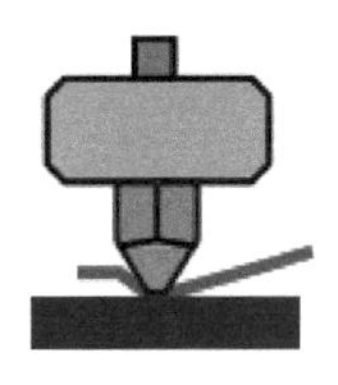

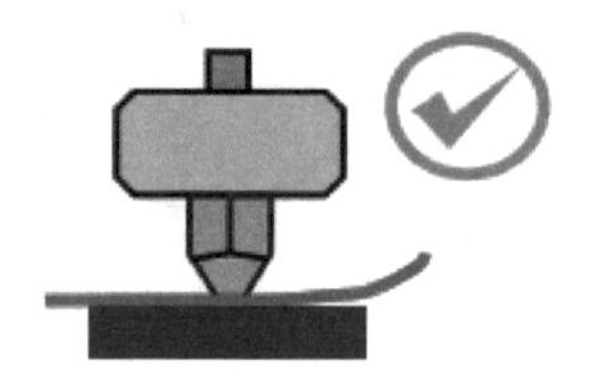

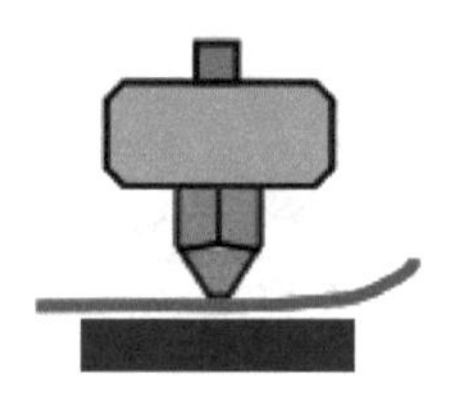

图3-1-31　校准卡的使用方法

1）初始化打印机。

2）打开校准界面，按下【复位】按钮，将所有补偿值设置为零。

3）单击按钮【5】，移动打印头至相应位置，随后按下按钮【+】升高平台。

4）升高平台至其刚刚触碰到喷嘴，在喷嘴和平台之间移动校准卡，并查看是否有阻力，如图3-1-32所示。

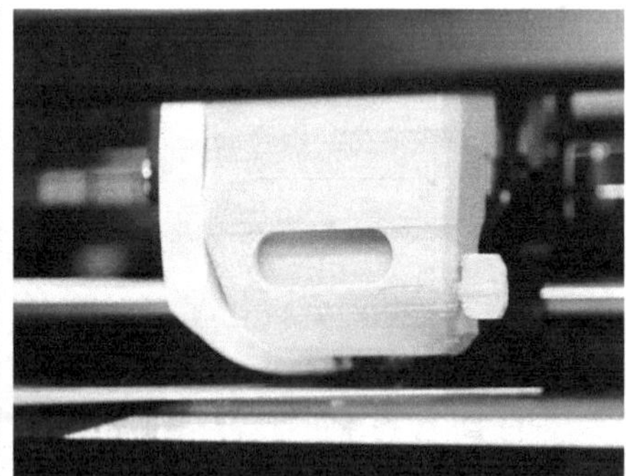

图3-1-32　手动校准流程

5）如图3-1-33所示，当获得了正确的平台高度时，记录下“当前高度”值。将该值称为“平台高度值”。对于其他8个调平点，重复步骤1)~5)，然后获得它们的平台高度值。

6）如图3-1-34所示，当获得了所有9个调平点的平台高度值后，找到9个调平点中的最小值。例如，如图3-1-33所示，校准点1具有最小的平台高度值，它实际上是平台上的最高点。在这个点，平台达到喷嘴高度的行程是最短的。在字段中键入校准点1的高度值“208”，并单击【设置】按钮，将喷嘴高度设置为208。

7）如图3-1-35所示，当平台位于“喷嘴高度时”，平台只有一部分足够靠近喷嘴。因此需要对其他所有校准点设置补偿值，以告知打印机XY平面内喷嘴与打印表面之间的距离。

9个校准点的平台值（假设）

1: 208	2: 208.5	3: 208.7
4: 208.6	5: 208.9	6: 209
7: 208.8	8: 208.9	9: 208.8

图 3-1-33　9个校准点的平台值（假设）

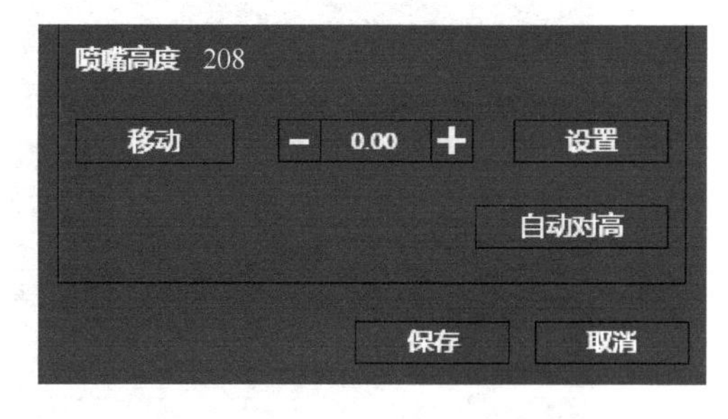

图 3-1-34　喷嘴高度设置为208

8）设置完喷嘴高度后，可以使用9个编号按钮旁的下拉菜单，可选择0~1.0mm的补偿值。计算补偿值：

补偿值 = 平台高度 − 喷嘴高度

例如，设置校准点3的补偿值。假设“平台高度”为208.7，“喷嘴高度”为208，补偿值应设置为0.7。在设置完0.7的补偿值后，喷嘴将移动到3号点，平台将升高0.7mm。现在可以再次使用校准卡确认补偿值。在所有校准点设置完成后，单击【保存当前值】按钮完成校准，如图3-1-36所示。

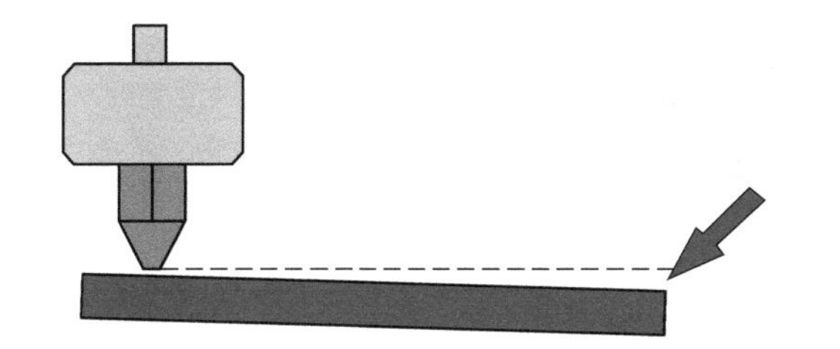

图 3-1-35　平台补偿示意图

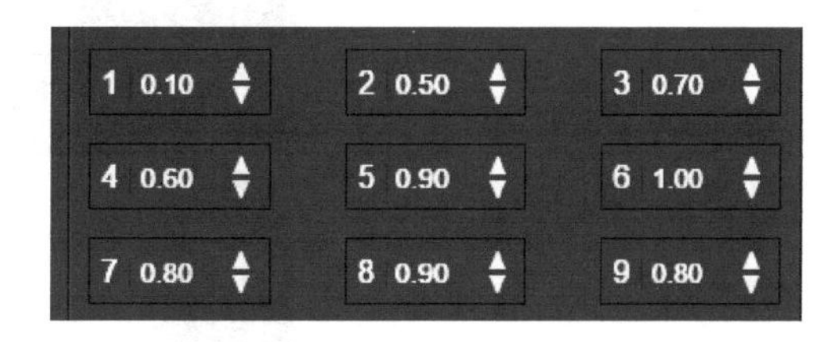

图 3-1-36　补偿值设置界面

3D打印
任务实施

9. 准备打印

1）确保打印机打开，并连接到计算机。单击软件界面上的【维护】按钮，如图3-1-37所示。

2）从材料下拉菜单中选择ABS或所需材料，并输入丝材重量。

3）单击【挤出】按钮，打印头将开始加热，在大约5min之后，打印头的温度将达到熔点。对于ABS材料而言，此温度为260℃。在打印机发出蜂鸣时，打印头开始挤出丝材。

4）轻轻地将丝材插入打印头上的小孔。丝材在达到打印头内的挤压机齿轮时，会被自动带入打印头，如图3-1-27所示。

5）检查喷嘴挤出情况，如果塑料从喷嘴出来，则表示丝材加载正确，可以准备打印（挤出动作将自动停止）。

10. 载入模型

1）如图3-1-39所示，单击【添加模型】。

2）如图3-1-40所示，选择打印模型。

图 3-1-37　打印机维护界面

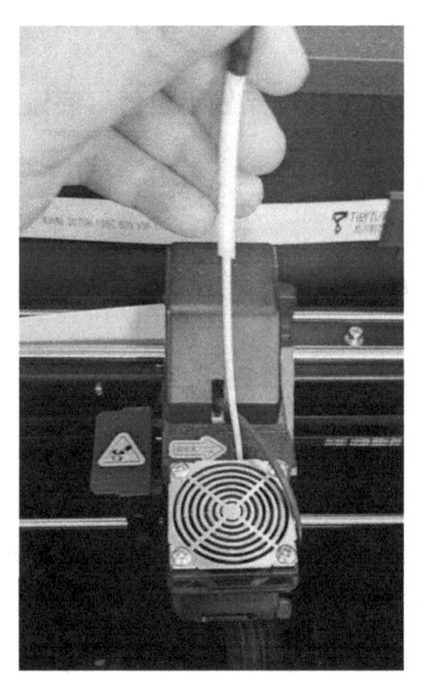

图 3-1-38　打印头穿丝孔

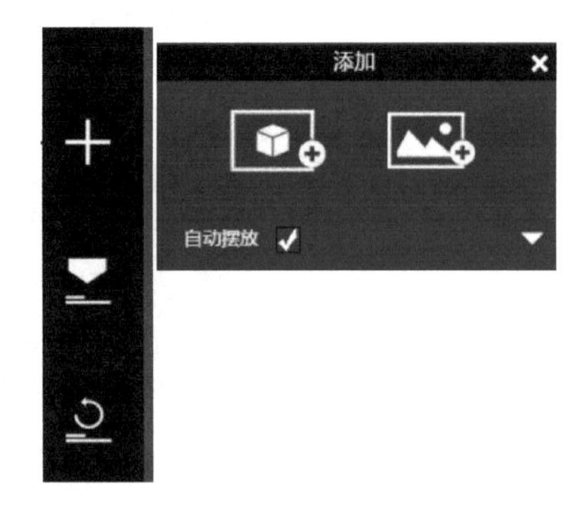

图 3-1-39　添加模型

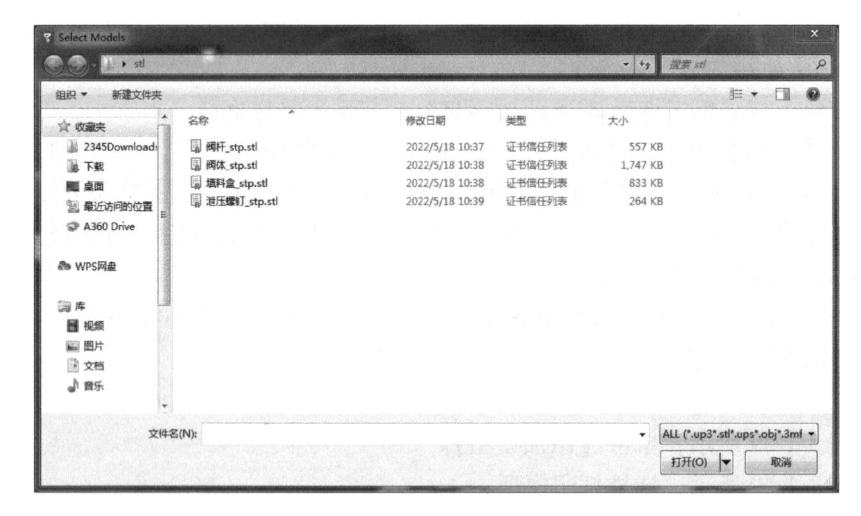

图 3-1-40　选择打印模型

3）如图3-1-41所示，载入的模型出现在印盘上。

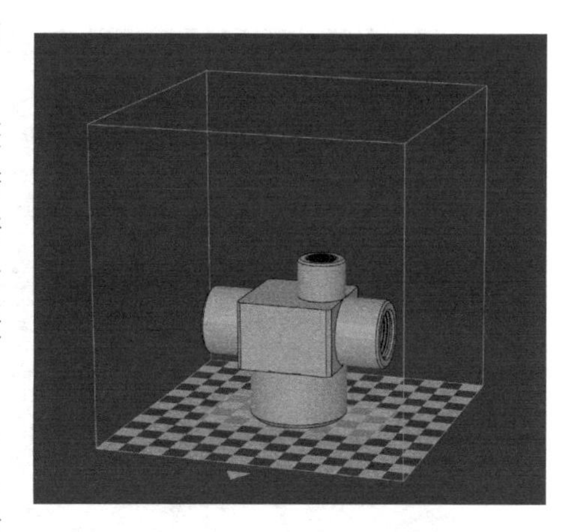

图3-1-41　载入模型

4）模型调整。如图3-1-42所示，在模型调整轮上单击【旋转】按钮，单击【选面置底】按钮，以阀体侧平面作为打印基准，如图3-1-43所示。这样就实现了阀体的旋转，在打印过程中有助于增加打印平台的接触面积，有效减少支撑数量。

5）如图3-1-44所示，单击【打印】按钮，打开打印预览窗口，检查打印文件。打印预览中，蓝色表示模型本体，绿色表示模型内部填充，黄色表示模型支撑。通过预览，可了解打印所需时间和耗材重量。

11. 打印模型

如图3-1-45、图3-1-46所示，确定打印机通过USB连接至计算机，并加载模型。在发送数据后，将在弹出窗口中显示材料数量和打印所需时间。同时，喷嘴开始加热，自动开始打印。现在可以安全地断开打印机和计算机。

打印模型的调整

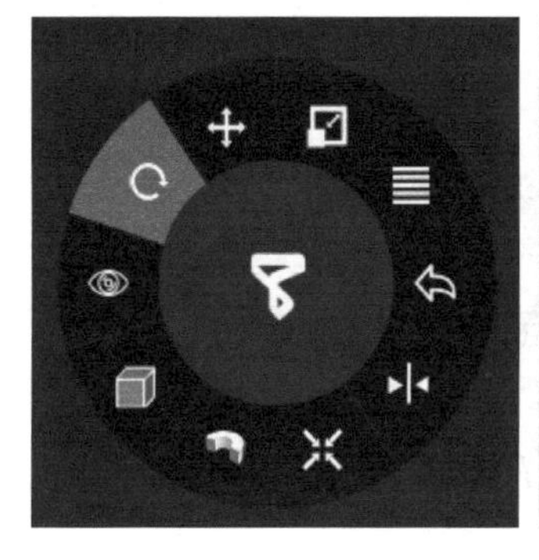

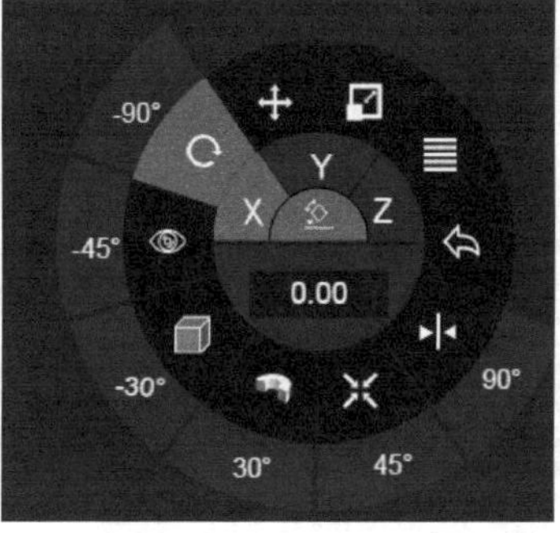

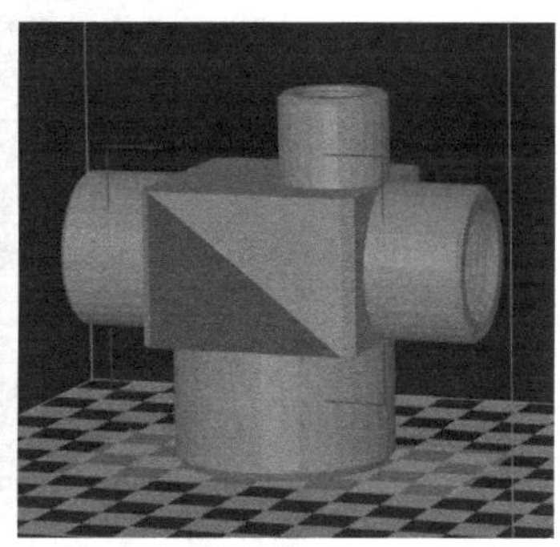

图3-1-42　调整模型

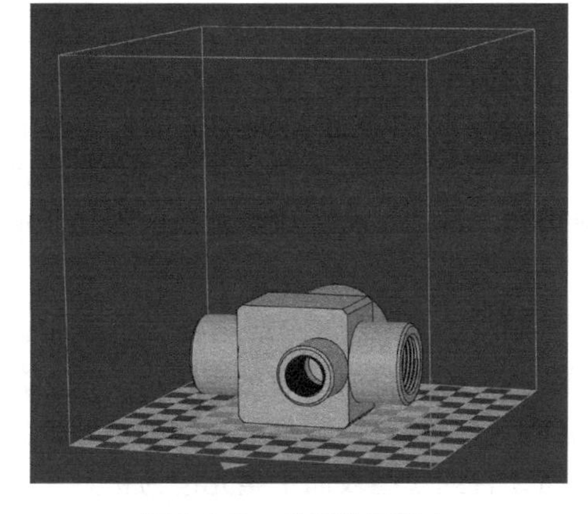

图3-1-43　模型选面置底

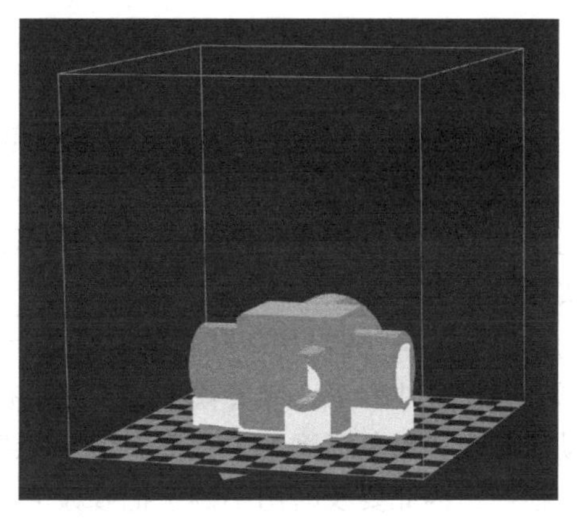

图3-1-44　模型打印预览

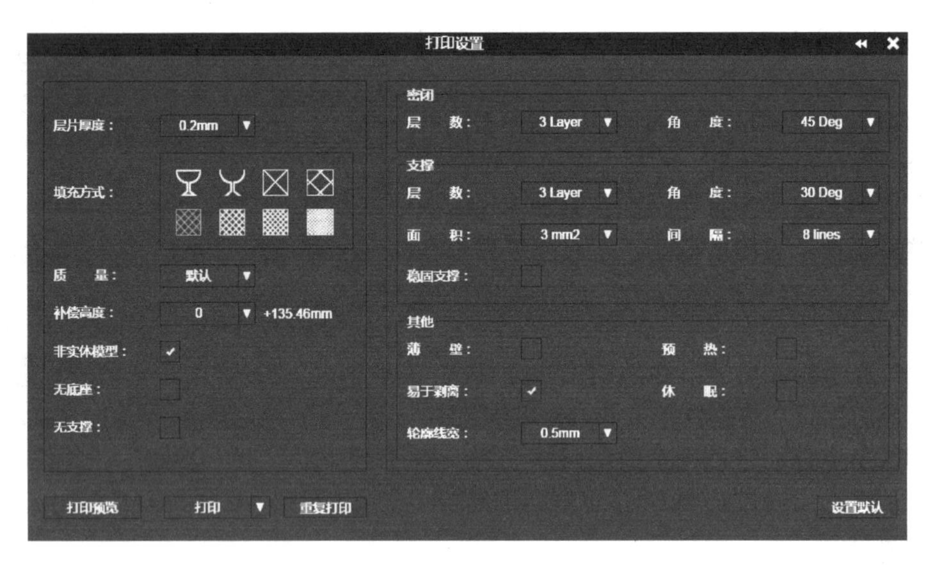

图 3-1-45　打印设置界面

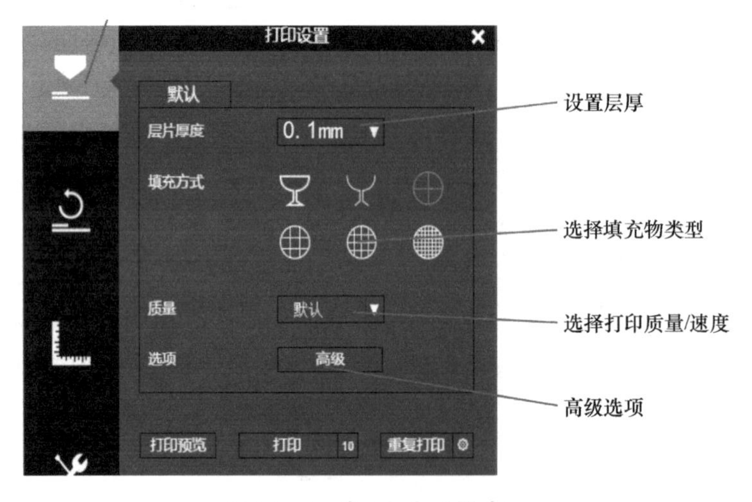

图 3-1-46　常用打印设置选项

12. 模型后处理

1）去除支撑。首先从打印机上取下打印平台，然后用小铲子沿同一方向从平台上铲下模型，注意不要划伤模型。阀体模型结构相对复杂，支撑材料较多，因此去除支撑时要有先后。对于一般的支撑，先用手小心去除，但不要划破手；对于较硬或较密集的支撑，用斜口钳、尖嘴镊子去除。

2）打磨抛光。先选用 200 目的砂纸进行第一遍打磨。打磨时一般用 4 个手指和手掌按住砂纸，拇指夹住砂纸，顺着模型的纹路进行打磨。打磨至模型的转角或棱角处时，需要小心，动作要轻，以免模型发生变形。由于砂纸的砂粒容易脱落，脱落下来的砂粒可能会对模型造成损坏，因此要及时用小刷子把砂粒清理干净，直到模型表面平整光滑为止。

用 200 目的砂纸打磨过第一遍后，再依次用 400 目、600 目、1000 目的砂纸进行打磨，打磨方法与 200 目砂纸的打磨方法一致，直至得到满意的表面质感。

【大国工匠】

2009 年，作为国庆阅兵装备的某型号车辆首次批量生产，在整车焊接蜗壳的过程中，由于焊接变形和焊缝成形难以控制，致使平面度超差，严重影响了整车的装配质量和装配进度。卢仁峰投入到紧张的技术攻关中。从焊丝的型号到电流大小的选择，他和工友们反复研究细节，确定操作步骤。最终，利用焊接变形的特性，采用“正反面焊接，以变制变”的方法，使该产品的生产合格率从 60%提高到了 96%。

工友们常说，卢仁峰之所以被称为焊接“大师”，是因为有一手绝活——一动焊枪，他就知道钢材的焊接性如何，仅凭一块钢板掉在地上的声音，就能辨别出其含碳量有多少，应采用怎样的焊接工艺。在穿甲弹冲击和车体涉水等试验过程中，他焊接的坦克车体坚如磐石、密不透水。

通过多年的研究和实践，卢仁峰最终创造了熔化极氩弧焊、微束等离子弧焊、单面焊双面成形等操作技能，取得了“短段逆向带压操作法”“特种车辆焊接变形控制”等多项成果和“HT 火花塞异种钢焊接技术”等国家专利。

卢仁峰先后完成了“解决某车辆焊接变形和焊缝成形”“某轻型战术车焊接技术攻关”“某新型民品科研项目焊接攻关”等 23 项“卡脖子”技术难题的攻关，其中“解决某车辆焊接变形和焊缝成形”项目节创经济价值 500 万元以上。

2021 年，卢仁峰对某海军装备铝合金雷达结构件焊接变形问题进行攻关，通过优化焊接顺序、改进焊接方法、制作防变形工装等措施，一举解决了该装备的变形问题，为公司开拓海军装备市场、提升装备质量奠定了工艺技术基础。

多年来，他牵头完成 152 项技术难题攻关，提出改进工艺建议 200 余项，一批关键技术瓶颈的突破为实现强军目标贡献了智慧和力量。

任务 1 拓展训练-V 带轮零件的 3D 打印

【拓展训练】

通过给出的 STL 格式，完成图 3-1-47 所示 V 带轮零件的 3D 打印。

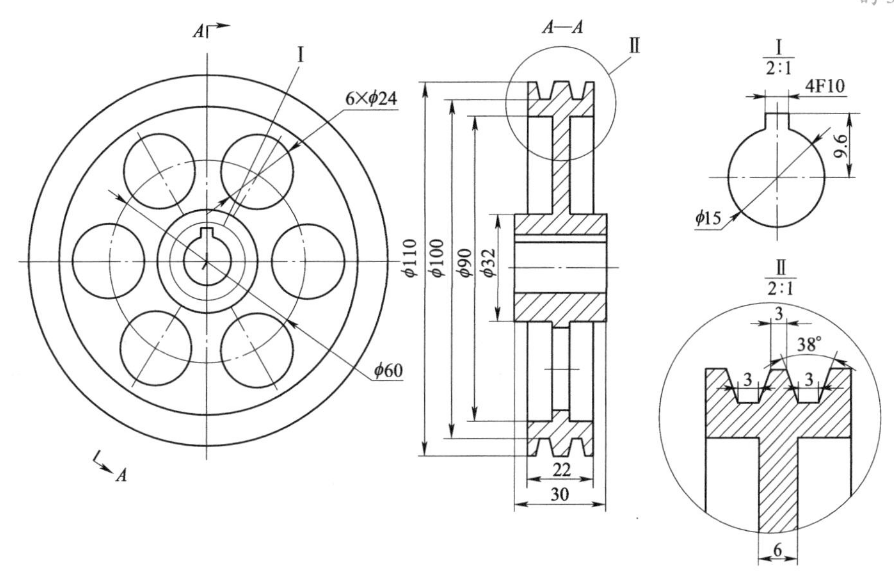

图 3-1-47　V 带轮零件图

任务2　阀杆的3D打印

【任务工单】

<table>
<tr><td>学习情境3</td><td>零件的3D打印</td><td colspan="2">工作任务2</td><td colspan="2">阀杆的3D打印</td></tr>
<tr><td colspan="2">任务学时</td><td colspan="4">4学时（课外4学时）</td></tr>
<tr><td colspan="6">布置任务</td></tr>
<tr><td>工作目标</td><td colspan="5">1）掌握3D打印的应用领域。
2）了解3D打印机的工作方式。
3）了解3D打印基本建模软件。
4）利用切片软件修改阀杆模型和打印参数。
5）根据已有阀杆的STL文件完成其3D打印。</td></tr>
<tr><td>任务描述</td><td colspan="5">图3-2-1所示为截止阀阀杆。阀杆是阀门的重要零件，用于传动，上接执行机构或手柄，下面直接带动阀芯移动或转动，以实现阀门的开关或调节。阀杆在阀门启闭过程中不但是运动件、受力件，而且是密封件，同时它还受到介质的冲击和腐蚀，还与填料产生摩擦。因此在选择阀杆材料时，必须保证它有足够的强度、良好的冲击韧性、耐磨性、耐蚀性。阀杆是易损件，在选用时还应注意材料的机械加工性能和热处理性能。本任务选取大庆油田装备制造集团DN20截止阀阀杆作为载体，通过完成本任务，使学生了解3D打印的应用领域、工作链和常用建模软件，掌握在UP Studio切片软件环境中，对STL模型进行平移、旋转、缩放等操作的方法，熟练掌握UP Studio中层片厚度、支撑方式、填充方式、打印质量的选择和设置方法，并根据已有STL文件完成零件的3D打印全流程操作。
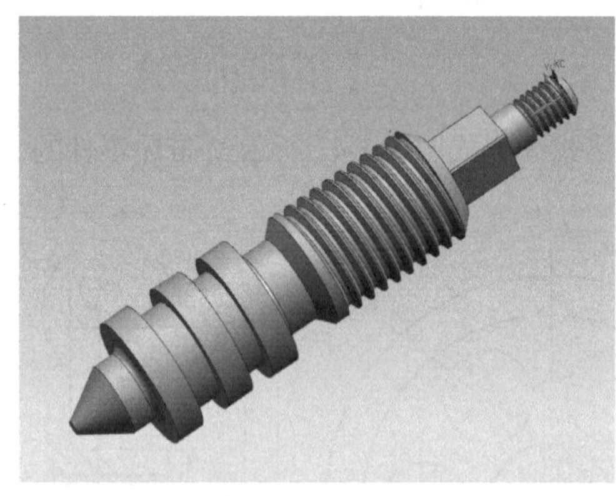
图3-2-1　截止阀阀杆</td></tr>
<tr><td>学时安排</td><td>资讯
1学时</td><td>计划
0.5学时</td><td>决策
0.5学时</td><td>实施
1学时</td><td>检查
0.5学时</td><td>评价
0.5学时</td></tr>
<tr><td>提供资源</td><td colspan="6">1）阀杆零件图、STL格式文件。
2）电子教案、课程标准、多媒体课件、教学演示视频及其他共享数字资源。
3）STL格式文件。
4）铲刀、斜口钳、尖嘴镊子、砂纸等。</td></tr>
</table>

（续）

学习情境3	零件的3D打印	工作任务2	阀杆的3D打印
对学生学习及成果的要求	1）具备阀杆模型零件图的识读能力。 2）严格遵守实训基地各项规章制度。 3）熟练掌握3D打印设备的操作方法，完成阀杆零件的3D打印。 4）能按照学习导图自主学习，并完成自学自测。 5）严格遵守课堂纪律，学习态度认真、端正，能够正确评价自己和同学在本任务中的素质表现。 6）必须积极参与小组工作，承担零件设计过程、零件校验等工作，做到积极主动不推诿，能够与小组成员合作完成工作任务。 7）需独立或在小组同学的帮助下完成任务工单、阀杆零件STL切片、阀杆零件打印视频录制等，并提请检查、签认，对提出的建议或错误之处，务必及时修改。 8）每组必须完成任务工单，并提请教师进行小组评价，小组成员分享小组评价分数或等级。 9）完成任务反思，并以小组为单位提交。		

【学习导图】

任务2的学习导图如图3-2-2所示。

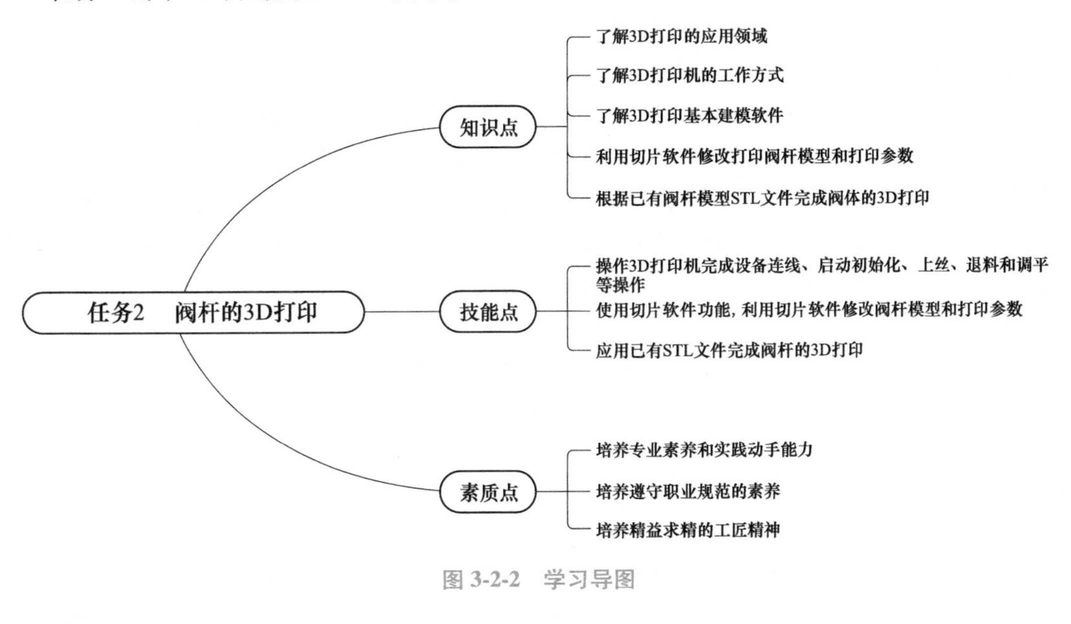

图3-2-2　学习导图

【课前自学】

一、3D打印的应用领域

3D打印常在模具制造、工业设计等领域被用于制造模型，后逐渐用于一些产品的直接制造，已经有使用这种技术打印而成的零部件。该技术在珠宝、鞋类、工业设计、建筑、工程和施工、汽车、航空航天、医疗、教育、地理信息系统、土木工程、武器装备以及其他领域都有所应用。

1. 工业制造

3D 打印技术已在金属零部件制造中得到应用，目前 3D 打印所制造出来的金属零部件在精度和强度上已经大有提升，有的已经开始进行大规模尝试。3D 打印制造出来的金属零部件将能够达到甚至超过传统制造工艺的水平。考虑到 3D 打印的成本效益更高，在加工某一个零部件时，不需要冗长的生产线和复杂的加工流程，只需在一台打印机上就能够全部完成，从而将故障点数降到最低，几乎杜绝了残次品的出现，这是传统制造技术所难以比拟的。

此外，3D 打印还能够制造出一些构造复杂、传统工艺无法制造的零部件，这也将大幅提升金属零部件的生产率。相信未来将会有更多 3D 打印机出现在工业制造领域中。

在传统制造业领域，制造模具是一件令人头疼的事情，耗时长、难度大、成本高。而 3D 打印技术在产品设计（模型设计）方面应用广泛，凡是能够设计出来的、复杂的个性化产品，都能够通过 3D 打印技术把模型打印出来，甚至直接生产制造出产品。

汽车零部件结构复杂，部件之间的配合精度要求高，使用传统制造方法，需要经过开模等过程，零部件的设计周期长，成本高。但通过 3D 打印技术进行快速成型，不仅能打印汽车零部件本身，还能打印零部件模具和零部件装配过程中使用的工装夹具，无须金属加工或任何模具，免去了模具开发、铸造、锻造等繁杂工序，省去了试制环节中大量的人员、设备投入，提高了开发效率，节约了开发成本。3D 打印目前的技术水平可使金属零部件的力学性能和精度接近锻造件的性能指标，保证汽车零部件对精度和强度的需求。同时，3D 打印技术打印的工装夹具变形小、强度高，使用起来更方便，也更符合人体工学。

因此，3D 打印核心的意义体现在两个方面：一是传统生产方式不能生产制造的个性化、高复杂度的产品，通过 3D 打印技术能够直接制造；二是虽然传统方式能够生产制造，但是投入成本太大，周期太长，而通过 3D 打印技术可以实现快捷、方便、缩短周期、降低成本的目的。3D 打印技术作为传统生产方式的一次重大变革，是传统生产方式有益的补充。

2. 航空航天

航空航天是高端制造技术的集中体现。就测量检测来说，无论是对于组件的测绘，还是零部件的检测，不允许有任何的错误，对测量检测的要求可以用苛刻来形容。而在加工制造方面，减重和安全是两个终极目标，要求不断优化组件设计和材料性能，做到轻量化、一体化。

航空航天领域检测零件外形以往多使用接触法，如三坐标测量机、特殊的量具等，使用贴靠的方法检测零件的曲面形状。这种方法效率不高，受人为因素影响较大，容易出错，存在一定的缺陷。三维扫描或三维光学测量技术则可以做到无损检测、复杂型面全尺寸测量检测、加工余量智能化检测等，高效便捷。

3D 打印在航空航天方面的应用已经趋于成熟，并且占比越来越大，成为 3D 打印应用的主要市场。美国宇航局（NASA）在外太空探索计划中，大量采用了 3D 打印技术，我国的“神十三”飞船和第一艘航母辽宁号的舰载机型歼-15，美国的 F-35 战斗机，部分零件就是 3D 打印技术制造而成的。有了高精度的三维测量检测技术和高端的 3D 打印技术，飞机将会越来越轻，也越来越安全。

3. 未来建筑

随着 3D 打印技术的完善，越来越多的物品都可以由 3D 打印完成。3D 打印的潜力远不止生产 DIY 家居物品这么简单。实际上，这项技术甚至可以彻底颠覆传统的建筑行业。

目前，3D 打印在建筑装饰上已经比较成熟，个性化的装饰部件已经成功应用于成百上千个建筑项目。在建筑业，设计师们使用 3D 打印机打印建筑模型，这种方法快速、低成本、环保，且制作精美。3D 打印模型是建筑创意实现可视化与无障碍沟通的最好方法。完全符合设计者的要求，且又节省大量的材料和时间。

2014 年 4 月，10 幢 3D 打印建筑在上海张江高新青浦园区内揭开神秘面纱。这些建筑的墙体是用建筑垃圾制成的特殊“油墨”，依据计算机设计的图样和方案，经一台大型的 3D 打印机层层叠加喷绘而成。据介绍，10 幢小屋的建筑过程仅花费 24h。

随着 3D 打印技术的推广，3D 打印在建筑设计领域的应用越来越广泛，对于一个新的项目，3D 打印模型可以实现在项目设计过程中实时交流想法并改进，这在与客户沟通的过程中是非常必要的。3D 打印技术可以向客户呈现二维图片和普通三维软件无法比拟的实体感，客户可以根据模型提出对设计细节的修改要求。

4. 医疗、健康

随着 3D 打印技术的快速发展，其与生物医学领域的结合也越来越紧密。外科医生通过核磁共振技术生成三维扫描数据，使用 3D 打印机制作实体模型用于手术方案的研究及手术过程的模拟，从而可以缩短手术时间，降低手术的风险；对于器官移植的患者，则可通过生物 3D 打印材料制造无排他性的替代器官，从而无须大量服用免疫类药物，减少病患的痛苦。未来，3D 打印将把人类带入生物智能制造的时代。

医疗设备已成为现代医疗的一个重要领域。中国医疗产品需求增长高于全球平均水平，巨大的人口基数以及逐年快速递增的老龄化人口和人们不断增强的健康意识，国家政策、医疗信息化及技术革命的推动，使中国医疗产品市场需求持续快速增长。然而，医疗设备一旦发生故障，即使不会即时构成安全问题，也会无法执行其基本功能，因此医疗设备开发商不但要在产品的构思阶段堵塞设计漏洞，甚至要在产品的整个生命周期内不断管理有关风险，以免设备发生故障，这就对医疗设备设计开发过程中的质量控制以及最终产品的品质提出了相当高的要求。

准确地验证零件的尺寸规格是小型医疗器械零件设计和产品改进的一个关键环节，尤其是微创介入类产品，不但尺寸小，而且材料比较柔软或结构比较复杂，非常需要高精度、非接触式的三维测量检测设备的协助。

3D 打印在医疗领域的应用已经非常广泛，医疗设备是很重要的一部分，主要体现在新产品设计研发、医疗设备定制、高端医疗设备的小批量制造方面。

数字化牙科是 3D 打印在医疗、健康领域最重要的应用之一。数字化牙科是指借助计算机技术和设备辅助诊断、设计、治疗、信息追溯等。其中 CAD/CAM 技术，即计算机辅助设计与计算机辅助制造，是较为广泛应用于牙科修复中的数字化牙科技术的一种，主要包括 CAD/CAM 设备与打印材料、提供整套的数字化修复解决方案、将数字化和自动化的生产方式带到牙科修复的设计与生产阶段等。

通过三维扫描，CAD/CAM 和 3D 打印，牙科实验室可以准确、快速、高效地生产牙冠、牙桥、石膏模型和种植导板等。口腔修复体的设计与制作目前在临床上仍以手工为主，效率较低，数字化牙科则为我们展示了广阔的发展空间，数字化的技术可以解除手工作业的繁重负担，同时又消除了手工建模导致的精确度及效率的瓶颈。

5. 文物保护

3D 打印技术已经应用于文物修复领域。复制出一件“一模一样”的文物，就现在的 3D 打印技术而言，完全是有可能的。

所有历史文物和遗迹都是前人智慧的结晶，如何对历史文物进行有效的保护、修复、重建、研究以及传播，是摆在所有文物工作者面前的现实问题。

文物保护技术也一直在与时俱进，涉及物理、化学、材料等学科知识，很多高等院校开设有专门的学科进行人才的系统培养，而目前最受人们关注的文物保护技术，无疑是三维数字化技术和 3D 打印技术。

博物馆里常常会用很多复杂的替代品来保护原始作品不受环境或意外事件的伤害，同时复制品也能使艺术或文物的影响更大更远。不仅如此，3D 打印已广泛应用于文物数据化存档、文物复制、文物修复以及遗失文物仿真复原等专业领域。

3D 打印技术其实已经被应用到国内一些博物馆的文物保护工作中。博物馆里的 3D 打印技术主要应用在两个方面：一是对于无法翻模或不适于翻模的文物进行复制，二是用于局部残缺文物的修复。

传统的文物复制一般直接在文物上翻模。不过，有些复制方法会造成两种不利影响：首先是翻模材料残留在文物表面，对文物造成污染；其次塑形与文物不能达到百分之百的一致。但是结合三维扫描技术的 3D 打印可以很好地解决这些问题。首先使用三维扫描技术获得复制文物的三维模型，然后使用 3D 打印获得复制品，再在复制品上翻模复制，就可以批量制作。

对于残缺文物的修复，首先要获得残缺处的三维模型。例如陶俑有一足缺失，根据分析，应与另一足形状相同，可以扫描另一足外形，打印后用作补全的依据。再如瓷碗口沿缺失局部，而缺失处整体弧度与其他部分是完全相同的，也可通过复制其他部分来进行文物修复。个别材质的文物（如瓷器）还可直接利用打印品进行文物补全。

在文物保护方面，3D 打印技术有一项十分明显的优势，它可以根据需要调整打印品的比例，这在传统复制上是很难甚至根本无法做到的。3D 打印的模型一旦获得，是独立于文物之外的，就像复印文件一样，获得完全相同的打印品，甚至可以获得细微纹饰的形貌。

6. 个性化创作

这是最广阔的一个市场。在未来，不管是你的个性笔筒，还是有你半身浮雕的手机外壳，抑或是你和爱人拥有的世界上独一无二的戒指，都有可能是通过 3D 打印机打印出来的。甚至不用等到未来，现在就可以实现。

你可以从网上下载产品。严格地说，是产品的数据，然后可以根据自己的偏好进行个性化定制，把最终的信息发送到台式计算机上，然后计算机可以当场制作出产品。

7. 科普教育

3D 打印将在科技馆模型制作、科学课堂教学以及科研成果视觉化等方面发挥重要作用。3D 打印的模型可以是微观世界的再现，可以是宏观宇宙的模拟，可以作为验证实验结果的重要工具。3D 打印机将成为大学实验室、中小学课堂、科技馆、科技模型制作公司不可或缺的重要工具性设备。为了推动 3D 打印在学校的普及，建设 3D 打印教学创新基地，开设 3D 打印兴趣课堂，培养学生创新能力，我国多个城市先后由政府支持学校建设 3D 打印教室，以培养学生的创造力和科学素养，培养下一代的尖端科学家、设计师和制造商，帮助当前的学生为明天的工作做好准备。

一切都在表明：3D 产业进校园是大势所趋。3D 打印技术、三维扫描技术与 3D 打印软件技术的普及风暴已经开始。

8. 3D 照相馆

3D 照相馆以其个性化、真实、有趣的立体记录展示效果受到了民众的热切关注，民众想体验 3D 照相的热度增加，纷纷想尝试制作一个缩小版的自己。全国结婚产业统计数据表明，绝大多数的新人需要拍摄婚纱照，而传统的艺术婚纱照千篇一律，已经很大程度上不能适应广大年轻人的审美乐趣。3D 婚纱照将成为新宠。不仅仅 3D 婚纱照，3D 旅游照、3D 家庭照、3D 亲子照等市场的需求同样旺盛，有巨大的潜力可供挖掘。

二、3D 打印机的工作链

要想让 3D 打印机像家用电器一样普及，还需要一段时间，但现在很多的开发人员在不断优化 3D 打印机，这些优化让 3D 打印机更稳定、更易用。3D 打印机的工作是通过打印机的各个部位相互配合完成的，这些部位包含：电子器件、固件、控制软件和分层软件，正是它们才使得一个个 3D 模型变成真正的实物。

图 3-2-3 所示为 3D 打印流程，包括从 3D 模型到最后的 3D 实物的全部过程。

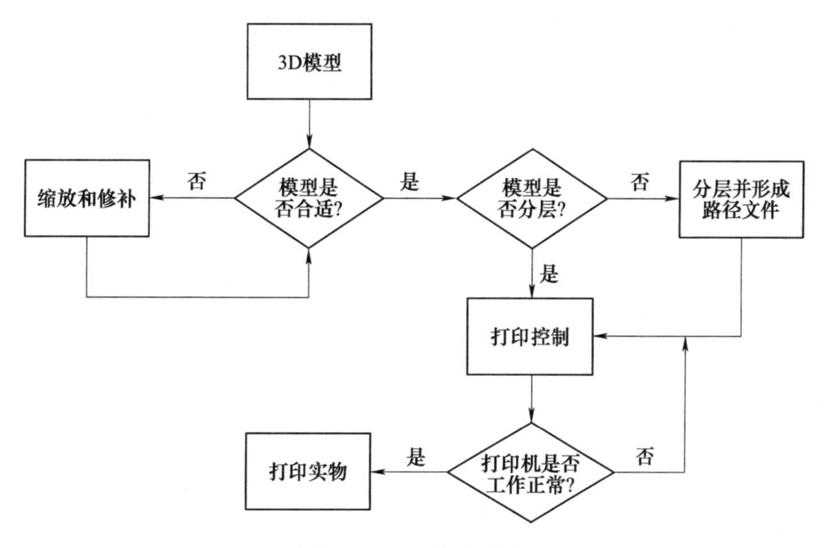

图 3-2-3 3D 打印流程

1. 3D 模型

整个流程是从一个完好的 3D 模型开始的。打印的模型可以从网上下载，也可以自己通过三维建模软件进行设计，如利用 Pro/E、3DMax、UG 等软件，也可以利用三维扫描仪，甚至也可以利用软件对普通二维照片进行处理生成三维模型，如 123DCatch。总之，最终需要的打印格式为 . stl 或者 . obj，这两种是最常见也是通用的打印格式。得到模型之后，还必须对模型进行检查和修复，因为模型在转换的过程中或者建模的过程中会出现一些错误。

2. 分层和路径文件

3D 打印机用挤压的方式把热熔丝从加热头（打印头）挤出来，挤出来的细丝一层层地打印，最后成为一个三维模型。所以需要对模型进行分层处理，生成的路径文件告诉 3D 打印机该如何运动和挤丝。目前的分层软件有很多，如 XBuilder、ReplicatorG、Cura，它们最终生成.GCode 或.X3g 文件，3D 打印机就是依据这个文件来控制打印头的运动和吐料的。

3. 工作链

如图 3-2-4 所示，3D 打印工作链的每一步都需要有相应的软硬件配合。每一个部分都在打印工作中担负着重要的角色，正是它们构成了 3D 打印工作链。工作链从控制软件开始，包括控制软件调用的分层软件，代码或者烧写到电子器件上的固件以及电子器件及其之间的连线。

打印控制软件导入 3D 模型并将其发送到分层软件，分层软件对模型进行处理后，打印控制软件再将 GCode 文件发送到固件，固件根据软件发来的指令，控制打印机的电子器件来打印模型，并实时向控制软件回传打印中的温度、位置等状态数据。

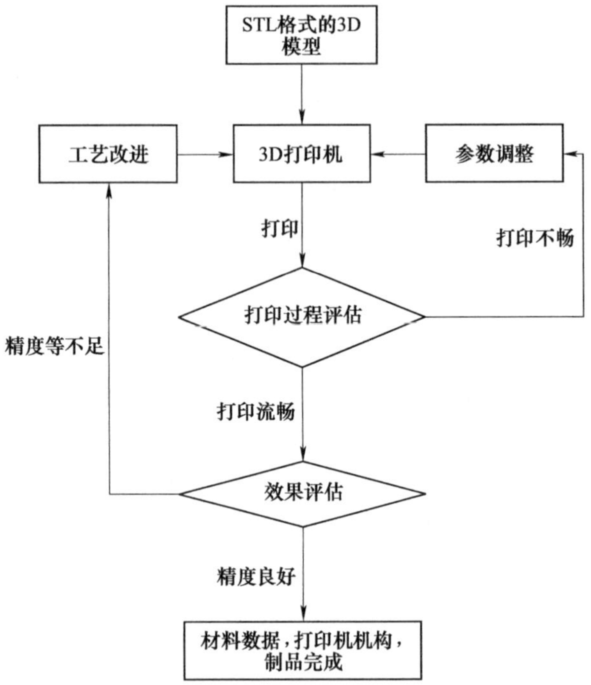

图 3-2-4　3D 打印工作链

4. 固件

固件负责解释打印应用程序发送过来的 GCode 指令，然后让电子器件执行。固件直接影响打印模型的质量。

5. 分层软件

分层软件（Slicer）俗称切片软件，是用来控制打印头运动的路径文件，用它来把 3D 模型分层以适于打印。分层软件最终会生成一段代码，这些代码告诉打印机将移动到哪里，什么时候挤出打印材料及挤出量等。

6. 打印控制软件

打印控制软件是整个 3D 打印机的中心，是连接打印机各个部位的枢纽。通过控制软件可以发送命令给固件，让其控制 3 个轴向上的步进电动机移动，可以显示和设置打印机和加热托盘的温度，可以运行分层工具对模型分层，最重要的是可以打印 3D 模型。

三、3D 打印基本建模软件

随着科技的发展，获得三维模型数据的途径变得越来越多，如三维扫描、利用手机软件生成三维模型、利用普通照片生成三维模型（如 123D Catch）等。但要想获得自己最称心如意的三维模型，那就无法回避三维建模这个话题。目前市面上的建模软件种类很多，有专业级也有非专业级的，下面将带大家了解三维建模软件的大概分类以及其面向的用户群体。

1. 3DS Max

美国 Autodesk 公司的 3DS Max 是基于 PC 系统的三维建模、动画、渲染的制作软件，为用户群最为广泛的 3D 建模软件之一，常用于建筑模型、工业模型、室内设计等行业。因为其广泛性，第三方插件也很多，有些很强大，基本上都能满足一般的3D建模需求。网上关于3DS Max的教程和学习视频非常多，使用者众多。

2. Maya

Maya也是Autodesk公司出品的世界顶级的3D软件，它集成了早年的两个3D建模软件Alias和Wavefront。相比于3DS Max，Maya的专业性更强，功能非常强大，渲染真实感极强，是电影级别的高端制作软件。在工业界，应用Maya的多从事影视广告、角色动画、电影特技等行业。有些学生也经常用Maya来制作和渲染3D模型，生成漂亮的渲染结果放在论文中。

3. Rhino

Rhino是美国RobertMcNeel公司开发的专业3D造型软件，它对机器配置要求很低，安装文件才几十兆，但“麻雀虽小，五脏俱全”，其设计和创建3D模型的能力是非常强大的，特别是在创建NURBS曲线曲面方面功能强大，也得到很多建模专业人士的喜爱。

4. AutoCAD

AutoCAD是美国Autodesk公司出品的自动计算机辅助设计（CAD）软件，用于二维绘图、文档规划和三维设计，适用于制作平面布置图、地材图、水电图、节点图及大样图等，广泛应用于土木建筑、装饰装潢、城市规划、园林设计、电子电路、机械设计、航空航天、轻工化工等领域。居民住房的户型图大部分都是用AutoCAD来做的。

5. Pro/E

Pro/E是美国PTC公司（Parametric Technology Corporation）旗下的CAD/CAM/CAE一体化的三维软件。在参数化设计、基于特征的建模方法方面具有独特的功能，在模具设计与制造方面功能强大，机械行业用得比较多。

6. SolidWorks

SolidWorks是世界上第一个基于Windows开发的三维CAD系统。相对于其他同类产品，SolidWorks操作简单方便、易学易用，国内外的很多教育机构（大学）都把SolidWorks列为制造专业的必修课。

7. UG NX

UG NX是德国西门子公司旗下的CAD/CAE/CAM一体化的三维软件，广泛用于通用机械、航空航天、汽车工业、医疗器械等领域。

8. 基于笔画或草图的3D建模软件

由于基于笔画或草图的交互方式符合人类原有日常生活中的思考习惯，交互方式直观简单（就像在图纸上画画一样来构建3D模型），是最近十多年来计算机图形学中研究的热点建模方法之一。SketchUp是一套面向普通用户的易于使用的3D建模软件。使用SketchUp创建3D模型就像使用铅笔在图纸上作图一般，软件能自动识别所画的这些线条，加以自动捕捉。它的建模流程简单明了，就是画线成面，而后拉伸成体，这也是建筑或室内场景建模最常用的方法。SketchUp还可以将自己的制作成果发布到Google Earth上和其他人共享，或者是提交到Google的3D Warehouse（Google的3D模型库）。

9. 基于照片的3D建模软件

从物体的照片来进行3D模型的构建，是计算机图形学和计算机视觉的一大研究方向，称为基于图像的几何建模（Image Based Modeling）。这种技术已逐渐成熟且走向实用阶段，最近有些软件能够让用户拿着普通相机或者手机对着要建模的实物从不同视角拍摄若干照片，然后软件就能根据这些照片自动地生成相应的3D模型。这种基于图片的建模技术提供给了非专业建模人士来构建3D模型的工具，Autodesk 123D就是其中之一。

Autodesk公司发布了一套平民级的建模软件Autodesk 123D，用户不需复杂的专业知识，只要为物体从不同的视角拍摄几张照片，该软件就能自动地为其生成3D模型。Autodesk 123D是一款免费的三维CAD工具，用户可以使用一些简单的图形来设计、创建、编辑三维模型，或者在一个已有的模型上进行修改。

Autodesk 123D Catch是建模软件的重点，用户使用相机或手机来从不同角度拍摄物体、人物或场景，然后上传到云，该软件利用云计算的强大计算能力，可在几分钟的时间内将数码照片转换为3D模型，而且还自动添加纹理信息贴图。但是其生成的3D模型的细节不多，主要是通过纹理信息来表现真实感。有时软件也会失败，生成的模型是不正确的。

Autodesk 123D Make是将3D模型转换为2D的切割图案，用户可利用硬纸板、木料、金属或塑料等低成本材料将这些图案迅速拼装成实物，从而再现原来的数字化模型。这让用户能够“制造”出3D模型，有点像3D打印的雏形。目前Auto desk 123D Make只有Mac版本。

Autodesk 123D Sculpt是一款运行在iPad上的3D雕刻软件，通过绘画的方式在模型上雕刻几何细节。

四、打印支撑的作用与调整

模型支撑的构建

图3-2-5所示为3D打印件的结构。

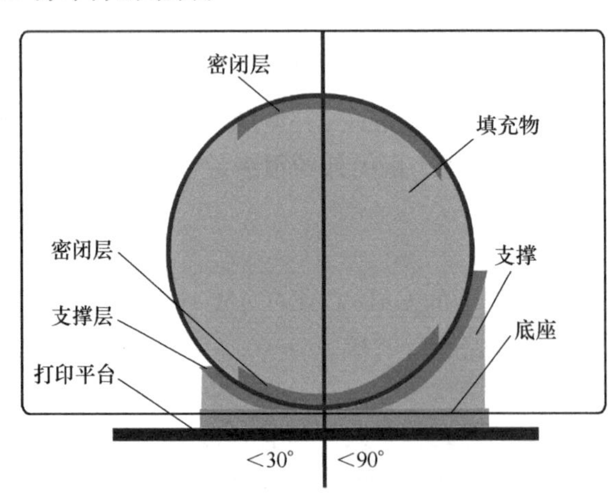

图3-2-5 3D打印件的结构

支撑层：实心支撑结构确保所支撑表面保留其形状和表面粗糙度。

填充物：打印物体的内部结构。填充物的密度可以调整。

底座：协助物体黏附至平台的厚实结构。

密闭层：打印物体的顶层和底层。

正确设计3D打印支撑构造是3D打印复杂模型的一个非常重要的内容。当模型具有悬臂或桥梁结构时，需要使用打印支撑构造才能进行3D打印。如图3-2-6所示，以字母Y，H

和 T 为例，说明如何进行悬臂和桥梁的打印。

1. 3D 打印支撑结构：并非所有悬臂都需要支撑——45°规则

如图 3-2-7 所示，不是所有悬臂都需要支撑。一般的经验法则是：如果悬臂物与垂直方向倾斜的角度小于 45°，那么可以不使用 3D 打印支撑构造打印该悬臂物。

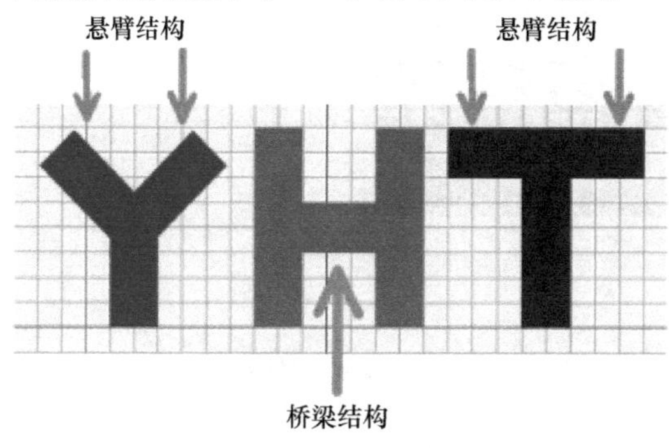

图 3-2-6　打印悬臂和桥梁

30°
45°
60°

图 3-2-7　打印 45°规则

事实证明，3D 打印机在连续层之间会产生非常小的水平偏移。因此，图层不会在前一层上完美堆叠，而是堆叠一个微小的偏移。这允许打印机打印垂直方向小角度悬臂物。前面的图层可以支撑 45°以下的任何值。45°被认为是关键角度。

如图 3-2-8 所示，用字母 Y 和 T 最好地说明这个问题。字母 Y 中的两个突出部分相对于垂直方向具有小于 45°的角度。因此，如果打印字母 Y，可以在不使用任何 3D 打印支撑构造的情况下打印。

图 3-2-8　Y 和 T 字母的打印效果

反之，字母 T 中的悬臂与垂直方向成 90°角，所以必须使用 3D 打印支撑构造打印字母 T，否则会使打印失败，如图 3-2-9 所示。

2. 3D 打印支撑结构：并非所有桥都需要支撑——5mm 规则

如图 3-2-10 所示，就像悬臂一样，并非所有桥梁都需要支撑。这里的经验法则是：如果桥的长度小于 5mm，则打印机可以在不需要 3D 打印支撑构造的情况下进行打印。要做到这一点，打印机使用一种称为悬臂跨度的技术——将热材料拉伸短距离并设法以最小的下垂打印它。但是，如果桥长度超过 5mm，则此技术不起作用。在这种情况下，需要添加 3D 打印支撑构造。

图 3-2-9　字母 T 打印失败

图 3-2-10　打印 5mm 规则

3. 与垂直悬臂不到 45°结构是否需要支撑——经验法

由于 3D 打印机的性能、所使用的材料不同，状况不佳的打印机可能没有办法以垂直方向 35°或 40°的角度打印悬臂。在开始打印之前，最好先了解一下打印机的能力，从 Thingiverse 下载 Massive Overhang Test 模型并打印出来。如图 3-2-11 所示，该模型具有一系列悬臂，范围从 20°~70°，增量为 5°。通过这个模型的打印测试，可确定打印机开始失败的角度，这就是当前打印机无须支撑即可打印的最大悬臂角度。记住它以便之后使用此信息来决定使用支撑的位置和不使用支撑的位置。

4. 3D 打印支撑结构的缺点

之所以讨论需要哪些支撑以及哪些情况可以避免支撑，其原因是使用 3D 打印支撑构造有其自身的缺点，如图 3-2-12 所示，3D 打印支撑结构增加了材料成本。

图 3-2-11　Massive Overhang Test 打印测试件

图 3-2-12　去除的打印支撑材料

支撑构造需要额外的材料，并且在打印后需将它们去除。如果在生产环境中使用 3D 打印，那么你很可能需要关心每种材料的成本。如果你是一个预算有限的业余爱好者，很可能也会关心它。支撑构造耗费材料，显然增加了模型的成本。此外，3D 打印支撑结构还增加了打印持续时间和后期处理工作。

图 3-2-13 去除打印支撑

3D 打印支撑构造不是模型的一部分，它们用于在打印期间支撑模型的各个部分。这意味着一旦打印结束，要在模型准备就绪之前去除支撑结构。在生产环境中，添加的工作意味着增加的成本，如图 3-2-13 所示。

如图 3-2-14 所示，3D 打印支撑构造经常粘在模型的表面上。如果在去除支撑构造时不小心，可能会在模型表面留下瑕疵。最坏的情况下，部分模型可能会与支撑构造一起中断。总而言之，使用 3D 打印支撑构造存在重大缺陷。因此，另一条经验法则是：尽量减少 3D 打印支撑构造的使用，只在必要时添加它。

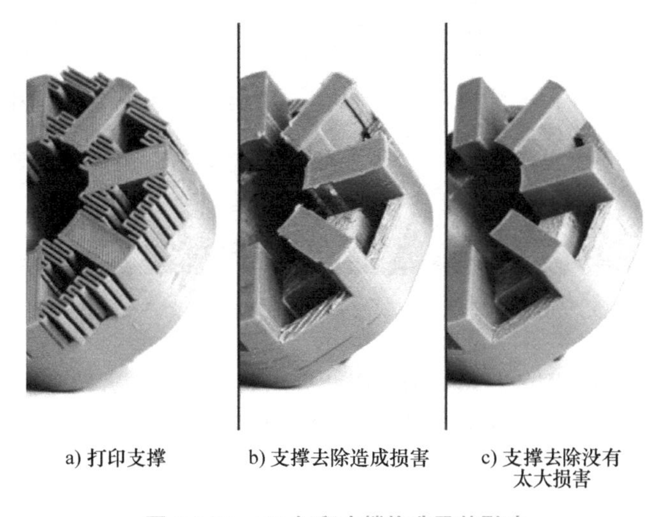

a) 打印支撑　b) 支撑去除造成损害　c) 支撑去除没有太大损害

图 3-2-14 3D 打印支撑构造及其影响

5. 3D 打印支撑几何构造

常见的 3D 打印支撑构造类型：树状支撑和线性或手风琴支撑。

1）树状支撑：如图 3-2-15 所示，树状支撑是一种树状结构，用于支撑模型的悬臂。

树状支撑的优点是它更容易去除，并且不会过多地损坏悬臂的下侧。但应注意，它仅适用于鼻尖、指尖或拱门等非扁平悬臂，不能为扁平悬臂提供足够的稳定性。

2）线性或手风琴支撑：这是 3D 打印中最常用的支撑类型。如图 3-2-16 所示，这种类型的支撑由垂直支柱组成，可以触及整个悬臂部分。这种类型的 3D 打印支撑几乎适用于每个悬臂和桥梁。但是它们更难以去除，并且更可能对模型表面造成损坏。

对于可拆卸的 3D 打印支撑结构，必须使用与打印模型相同的材料来打印。控制此种 3D 打印支撑结构的唯一方法是逐步调整 3D 打印支撑构造的比重，使其小于模型比重。由于模

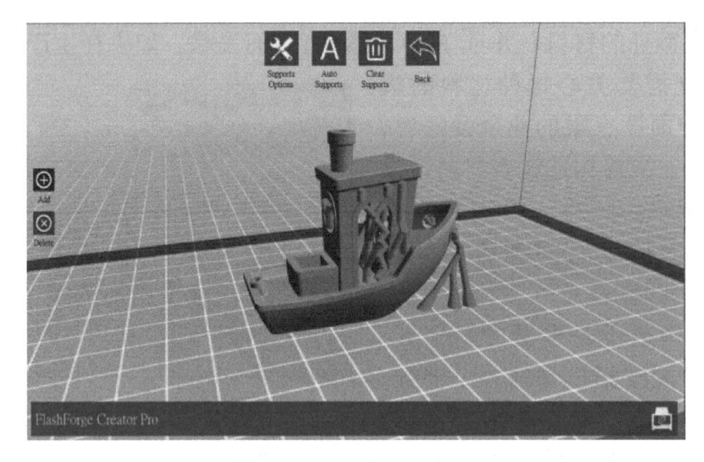

图 3-2-15　树状支撑

图 3-2-16　线性或手风琴支撑

型与 3D 打印支撑构造由相同的材料制成，因此分离它们的唯一方法是通过手动断开支撑构造或用刀切割。这些去除方法对模型有很大的破坏风险，所以要采用适当的技术，在去除阶段保持耐心和谨慎。

对于可溶化的 3D 打印支撑构造，则容易去除，但需要采用双挤出器打印机，一台装载 PLA 挤出器，用于打印模型，另一台挤出器装有水溶性材料，如 PVA 或 Limonene 可溶材料，用于打印支撑构造。打印完之后，只需将模型浸入水中或柠檬烯中，即可冲洗掉支撑构造。这种方法降低了模型损坏的风险，在使用之后容易处理，非常适合复杂的 3D 打印操作，如图 3-2-17 所示。

6. 如何去除 3D 打印支撑构造

由于可拆卸式 3D 打印支撑构造难以去除并且会损坏模型，因此提供了一些经过测试的技巧。首先，确定支撑构造完全暴露于易用手指接触的位置，尝试用手清除支撑构造，大多数支撑构造应该很容易脱落。

接下来，使用工具去除难以接触到的支撑构造。可以使用尖嘴钳、腻子刀或雕刻刀，还可以将这些工具组合利用。使用刀具时，最好加热模型或刀片，这会使支撑构造更容易分层。可以借助酒精灯加热，但要确保模型不会损坏。

图 3-2-17　可溶化支撑

如图 3-2-18 所示，砂纸也是一种很好的去除支撑构造的工具。使用高目数砂纸（220~1200 目）加水打磨，不仅可以去除支撑构造，还可以抛光模型。为了得到最好效果，可将水涂抹在部件上以平滑、轻盈的方式打磨，直至达到所需的表面质量。

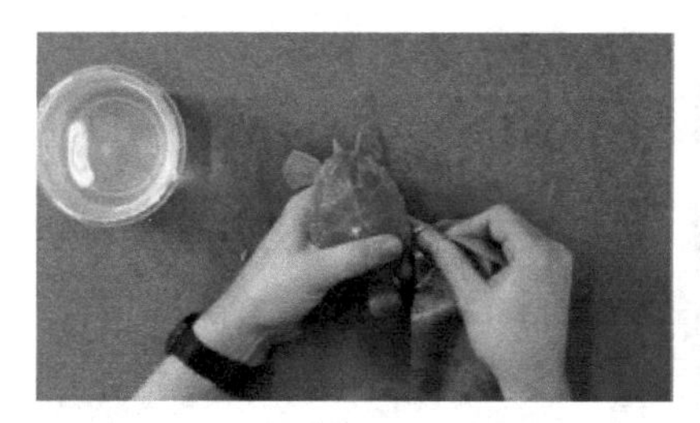

图 3-2-18　用砂纸打磨打印件

规避 3D 打印支撑构造的一个技巧是将支撑融入模型中。如图 3-2-19 所示，在一些雕塑作品中，利用服装或道具增加模型的支撑，这需要合适的整体设计元素，并且可以支撑悬臂或桥梁。如果操作正确，可以增强模型的美感，在打印过程中不受支撑构造的影响，而且可以节约时间和材料。

如图 3-2-20 所示，倒角也是一种规避支撑的方法，它将悬臂变成无害的突出物，角度小于 45°。例如，一个平缓倾斜或弯曲的边缘，可以用不需要支撑的棱角边缘来代替。这种角度设计称为倒角。

同样，如果模型中有孔，可以将其转换为泪珠形状的倒角孔，大多数情况下，不会影响模型的整体美感，但却可以减少打印模型所需的支撑构造。有时，必要的 3D 打印支撑就像在打印平台上重新定位模型一样简单，可以通过重新定位基板上的模型来最小化支撑构造的使用。比如图 3-2-21 所示的打

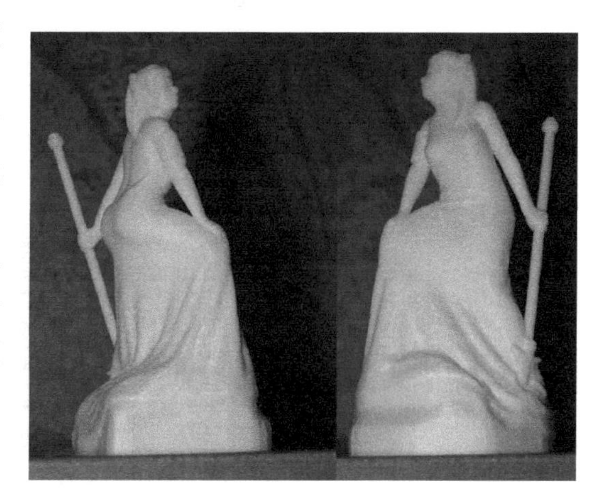

图 3-2-19　无支撑的打印件设计

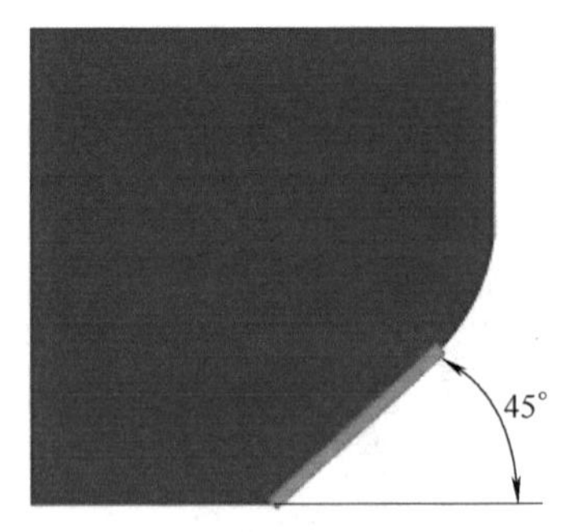

图 3-2-20 打印件的倒角设计

印件，水平臂指向无限远，如果按原样打印模型，需要支撑左臂，因为它是一个 90°的长突出物。在取下支撑物时，可能会在手臂下方留下瑕疵。为了避免这种情况，可以将整个模型旋转 45°，只要添加对模型基础的支撑即可。而模型基础的质量无关紧要，这样就可以使用较少的支撑结构打印模型，并保护左臂免受损坏。

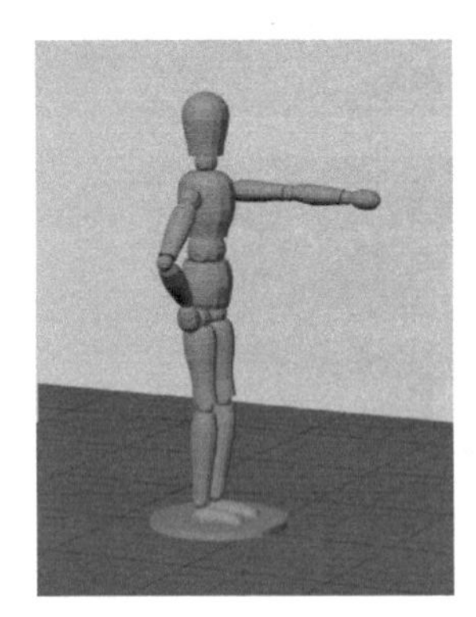

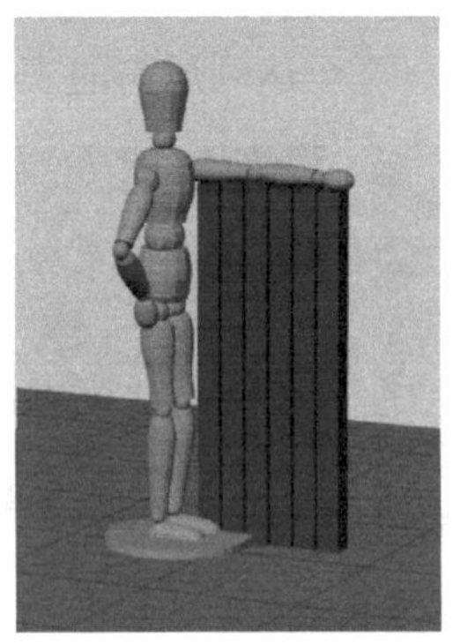

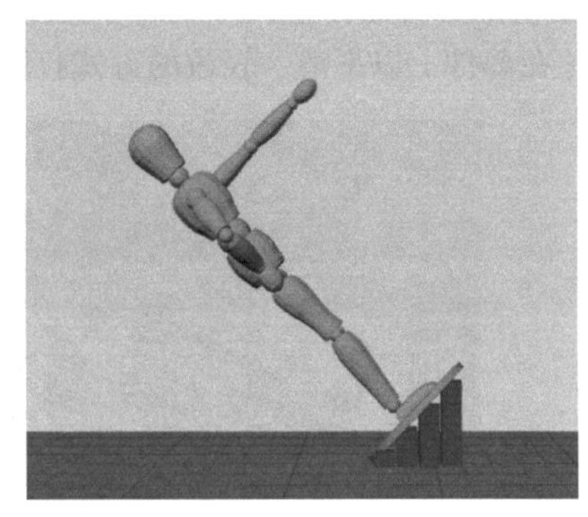

图 3-2-21 打印件的不同摆放位置对打印支撑构造的影响

【自学自测】

通过给出的 STL 格式，完成图 3-2-22 所示法兰盘零件的 3D 打印。

任务 2 自学自测-法兰盘的 3D 打印加工

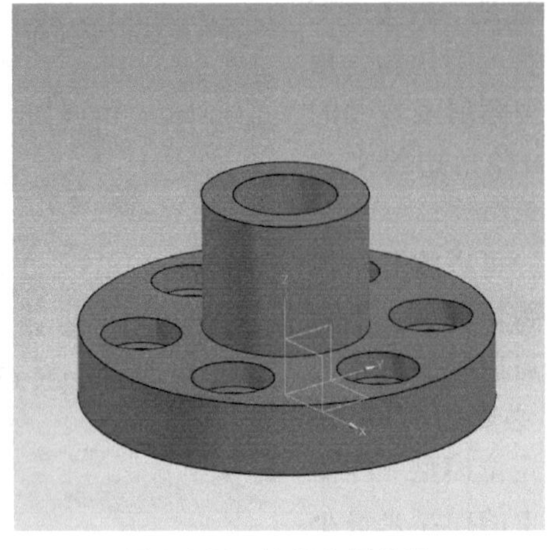

图 3-2-22 法兰盘零件图

【任务实施】

任务 2 3D 打印机基本操作简介

本任务完成截止阀阀杆的 3D 打印。截止阀阀杆零件图如图 3-2-23 所示。

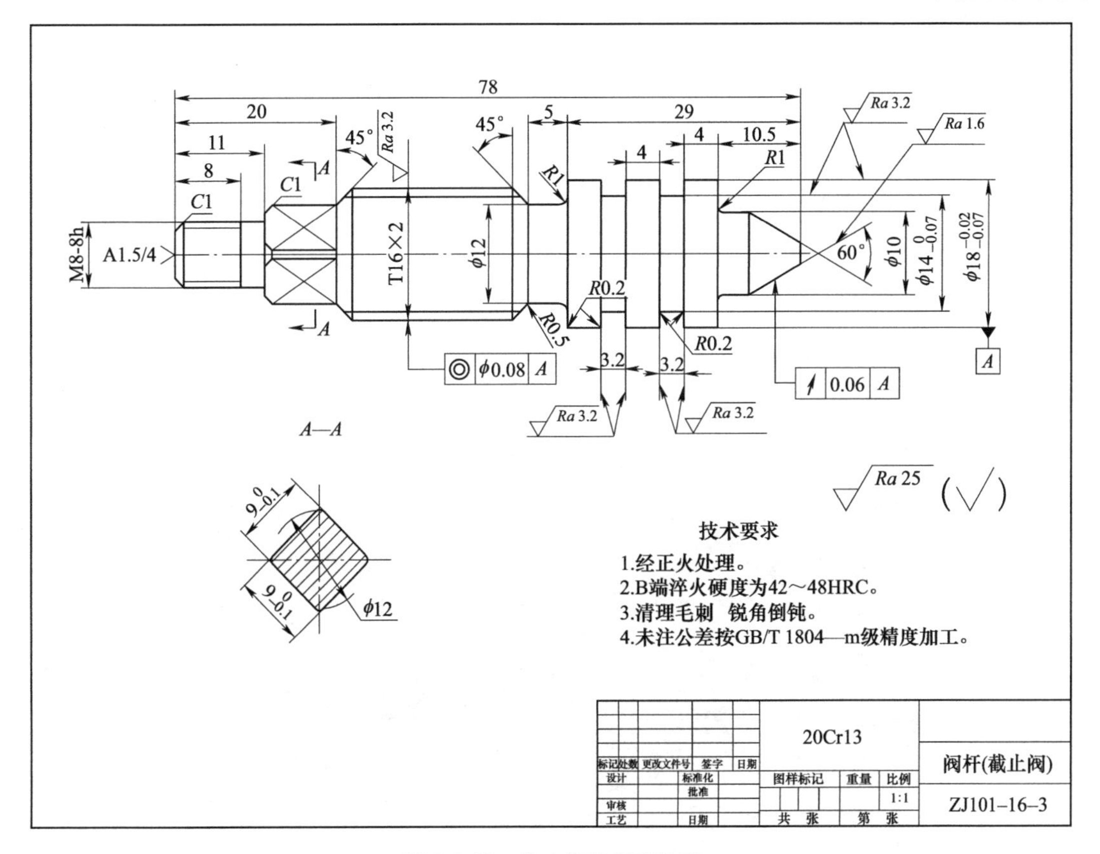

图 3-2-23　截止阀阀杆零件图

任务实施步骤：

1. 载入模型

1）如图 3-2-24 所示，单击【添加模型】。

图 3-2-24　载入模型

2）如图 3-2-25 所示，选择“ fagan_stp. stl”模型。

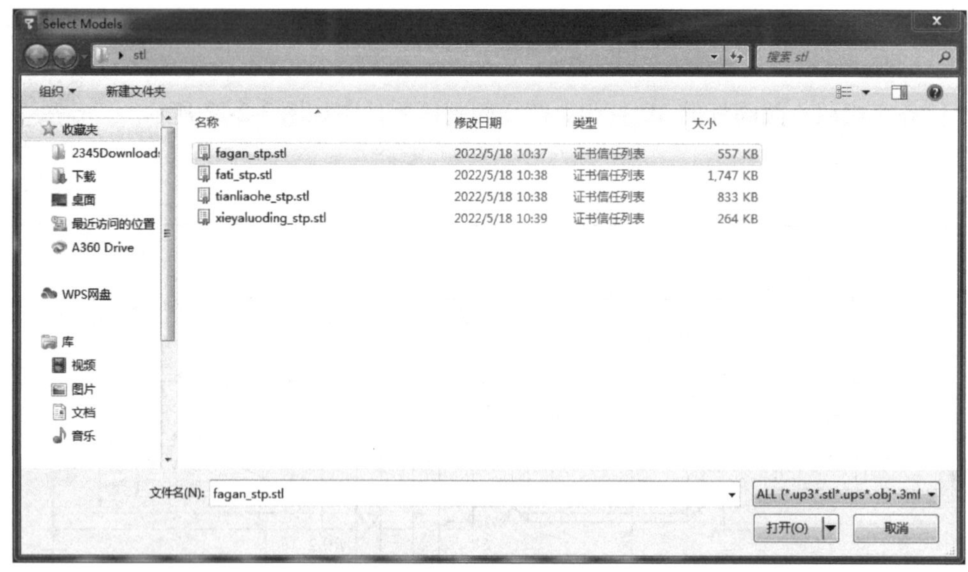

图 3-2-25　选择模型

3）如图 3-2-26 所示，载入的模型出现在打印空间中。

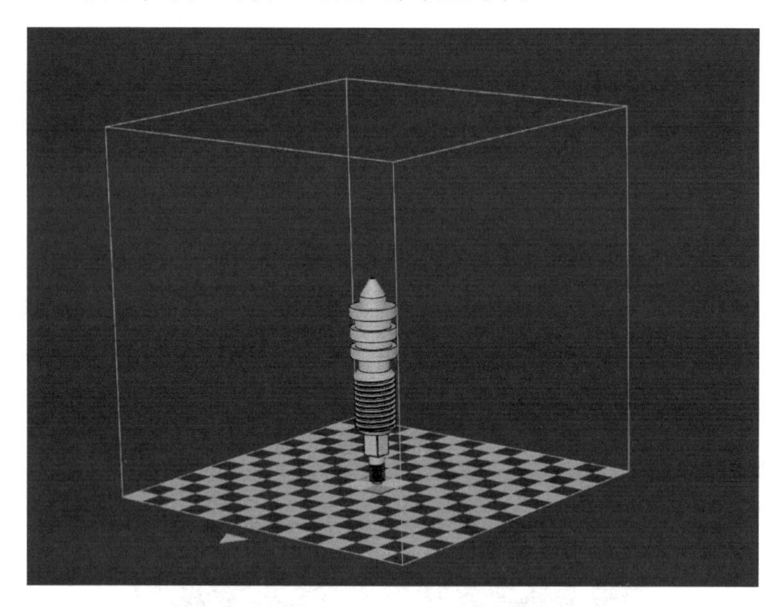

图 3-2-26　模型出现在打印空间中

2. 打印设置

1）如图 3-2-27 所示，确定打印机通过 USB 连接至计算机，单击【打印】按钮打开打印预览窗口。

2）关于几种填充方式的区别。一个立体实物的存在需要满足力学平衡，为了克服重力作用，悬空时需要一定的支撑。3D 打印机是层层喷料堆叠成实物的，封闭物体内部可以是空心的，所用材料的多少可以通过填充率的设置来控制，只要填充的材料能支撑起外部就可以了。

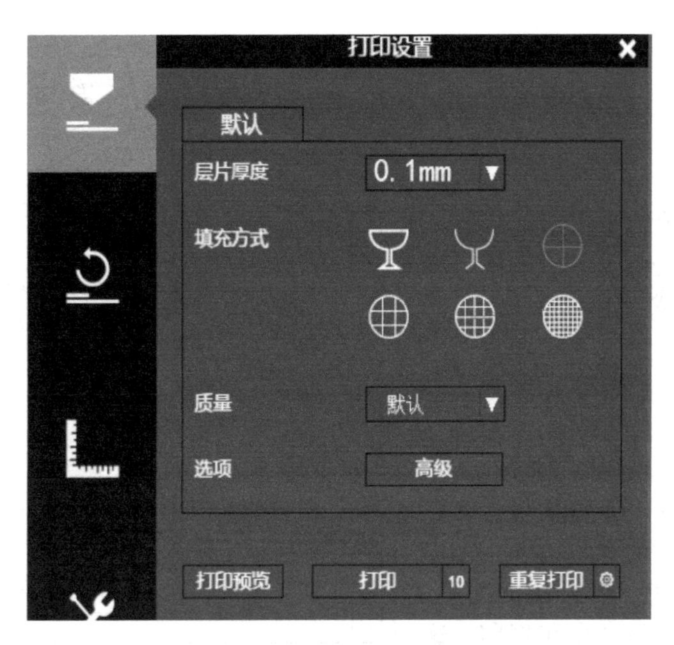

图 3-2-27　打印界面

如图 3-2-28 所示，如果 3D 打印机设置填充率为 100%，那打印的就是实心的模型，如果打印机设置填充率为 0，这样就是空心的模型。实心的模型结实，但是使用材料多，价格也会比较贵，打印速度也较慢；空心的模型节省材料，比较经济，但是打印出来的物品会比较单薄。另外，不是所有的物品都可以空心打印，有很多空心的物品，内部必须生成支撑，尤其是比较大型的物品，如果选择空心可能意味着必须切开打印。填充率也可以设置为 0~100%之间的数值，这在 FDM 上比较常见。

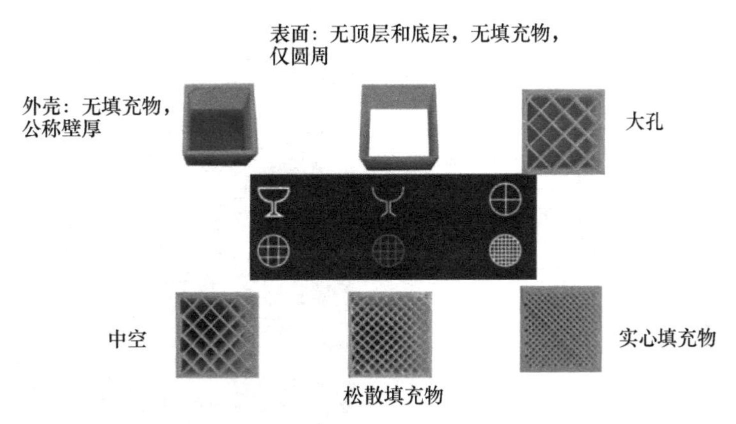

图 3-2-28　几种填充方式的区别

3）打印机控制按钮和 LED 灯光指示说明。3D 打印机侧边控制按钮常用功能如图 3-2-29 所示。

在发送数据后，程序将在弹出窗口中显示材料数量和打印所需时间。同时，喷嘴和打印平台将开始加热，自动开始打印。然后，可以安全地断开打印机和计算机。打印进度显示在

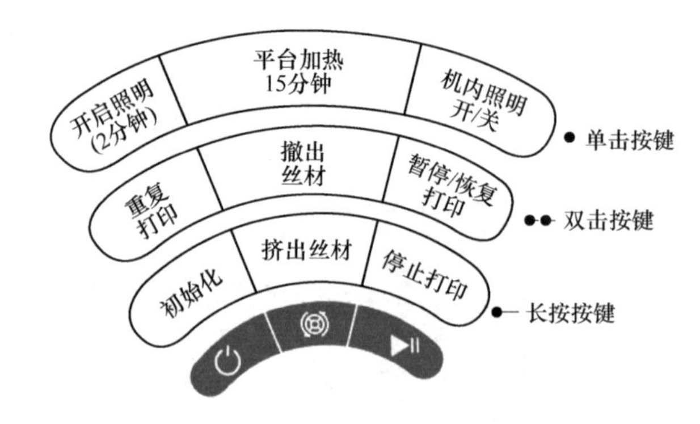

图 3-2-29　打印机侧边按钮功能

UP BOX 字母顶部的 LED 进度条上，如图 3-2-30 所示。

UP BOX 3D 打印机 LED 指示内容如图 3-2-31 所示。当打印完成时，LED 指示将显示为红色。在这种情况下，机器将不会响应任何命令和打印，这是为了预防误操作，导致打印头撞击打印物体。为恢复至正常状况，必须在完成打印之后打开前门。

图 3-2-30　打印机 LED 指示灯进度显示

如图 3-2-32 所示，在打印期间，可单击左侧菜单上的【暂停】按钮暂停打印，单击【恢复打印】按钮恢复暂停的打印。一旦打印暂停，维护界面上的其他按钮将禁用。可以单击【撤回】和【挤出】按钮更换丝材。

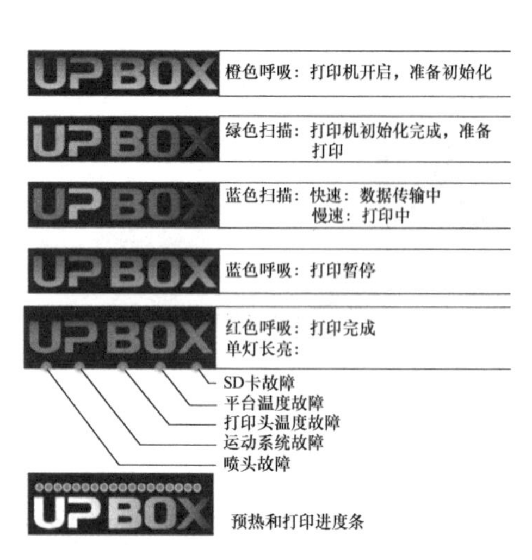

图 3-2-31　打印机 LED 指示含义

图 3-2-32　打印机维护界面

4）不使用 UP Studio 软件暂停打印工作。在打印期间，当前门打开时，打印将自动暂停。在关闭前门之后，打印工作将在双击【暂停】按钮之后恢复。

如图3-2-33所示，在打印期间，双击【暂停/停止】按钮，打印工作将暂停；单击【挤出/撤回】按钮，可在暂停期间更换细丝；再次双击【暂停/停止】按钮，恢复打印工作。

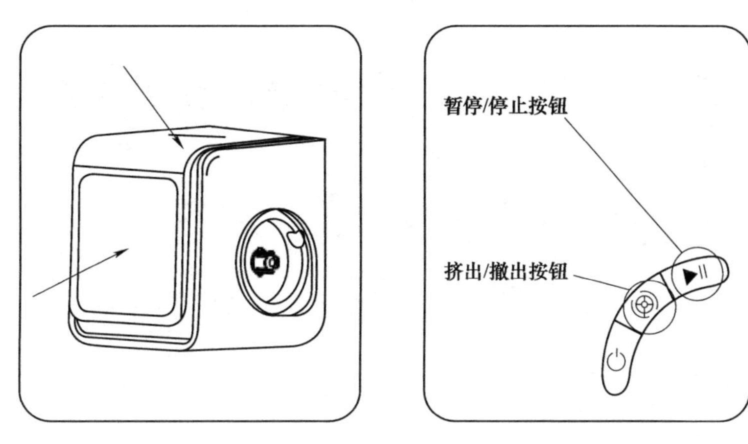

图3-2-33 打印机【暂停/停止】和【挤出/撤出】按钮

5）UP Studio软件操作介绍。

①软件界面：UP Studio主要界面如图3-2-34~图3-2-36所示。

图3-2-34 UP Studio软件开机界面

②旋转模型：如图3-2-37所示，选择模型并单击【旋转】按钮选择旋转轴，可以输入特定的旋转值或选择预设值，也可以使用旋转指南，通过单击和拖动鼠标实时旋转模型。

③缩放模型：如图3-2-38所示，选择模型并单击【缩放】按钮。默认为沿所有轴方向缩放，可以选择特定的轴向进行缩放，也可以输入特定的缩放因子或选择预设值。单击mm或inch将模型转换为对应的尺寸单位。也可以使用模型上的坐标，通过单击和拖动鼠标在特定轴向或三角形区域进行缩放。

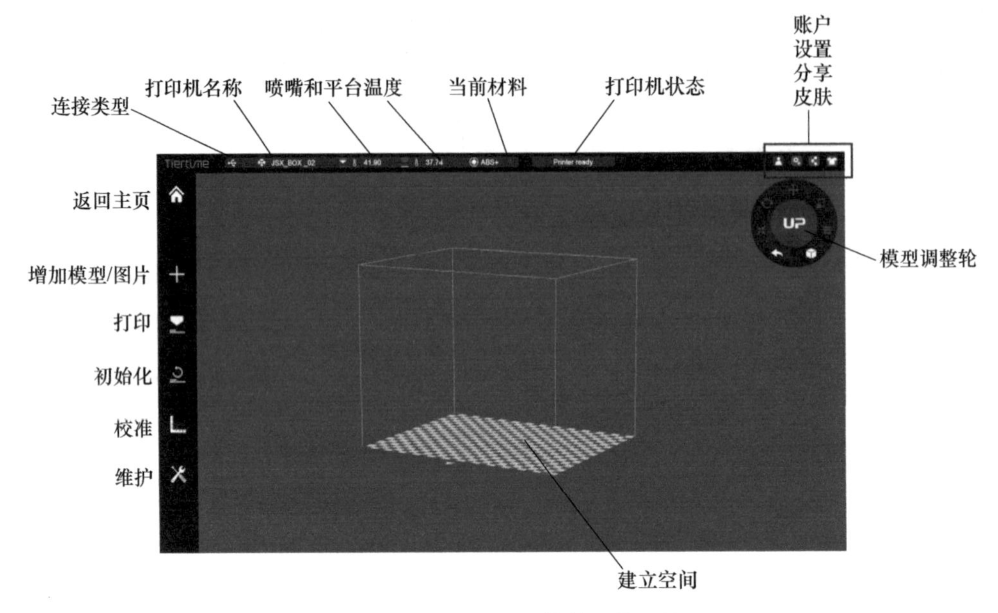

图 3-2-35　UP Studio 软件工作界面

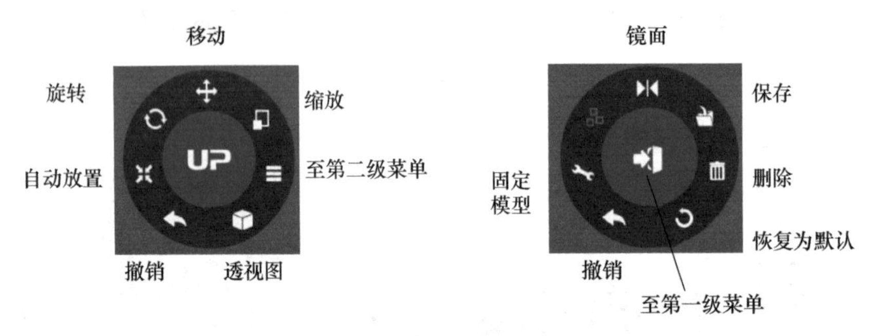

图 3-2-36　UP Studio 软件模型调整轮

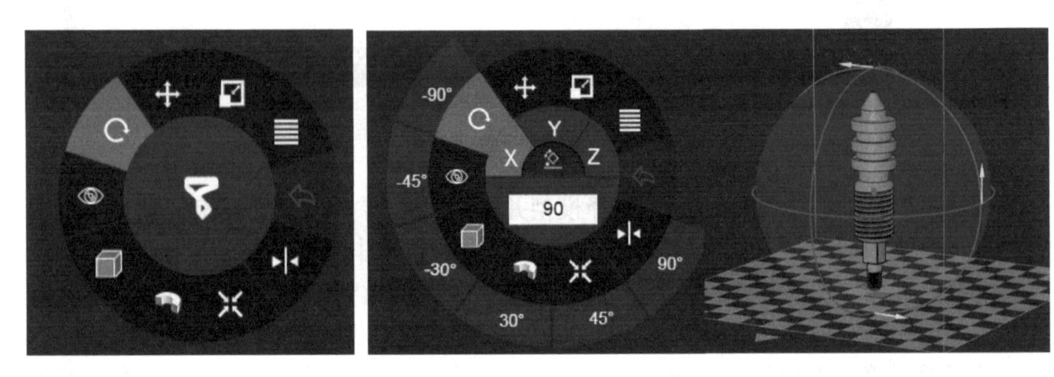

图 3-2-37　模型旋转操作

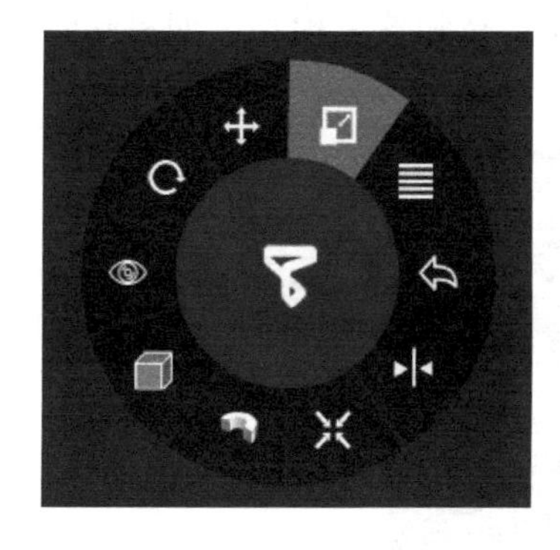
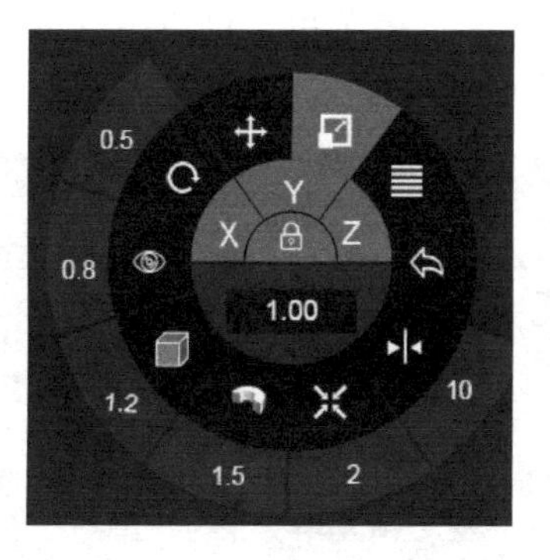

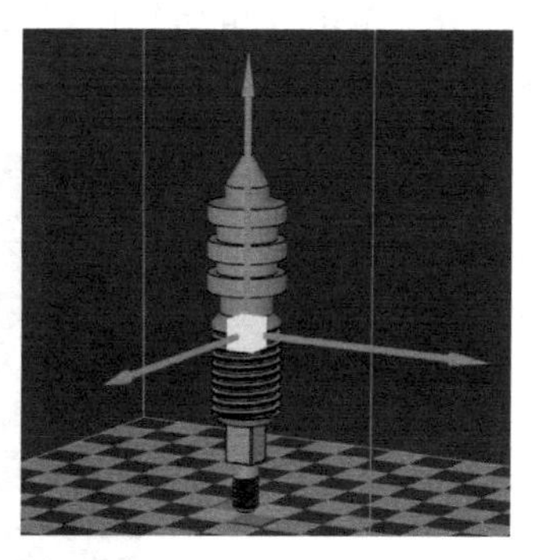

图 3-2-38　模型缩放操作

④移动模型：如图 3-2-39 所示，选择模型并单击【移动】按钮。选择移动方向，可以输入特定的移动距离值或选择预设值，也可以使用模型上的坐标进行移动。通过单击和拖动扇形区域或单一坐标轴，可在 X-Y 平面或单一方向上移动。

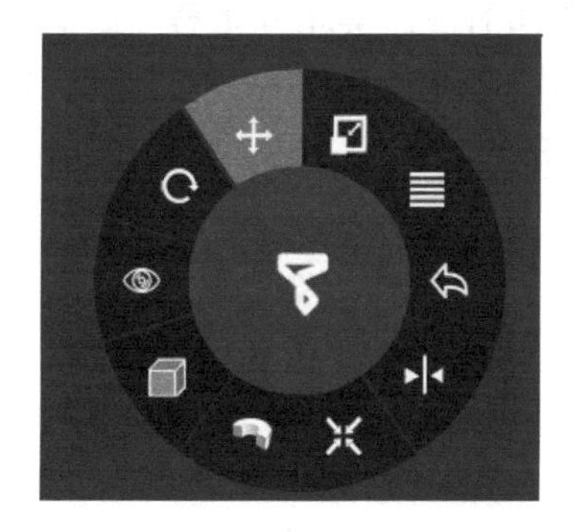
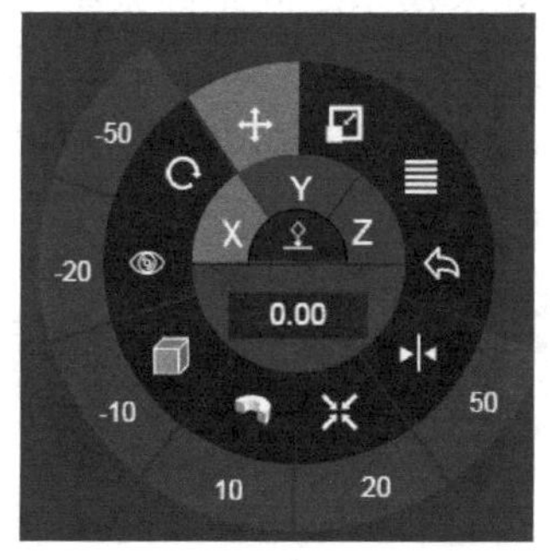

图 3-2-39　模型移动操作

⑤复制模型：如图 3-2-40 所示，单击选择模型（高亮），右键单击打开菜单并选择复制份数。

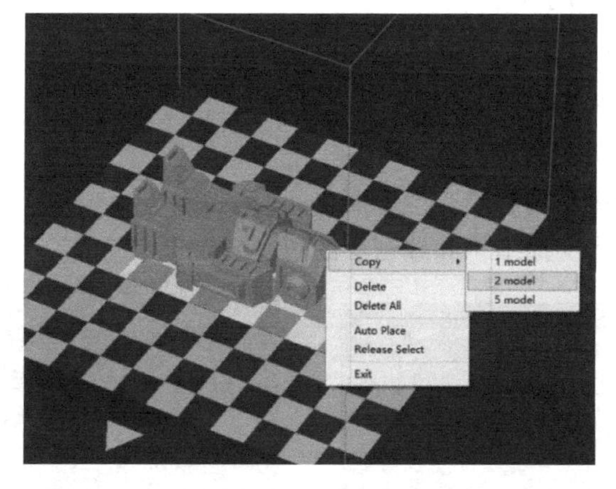

图 3-2-40　模型复制操作

⑥修复模型：如图 3-2-41 所示，如果模型包含有缺陷的表面，软件将用红色高亮显示

该部分。单击【更多】按钮进入第二级菜单，可单击【修复】按钮修复模型。如果缺陷被修复，红色的缺陷表面将转变为正常颜色。

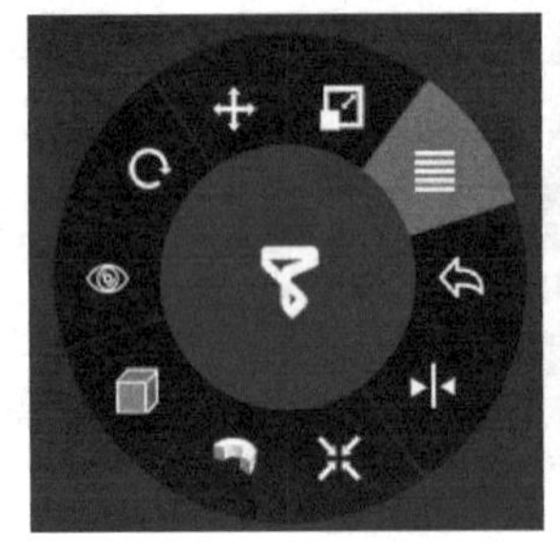
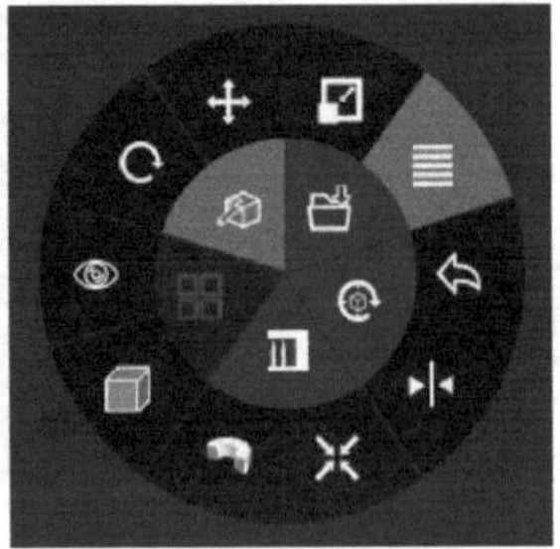

图 3-2-41　模型修复操作

⑦合并及保存模型：如图 3-2-42 所示，按<Ctrl/CMD>键，单击生成面板上的所有模型，第二级调整轮上将显示【合并】按钮，可单击【合并】按钮合并模型。单击【保存】按钮可保存所有合并模型至计算机。如果模型之间距离太小，打印时底座会相互重叠，影响出丝。合并后模型底座会按照单一模型的形式生成，重叠问题就可以避免。如用户希望保存现有模型的摆放位置，以后再打印，也可以合并后保存为 UP3 格式。

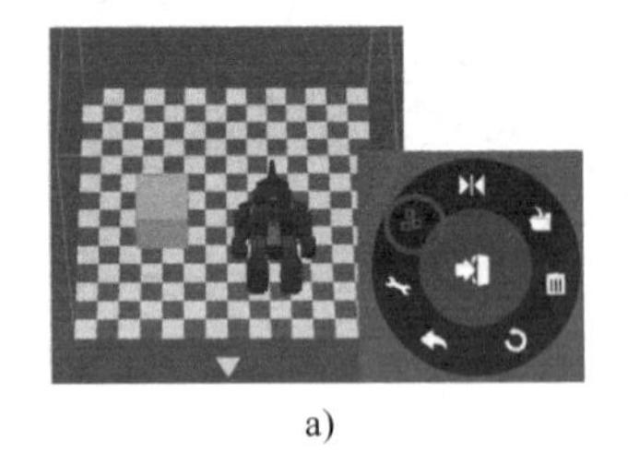
a)

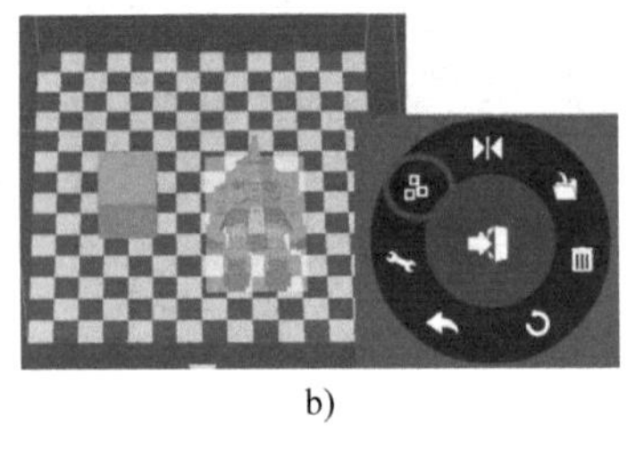
b)

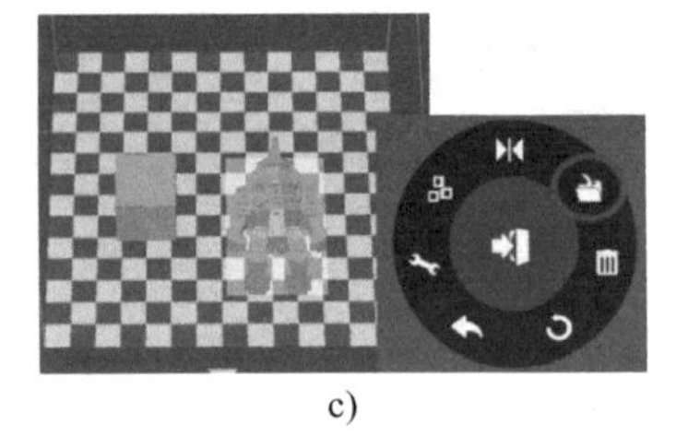
c)

图 3-2-42　模型合并及保存操作

3. 打印选项调整

1）打印密闭选项如图 3-2-43 所示。

密闭层数：密封打印物体顶部和底部的层数。

密闭角度：表面层开始打印的角度。

2）打印支撑选项如图 3-2-44 所示。

支撑层数：选择支撑结构和被支撑表面之间的层数。

支撑角度：决定产生支撑结构和致密层的角度。

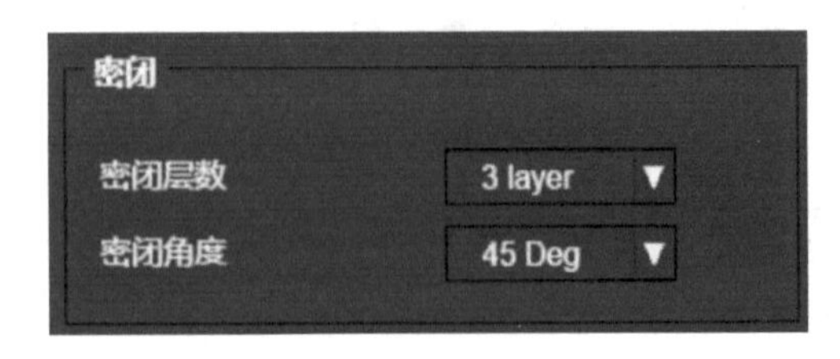

图 3-2-43　打印密闭选项

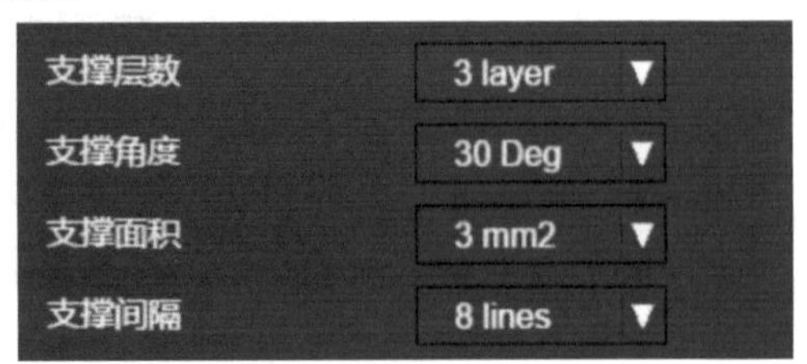

图 3-2-44　打印支撑选项

支撑面积：决定产生支撑结构的最小表面面积。小于该值的面积将不会产生支撑结构。

支撑间隔：决定支撑结构的密度。该值越大，支撑密度越小。

3）打印底座选项如图3-2-45所示。

无底座：无基底打印。

无支撑：无支撑打印。

稳固支持：支撑结构坚固，难以移除。

4）打印其他选项如图3-2-46所示。

非实体模型：软件将自动固定非实心模型。

薄壁：软件将检测太薄无法打印的壁厚，并扩大至可以打印的尺寸。

预热：在开始打印之前，预热印盘不超过15min。

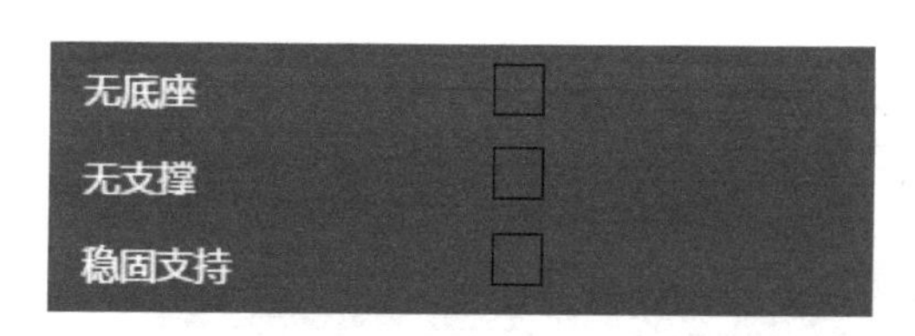

图3-2-45　打印底座选项

图3-2-46　打印其他选项

4. 模型打印

1）如图3-2-47所示，在模型调整轮上单击【旋转】图标按钮，再单击【选面置底】按钮，以阀杆底平面作为打印基准。这就实现了阀杆的旋转，在打印过程中有助于减少支撑数量，提高模型表面质量，如图3-2-48所示。

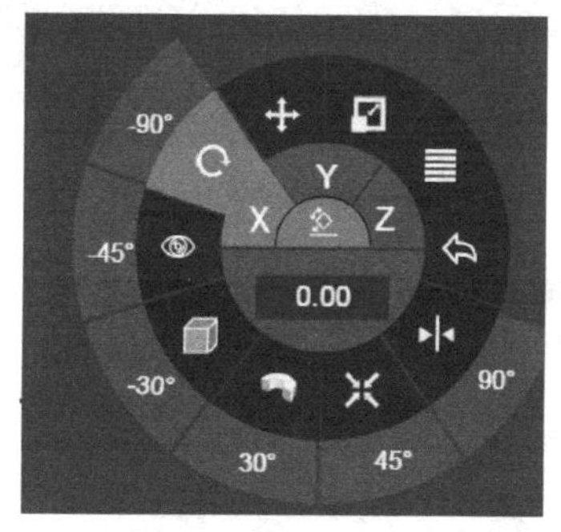

图3-2-47　模型调整步骤

2）如图3-2-49所示，单击【打印】按钮，打开打印预览窗口，检查打印文件。

3）如图3-2-50和图3-2-51所示，确定打印机通过USB连接至计算机，并加载模型。在发送数据后，将在弹出窗口中显示材料数量和打印所需时间。同时，喷嘴开始加热，将自动开始打印。此时可安全地断开打印机和计算机。

5. 模型后处理

（1）去除支撑　首先从打印机上取下打印平台，然后用小铲子沿同一方向从平台上铲下模型，注意不要划伤模型。阀杆模型结构相对复杂，支撑材料较多，因此去除支撑时要有

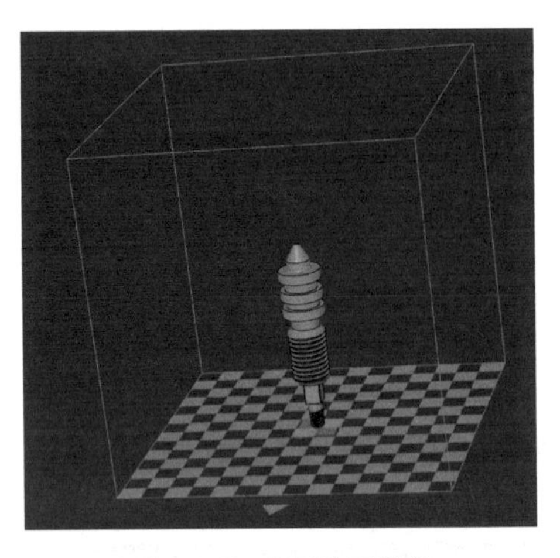

图 3-2-48　模型选面置底

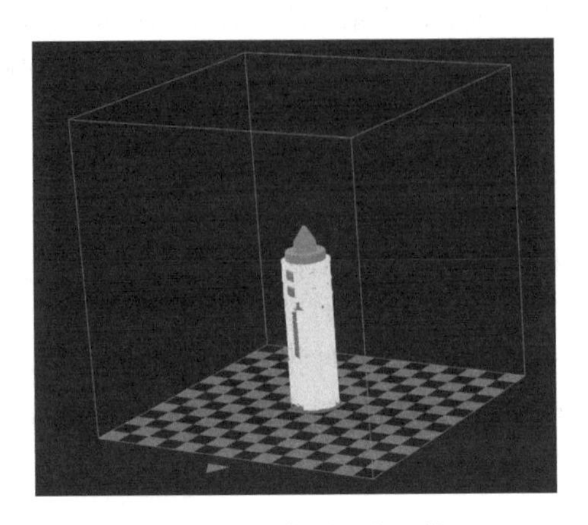

图 3-2-49　模型打印预览

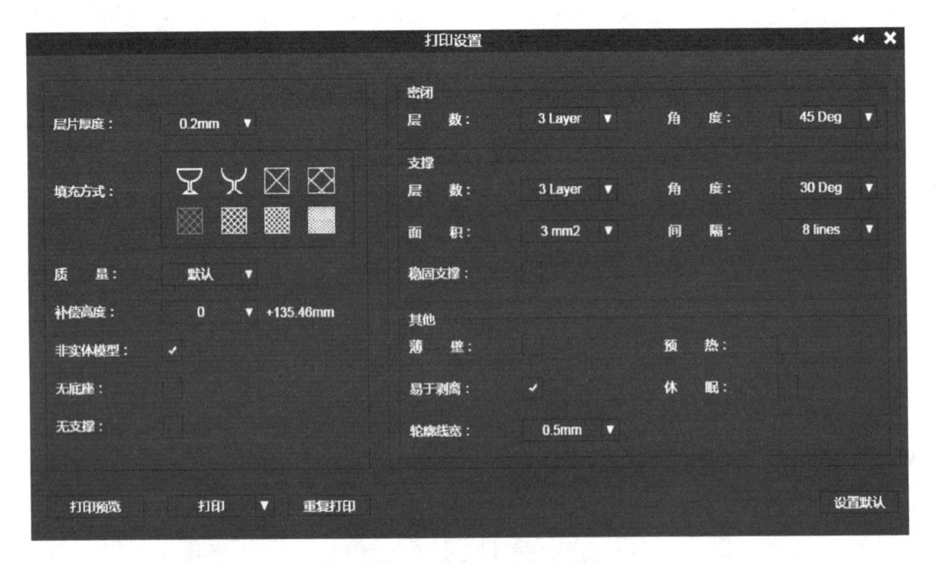

图 3-2-50　打印设置界面

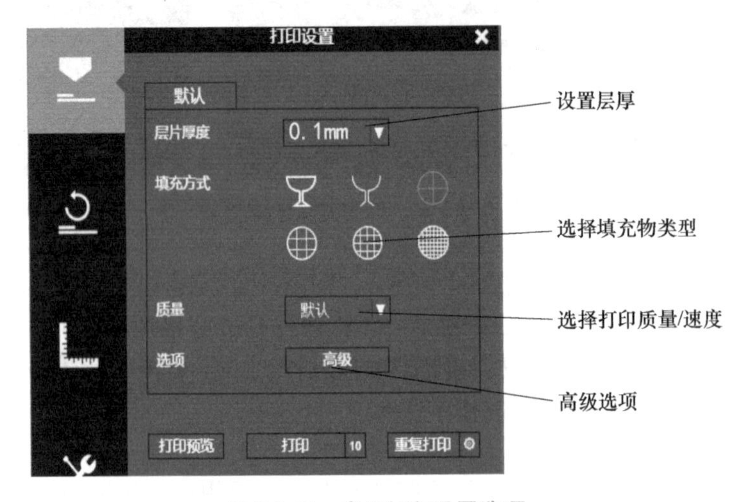

图 3-2-51　常用打印设置选项

先后。对于一般的支撑，先用手小心去除，但不要划破手；对于较硬或较密集的支撑，用斜口钳、尖嘴镊子去除。

（2）打磨抛光　先选用200目的砂纸进行第一遍打磨。打磨至模型的转角或棱角处时，要小心，动作要轻，以免模型发生变形。打磨过程中，及时用小刷子把砂粒清理干净，直到表面平整光滑为止。

用200目的砂纸的打磨过第一遍后，依次更换400目、600目、1000目的砂纸进行打磨。打磨方法与200目砂纸的打磨方法一致，直至得到满意的表面质感。

【两弹元勋（二）】

程开甲，1918年出生于江苏。1950年，程开甲在英国学成后毅然回到彼时百废待兴的中国。1963年，他踏入“死亡之海”罗布泊，扎根大漠戈壁20多年，为开创我国核武器研究和核试验事业隐姓埋名、呕心沥血。

程开甲生前说过：“常有人问我对自身价值和人生追求的看法，我说，我的目标是一切为了祖国的需要。‘人生的价值在于奉献’是我的信念，正因为这样的信念，我才能将全部精力用于我从事的科研事业。”

1964年9月，在茫茫戈壁滩的深处，竖起了一座102m高的铁塔，原子弹就安装在铁塔的顶部。1964年10月16日，就是在这座铁塔上，惊天动地的蘑菇云腾空而起，我国第一颗原子弹在罗布泊准时爆响，自动控制系统在瞬间启动千台仪器，分秒不差地完成了全部测试。当年，法国人进行第一次核试验，测试仪器没有拿到任何数据，美国、英国、苏联也仅拿到了一部分数据，而我国拿到了全部数据。作为技术负责人的程开甲在这中间立下赫赫功勋，功不可没。

从1962年筹建核武器试验研究所到1984年离开核试验基地，共22年，程开甲一直主持我国核试验技术的全局工作。他筹划主持的30余次各种类型的核试验基本上达到了周恩来总理提出的“稳妥可靠、万无一失”的要求。他是我国指挥核试验次数最多的科学家，同时也是我国核试验技术的创建者和领路人。

程开甲有一个独特的习惯：总爱在小黑板上演算大课题。他家里有一块茶几大的小黑板，办公室里也放着一块黑板。后来，他搬了新居，还专门留了一面墙，装上了一块黑板。

程开甲是知名专家，计算机使用得得心应手，但他对小黑板情有独钟，想起什么问题、思考什么方案，搞一个演算什么的，总爱在小黑板上写写画画。久而久之，在小黑板上还真迸发了许多灵感。

第一颗原子弹采取何种方式爆炸？最初的方案本来是用飞机投掷。程开甲经分析研究否定了原定的空爆方案。他认为：第一次试验就用飞机投掷，一是会增加测试同步和瞄准上的困难，难以测量原子弹的各种效应；二是保证投弹飞机安全的难度太大。程开甲在他的小黑板上一番精心计算，终于提出当时切实可行的采用百米高塔爆炸原子弹的方案。

任务2拓展训练-叶片的3D打印加工

【拓展训练】

通过给出的STL格式，完成图3-2-52所示叶片零件的3D打印。

图 3-2-52　叶片零件图

附录　课程工单

序号	名称	二维码
1	轮毂凸模的三维造型设计工作单	
2	阀体的三维造型设计工作单	
3	无人机飞行器封环的三维造型设计工作单	
4	垫块的三维造型设计工作单	
5	泄压螺钉的三维造型设计工作单	
6	阀杆的三维造型设计工作单	

（续）

序号	名称	二维码
7	阀体的 3D 打印工作单	
8	阀杆的 3D 打印工作单	

参考文献

[1] 张士军，韩学军 . UG 设计与加工［M］. 北京：机械工业出版社，2009.

[2] 王尚林 . UG NX 6.0 三维建模实例教程［M］. 北京：中国电力出版社，2010.

[3] 石皋莲，吴少华 . UG NX CAD 应用案例教程［M］. 2 版 . 北京：机械工业出版社，2015.

[4] 杨德辉 . UG NX 6.0 实用教程［M］. 北京：北京理工大学出版社，2014.

[5] 黎震，刘磊 . UG NX 6.0 应用与实例教程［M］. 2 版 . 北京：北京理工大学出版社，2015.

[6] 袁锋 . UG 机械设计工程范例教程：CAD 数字化建模实训篇［M］. 北京：机械工业出版社，2019.

[7] 袁锋 . UG 机械设计工程范例教程：CAM 自动编程篇［M］. 北京：机械工业出版社，2019.

[8] 赵松涛 . UG NX 实训教程［M］. 北京：北京理工大学出版社，2008.

[9] 郑贞平 . UG NX 10.0 中文版基础教程［M］. 北京：机械工业出版社，2017.

[10] 云杰漫步多媒体科技 CAX 设计教研室 . UG NX 6.0（中文版）数控加工［M］. 北京：清华大学出版社，2009.

[11] 郑贞平，张小红 . UG NX 12.0 三维设计实例教程［M］. 北京：机械工业出版社，2021.